PEIDIANWANG BUTINGDIAN ZUOYE
JISHU YU YINGYONG

配电网不停电作业技术与应用

郑州电力高等专科学校（国网河南省电力公司技能培训中心） 组 编

陈德俊 主 编

内 容 提 要

本书是借助于AR增强现实技术＋二维码识别技术，依据Q/GDW 10520《10kV配网不停电作业规范》，结合国网配网不停电作业人员认证培训和岗位能力提升培训情况编写而成的立体化教材，是集“教材端/图书、移动端/手机”为一体的和带有二维码识别标记的新形态教材的尝试。读者可根据需求选取不同的章节组合，书中标准以最新版本为准。其中，在移动端使用手机微信扫一扫功能识别教材中的二维码标记，便可实现“动态浏览、播放与阅读”各种碎片资源（图形图像、二维动画、三维动画、PPT课件、微课件等）。

全书共11章，主要内容包括配电网及典型设计概述、配电网不停电作业技术、工器具分类与试验要求、班组微课堂相关知识宣讲、引线类项目、元件类项目、电杆类项目、设备类项目、转供电类作业项目、临时取电类作业项目以及现场标准化指导书参考范本等内容，涉及配网不停电作业人员认证培训与考核的内容，涵盖采用带电作业、旁路作业和临时供电作业对配电网设备进行检修的项目。

本书可作为配网不停电作业人员专业能力提升以及资质培训用书，还可供从事配网不停电作业的相关人员学习参考，还可作为职业技术培训院校师生在不停电作业方面的培训教材与学习参考资料。

图书在版编目（CIP）数据

配电网不停电作业技术与应用/陈德俊主编；郑州电力高等专科学校（国网河南省电力公司技能培训中心）组编．—北京：中国电力出版社，2022.4（2024.7重印）

ISBN 978-7-5198-6176-6

Ⅰ.①配…　Ⅱ.①陈…　②郑…　Ⅲ.①配电系统－带电作业－基本知识　Ⅳ.①TM727

中国版本图书馆CIP数据核字（2022）第024530号

出版发行：中国电力出版社
地　　址：北京市东城区北京站西街19号（邮政编码100005）
网　　址：http://www.cepp.sgcc.com.cn
责任编辑：牛梦洁
责任校对：黄　蓓　马　宁
装帧设计：赵姗姗
责任印制：吴　迪

印　　刷：三河市航远印刷有限公司
版　　次：2022年4月第一版
印　　次：2024年7月北京第六次印刷
开　　本：787毫米×1092毫米　16开本
印　　张：17
字　　数：376千字
定　　价：65.00元

《配电网不停电作业技术与应用》

编　写　组

主　编：陈德俊

参　编：王　雷　张志锋　郭剑黎　张宏琦　于小龙

马鹏飞　高俊岭　孟　昊　梁文博　马培原

汤　文　李玉伟　杜瑞军　周伟民　陈荣群

宋二文　黄　鑫　马　宁　薛　雨　杨　峰

刘鑫聪　张　栋　刘卫东　王子豪　马金超

黄志刚　武晓楠　文宗烽　王文武　徐钢涛

前言

21世纪是知识经济时代，获取知识和信息已经成为人们生存的必备手段，树立终身学习和终身培训的观念成为当今社会发展的必然趋势。对于企业来说，参加培训不仅是员工可持续发展的要求，也是企业发展的必然要求。作为供电企业，进行员工培训更加需要通过“学加看、仿加练”来提高员工的岗位能力水平。其中，立体化教材（或数字化教材）便是满足“学加看、仿加练”最有效的载体之一。为此，针对10kV配电网不停电作业技术与应用，本书是借助于AR增强现实技术＋二维码识别技术，依据Q/GDW 10520《10kV配网不停电作业规范》，结合国家电网有限公司（国网）配网不停电作业人员认证培训和岗位能力提升情况编写而成的立体化教材，是集“教材端/图书、移动端/手机”为一体的和带有二维码识别标记的新形态教材的尝试，根据需求选取不同的章节组合，书中标准以最新版本为准。其中，在移动端使用手机微信扫一扫功能识别教材中的二维码标记，便可实现“动态浏览、播放与阅读”各种碎片资源（图形图像、二维动画、三维动画、PPT课件、微课件等）。

全书共11章，主要内容包括配电网及典型设计概述、配电网不停电作业技术、工器具分类与试验要求、班组微课堂相关知识宣讲、引线类项目、元件类项目、电杆类项目、设备类项目、转供电作业类项目、临时取电类作业项目以及现场标准化指导书编制参考范本等内容，涉及配网不停电作业人员认证培训与考核的内容，涵盖采用带电作业、旁路作业和临时供电作业对配电网设备进行检修的项目。

本书由郑州电力高等专科学校（国网河南省电力公司技能培训中心）组织编写，国网河南省电力公司技能培训中心陈德俊主编。参编人员有：国网濮阳供电公司王雷，国网郑州供电公司张志锋，国网河南省电力公司郭剑黎，国网濮阳供电公司张宏琦，国网河南省电力公司技能培训中心于小龙、马鹏飞、高俊岭、孟昊、梁文博，国网濮阳供电公司李玉伟、杜瑞军、武晓楠，天津大学马培原，国网湖南技培中心汤文，国网平顶山供电公司周伟民、刘卫东，国网信阳供电公司陈荣群、王子豪，国网焦作供电公司宋二文，国网商丘供电公司黄鑫，国网开封供电公司马宁，国网洛阳供电公司薛雨，国网遂平县供电公司刘鑫聪，国网南阳供电公司杨峰，国网新乡供电公司张栋，广东立胜电力技术有限公司马金超，内蒙古电力公司鄂尔多斯电业局黄志刚，郑州电力高等专科学校王文武，四川智库慧通电力科技有限公司文宗烽。全书由陈德俊统稿和定稿，全书插图、动画设计和脚本编写由陈德俊主持开发，本书的数字化资源加工技术规范由郑州铁路职业技术学院徐钢涛教授主持、马培原协同完成，本书的数字资源类产品由北京中友科技有限公司、大连弈虹科技有限公司、深圳赢诺科技有限公司设计制作，河南宏驰、北京中诚立信、武汉里得电科、武汉乐电、武汉巨精、武汉华仪智能、上海凡扬、兴化佳辉、合保商贸（上海）、东莞纳百川、咸亨国际、昆明飞翔、浏阳金锋、东阳光明电建、桐乡恒力器材、广州立胜、广州电安、四川智库慧通、武汉奋进、陕西秦能、保定汇邦、青岛索尔、青岛海青、青岛青特、山东泰开、杭州爱知、特雷克斯（中国）、徐州徐工、徐州海伦哲、龙岩海德馨提供不停电作业技术应用工具装备支持。

本书的编写得到了国网河南省电力公司技能培训中心，国家电网公司配网不停电作业（河南）实训基地，四川智库慧通电力科技有限公司，国网濮阳、郑州、平顶山、信阳、焦作、商丘、开封、南阳、洛阳、新乡供电公司的大力协助，在此一并表示衷心的感谢。

由于编者水平有限，书中难免存在不足之处，恳请读者提出批评指正。

编　者

2021年11月

目 录

第1章

配电网及典型设计概述

1.1 配电网常用术语和定义

PPT课件

微课件

Q/GDW 10370《配电网技术导则》中对配电网中术语进行了定义。

1. 配电网

配电网（distribution network），是指从电源侧（输电网、发电设施、分布式电源等）接受电能，并通过配电设施逐级或就地分配给各类用户的电力网络。

电作为一种理想能源而为人类利用的历史可上溯到十九世纪。1831年，法拉第发现了电磁感应定律，促进了发电机和电动机的发明，从而开始了电能的生产和使用；1866年，德国科学家西门子发明强力发电机并用于机车上，电能开始进入广泛应用的时代；1879年，爱迪生完善了白炽灯，电灯开始进入了寻常百姓的家；1882年，尼古拉·特斯拉继爱迪生发明直流电（DC）后不久发明了交流电（AC）；1886年，威斯汀豪斯发明了交流发电机，解决了电力远距离传输的问题，并在科学家尼古拉·特斯拉的协助下，发展了交流电系统，直到今天人们还都在利用这项技术。电能的生产、输送、分配和消费的各个环节，构成了由发电、输电、变电、配电、用电以及调度组成的一个强大的发电和供电系统。其中，承担输送与分配电能的供电系统就是电力网，包括输电网和配电网：输电网（transmission grid）是以高压（110～220kV）、超高压（330～750kV）和特高压（1000kV）输电线以及（±500kV、±800kV、±1000kV）直流输电线，将发电厂与变电站、变电站与变电站连接起来，完成电能传输的电力网络，构成电力网中的主网架；配电网是由架空线路、电缆、杆塔、配电变压器、隔离开关、无功补偿电容以及一些附属设施等组成，在电力网中起重要分配电能的作用，包括高压配电网（35、110kV），中压配电网（10、20kV），低压配电网（220/380V），以及城市配电网和农村配电网、架空配电网和电缆配电网。

2. 开关站

开关站（switching station），是指一般由上级变电站直供、出线配置带保护功能的断路器、对功率进行再分配的配电设备及土建设施的总称，相当于变电站母线的延伸。开关站进线一般为两路电源，设母联开关。开关站内必要时可附设配电变压器。

3. 环网柜

环网柜（ring main unit），是指用于10kV电缆线路环进环出及分接负荷的配电装置。环网柜中用于环进环出的开关一般采用负荷开关，用于分接负荷的开关采用负荷开关或断路器。环网柜按结构可分为共箱型和间隔型，一般按每个间隔或每个开关称为一面环网柜。

4. 环网室

环网室（ring main unit room），是指由多面环网柜组成，用于10kV电缆线路环进环出及分接负荷、且不含配电变压器的户内配电设备及土建设施的总称。

5. 环网箱

环网箱（ring main unit cabinet），是指安装于户外、由多面环网柜组成、有外箱壳防护，用于10kV电缆线路环进环出及分接负荷、且不含配电变压器的配电设施。

6. 配电室

配电室（distribution room），是指将10kV变换为220/380V，并分配电力的户内配电设备及土建设施的总称，配电室内一般设有10kV开关、配电变压器、低压开关等装置。配电室按功能可分为终端型和环网型。终端型配电室主要为低压电力用户分配电能；环网型配电室除了为低压电力用户分配电能之外，还用于10kV电缆线路的环进环出及分接负荷。

7. 箱式变电站

箱式变电站（cabinet/pad-mounted distribution substation），是指安装于户外、有外箱壳防护、将10kV变换为220/380V，并分配电力的配电设施，箱式变电站内一般设有10kV开关、配电变压器、低压开关等装置。箱式变电站按功能可分为终端型和环网型。终端型箱式变电站主要为低压电力用户分配电能；环网型箱式变电站除了为低压用户分配电能之外，还用于10kV电缆线路的环进环出及分接负荷。

8. 10kV主干线

10kV主干线（10kV trunk line），是指由变电站或开关站馈出、承担主要电能传输与分配功能的10kV架空或电缆线路的主干部分，具备联络功能的线路段是主干线的一部分。主干线包括架空导线、电缆、开关等设备，设备额定容量应匹配。

9. 10kV分支线

10kV分支线（10kV branch line），是指由10kV主干线引出的，除主干线以外的10kV线路部分。

10. 10kV电缆线路

10kV电缆线路（10kV cable line），是指主干线全部为电力电缆的10kV线路。

11. 10kV架空（架空电缆混合）线路

10kV架空（架空电缆混合）线路［10kV overhead（overhead and cable mixed）line］，是指主干线为架空线或混有部分电力电缆的10kV线路。

12. 配电网不停电作业

配电网不停电作业（live working for distribution network），是指以实现用户不中断供

电为目的，采用带电作业、旁路作业等方式对配电网设备进行检修和施工的作业方式。

1.2 配电网供电可靠性目标

PPT课件

微课件

配电网是连接终端电力用户和大电网的桥梁，直接关系到用户的电能质量和供电可靠性，对城市用户供电可靠性的影响比较大。

1. 供电可靠性

供电可靠性（reliability of power supply），是指配电网向用户持续供电的能力，是考核供电系统电能质量的重要指标。

供电可靠率（power supply reliability）RS－1，是指在统计期间内，对用户有效供电小时数与统计期间小时数的比值，是计入所有对用户的停电后得出的，真实地反映了电力系统对用户的供电能力。计算公式为：RS－1＝(1－户均停电时间/统计期时间)×100%。其中，户均停电时间包括故障停电时间、预安排（计划和临时）停电时间及系统电源不足限电时间。

2. 配电网供电可靠性目标

依据DL/T 5729《配电网规划设计技术导则》规定的规划目标：

(1) 供电区域中心城市（区）A^{+}。供电可靠率RS－1≥99.999%，用户年平均停电时间不高于5分钟，综合电压合格率≥99.99%。

(2) 供电区域中心城市（区）A。供电可靠率RS－1≥99.990%，用户年平均停电时间不高于52分钟，综合电压合格率≥99.97%。

(3) 供电区域城镇地区B。供电可靠率RS－1≥99.965%，用户年平均停电时间不高于3小时，综合电压合格率≥99.95%。

(4) 供电区域城镇地区C。供电可靠率RS－1≥99.863%，用户年平均停电时间不高于12小时，综合电压合格率≥98.79%。

(5) 供电区域乡村地区D。供电可靠率RS－1≥99.726%，用户年平均停电时间不高于24小时，综合电压合格率≥97.00%。

(6) 供电区域乡村地区E。供电可靠率RS－1、用户年平均停电时间、综合电压合格率不低于向社会承诺的目标。

1.3 配电网典型接线方式

PPT课件

1.3.1 10kV架空网典型接线方式

微课件

二维动画

依据Q/GDW 10370《配电网技术导则》，10kV架空网典型接线方式有以下三种。

1. 三分段、三联络接线方式

在周边电源点数量充足，10kV架空线路宜环网布置开环运行，一般采用柱上负荷开关将线路多分段、适度联络，见图 1－1（典型三分段、三联络），可提高线路的负荷转移能力。当线路负荷不断增长，线路负载率达到 50％以上时，采用此结构还可提高线路负载水平。

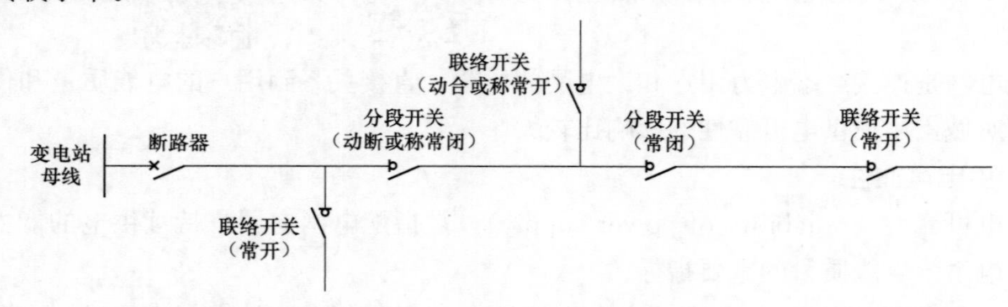

图 1－1　10kV 架空线路三分段、三联络接线方式

注：图中“常开”也称“动合”，“常闭”也称“动断”。

2. 三分段、单联络接线方式

在周边电源点数量有限，且线路负载率低于 50％的情况下，不具备多联络条件时，10kV 架空线路可采用线路末端联络接线方式，见图 1－2。

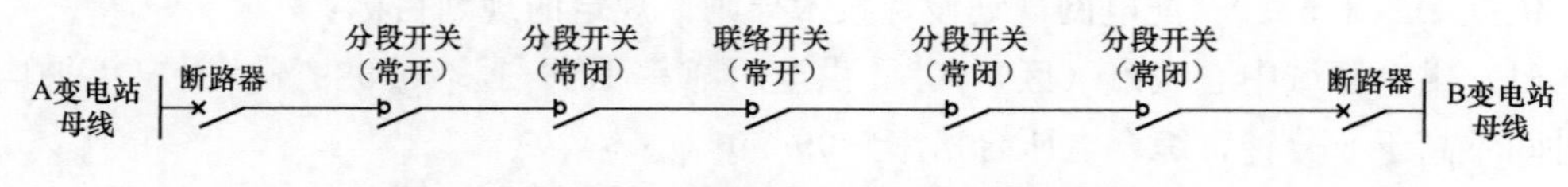

图 1－2　10kV 架空线路三分段、单联络接线方式

3. 三分段单辐射接线方式

在周边没有其他电源点，且供电可靠性要求较低的地区，目前暂不具备与其他线路联络的条件，10kV 架空线路可采取三分段单辐射接线方式，见图 1－3。

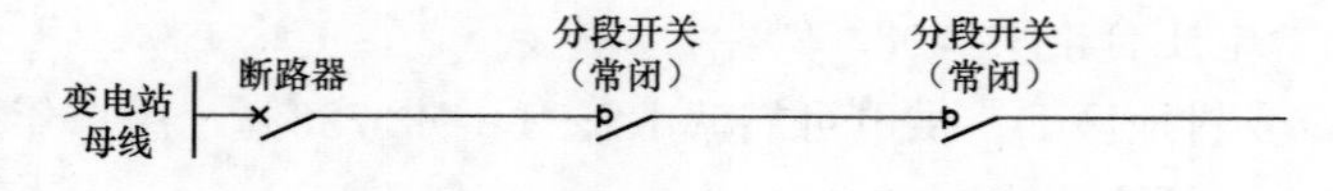

图 1－3　10kV 架空线路三分段单辐射接线方式

1.3.2　10kV 电缆网典型接线方式

依据 Q/GDW 10370《配电网技术导则》，10kV 电缆网典型接线方式有以下四种。

1. 单环网接线方式

自同一供电区域两座变电站的中压母线（或一座变电站的不同中压母线）、或两座中压开关站的中压母线（或一座中压开关站的不同中压母线）馈出单回线路构成单环网，开环运行，见图 1－4。电缆单环网适用于单电源用户较为集中的区域。

2. 双射接线方式

自一座变电站（或中压开关站）的不同中压母线引出双回线路，形成双射接线方式；

或自同一供电区域的不同变电站引出双回线路，形成双射接线方式，见图 1－5。有条件且必要时，可过渡到双环网接线方式，见图 1－6。双射网适用于双电源用户较为集中的区域，接入双射的环网室和配电室的两段母线之间可配置联络开关，母联开关应手动操作。

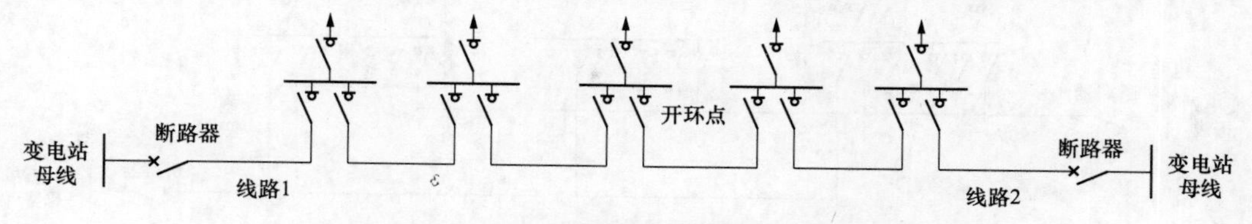

图 1－4　10kV 电缆线路单环网接线方式

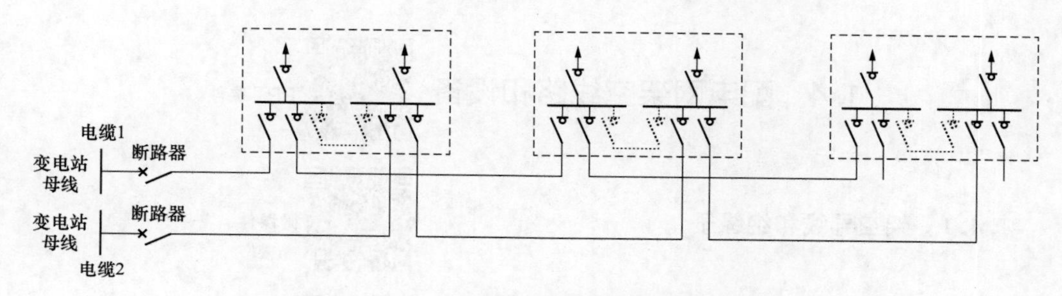

图 1－5　10kV 电缆线路双射接线方式

3. 双环网接线方式

自同一供电区域的两座变电站（或两座中压开关站）的不同中压母线各引出二对（4 回）线路，构成双环网的接线方式，见图 1－6。双环网适用于双电源用户较为集中、且供电可靠性要求较高的区域，接入双环网的环网室和配电室的两段母线之间可配置联络开关，母联开关应手动操作。

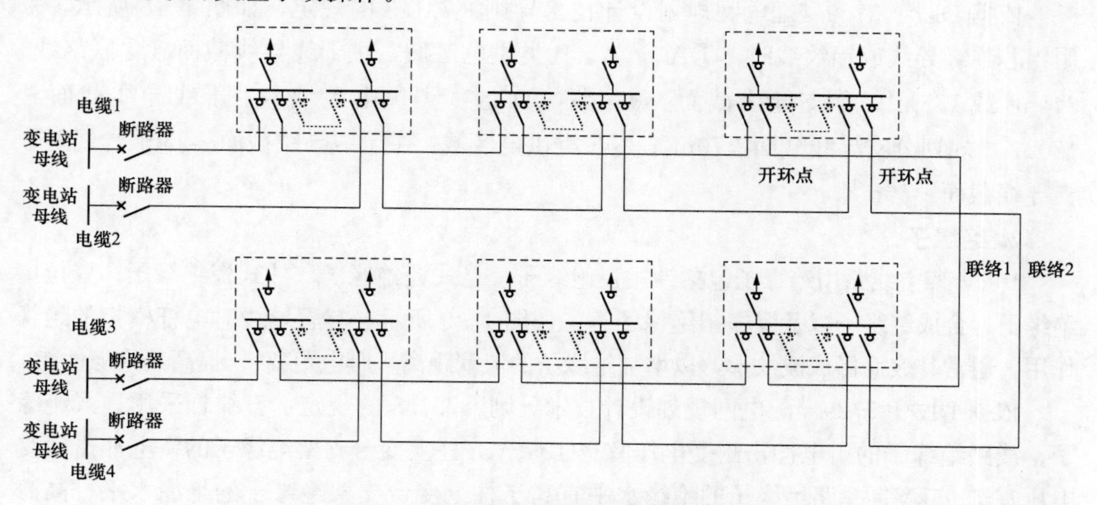

图 1－6　10kV 电缆线路双环网接线方式

4. 对射接线方式

自不同方向电源的两座变电站（或中压开关站）的中压母线馈出单回线路组成对射线

接线方式，一般由双射线改造形成，见图1－7。对射网适用于双电源用户较为集中的区域，接入对射的环网室和配电室的两段母线之间可配置联络开关，母联开关应手动操作。

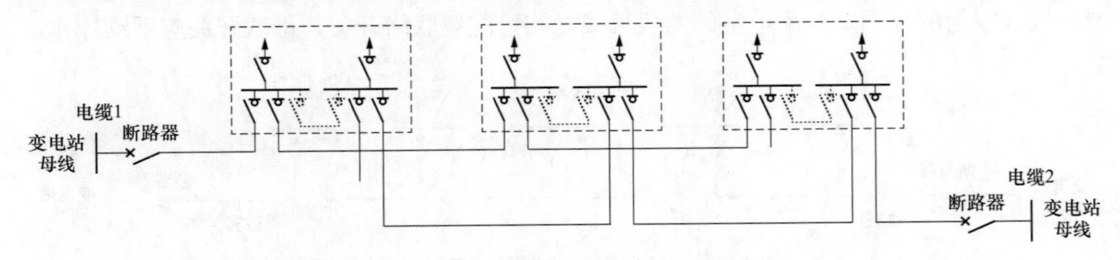

图1－7　10kV电缆线路对射接线方式

1.4　配电网架空线路和设备

1.4.1　架空导线和绝缘子

1. 架空导线

10kV架空导线承担着传导电流、输送电能的作用，包括裸导线（如LGJ钢芯铝绞线）、绝缘导线（如JKLYJ铝芯交联聚乙烯绝缘导线）等。10kV架空绝缘导线的绝缘层标称厚度有2.5mm和3.4mm两种。架空导线绝缘化和电缆化是配电网发展的趋势。

依据DL/T 5729《配电网规划设计技术导则》7.1.3的规定，如图1－8所示，采用铝芯绝缘导线或铝绞线时，①A^+、A、B类供电区域，主干线导线截面（含联络线）240m^2或185m^2，分支导线截面≥95m^2；②C、D类供电区域，主干线导线截面≥120m^2，规划分支导线截面≥70m^2；③E类供电区域：主干线导线截面≥95m^2，规划分支导线截面≥50m^2。

2. 绝缘子

10kV架空线路用绝缘子包括针式瓷绝缘子、悬式瓷绝缘子、柱式瓷绝缘子、瓷拉棒绝缘子、合成绝缘子以及瓷横担绝缘子等，如图1－9所示，起着导线对电杆横担的绝缘作用，通常其表面做成波纹形，以增加绝缘子的泄漏距离（爬电距离），提高其绝缘性能。

依据DL/T 5729《配电网规划设计技术导则》7.1.8的规定：直线杆采用柱式绝缘子，线路绝缘子的雷电冲击耐受电压宜选105kV，柱上变台支架绝缘子的雷电冲击耐受电压宜选95kV，线路绝缘子的绝缘水平宜高于柱上变台支架绝缘子的绝缘水平；高海拔地区线路柱式绝缘子的雷电冲击耐受电压宜选125kV，悬式盘形绝缘子宜增加绝缘子片数。同时应加大杆塔导体相间、相对地距离；沿海、严重化工污秽区域应采用防污绝缘子、有机复合绝缘子等。

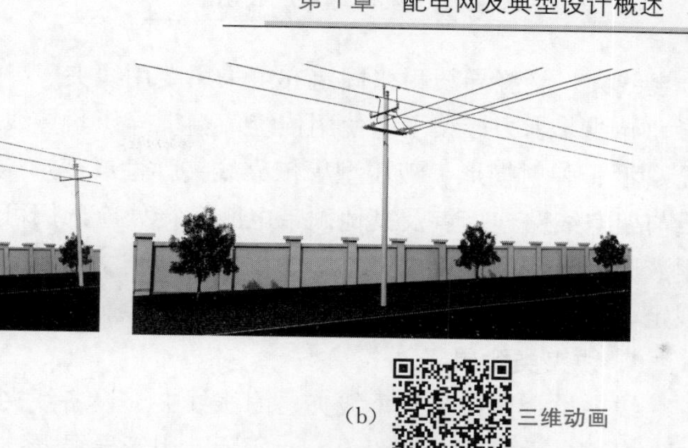

(a) 三维动画　　(b) 三维动画

图 1-8　中压架空线路导线截面选择

(a) 主干线导线；(b) 分支导线

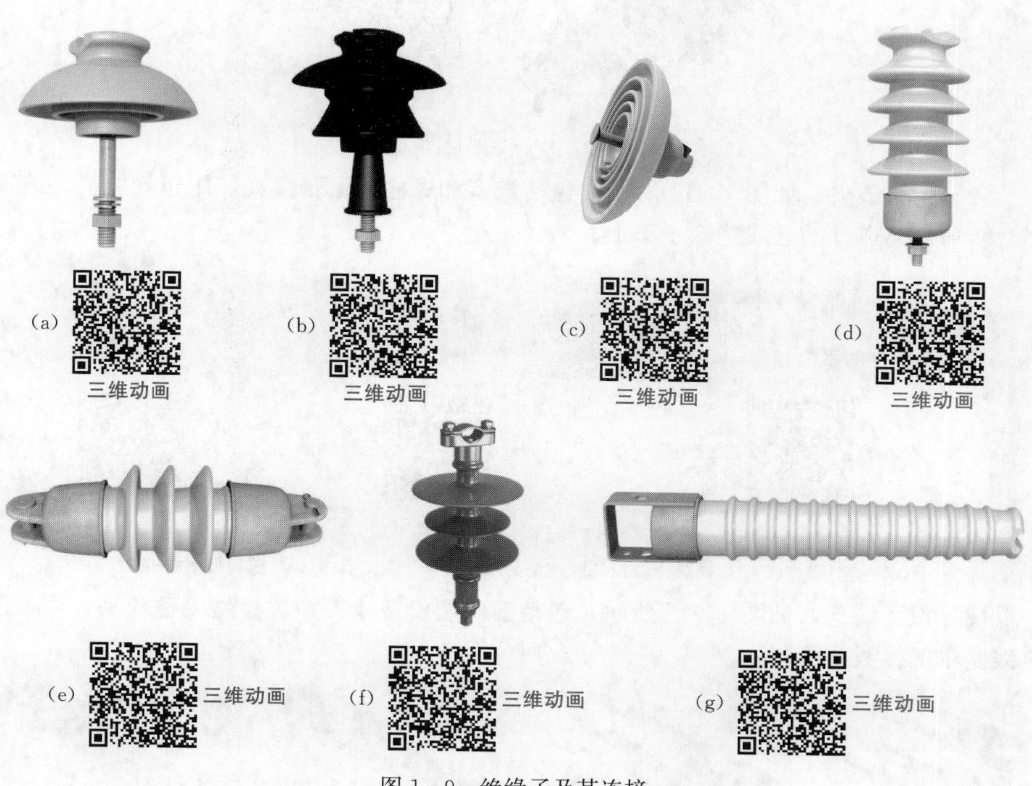

(a) 三维动画　(b) 三维动画　(c) 三维动画　(d) 三维动画

(e) 三维动画　(f) 三维动画　(g) 三维动画

图 1-9　绝缘子及其连接

(a) 针式瓷绝缘子 1；(b) 针式瓷绝缘子 2；(c) 球窝型悬式瓷绝缘子；(d) 柱式瓷绝缘子；(e) 瓷拉棒绝缘子；(f) 合成绝缘子；(g) 瓷横担绝缘子

1.4.2　金具

微课件

10kV 架空线路用金具分为线夹类金具、连接金具和接续金具。

依据 Q/GDW 10370《配电网技术导则》7.1.9 的规定：架空线路应采用节能型铝

合金线夹，绝缘导线耐张固定亦可采用专用线夹。导线承力接续宜采用对接液压型接续管，导线非承力接续不应使用传统依赖螺栓压紧导线的并沟线夹，应选用螺栓J型、螺栓C型、弹射楔形、液压型等依靠线夹弹性或变形压紧导线的线夹，配电变压器台区引线与架空线路连接点及其他须带电断、接处应选用可带电装、拆线夹，与设备连接应采用液压型接线端子。根据GB/T 2317.3《电力金具试验方法　第3部分：热循环试验》规定，其接续电阻值不大于与金具等长的参照导线电阻值的1.1倍。

1. 线夹类金具

线夹类金具包括悬垂线夹、耐张线夹、设备线夹等。

（1）悬垂线夹，如图1-10所示，用于导线悬挂、固定在直线杆悬式绝缘子串上。

图1-10　悬垂线夹

（2）耐张线夹，如图1-11所示，包括楔型和螺栓型耐张线夹，用于导线固定在耐张、转角、终端杆的悬式绝缘子串上。

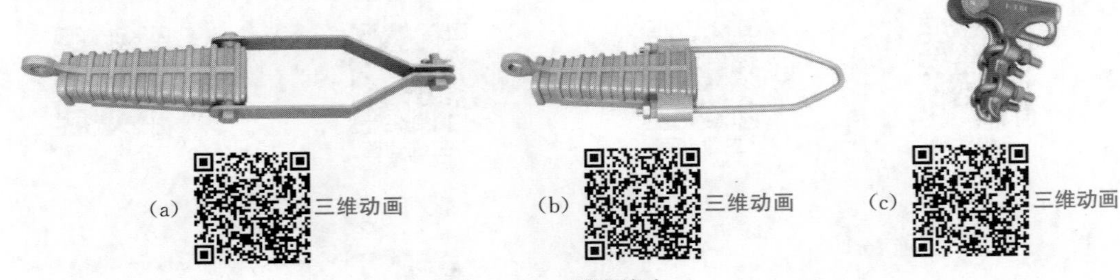

图1-11　耐张线夹

(a) 楔型耐张线夹1（拉板型）；(b) 楔型耐张线夹1（拉杆型）；(c) 螺栓型耐张线夹

（3）设备线夹，如图1-12所示，包括液压型设备线夹和螺栓型设备线夹，用于配电线路中的接线端子制作。

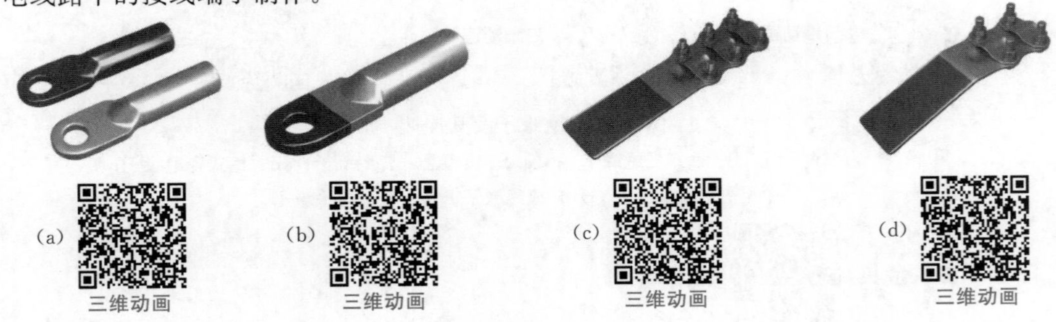

图1-12　设备线夹

(a) 液压型铜铝设备线夹；(b) 液压型铜铝过渡设备线夹；(c) 螺栓型A型铜铝过渡设备线夹；(d) 螺栓型B型铜铝过渡设备线夹

2. 连接金具

连接金具包括平行挂板、U 型挂环、直角挂板、球头挂环和碗头挂板等。

（1）平行挂板与 U 型挂环，如图 1－13 所示，用于连接槽型悬式绝缘子等。

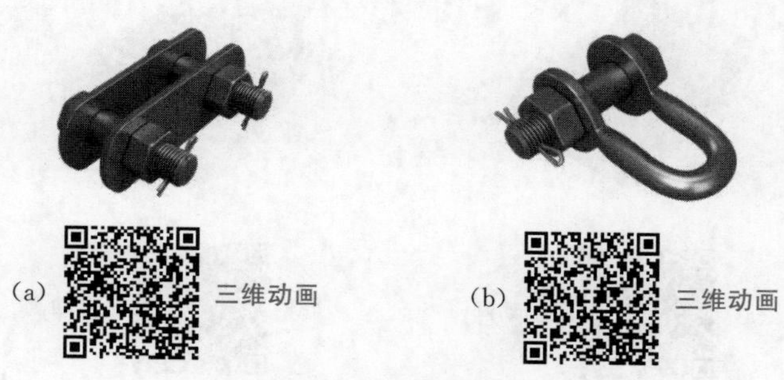

图 1－13　挂板与挂环

（a）平行挂板；（b）U 型挂环

（2）直角挂板、球头挂环和碗头挂板，如图 1－14 所示，用于连接球窝型悬式绝缘子等。

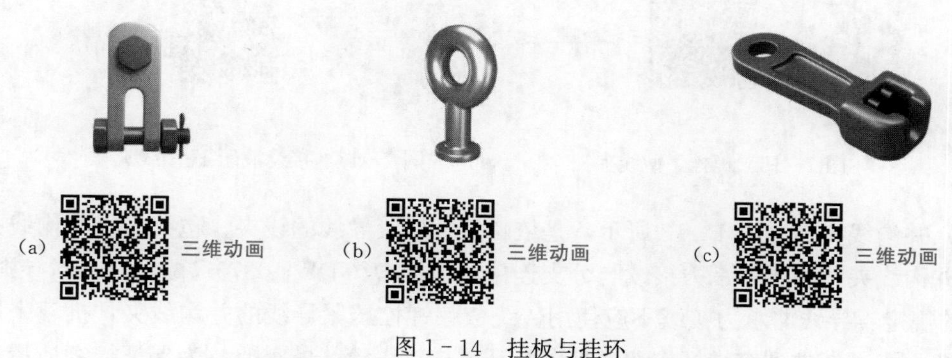

图 1－14　挂板与挂环

（a）直角挂板；（b）球头挂环；（c）碗头挂板

3. 接续金具

二维动画

接续金具包括 C 形线夹、J 型线夹、H 型线夹、并沟线夹、穿刺线夹、带电装卸线夹、验电接地环等。

（1）C 形线夹，如图 1－15 所示，包括螺栓式和楔型线夹，依靠 C 形线夹的弹性压紧导线。安装与拆卸 C 形楔型线夹时，应使用专用的安装工具来完成。

（2）J 型线夹，图 1－16 所示属于楔型线夹类，也是依靠线夹弹性压紧导线的线夹，由 2 块具有楔块的 J 元件和 1 根螺栓组成，采用了不依靠螺栓紧固力等方式保持连接稳定性，依靠材料本身的弹力、线夹的特殊结构、特殊合金的材料特性等方式达到线夹长期运行的性能。螺栓J型线夹的J元件共有A、B、C三个系列，每个系列下又有不同的规格，两两组合后适用于不同线径的导线的接续。

（3）H型线夹，图1-17所示为接续液压H型线夹，用作永久性接续，安装时需使用液压机及专用配套模具，压缩成椭圆形。

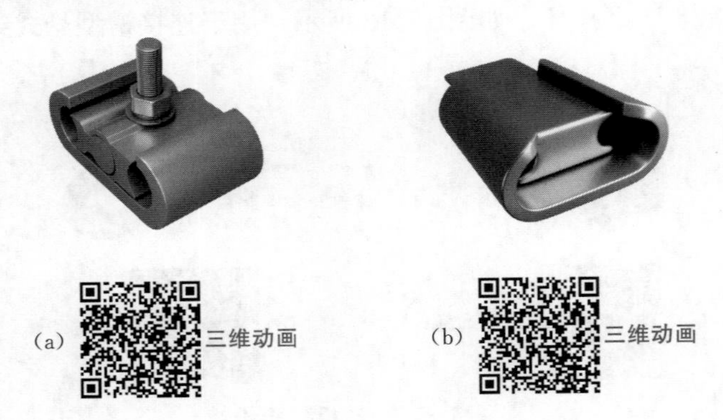

图1-15　C形线夹

（a）C形螺栓式线夹；（b）C形楔型线夹

图1-16　螺栓J型线夹　　图1-17　接续液压H型线夹

（4）并沟线夹，如图1-18所示，是依赖螺栓压紧导线的线夹，包括等径并沟线夹和异径并沟线夹，用于非承力接续与分支连接。依据Q/GDW 10370《配电网技术导则》7.1.9的规定：导线非承力接续不应使用传统依赖螺栓压紧导线的并沟线夹，推荐采用液压接续方式。考虑到绝缘杆作业法带电断开或搭接引流线的需要，为保证接续质量必须严把线夹产品质量关和施工质量关。

（5）穿刺线夹，如图1-19所示，用于绝缘导线一般配置扭力螺母。

图1-18　并沟线夹　　图1-19　中压穿刺线夹

（6）带电装卸线夹，如图1-20所示，包括猴头线夹和马镫线夹等。

（7）验电接地环，如图1-21所示，包括架空配电线路用验电接地环和防雷验电接地环。

图 1-20　带电装卸线夹

(a) 猴头线夹型式 1；(b) 猴头线夹型式 2；(c) 猴头线夹型式 3；(d) 猴头线夹型式 4
(e) 猴头线夹型式 5；(f) 猴头线夹型式 6 (g) 马镫线夹型式 1；(h) 马镫线夹型式 2

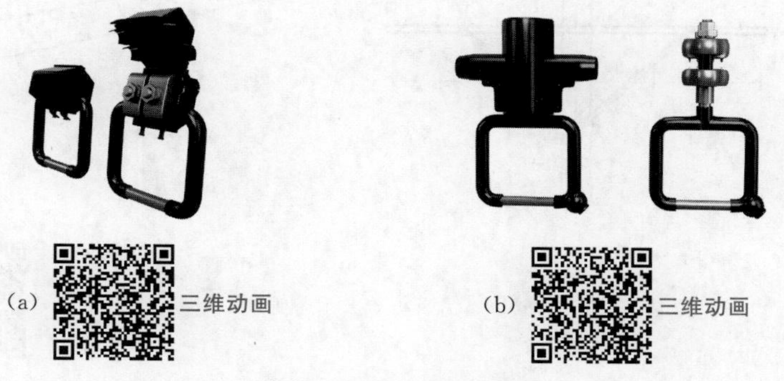

图 1-21　验电接地环

(a) 验电接地环；(b) 防雷验电接地环

1.4.3 横担

横担通常是指电杆顶部横向固定的角铁，用于支持绝缘子、导线以及柱上设备，并使导线保持足够的安全距离。10kV 架空线路用电杆横担包括直线横担、转角横担、耐张横担以及铁横担、瓷横担和绝缘横担等。

1. 直线杆横担

（1）单回直线杆（三角排列），单横担水平布置，如图 1－22 所示。

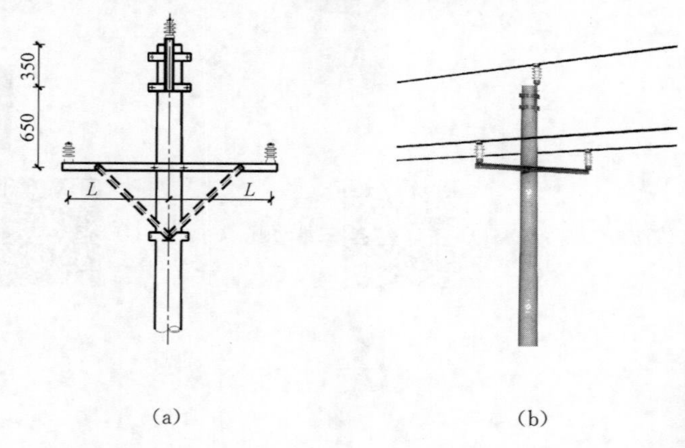

（a）　　（b）

三维动画

图 1－22　单回直线杆（三角排列）单横担示意图

（a）杆头图；（b）外形图

（2）双回直线杆（三角排列），上、下横担水平布置，如图 1－23 所示。

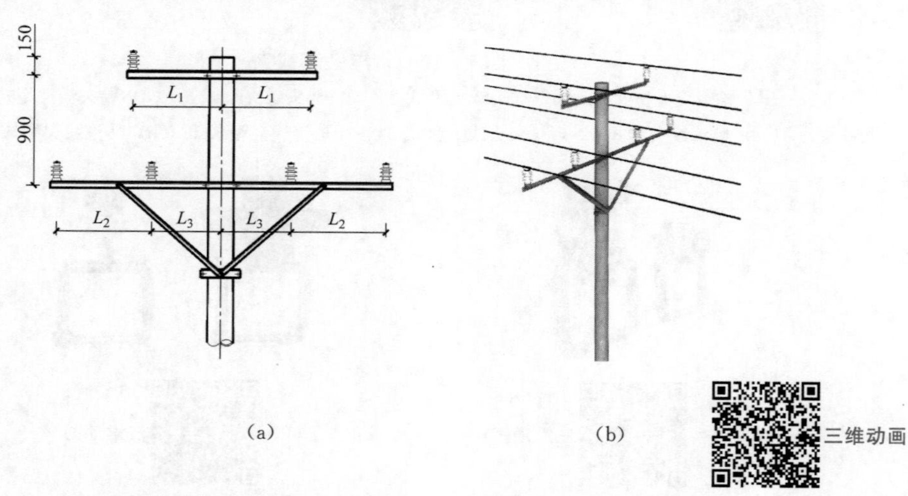

（a）　　（b）

三维动画

图 1－23　双回直线杆（三角排列）上、下横担水平布置示意图

（a）杆头图；（b）外形图

（3）双回直线杆（垂直排列），上、中、下横担水平布置，如图 1－24 所示。

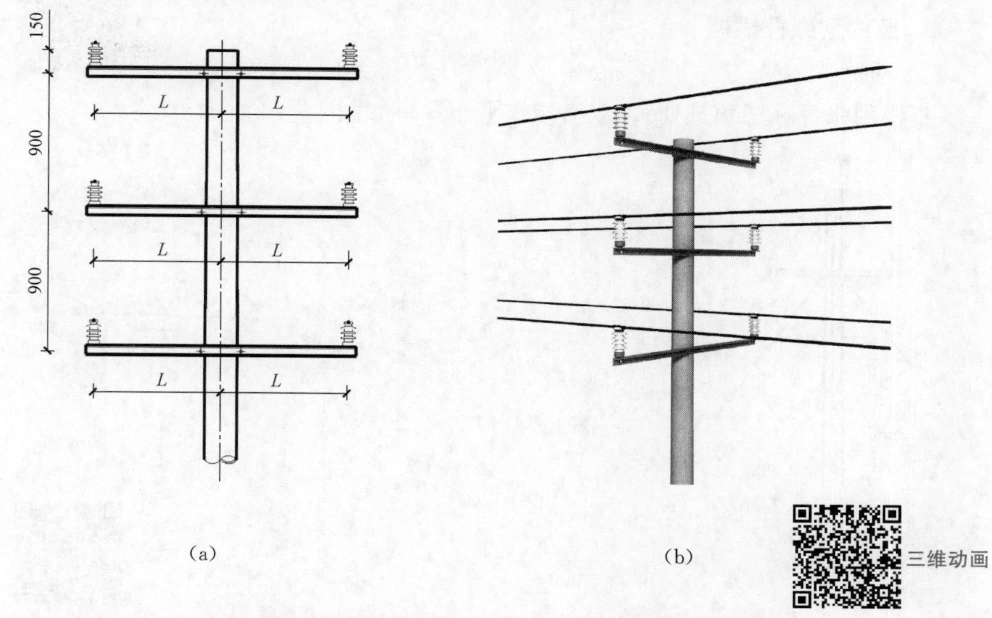

图 1－24　双回直线杆（垂直排列）上、中、下横担水平布置示意图
（a）杆头图；（b）外形图

2. 直线转角杆横担

直线转角杆（三角排列），双横担水平布置，如图 1－25 所示。

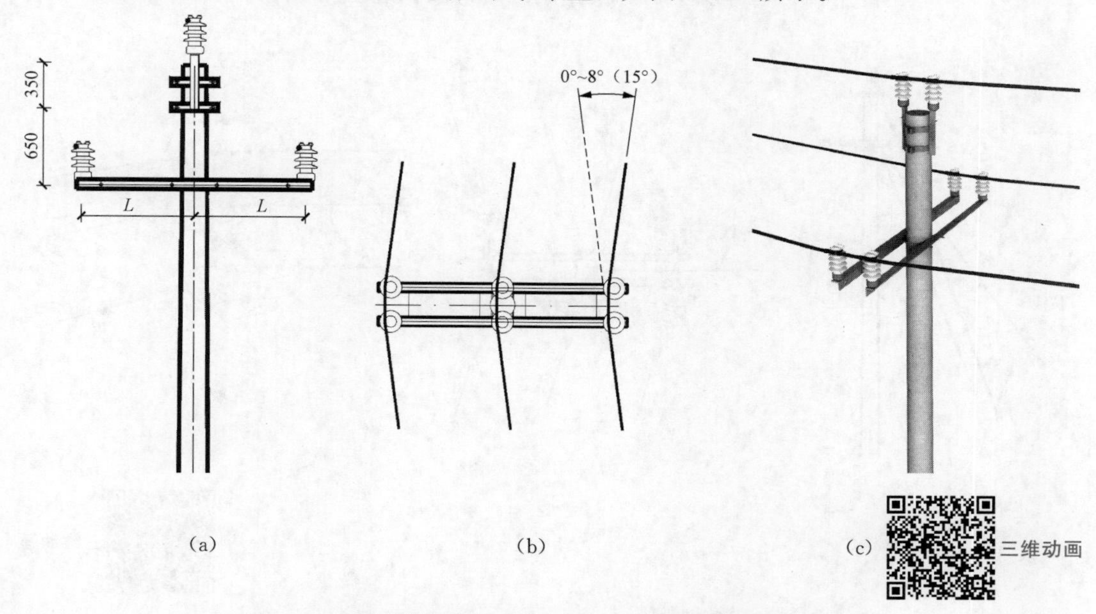

图 1－25　直线转角杆（三角排列）双横担水平布置示意图
（a）杆头图；（b）俯视图；（c）外形图

3. 直线耐张杆横担

直线耐张杆（三角排列），双横担水平布置，如图 1－26 所示。

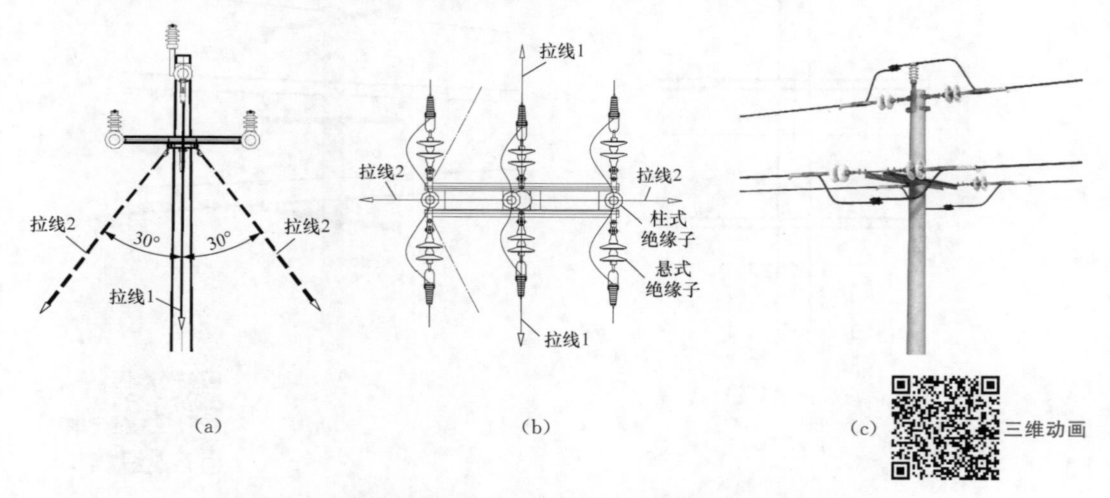

图 1－26　直线耐张杆（三角排列）双横担水平布置示意图
(a) 杆头图；(b) 俯视图；(c) 外形图

4. 转角杆横担

(1) 0°～45°转角杆（三角排列）双横担水平布置，如图 1－27 所示。

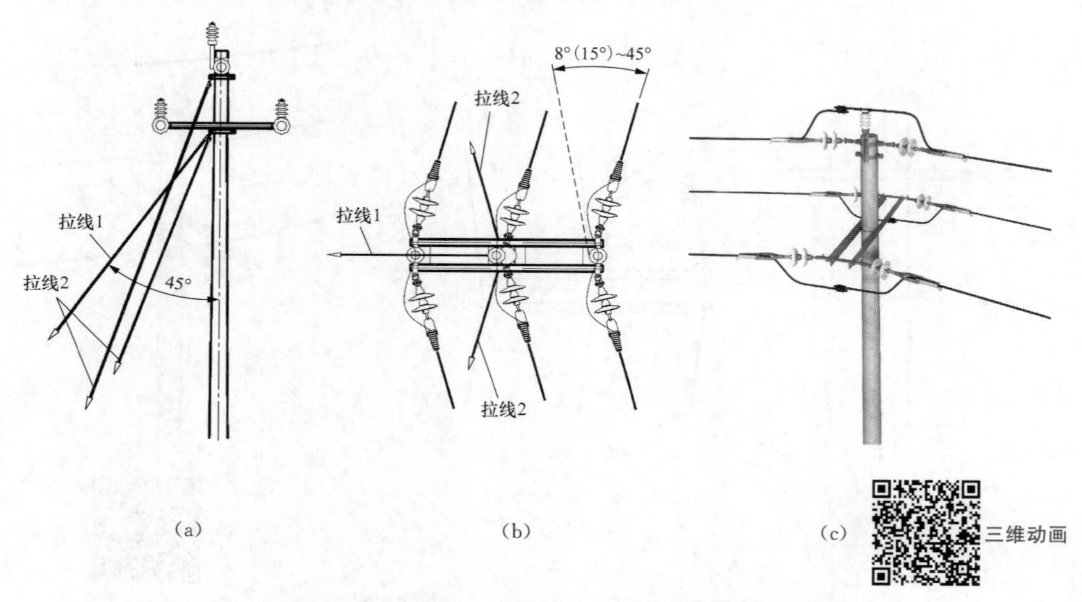

图 1－27　0°～45°转角杆（三角排列）双横担水平布置示意图
(a) 杆头图；(b) 俯视图；(c) 外形图

（2）45°～90°转角杆（三角排列）双层、双横担水平布置，如图 1-28 所示。

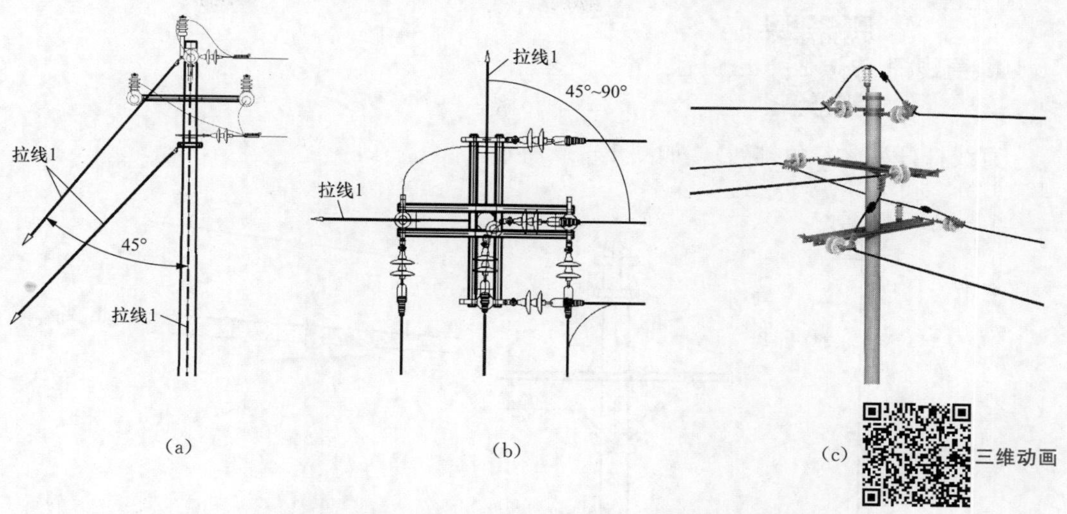

图 1-28　45°～90°转角杆（三角排列）双层、双横担水平布置示意图

（a）正视图；（b）俯视图；（c）外形图

5. 终端杆横担

二维动画

终端杆（三角排列）双横担水平布置，如图 1-29 所示。

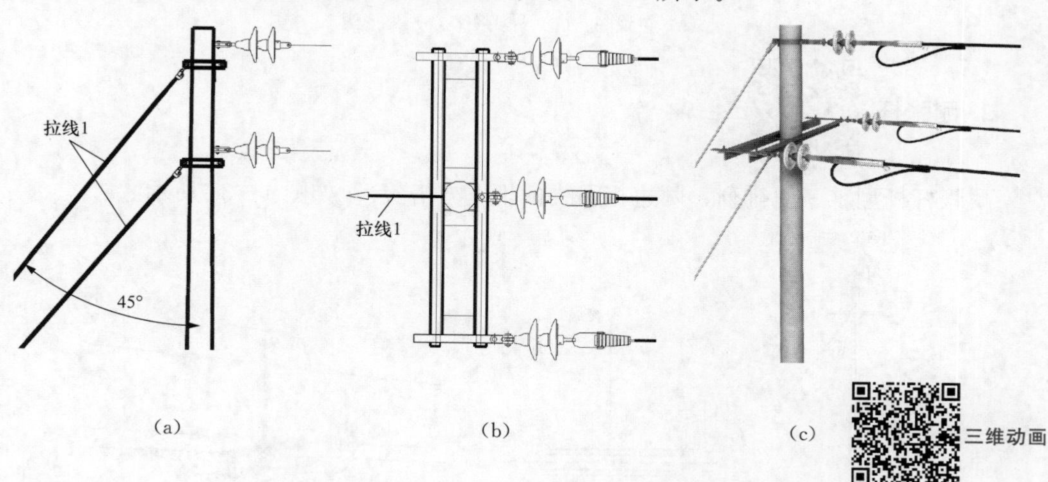

图 1-29　终端杆（三角排列）双横担水平布置示意图

（a）杆头图；（b）俯视图；（c）外形图

1.4.4　电杆

10kV 架空线路用电杆杆型包括直线杆、耐张杆、终端杆、转角杆、分支杆以及电缆终端杆、柱上开关杆和配电变台杆等，是由导线经绝缘子串（或绝缘子）悬挂（或支

撑固定）在杆塔上而构成。

1. 直线杆

二维动画

直线杆杆型（三角排列），如图 1－30 所示。

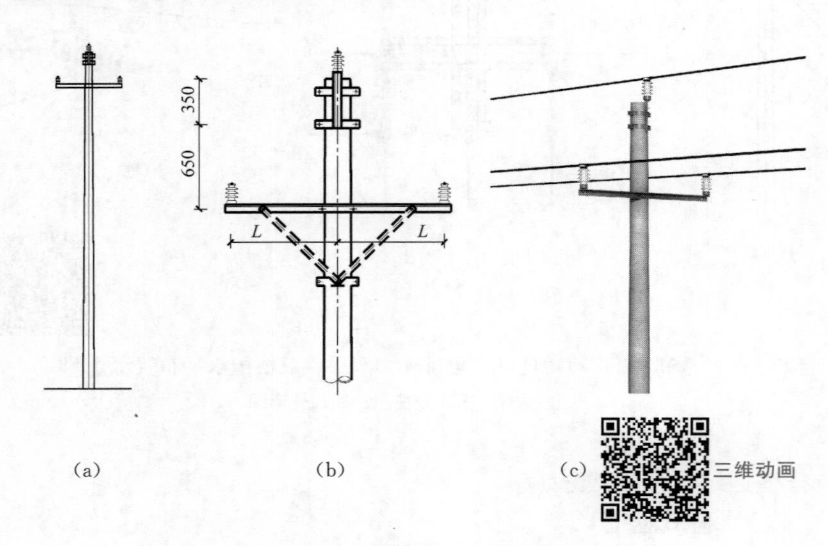

图 1－30　直线杆杆型（三角排列）示意图

(a) 正视图；(b) 杆头图；(c) 外形图

2. 耐张杆

二维动画

耐张杆杆型（三角排列，两边相引线横担下方搭接），如图 1－31 所示。

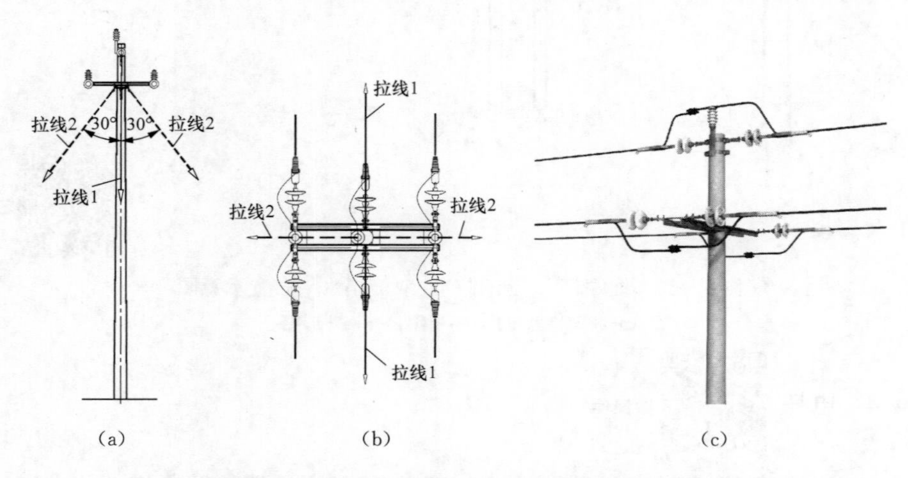

图 1－31　耐张杆杆型（三角排列，两边相引线横担下方搭接）示意图

(a) 正视图；(b) 俯视图；(c) 外形图

3. 转角杆

二维动画

转角杆杆型（三角排列），如图 1－32 所示。

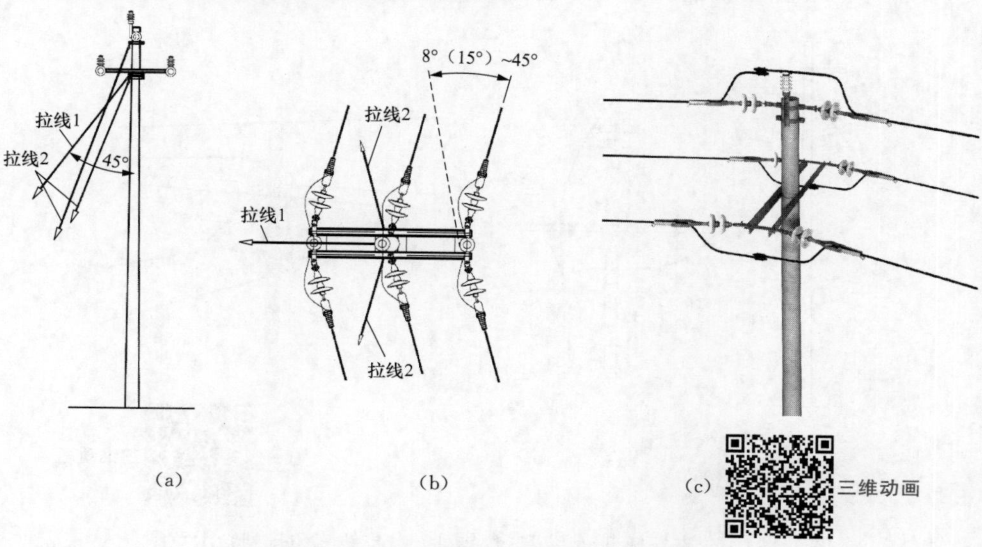

图 1－32　转角杆杆型（三角排列）示意图

（a）正视图；（b）俯视图；（c）外形图

4. 终端杆

二维动画

终端杆杆型（三角排列），如图 1－33 所示。

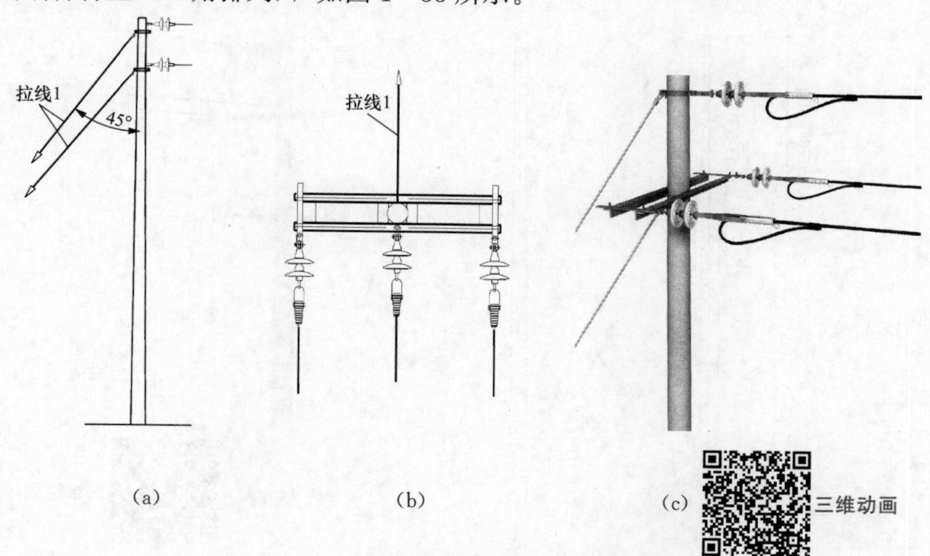

图 1－33　终端杆杆型（三角排列）示意图

（a）正视图；（b）俯视图；（c）外形图

5. 分支杆

分支杆杆型（主线三角排列，分支线三角排列），如图 1-34 所示。

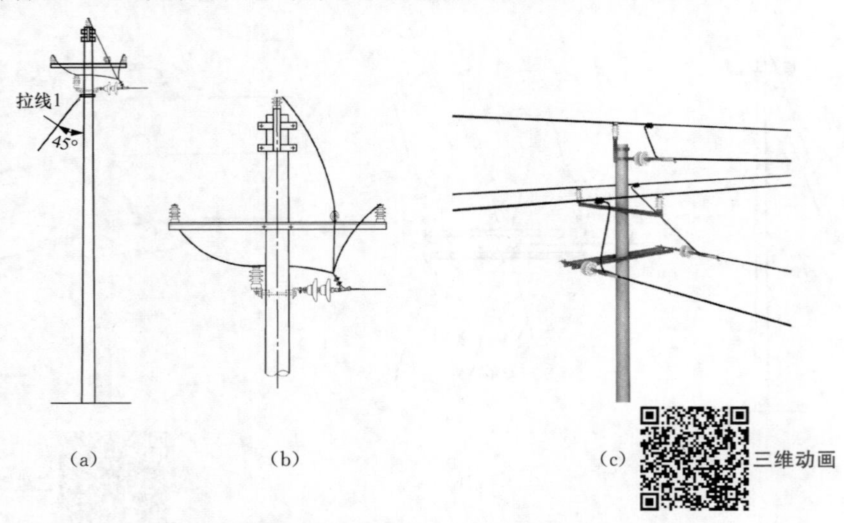

图 1-34　分支杆杆型（主线三角排列，分支线三角排列）示意图

（a）正视图；（b）杆头图；（c）外形图

6. 电缆终端杆

电缆终端杆杆型（三角排列），如图 1-35 所示。

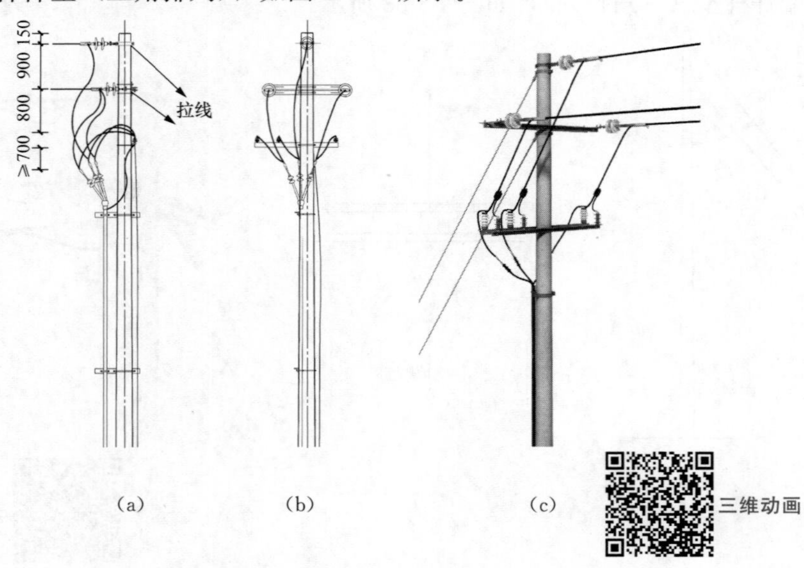

图 1-35　电缆终端杆杆型（三角排列）示意图

（a）正视图；（b）侧视图；（c）外形图

7. 柱上开关杆

柱上开关杆杆型（三角排列），如图 1－36 所示。

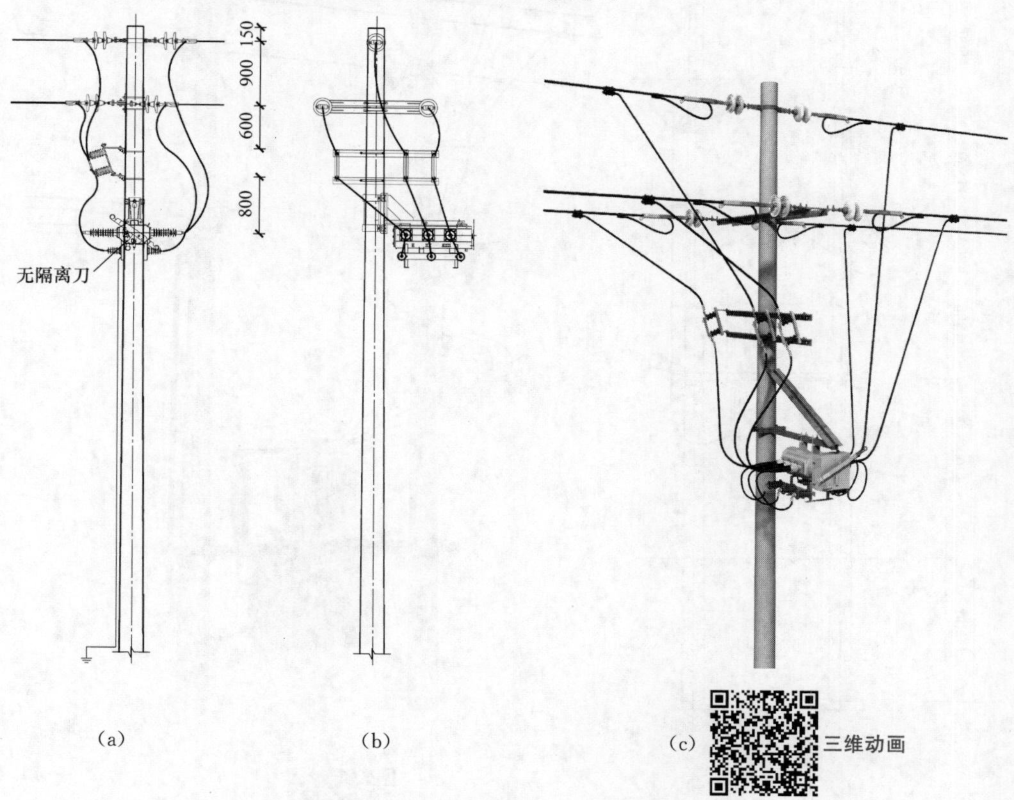

图 1－36　柱上开关杆杆型（三角排列）示意图

（a）正视图；（b）侧视图；（c）外形图

8. 配电变台杆

柱上配电变压器侧装，配电柱上变压器杆型（变压器侧装，绝缘导线引线，12m 双杆），如图 1－37 所示。

1.4.5　柱上设备

10kV 架空线路用柱上设备包括柱上开关（断路器、负荷开关、隔离开关、跌落式熔断器和避雷器等），配电变压器、电缆引下装置、柱上无功补偿装置、柱上高压计量装置，以及配网自动化终端设备等。

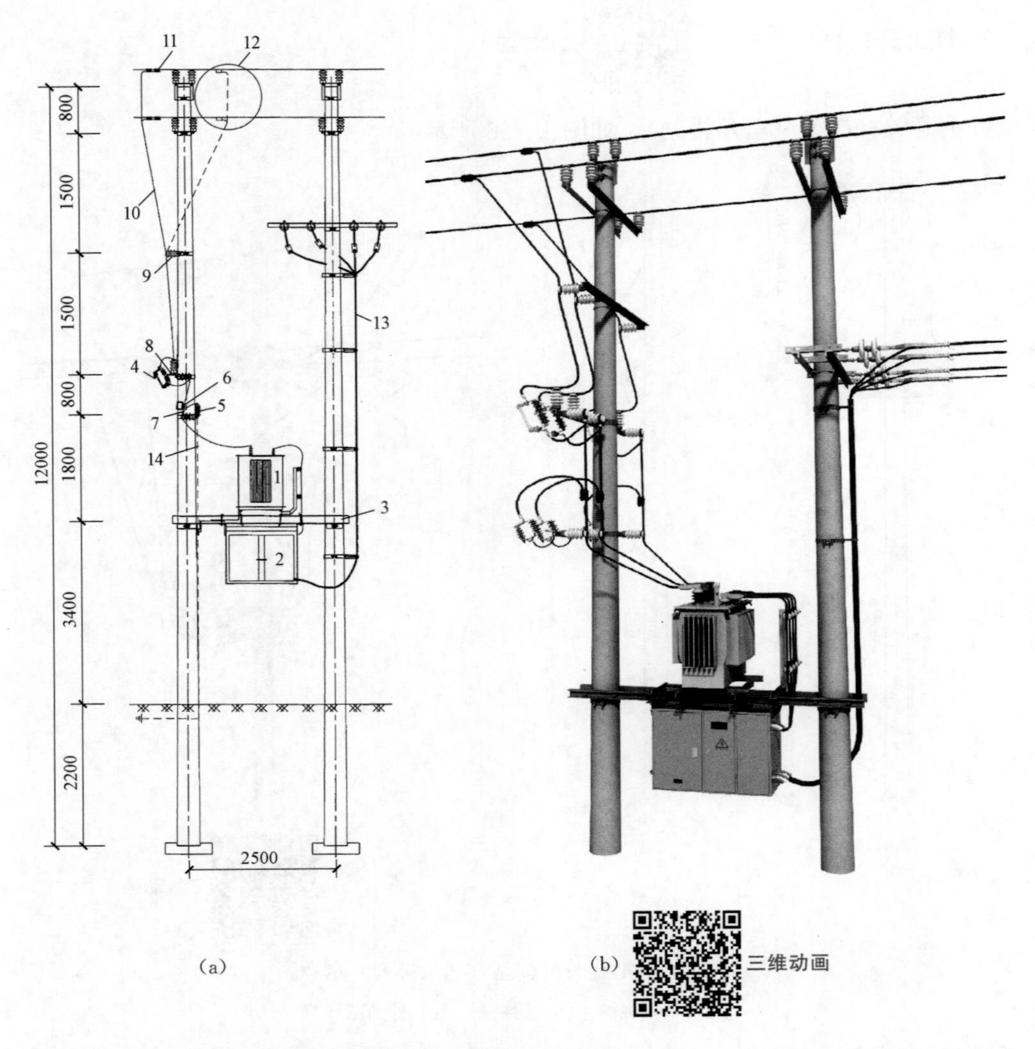

图 1－37　配电柱上变压器杆型（变压器侧装，绝缘导线引线，12m 双杆，三角排列）示意图

（a）正视图；（b）外形图

1—柱上变压器；2—JP 柜（低压综合配电箱）；3—变压器双杆支持架；4—跌落式熔断器；5—普通型避雷器或可拆卸避雷器；6—绝缘穿刺接地线夹；7—绝缘压接线夹；8—熔断器安装架；9—线路柱式瓷绝缘子；10—高压绝缘线；11—选用异性并购线夹；12—选用带电装拆线夹；13—低压电缆或低压绝缘线；14—接地引下线；15—开关标识牌（图中未标示）

1. 柱上断路器

柱上断路器包括户外真空断路器和户外 SF_6 断路器，如图 1－38 所示，在任何情况下都具备开断和关合电路的能力，甚至在电路发生最大可能的短路时，也能开断和分合短路电流。

图 1-38　柱上断路器外形图

(a) 户外真空断路器 1；(b) 户外真空断路器 2（外置隔离开关）；(c) 户外 SF_6 断路器

2. 柱上负荷开关

柱上负荷开关包括真空式柱上负荷开关、真空式柱上分界负荷开关以及 SF_6 式柱上负荷开关，如图 1-39 所示，具备分、合正常负荷电流、线路环流、充电电流的能力，还具备合短路电流的能力。柱上负荷开关和柱上断路器外形和安装方式相似以及柱上开关定义较广、种类较多，选用时应根据铭牌和功能加以区分并应用在不同的场合。

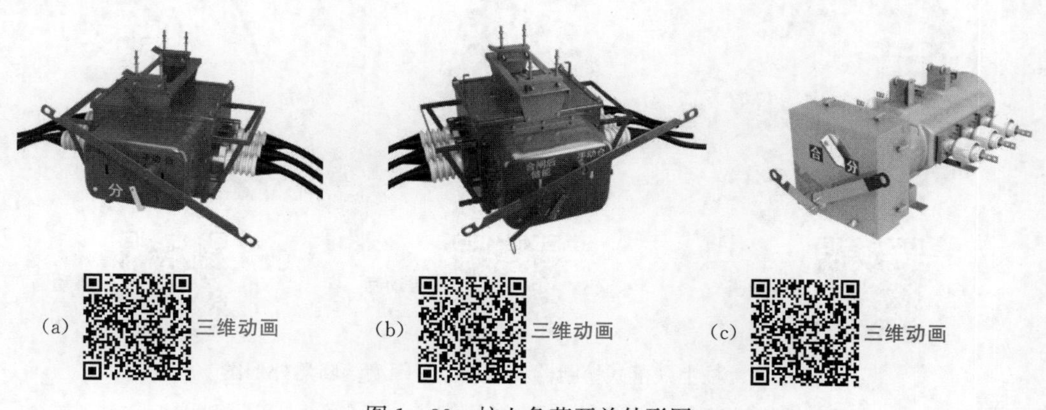

图 1-39　柱上负荷开关外形图

(a) 真空式柱上负荷开关；(b) 真空式柱上分界负荷开关；(c) SF_6 式柱上负荷开关

3. 柱上隔离开关

柱上隔离开关（刀闸）包括瓷绝缘支柱隔离开关和复合绝缘隔离开关，如图 1-40 所示。它是由底架、支柱绝缘体、闸刀、触头等部分组成的一种没有专门灭弧装置的开关设备，不能用来开断负载电流和短路电流。

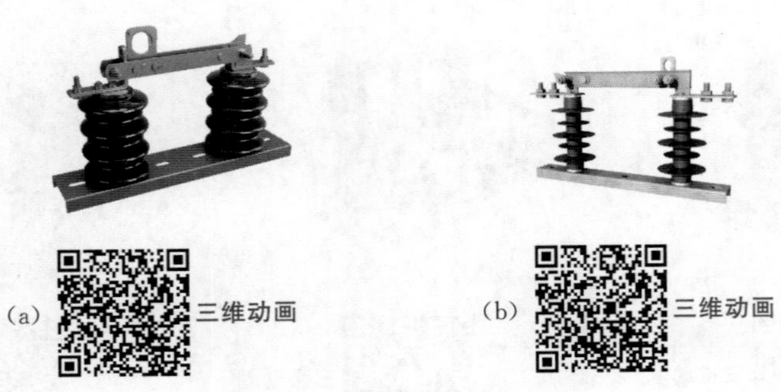

图 1-40　柱上隔离开关外形图

(a) 瓷绝缘支柱隔离开关；(b) 复合绝缘支柱隔离开关

4. 柱上跌落式熔断器

柱上跌落式熔断器包括瓷绝缘支柱熔断器和复合绝缘支柱熔断器，以及全绝缘封闭型熔断器，如图 1-41 所示。它可装在杆上变压器高压侧，互感器和电容器与线路连接处，提供过载和短路保护，也可装在长线路末端或分支线路上，对继电保护保护不到的范围提供保护。

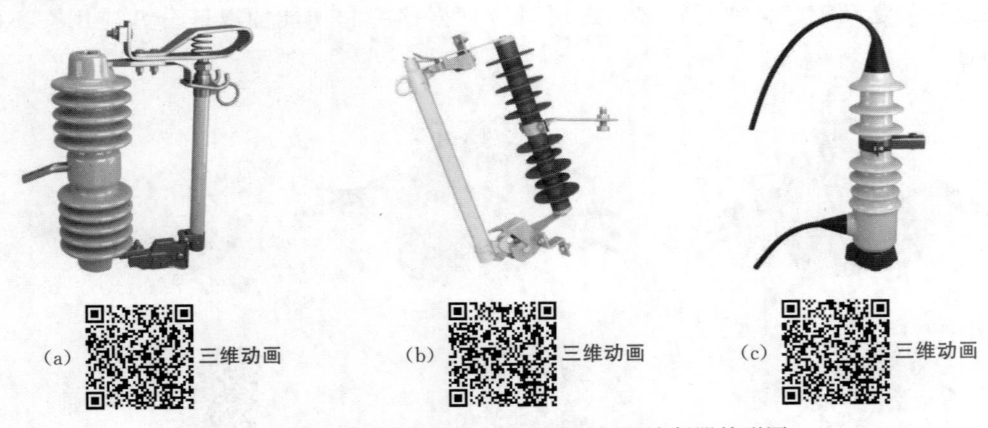

图 1-41　柱上跌落式熔断器和全绝缘封闭型熔断器外形图

(a) 瓷绝缘支柱熔断器；(b) 复合绝缘支柱熔断器；(c) 全绝缘封闭型熔断器

5. 柱上避雷器

柱上避雷器包括氧化锌避雷器和支柱型避雷器，如图 1-42 所示。它安装在线路或设备与大地之间，使雷电或其他原因产生的过电压对地放电，从而保护线路或设备。当过电压来到时，避雷器对地快速放电，当电压降到正常电压时，则停止放电，以防止正常工频电流对地放电，造成短路。

6. 柱上配电变压器

配电变压器是指用于配电系统中直接向用户供电的降压变压器，包括柱上单相变压器、三相变压器，图 1－43 所示。

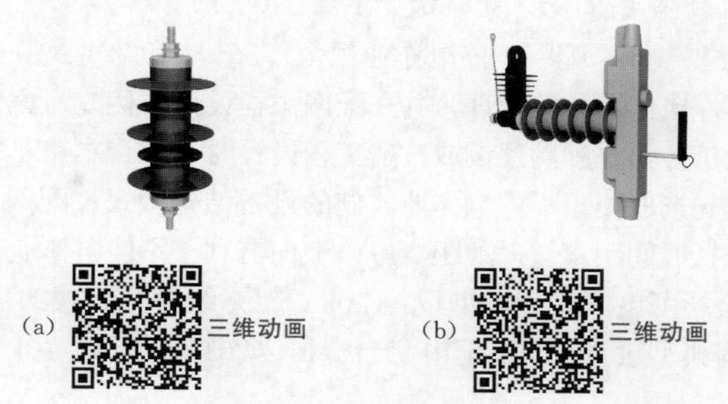

图 1－42 避雷器外形图

(a) 氧化锌避雷器；(b) 支柱型避雷器

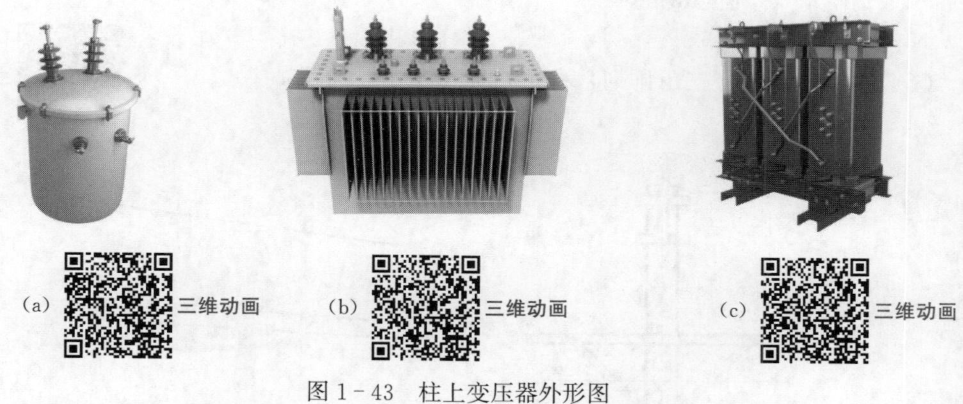

图 1－43 柱上变压器外形图

(a) 单相变压器；(b) 油浸式变压器；(c) 环氧树脂干式变压器

1.5 配电网架空线路典型设计

依据 Q/GDW 10370《配电网技术导则》7.1.5 和 7.1.6 的规定：

(1) 架空线路建设改造，宜采用单回线架设以适应带电作业，导线三角形排列时边相与中相水平距离不宜小于 800mm；若采用双回线路，耐张杆宜采用竖直双排列；若通道受限，可采用电缆敷设方式。市区架空线路路径的选择、线路分段及联络开关的设置、导线架设布置（线间距离、横担层距及耐张段长度）、设备选型、工艺标准等方面应充分考虑带电作业的要求和发展，以利于带电作业、负荷引流旁路，实现不停电作业。

（2）规划 A⁺、A、B、C、D 类供电区域，10kV 架空线路一般选用 12m 或 15m 环形混凝土电杆；E 类供电区域一般选用 10m 及以上环形混凝土电杆。环形混凝土电杆一般应选用非预应力电杆，交通运输不便地区可采用轻型高强度电杆、组装型杆或窄基铁塔等。A⁺、A、B 类供电区域的繁华地段受条件所限，耐张杆可选用钢管杆。对于受力较大的双回路及多回路直线杆，以及受地形条件限制无法设置拉线的转角杆可采用部分预应力混凝土电杆，其强度等级应为 O 级、T 级、U2 级 3 种。

按照 Q/GDW 10520《10kV 配网不停电作业规范》5.4.4 和 7.1 及其条文说明中的规定：将配网工程纳入不停电作业流程管理，并在配网工程设计时优先考虑便于不停电作业的设备结构及型式；地市公司在配网建设或改造工程设计时，结合本市不停电作业发展水平从国网典型设计中优先选取便于不停电作业实施的设备结构型式；配网发展、建设充分考虑在装置、布局（包括线间距离、对地距离等）上向有利于不停电作业工作方向发展。

依据《国家电网公司配电网工程典型设计 10kV 架空线路分册（2016 版）》和《国家电网公司配电网工程典型设计 10kV 配电变台分册（2016 版）》，10kV 架空线路和配电变台典型设计如下。

1.5.1 直线杆

微课件

（1）单回直线杆（三角排列）杆头，如图 1-44 所示。

二维动画

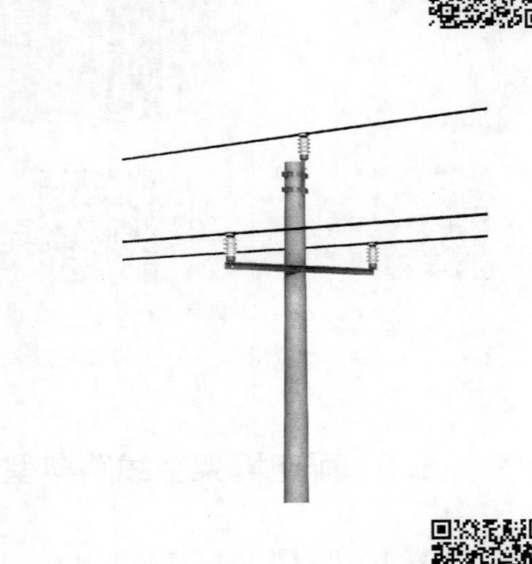

(a)　　(b)

三维动画

图 1-44　单回直线杆（三角排列）杆头图
(a) 正视图；(b) 外形图

（2）单回直线转角杆（三角排列）杆头，如图 1-45 所示。

二维动画

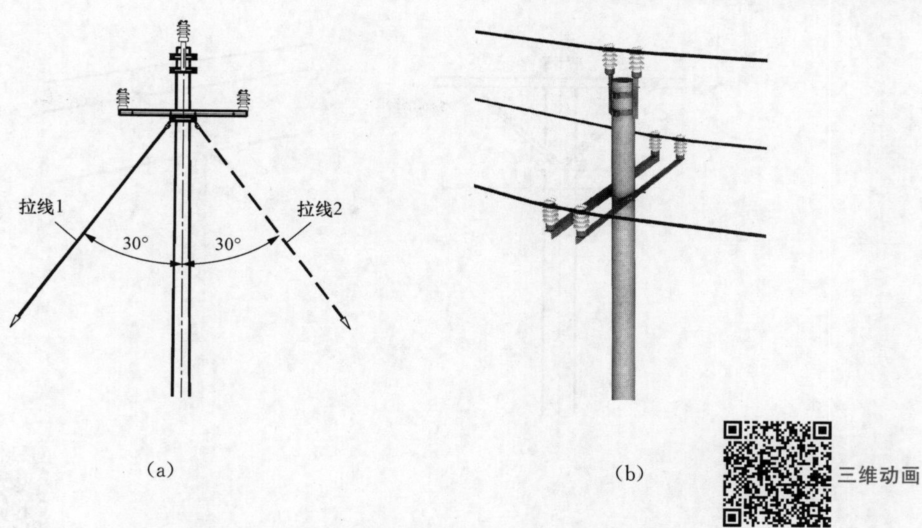

三维动画

图 1 - 45　单回直线转角杆（三角排列）杆头图

(a) 正视图；(b) 外形图

（3）单回直线杆（三角排列，紧凑型）杆头，如图 1 - 46 所示。

二维动画

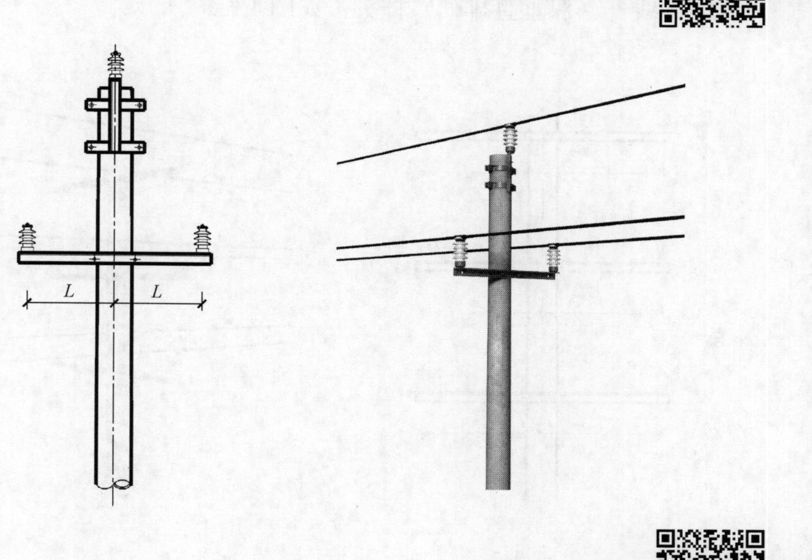

三维动画

图 1 - 46　单回直线杆（三角排列，紧凑型）杆头图

(a) 正视图；(b) 外形图

（4）单回直线杆（水平排列）杆头，如图 1 - 47 所示。

二维动画

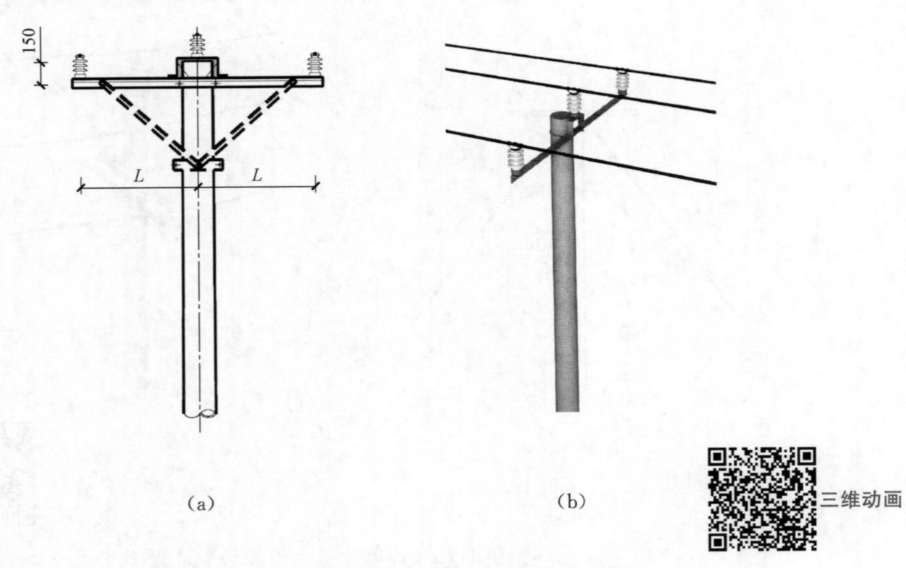

图 1-47　单回直线杆（水平排列）杆头图
(a) 正视图；(b) 外形图

（5）双回直线杆（双垂直排列）杆头，如图 1-48 所示。

二维动画

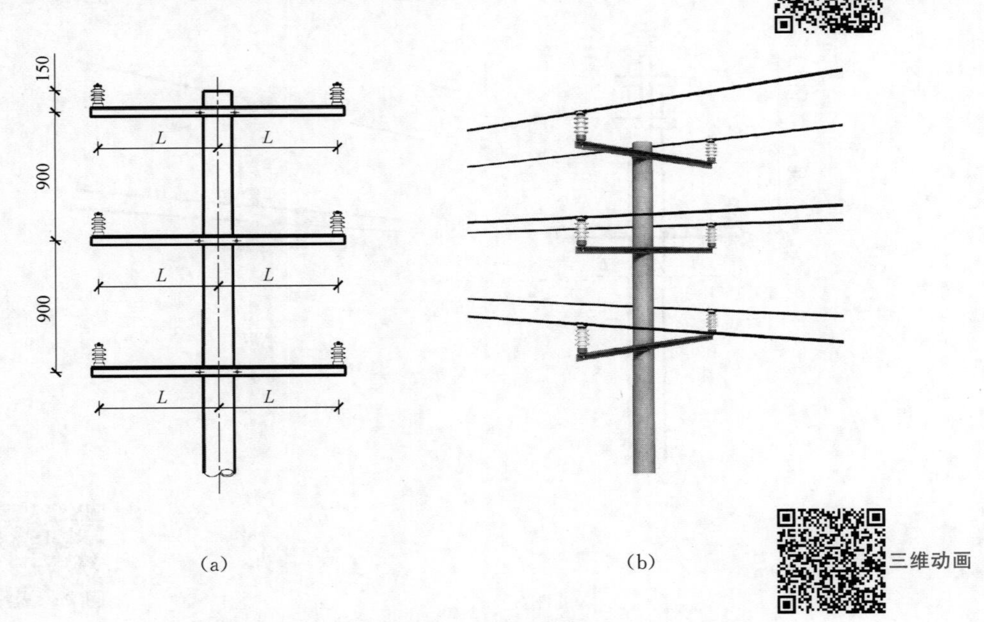

图 1-48　双回直线杆（双垂直排列）杆头图
(a) 正视图；(b) 外形图

（6）双回直线杆（双垂直排列，紧凑型）杆头，如图 1-49 所示。

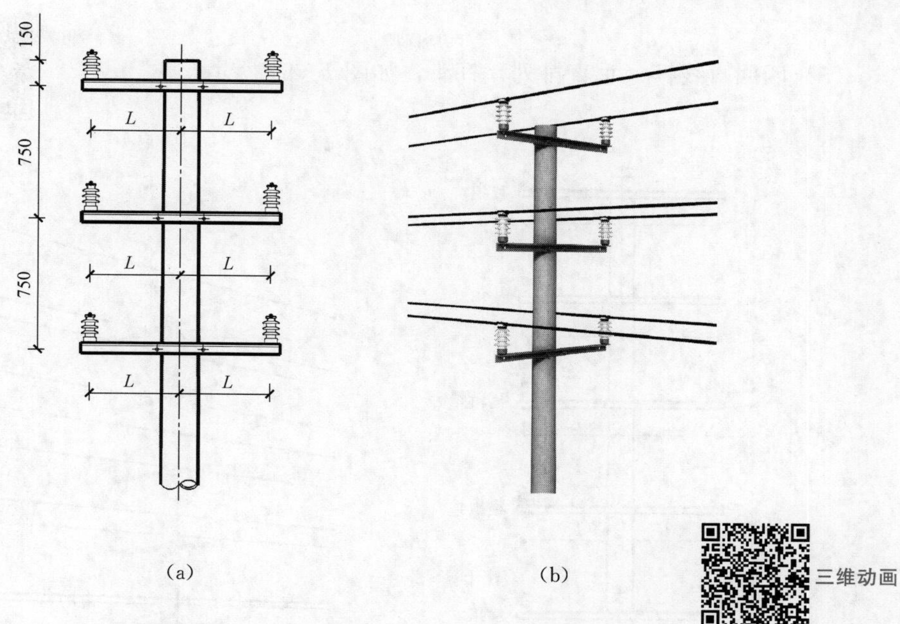

图 1-49　双回直线杆（双垂直排列，紧凑型）杆头图
（a）正视图；（b）外形图

（7）双回直线钢管杆（双垂直排列）杆头，如图 1-50 所示。

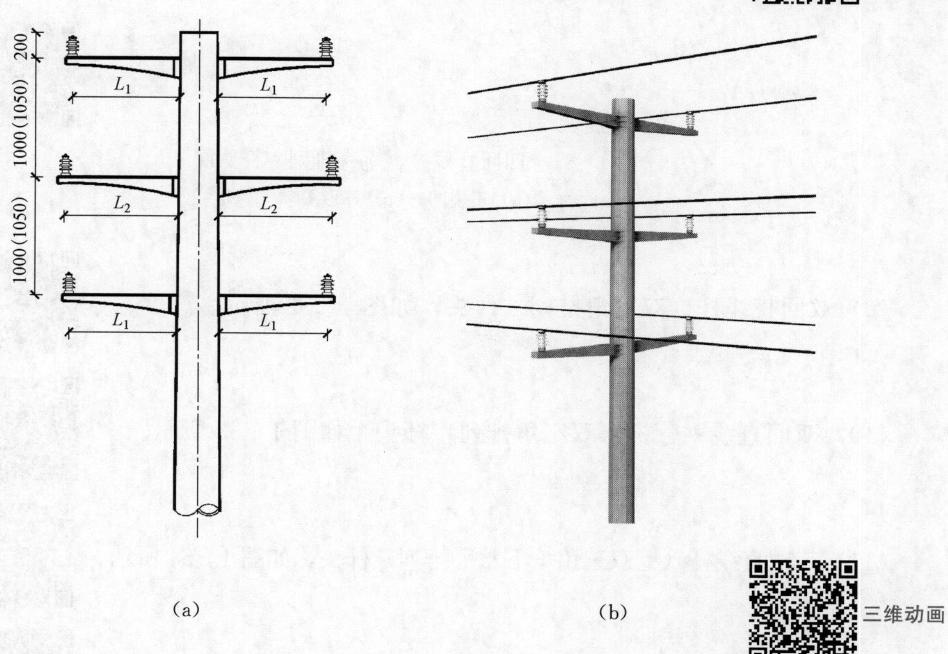

图 1-50　双回直线钢管杆（双垂直排列）杆头图
（a）正视图；（b）外形图

(8) 四回直线杆（垂直排列）杆头，如图 1－51 所示。

二维动画

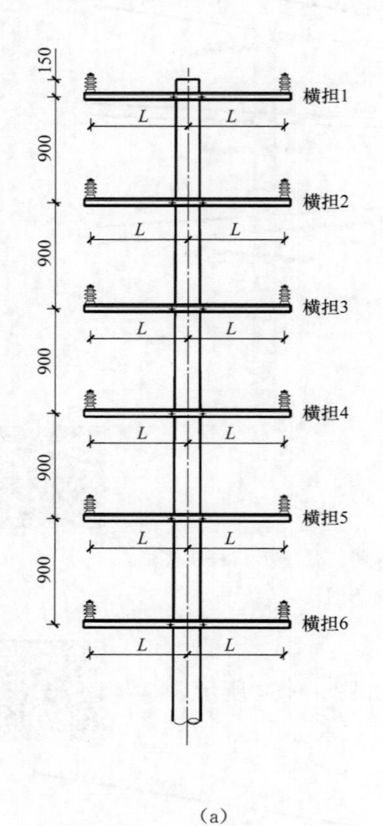

(a)

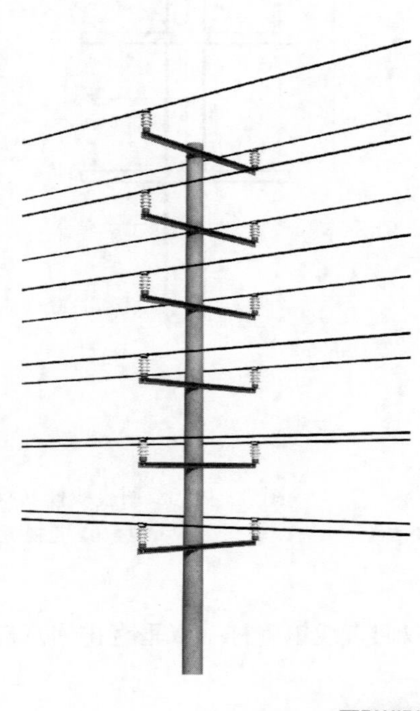

(b)

三维动画

图 1－51　四回直线杆（垂直排列）杆头图
(a) 正视图；(b) 外形图

(9) 双回直线杆（双三角排列）杆头，如图 1－52 所示。

二维动画

(10) 双回直线钢管杆（双三角排列）杆头，如图 1－53 所示。

二维动画

(11) 三回直线杆（上双三角＋下水平排列）杆头，如图 1－54 所示。

二维动画

(12) 三回直线杆（上双垂直＋下水平排列）杆头，如图 1－55 所示。

二维动画

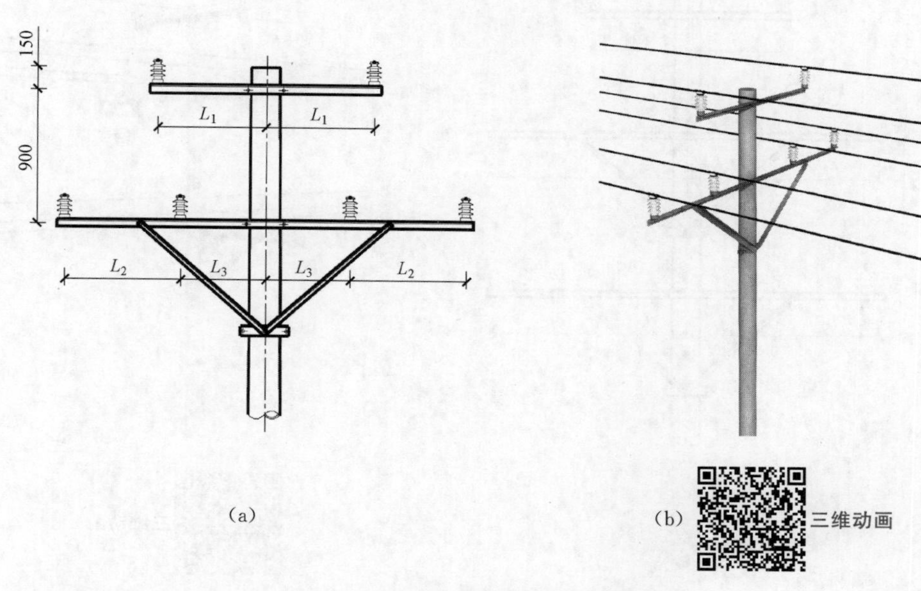

图1-52　双回直线杆（双三角排列）杆头图

（a）正视图；（b）外形图

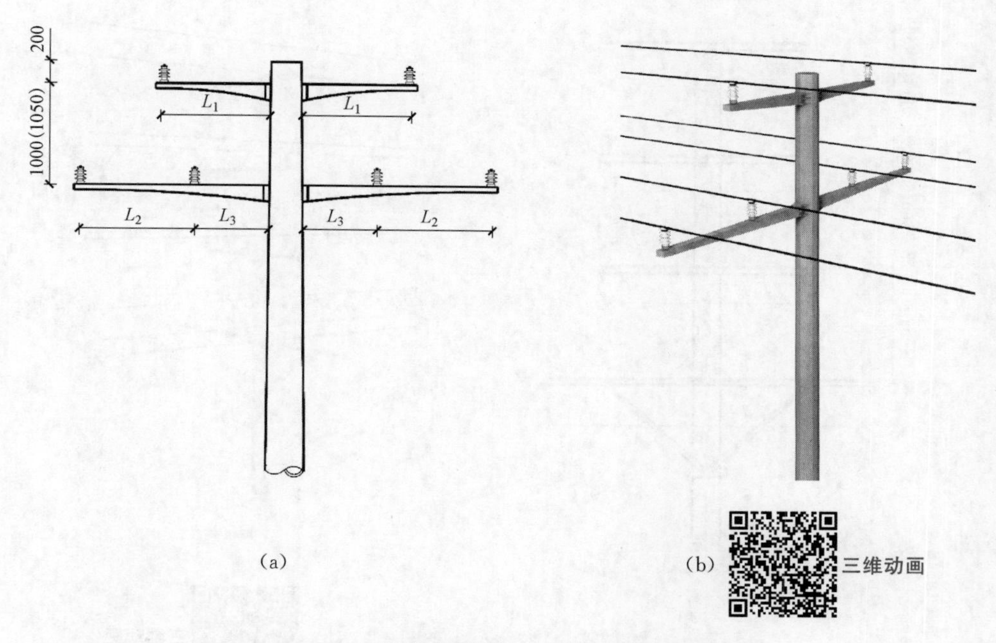

图1-53　双回直线钢管杆（双三角排列）杆头图

（a）正视图；（b）外形图

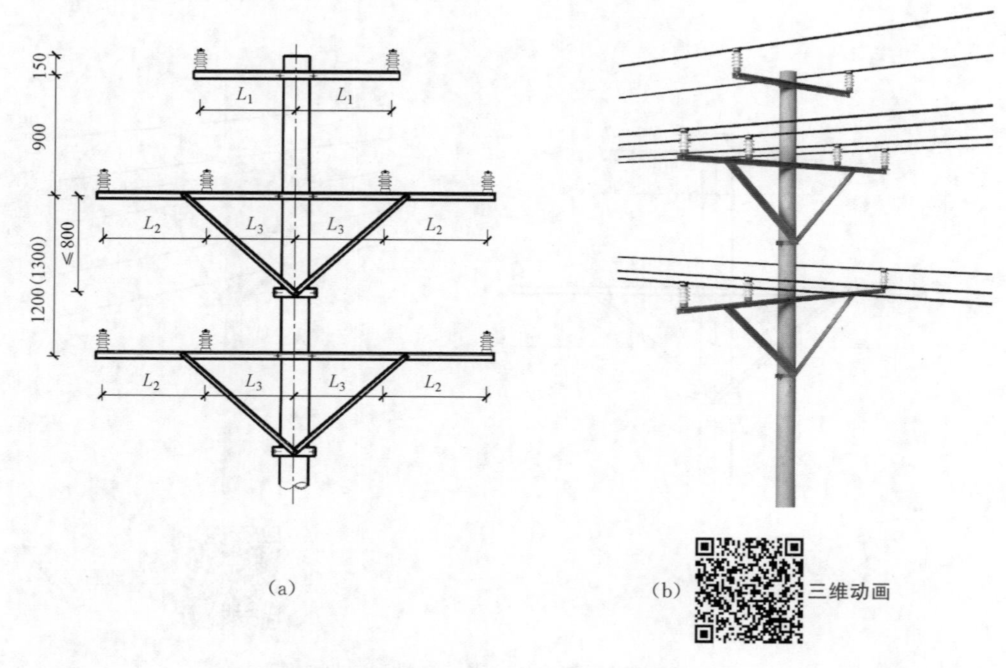

图 1-54　三回直线杆（上双三角＋下水平排列）杆头图
(a) 正视图；(b) 外形图

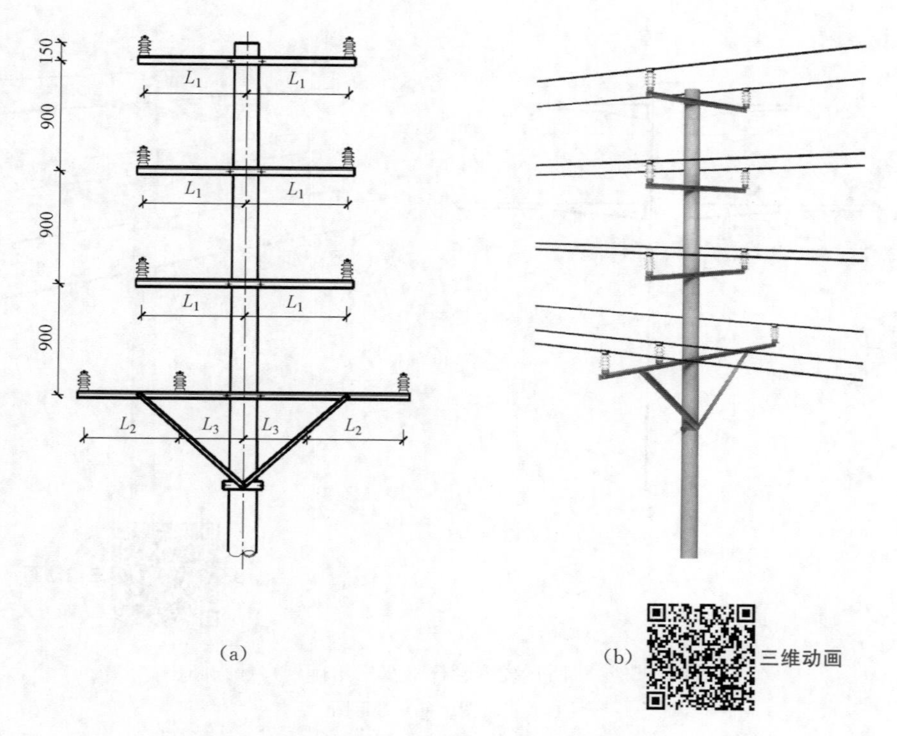

图 1-55　三回直线杆（上双垂直＋下水平排列）杆头图
(a) 正视图；(b) 外形图

1.5.2　直线分支杆

微课件

（1）单回直线分支杆（无熔丝支接装置，三角排列）杆头，如图 1－56 所示。

二维动画

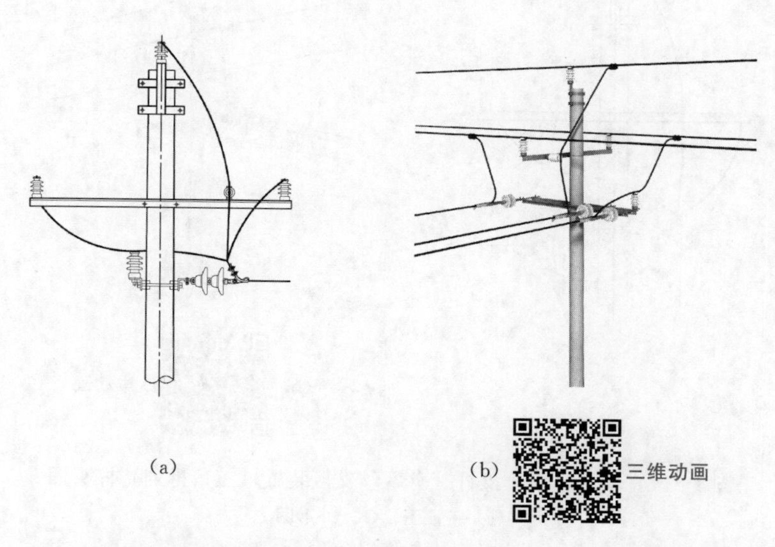

（a）

（b）

三维动画

图 1－56　单回直线分支杆（无熔丝支接装置，三角排列）杆头图

（a）正视图；（b）外形图

（2）单回直线分支杆（无熔丝支接装置，水平排列）杆头，如图 1－57 所示。

二维动画

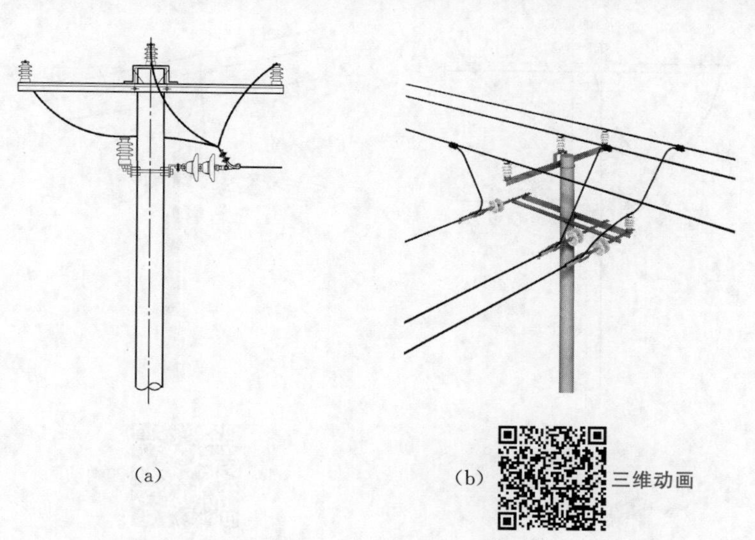

（a）

（b）

三维动画

图 1－57　单回直线分支杆（无熔丝支接装置，水平排列）杆头图

（a）正视图；（b）外形图

(3) 单回直线分支杆(有熔丝支接装置,三角排列)杆头,如图1-58所示。

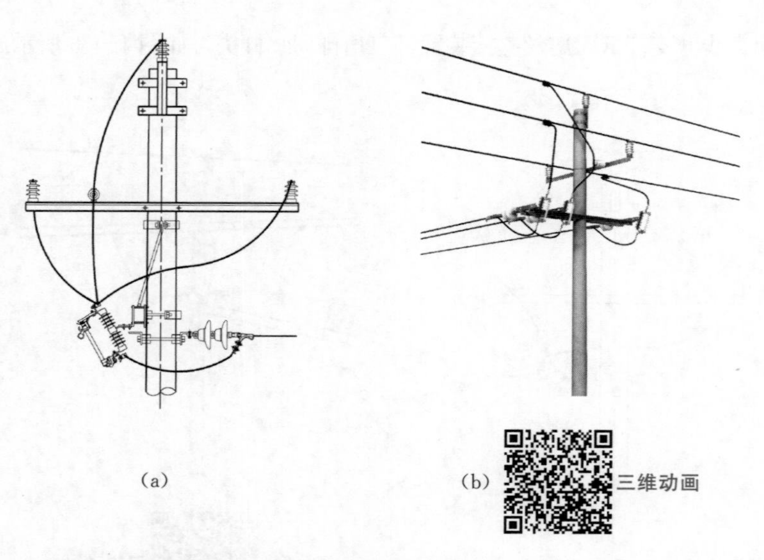

图1-58　单回直线分支杆(有熔丝支接装置,三角排列)杆头图
(a) 正视图;(b) 外形图

(4) 单回直线分支杆(有熔丝支接装置,水平排列)杆头,如图1-59所示。

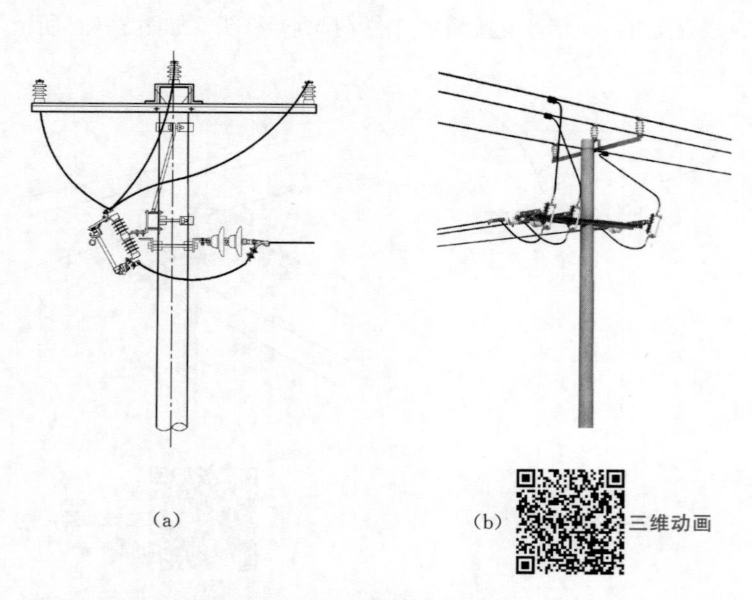

图1-59　单回直线分支杆(有熔丝支接装置,水平排列)杆头图
(a) 正视图;(b) 外形图

（5）双回直线分支杆（无熔丝支接装置，双垂直排列）杆头，如图1－60所示。

二维动画

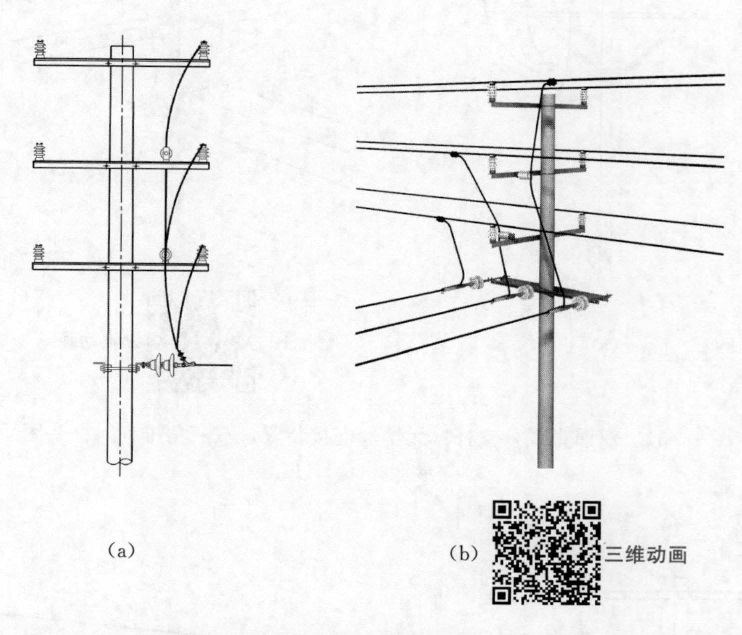

图1－60　双回直线分支杆（无熔丝支接装置，双垂直排列）杆头图

（a）正视图；（b）外形图

（6）双回直线分支杆（无熔丝支接装置，双三角排列）杆头，如图1－61所示。

二维动画

（7）双回直线分支杆（有熔丝支接装置，双垂直排列）杆头，如图1－62所示。

二维动画

（8）双回直线分支杆（有熔丝支接装置，双三角排列杆头），如图1－63所示。

二维动画

（9）三回直线分支杆（无熔丝支接装置，上双垂直＋下水平排列）杆头，如图1－64所示。

二维动画

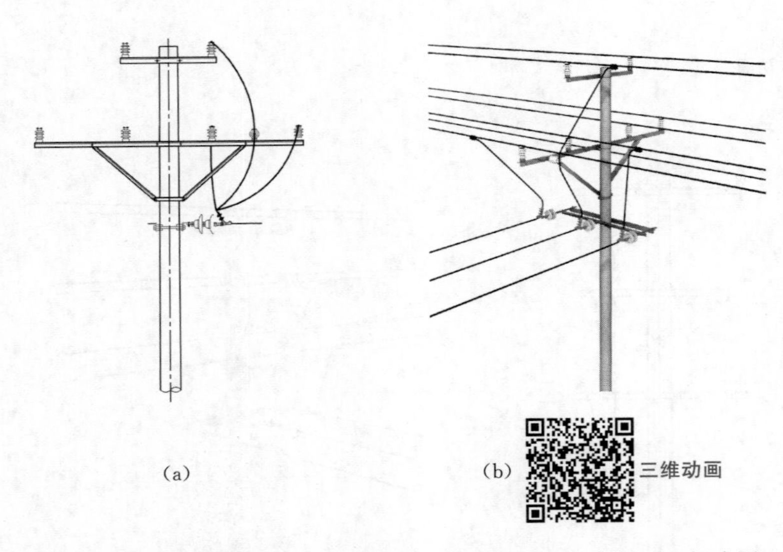

图 1-61　双回直线分支杆（无熔丝支接装置，双三角排列）杆头图
(a) 正视图；(b) 外形图

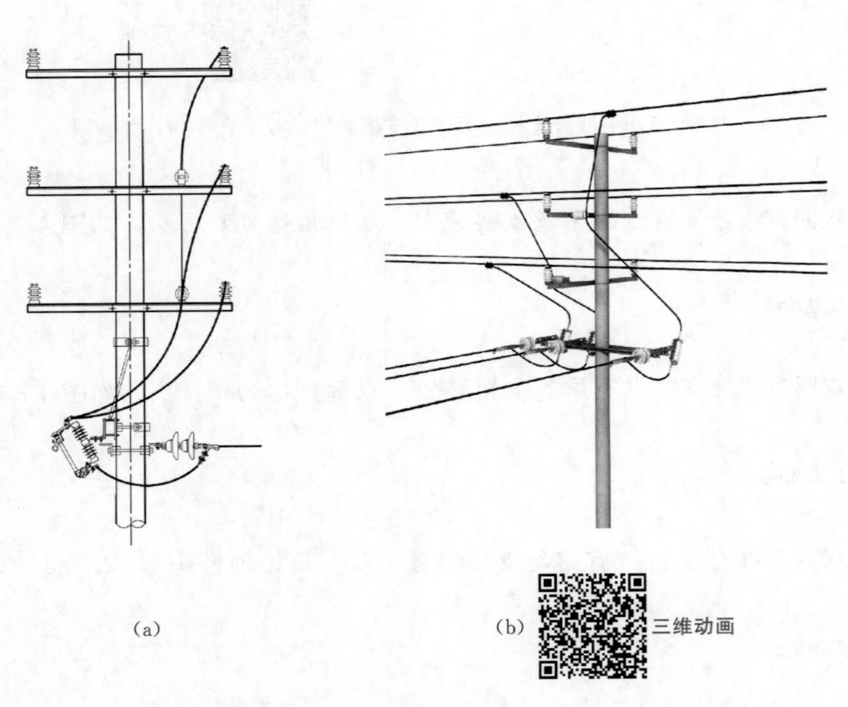

图 1-62　双回直线分支杆（有熔丝支接装置，双垂直排列）杆头图
(a) 正视图；(b) 外形图

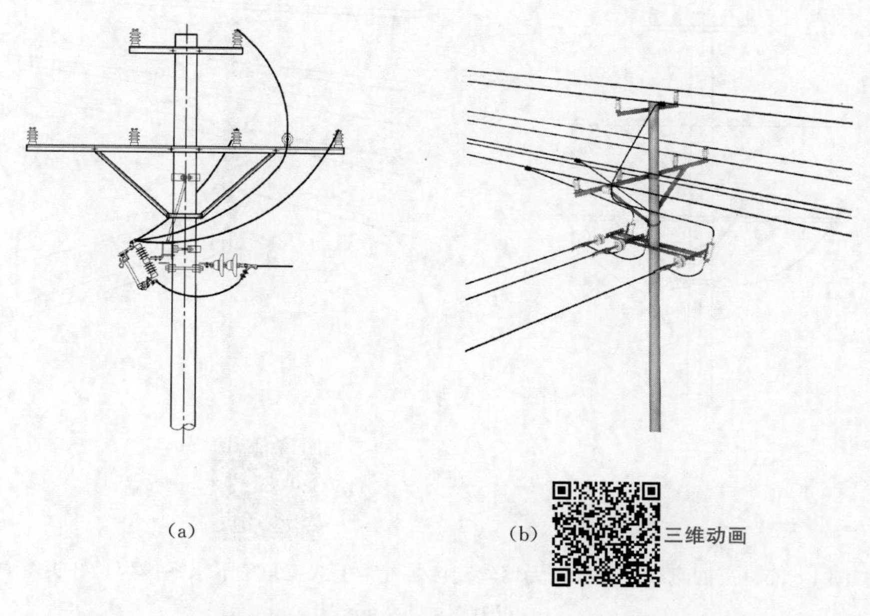

图 1－63　双回直线分支杆（有熔丝支接装置，双三角排列）杆头图

（a）正视图；（b）外形图

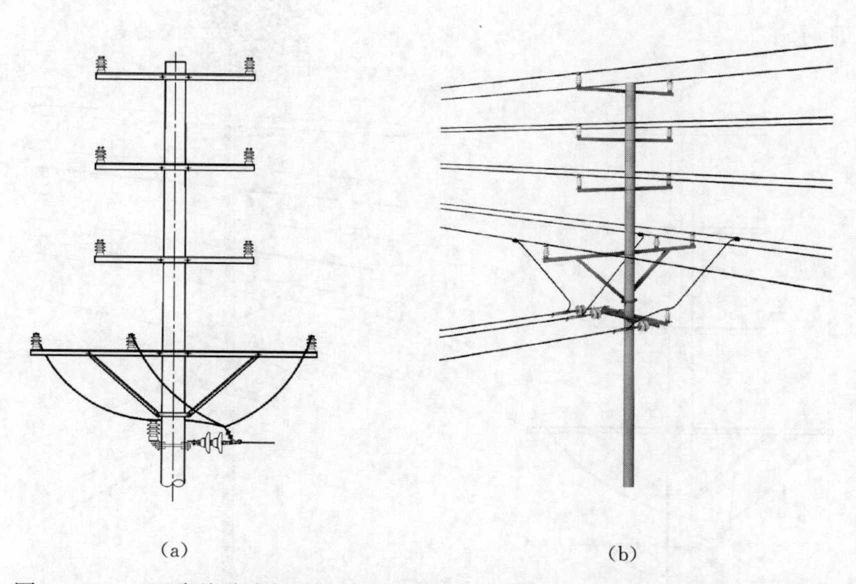

图 1－64　三回直线分支杆（无熔丝支接装置，上双垂直＋下水平排列）杆头图

（a）正视图；（b）外形图

（10）三回直线分支杆（无熔丝支接装置，上双三角＋下水平排列）杆头，如图 1－65 所示。

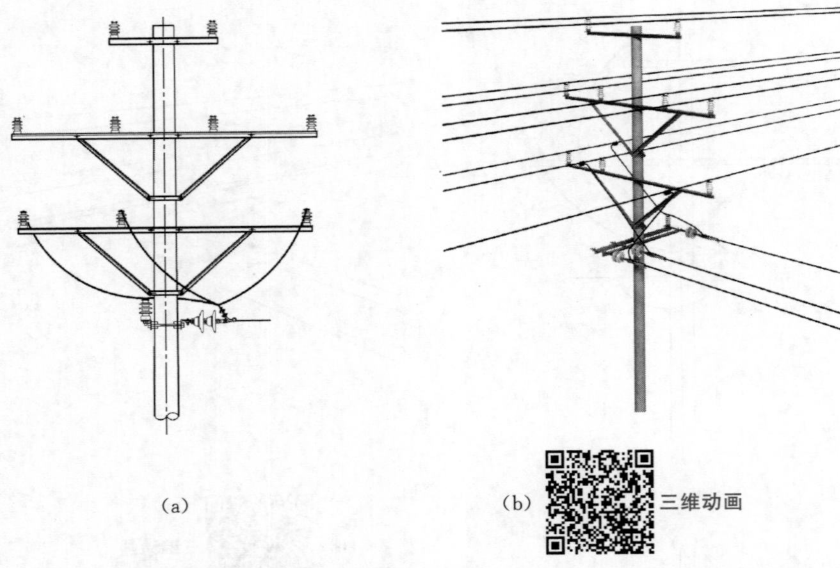

图 1-65 三回直线分支杆（无熔丝支接装置，上双三角+下水平排列）杆头图
(a) 正视图；(b) 外形图

(11) 三回直线分支杆（有熔丝支接装置，上双垂直+下水平排列）杆头，如图 1-66 所示。

二维动画

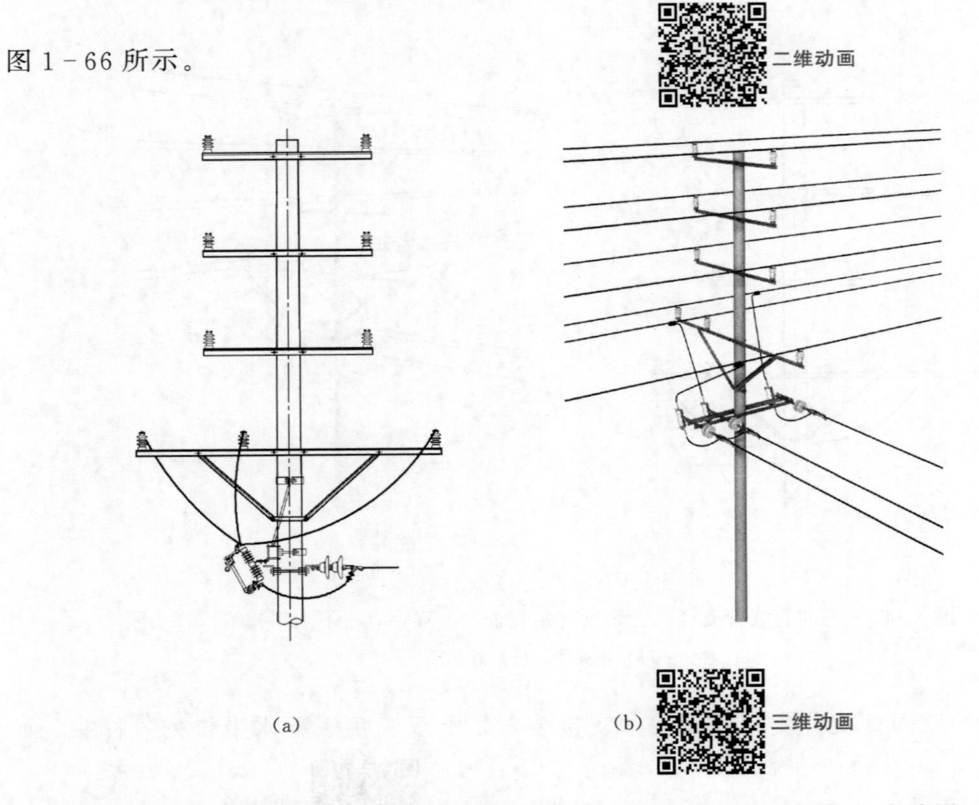

图 1-66 三回直线分支杆（有熔丝支接装置，上双垂直+下水平排列）杆头图
(a) 正视图；(b) 外形图

（12）三回直线分支杆（有熔丝支接装置，上双三角＋下水平排列）杆头，如图1－67所示。

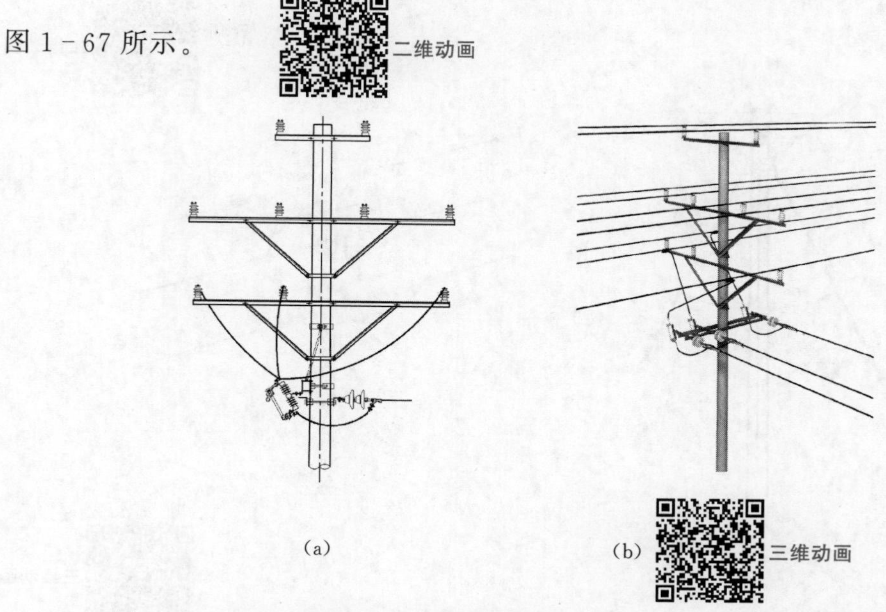

图1－67　三回直线分支杆（有熔丝支接装置，上双三角＋下水平排列）杆头图
（a）正视图；（b）外形图

1.5.3　耐张杆

（1）单回直线耐张杆（三角排列，两边相引线横担下方搭接）杆头，如图1－68所示。

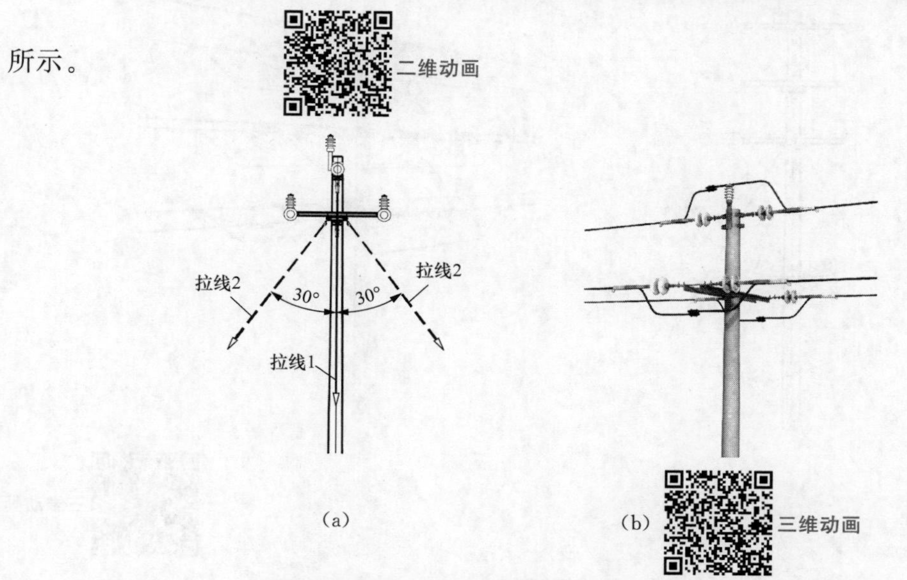

图1－68　单回直线耐张杆（三角排列，两边相引线横担下方搭接）杆头图
（a）正视图；（b）外形图

（2）单回直线耐张杆（水平排列，两边相引线横担下方搭接）杆头，如图 1－69 所示。

二维动画

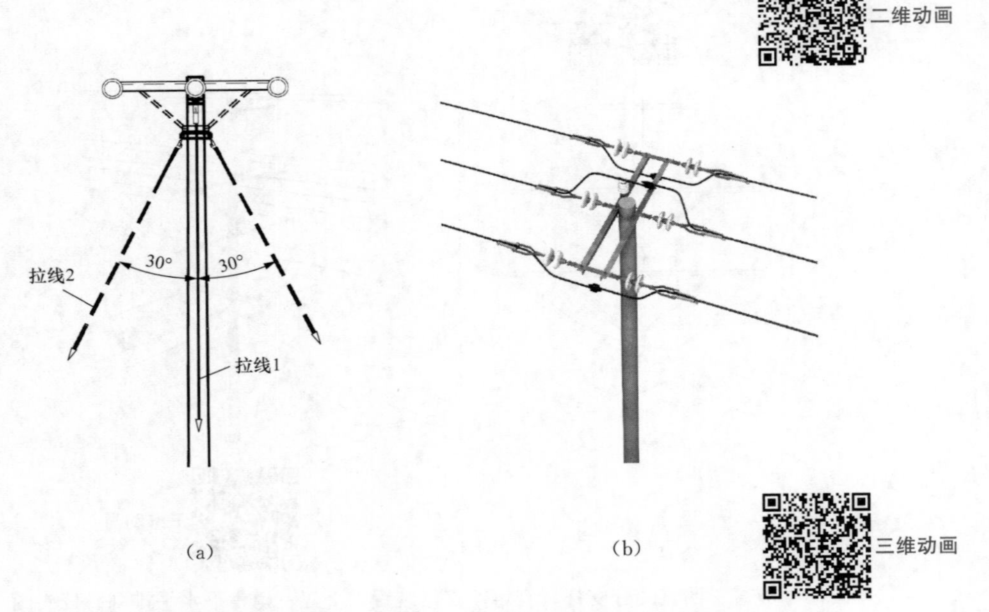

图 1－69　单回直线耐张杆（水平排列，两边相引线横担下方搭接）杆头图

(a) 正视图；(b) 外形图

（3）双回直线耐张杆（双垂直排列）杆头，如图 1－70 所示。

二维动画

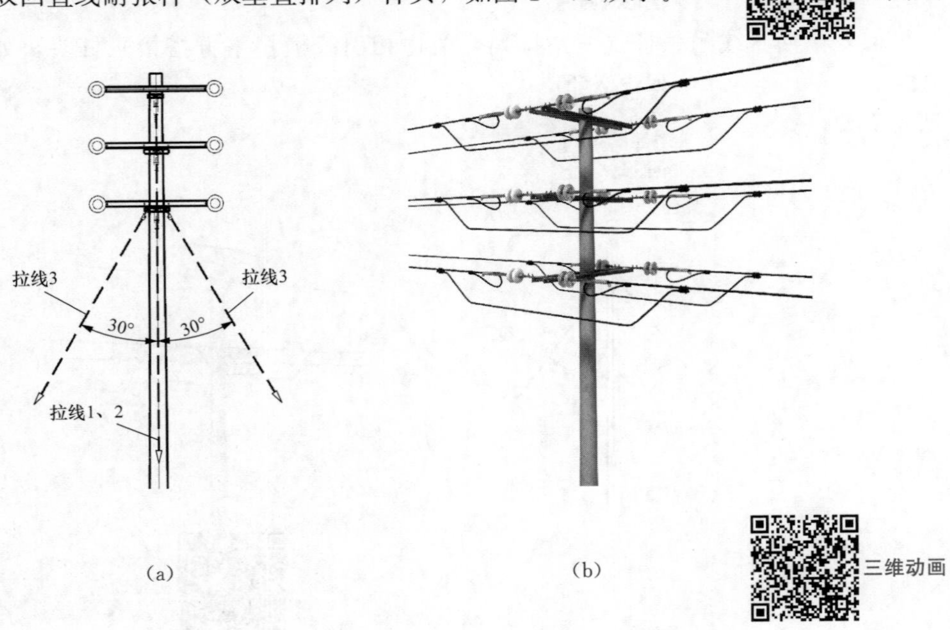

图 1－70　双回直线耐张杆（双垂直排列）杆头图

(a) 正视图；(b) 外形图

1.5.4　转角杆

微课件

（1）单回耐张转角杆（0°～45°，三角排列）杆头，如图 1－71 所示。

二维动画

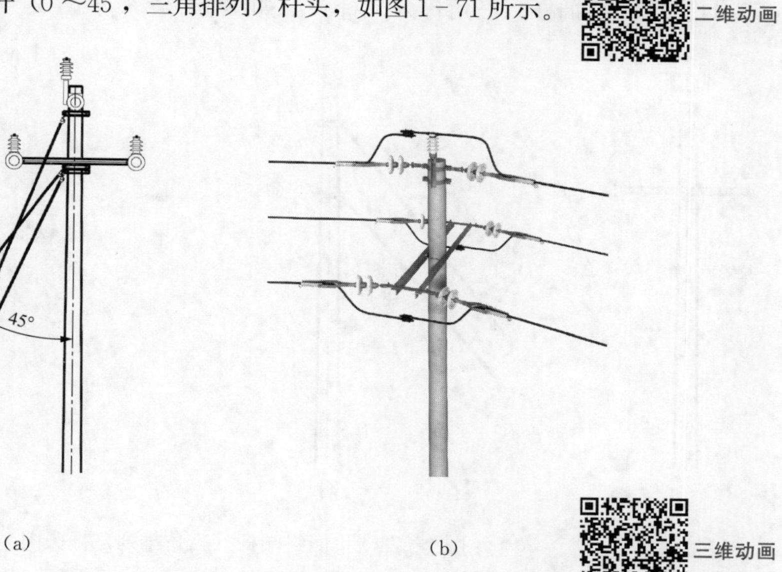

三维动画

图 1－71　耐张转角杆（0°～45°，三角排列）杆头图

（a）正视图；（b）外形图

（2）单回耐张转角杆（45°～90°，三角排列）杆头，如图 1－72 所示。

二维动画

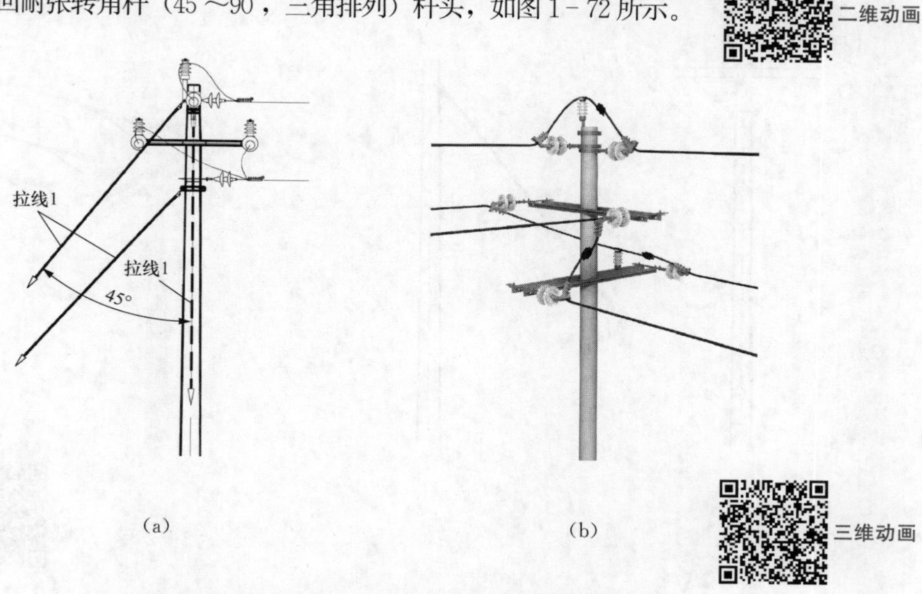

三维动画

图 1－72　耐张转角杆（45°～90°，三角排列）杆头图

（a）正视图；（b）外形图

1.5.5 终端杆

（1）单回终端杆（三角排列）杆头，如图1-73所示。

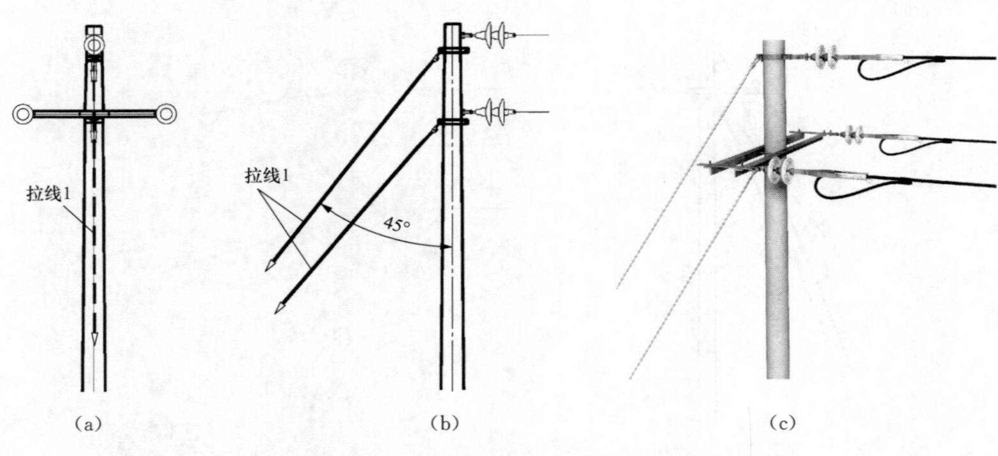

图1-73 单回终端杆（三角排列）杆头图

（a）正视图；（b）侧视图；（c）外形图

（2）单回终端杆（水平排列）杆头，如图1-74所示。

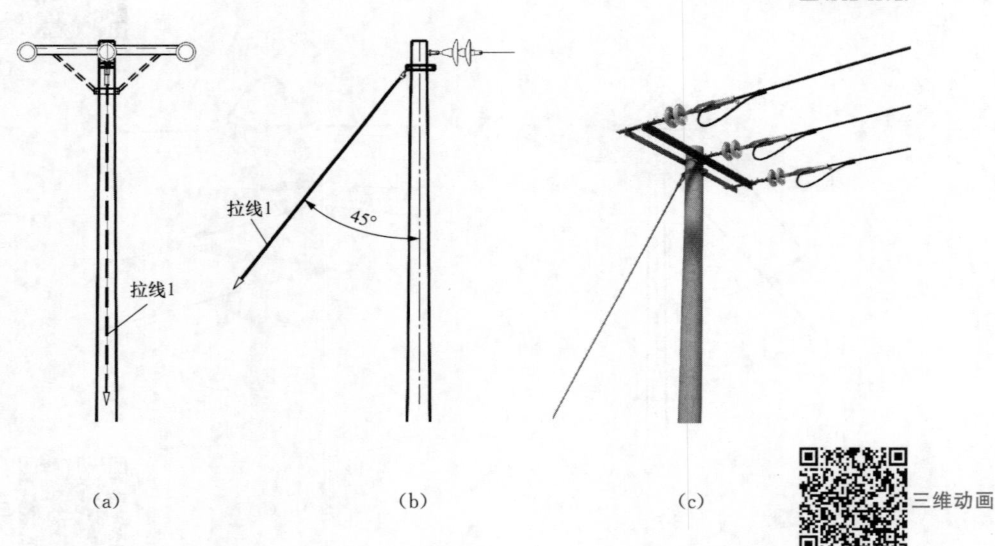

图1-74 单回终端杆（水平排列）杆头图

（a）正视图；（b）侧视图；（c）外形图

（3）双回终端杆（双垂直排列）杆头，如图1-75所示。

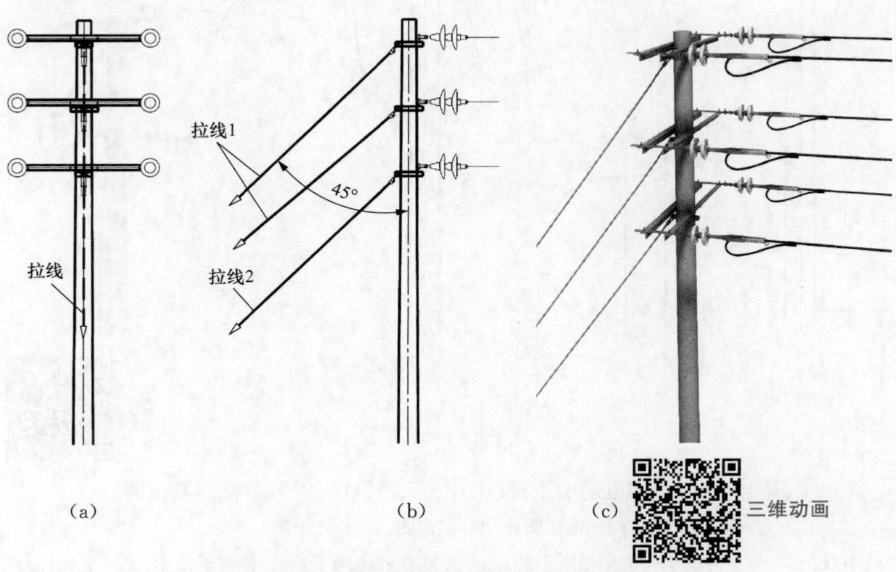

图1-75 双回终端杆（双垂直排列）杆头图
（a）正视图；（b）侧视图；（c）外形图

1.5.6 电缆引下杆

（1）单回电缆引下杆杆头（直线杆，安装氧化锌避雷器），如图1-76所示。

（2）单回电缆引下杆杆头（直线杆，安装支柱型避雷器），如图1-77所示。

（3）单回电缆引下杆杆头（直线杆，经跌落式熔断器引下，安装支柱型避雷器），如图1-78所示。

（4）单回电缆引下杆杆头（直线杆，经跌落式熔断器引下，安装氧化锌避雷器），如图1-79所示。

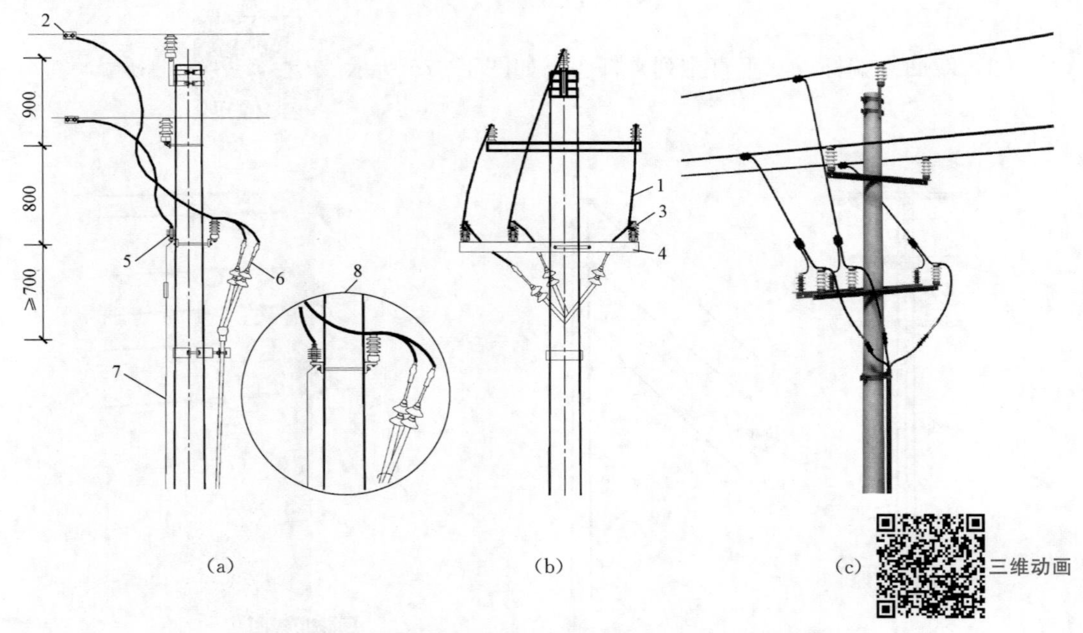

图 1-76 单回电缆引下杆杆头图（直线杆，安装氧化锌避雷器）

（a）正视图；（b）侧视图；（c）外形图

1—导线引线；2—异型并购线夹避雷器上引线；3—线路柱式绝缘子；4—避雷器横担；5—氧化锌避雷器；6—户外电缆终端；7—接地引下线；8—氧化锌避雷器安装图

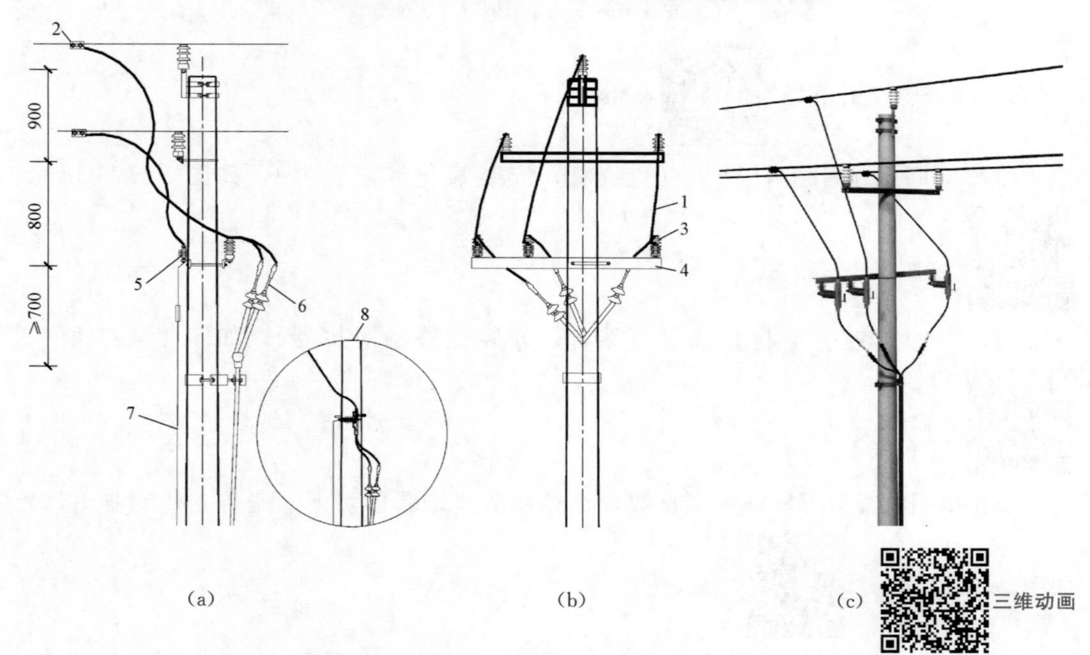

图 1-77 单回电缆引下杆杆头图（直线杆，安装支柱型避雷器）

（a）正视图；（b）侧视图；（c）外形图

1—导线引线；2—异型并购线夹避雷器上引线；3—线路柱式绝缘子；4—避雷器横担；5—支柱型避雷器；6—户外电缆终端；7—接地引下线；8—支柱型避雷器安装图

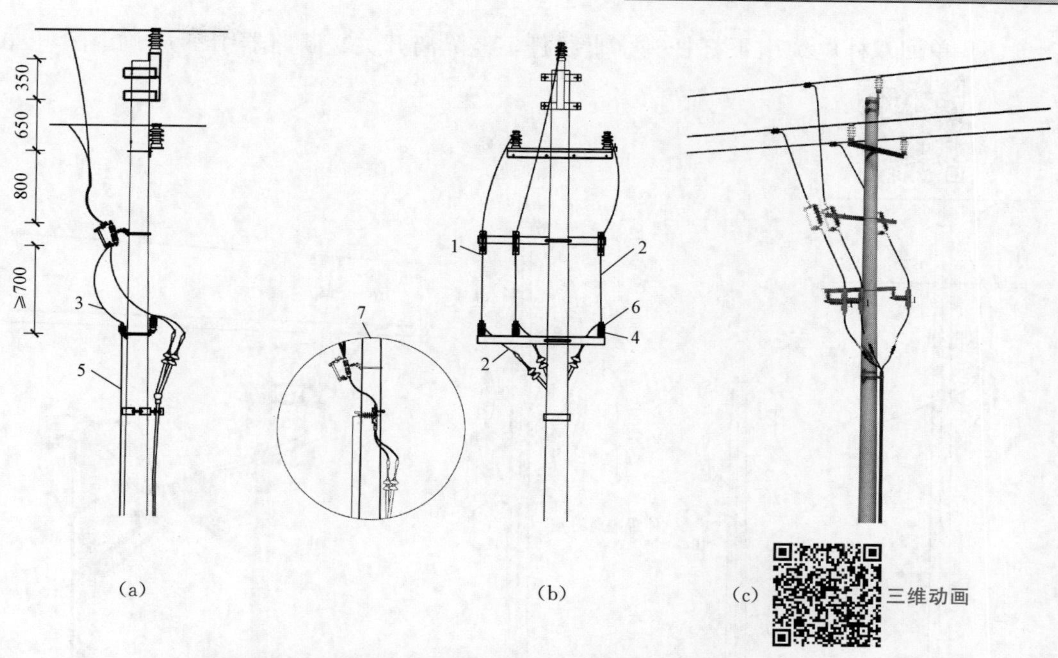

图1-78　单回电缆引下杆杆头图（直线杆，经跌落式熔断器引下，安装支柱型避雷器）

(a) 正视图；(b) 侧视图；(c) 外形图

1—导线引线；2—避雷器上引线；3—支柱型避雷器；4—户外电缆终端；5—接地引下线；6—避雷器支架；7—支柱型避雷器安装图

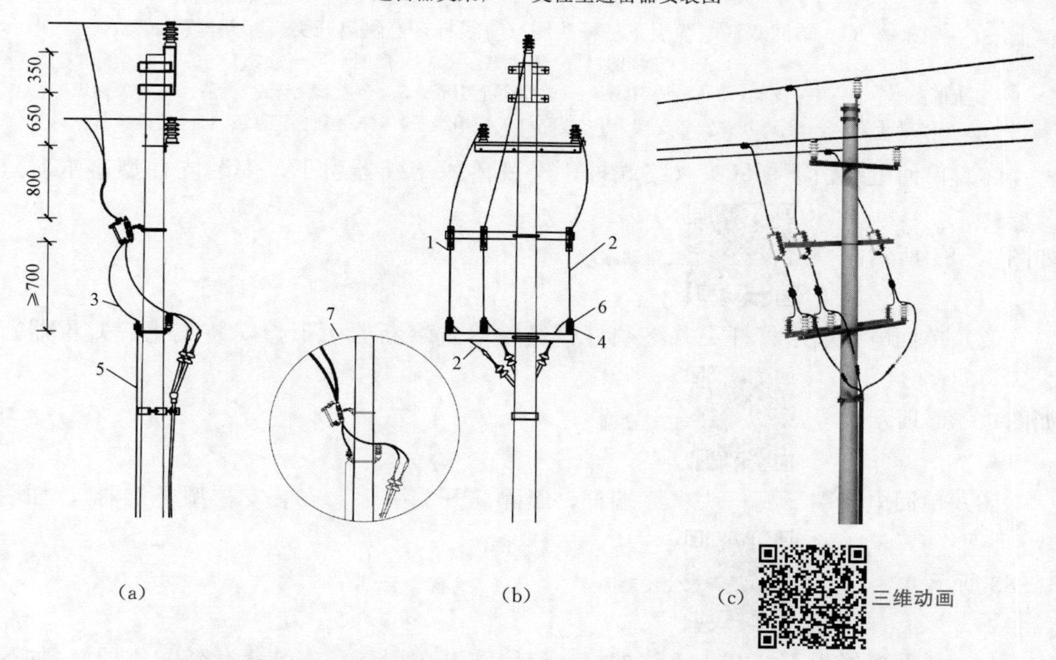

图1-79　单回电缆引下杆杆头图（直线杆，经跌落式熔断器引下，安装氧化锌避雷器）

(a) 正视图；(b) 侧视图；(c) 外形图

1—导线引线；2—避雷器上引线；3—支柱型避雷器；4—户外电缆终端；5—接地引下线；6—避雷器支架；7—氧化锌避雷器安装图

(5) 单回双杆电缆引下杆杆头（直线杆，经隔离开关、断路器引下），如图 1－80 所示。二维动画

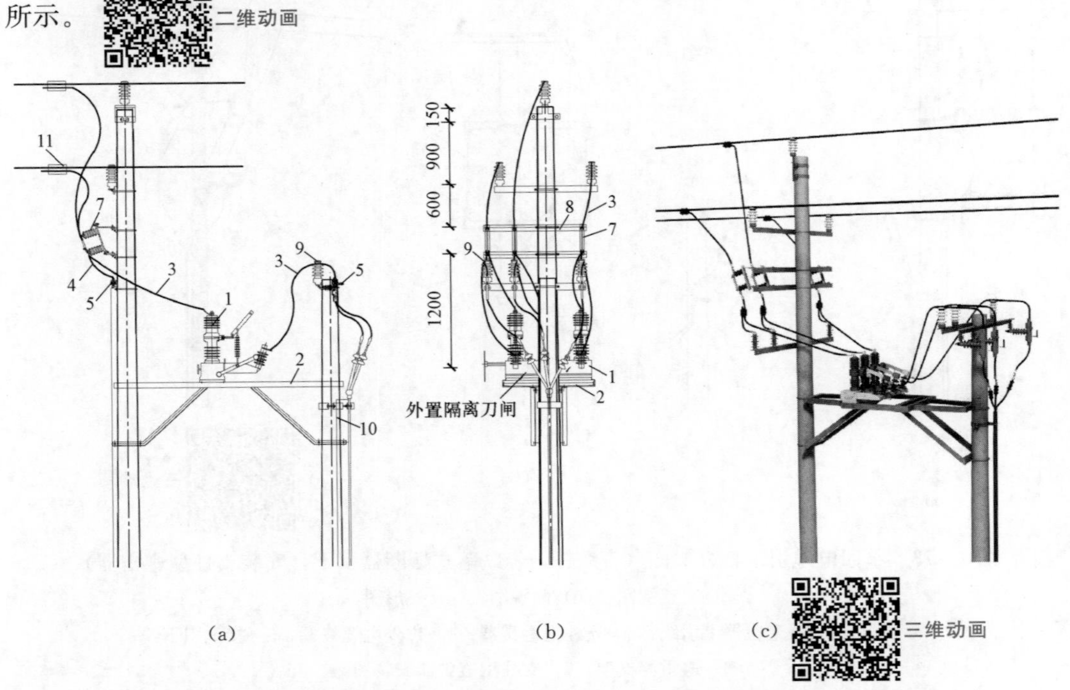

图 1－80　单回双杆电缆引下杆杆头图（直线杆，经隔离开关、断路器引下）

(a) 正视图；(b) 侧视图；(c) 外形图

1—柱上断路器；2—开关支架；3—导线引线；4—避雷器上引线；5—合成氧化锌避雷器；6—开关标识牌；7—隔离开关；8—隔离开关安装支架；9—线路柱式瓷绝缘子；10—接地引下线；11—接续金具

(6) 单回电缆引下杆杆头（终端杆，经跌落式熔断器引下，安装支柱型避雷器），如图 1－81 所示。

(7) 单回电缆引下杆杆头（终端杆，经跌落式熔断器引下，安装氧化锌避雷器），如图 1－82 所示。

(8) 单回电缆引下杆杆头（终端杆，经隔离开关引下，安装支柱型避雷器），如图 1－83 所示。

(9) 单回电缆引下杆杆头（终端杆，经隔离开关引下，安装氧化锌避雷器），如图 1－84 所示。

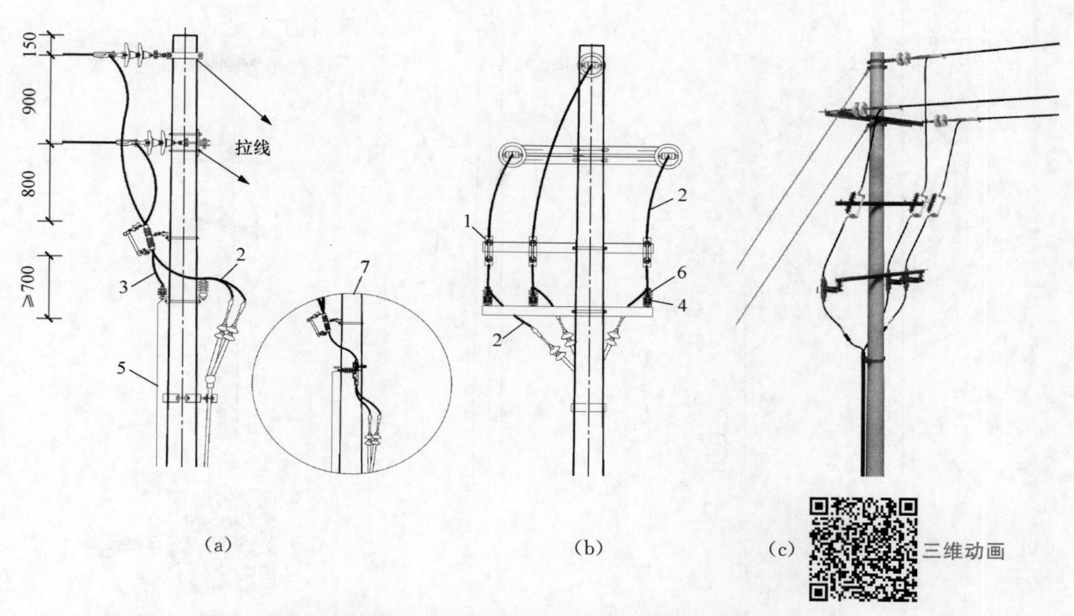

图1-81　单回电缆引下杆杆头图（终端杆，经跌落式熔断器引下，安装支柱型避雷器）

（a）正视图；（b）侧视图；（c）外形图

1—跌落式熔断器；2—导线引线；3—避雷器上引线；4—支柱型避雷器；5—接地引下线；6—线路柱式瓷绝缘子；7—支柱型避雷器安装图

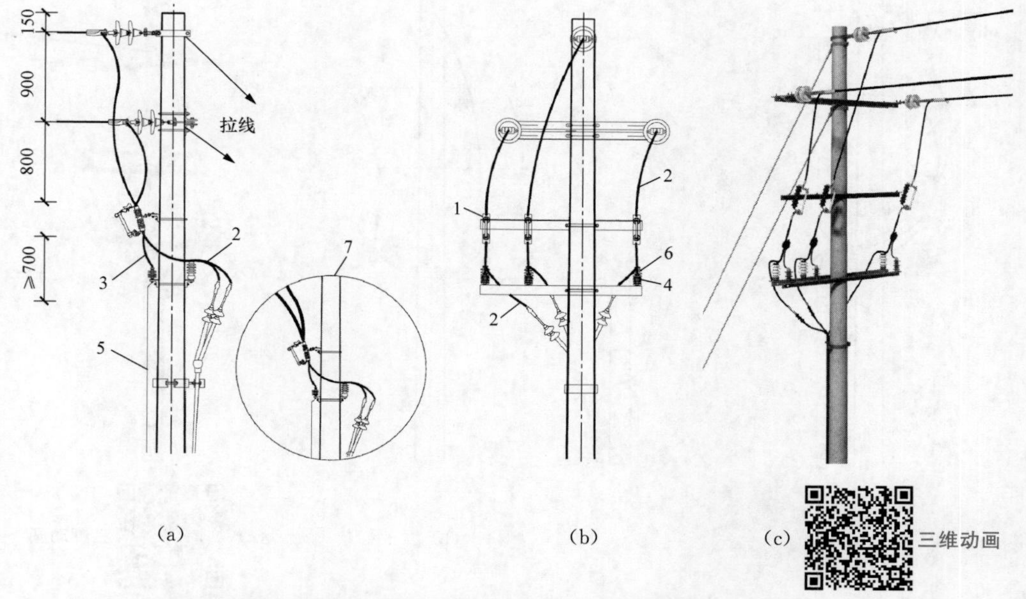

图1-82　单回电缆引下杆杆头图（终端杆，经跌落式熔断器引下，安装氧化锌避雷器）

（a）正视图；（b）侧视图；（c）外形图

1—跌落式熔断器；2—导线引线；3—避雷器上引线；4—合成氧化锌避雷器；5—接地引下线；6—线路柱式瓷绝缘子；7—氧化锌避雷器安装图

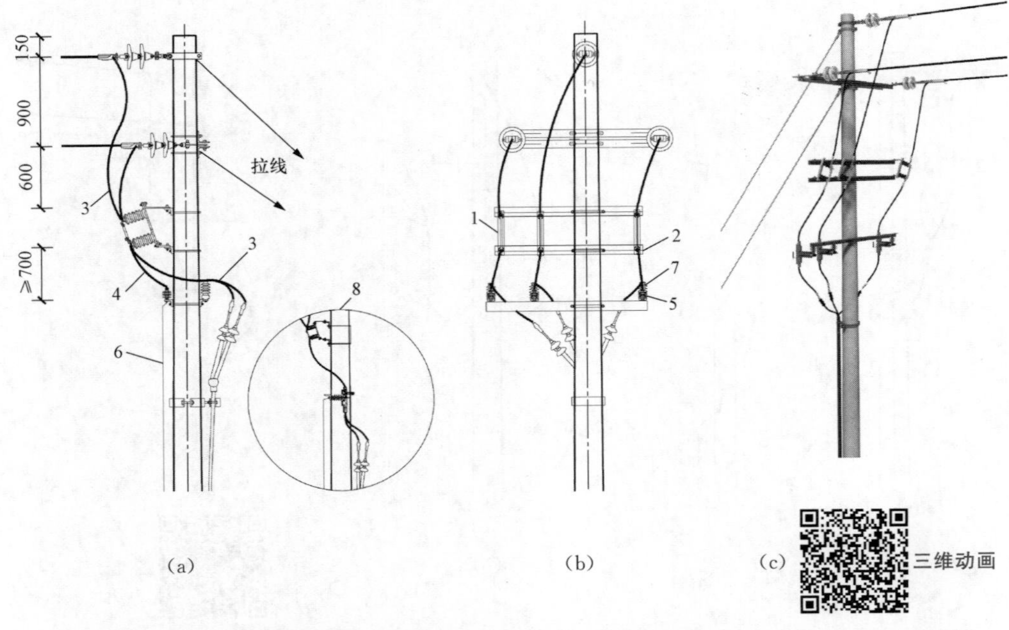

图 1-83　单回电缆引下杆杆头图（终端杆，经隔离开关引下，安装支柱型避雷器）

（a）正视图；（b）侧视图；（c）外形图

1—隔离开关；2—隔离开关安装支架；3—导线引线；4—避雷器上引线；5—支柱型避雷器；6—接地引下线；7—线路柱式瓷绝缘子；8—支柱型避雷器安装图

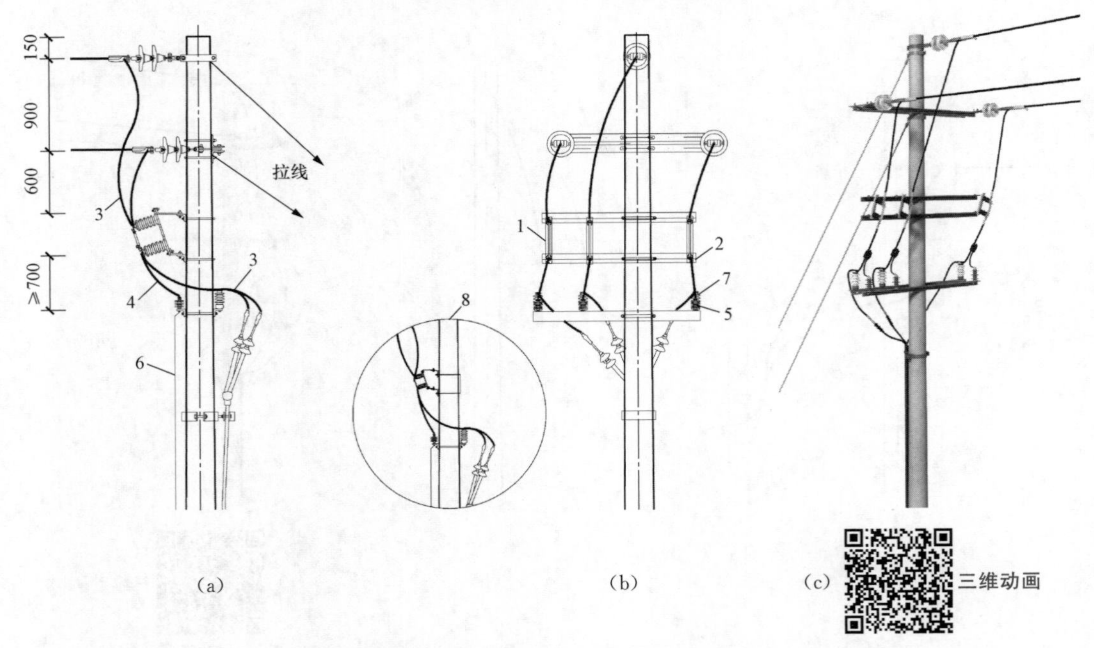

图 1-84　单回电缆引下杆杆头图（终端杆，经隔离开关引下，安装氧化锌避雷器）

（a）正视图；（b）侧视图；（c）外形图

1—隔离开关；2—隔离开关安装支架；3—导线引线；4—避雷器上引线；5—合成氧化锌避雷器；6—接地引下线；7—线路柱式瓷绝缘子；8—氧化锌避雷器安装图

（10）单回电缆引下杆杆头（终端杆，安装支柱型避雷器），如图1－85所示。

二维动画

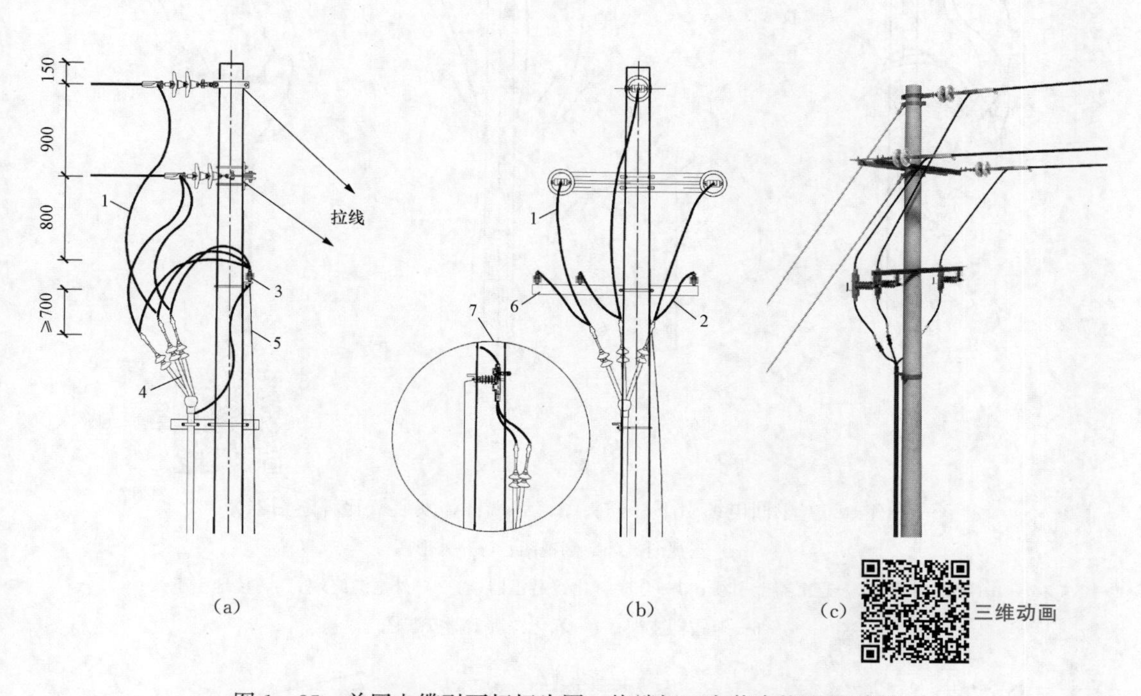

图1－85　单回电缆引下杆杆头图（终端杆，安装支柱型避雷器）

（a）正视图；（b）侧视图；（c）外形图

1—导线引线；2—避雷器上引线；3—支柱型避雷器；4—户外电缆终端；5—接地引下线；6—避雷器支架；7—支柱型避雷器安装图。

（11）单回电缆引下杆杆头（终端杆，安装氧化锌避雷器），如图1－86所示。

二维动画

（12）双回电缆引下杆杆头（终端杆，经跌落式熔断器引下，安装氧化锌避雷器），如图1－87所示。

二维动画

（13）双回电缆引下杆杆头（终端杆，双三角排列，经隔离开关、断路器引下），如图1－88所示。

二维动画

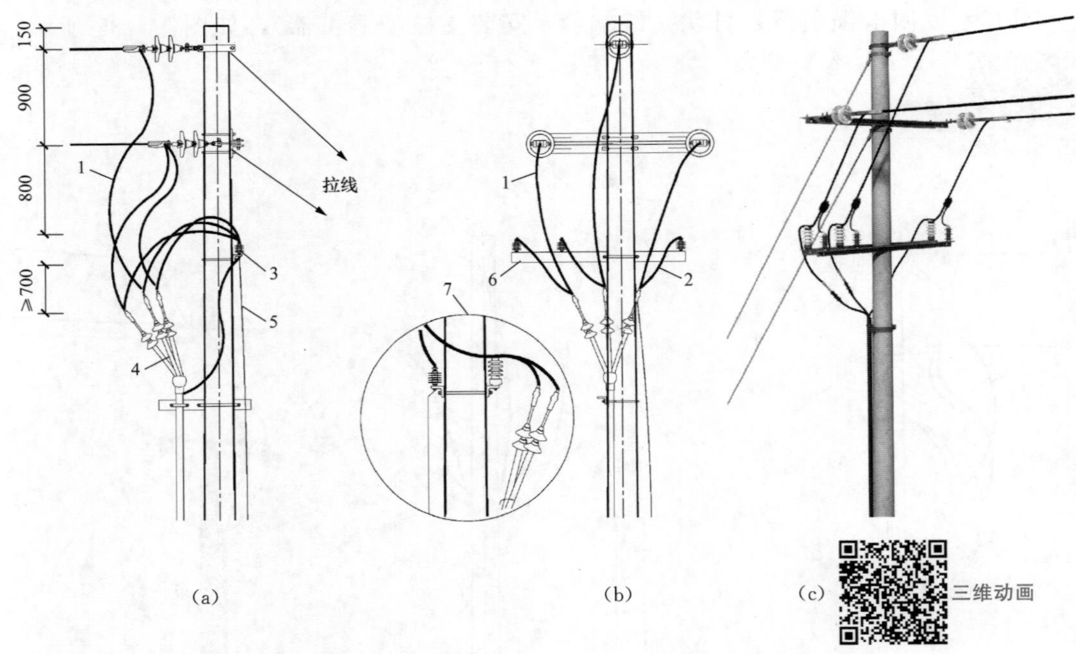

图 1-86 单回电缆引下杆杆头图（终端杆，安装氧化锌避雷器）

（a）正视图；（b）侧视图；（c）外形图

1—导线引线；2—避雷器上引线；3—合成氧化锌避雷器；4—户外电缆终端；5—接地引下线；6—避雷器支架；7—氧化锌避雷器安装图

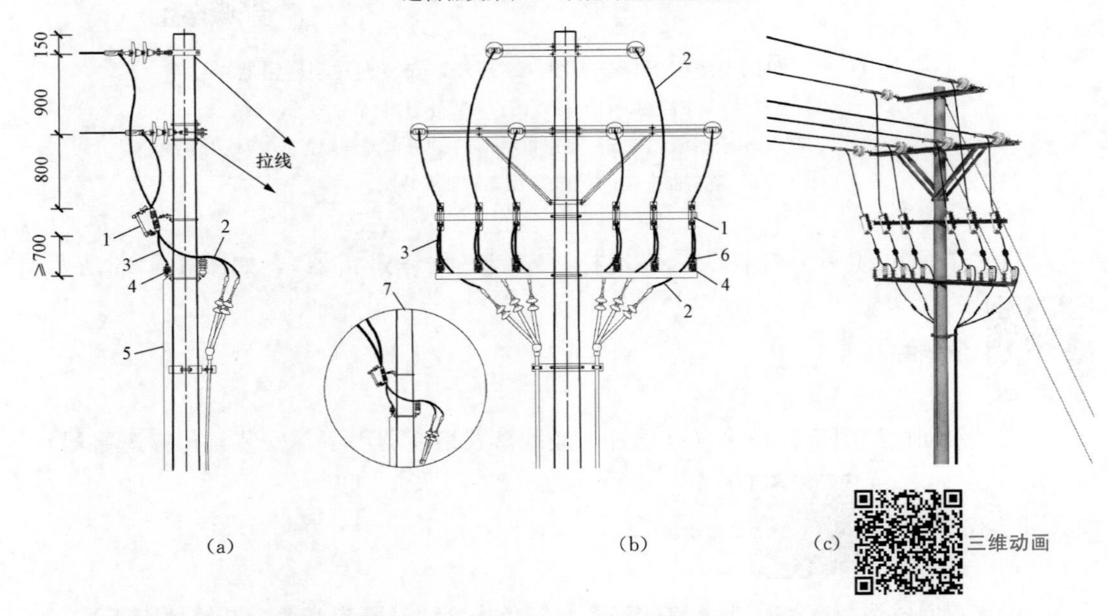

图 1-87 双回电缆引下杆杆头图（终端杆，经跌落式熔断器引下，安装氧化锌避雷器）

（a）正视图；（b）侧视图；（c）外形图

1—跌落式熔断器；2—导线引线；3—避雷器上引线；4—合成氧化锌避雷器；5—接地引下线；6—线路柱式瓷绝缘子；7—氧化锌避雷器安装图

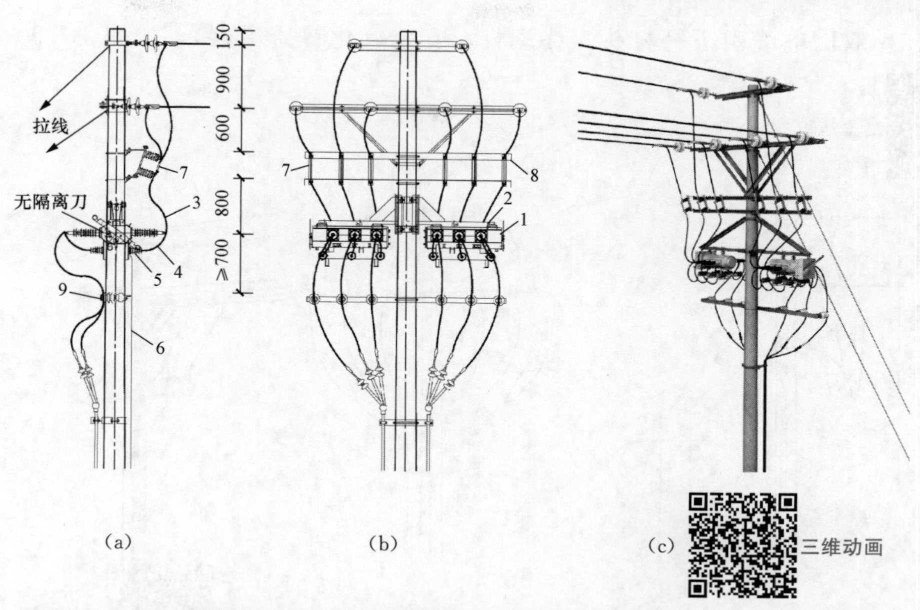

图1-88　双回电缆引下杆杆头图（终端杆，双三角排列，经隔离开关、断路器引下）

（a）正视图；（b）侧视图；（c）外形图

1—柱上断路器；2—开关支架；3—导线引线；4—避雷器上引线；5—合成氧化锌避雷器；6—接地引下线；7—隔离开关；8—隔离开关安装支架；9—线路柱式瓷绝缘子；10—开关标识牌（图中未标示）

（14）双回电缆引下杆杆头（终端杆，安装支柱型避雷器），如图1-89所示。

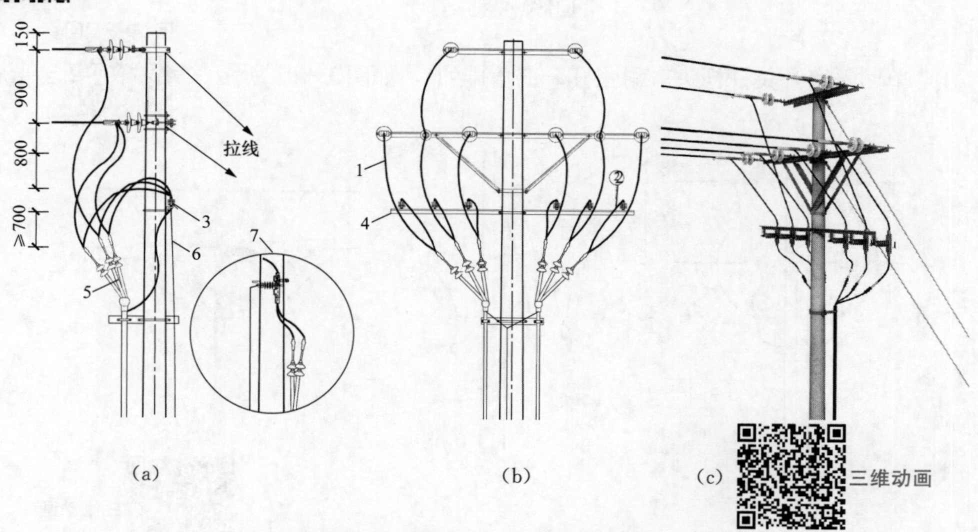

图1-89　双回电缆引下杆杆头图（终端杆，安装支柱型避雷器）

（a）正视图；（b）侧视图；（c）外形图

1—导线引线；2—避雷器上引线；3—支柱型避雷器；4—避雷器支架；5—户外电缆终端；6—接地引下线；7—支柱型避雷器安装图

(15) 双回电缆引下杆杆头（终端杆，安装氧化锌避雷器），如图 1－90 所示。

二维动画

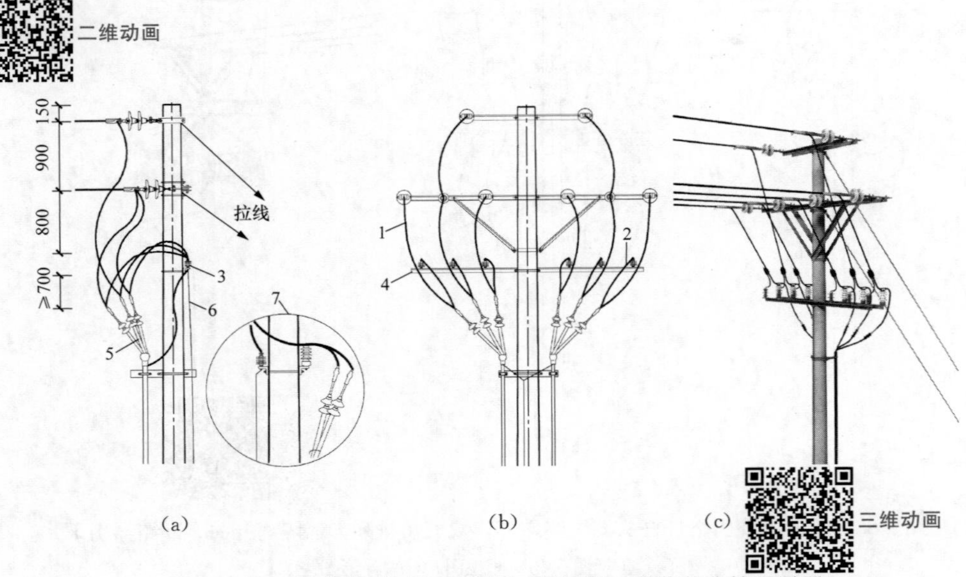

图 1－90　双回电缆引下杆杆头图（终端杆，安装氧化锌避雷器）

(a) 正视图；(b) 侧视图；(c) 外形图

1—导线引线；2—避雷器上引线；3—支柱型避雷器；4—避雷器支架；5—户外电缆终端；6—接地引下线；7—氧化锌避雷器安装图

1.5.7　隔离开关杆和熔断器杆

(1) 单回隔离开关杆杆头（耐张杆，三角排列），如图 1－91 所示。

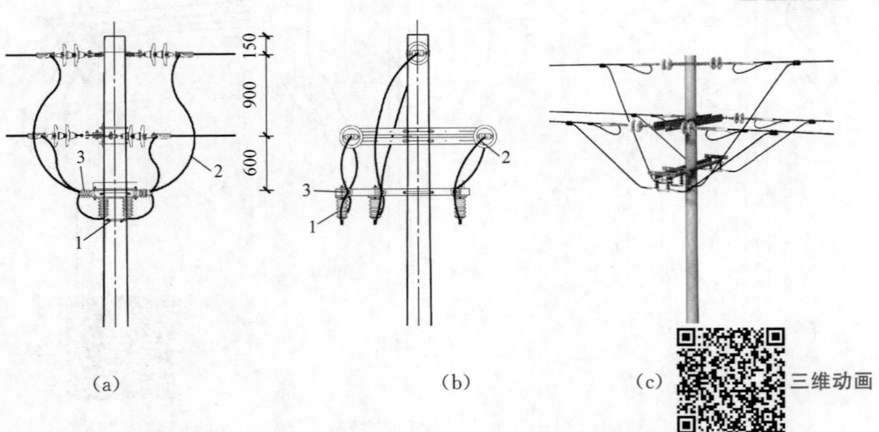

图 1－91　单回隔离开关杆杆头图（耐张杆，三角排列）

(a) 正视图；(b) 侧视图；(c) 引线搭接图 (c) 外形图

1—隔离开关；2—导线引线；3—线路柱式瓷绝缘子

（2）单回跌落式熔断器杆杆头（耐张杆，三角排列），如图1-92所示。

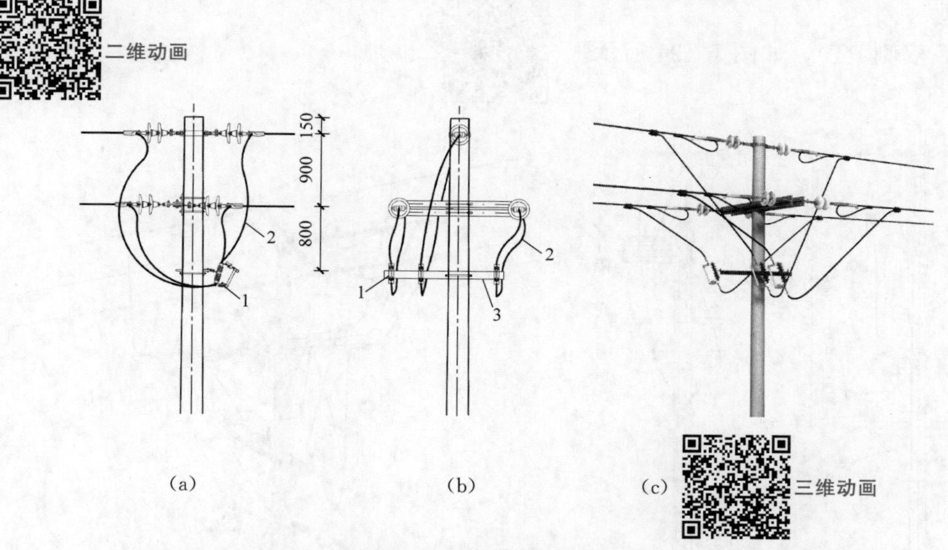

图1-92 单回跌落式熔断器杆杆头图（耐张杆，三角排列）

（a）正视图；（b）侧视图；（c）外形图

1—跌落式熔断器；2—导线引线；3—跌落式熔断器支架

1.5.8 柱上开关杆

（1）单回柱上断路器（含负荷开关）杆杆头（耐张杆，三角排列，内置隔离刀），如图1-93所示。

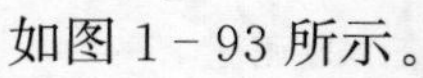

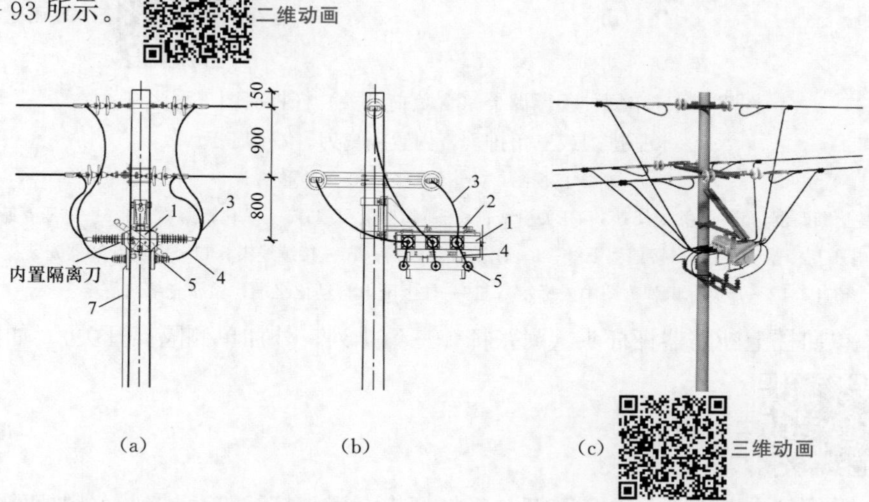

图1-93 单回柱上断路器（含负荷开关）杆杆头图（耐张杆，三角排列，内置隔离刀）

（a）正视图；（b）侧视图；（c）外形图

1—柱上断路器；2—开关支架；3—导线引线；4—避雷器上引线；5—合成氧化锌避雷器；

6—开关标识牌（图中未标示）；7—接地引下线

（2）单回柱上断路器（含负荷开关）杆杆头（耐张杆，水平排列或三角排列，内置隔离刀，双侧 PT），如图 1－94 所示。二维动画

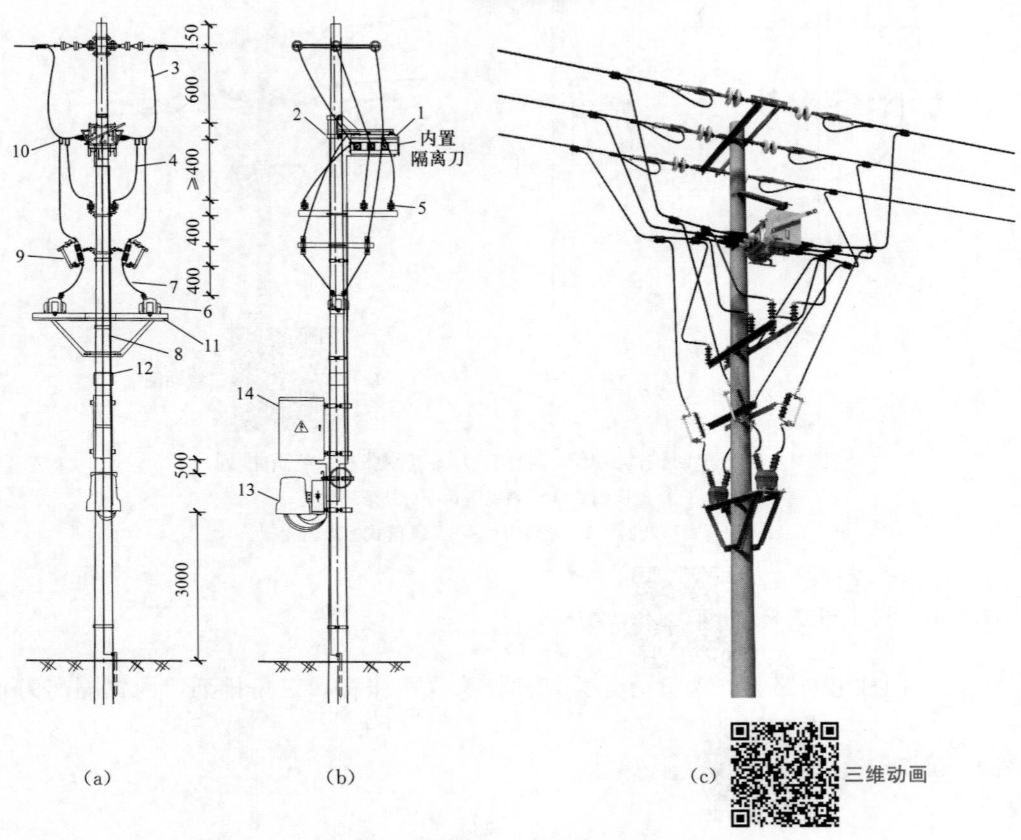

图 1－94　单回柱上断路器（含负荷开关）杆杆头图（耐张杆，水平排列或三角排列，内置隔离刀，双侧 PT）

（a）正视图；（b）侧视图；（c）外形图

1—柱上断路器；2—开关支架；3—开关引线；4—避雷器上引线；5—氧化锌避雷器；6—电压互感器；7—电压互感器引线；8—接地引下线；9—跌落式熔断器；10—接续线夹；11—电压互感器安装支架；12—开关标识牌（图中未标示）；13—柱上配电自动化终端；14—光缆通信箱

（3）单回柱上断路器杆杆头（耐张杆，三角排列，外加单侧隔离开关），如图 1－95 所示。二维动画

（4）单回柱上断路器（含负荷开关）杆杆头（耐张杆，三角排列，外加两侧隔离开关），如图 1－96 所示。二维动画

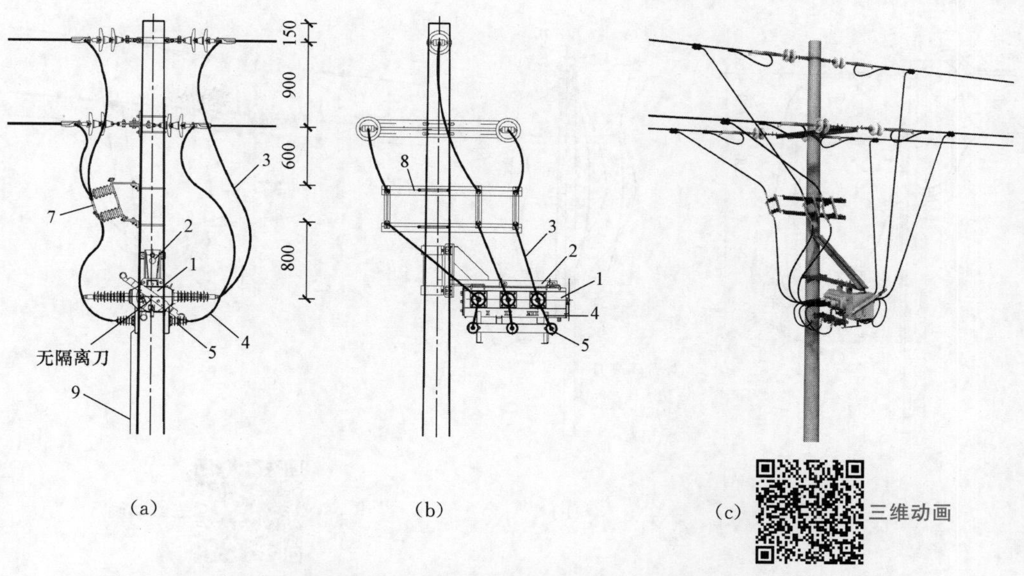

图 1-95　单回柱上断路器杆杆头图（耐张杆，三角排列，外加单侧隔离开关）

（a）正视图；（b）侧视图；（c）外形图

1—柱上断路器；2—开关支架；3—导线引线；4—避雷器上引线；5—合成氧化锌避雷器；6—开关标识牌（图中未标示）；7—隔离开关；8—隔离开关安装支架；9—接地引下线

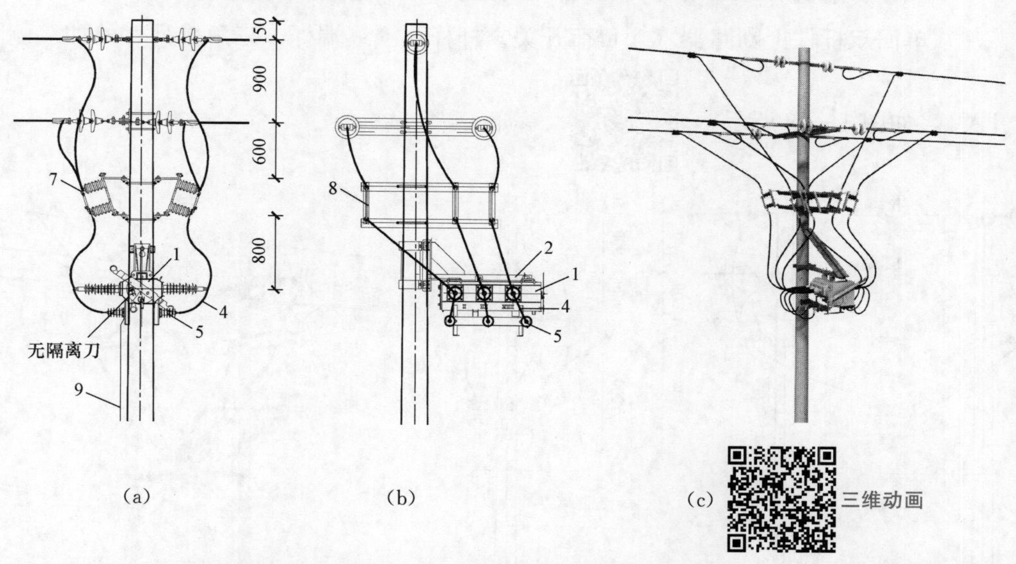

图 1-96　单回柱上断路器（含负荷开关）杆杆头图（耐张杆，三角排列，外加两侧隔离开关）

（a）正视图；（b）侧视图；（c）外形图

1—柱上断路器；2—开关支架；3—导线引线；4—避雷器上引线；5—合成氧化锌避雷器；6—开关标识牌（图中未标示）；7—隔离开关；8—隔离开关安装支架；9—接地引下线

（5）单回柱上断路器（含负荷开关）杆杆头（耐张杆，三角排列，外置隔离刀），如图 1-97 所示。

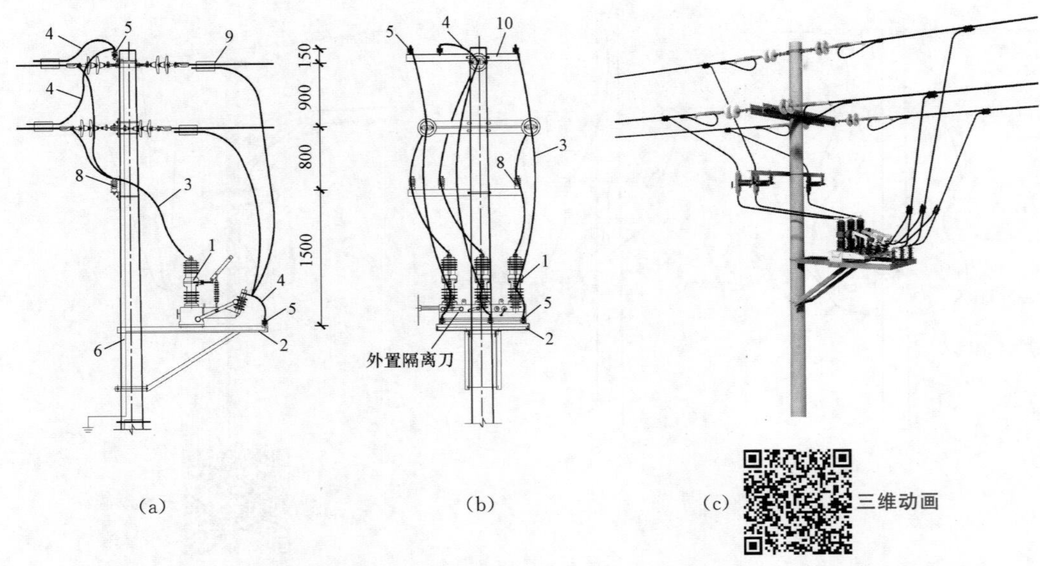

图 1-97　单回柱上断路器（含负荷开关）杆杆头图（耐张杆，三角排列，外置隔离刀）

(a) 正视图；(b) 侧视图；(c) 外形图

1—柱上断路器；2—开关支架；3—导线引线；4—避雷器上引线；5—合成氧化锌避雷器；6—接地引下线；7—开关标识牌（图中未标示）；8—线路柱式瓷绝缘子；9—接续金具；10—避雷器支架

(6) 单回双杆柱上断路器（含负荷开关）杆杆头（终端杆，三角排列，外加双侧隔离开关），如图 1-98 所示。

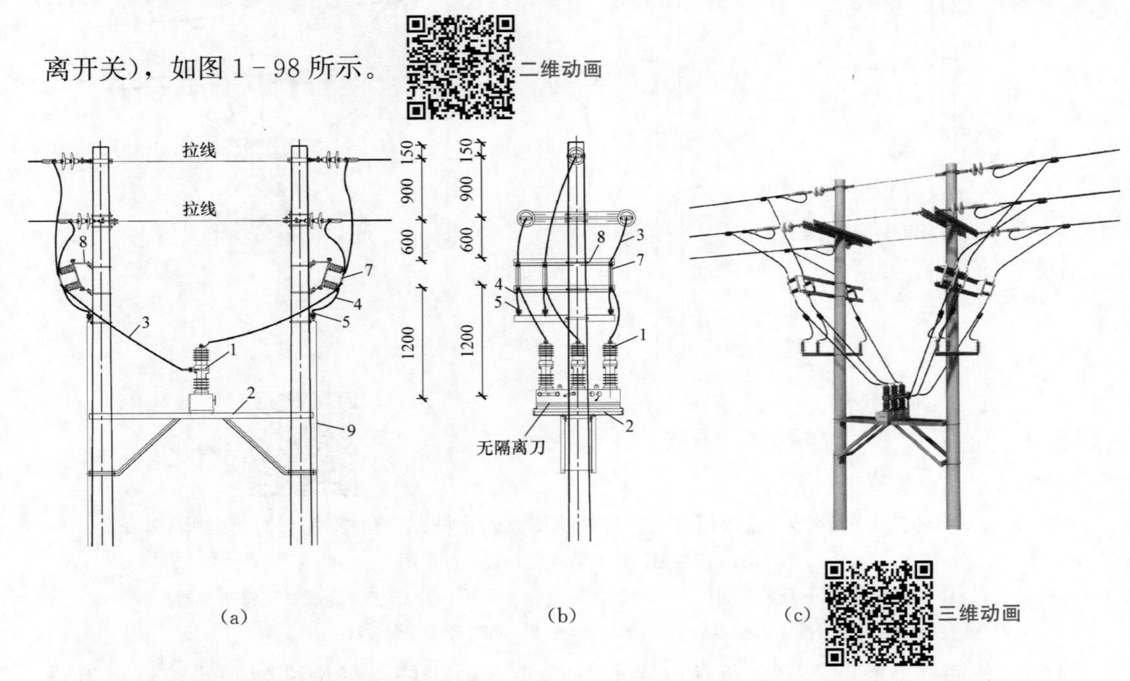

图 1-98　单回双杆柱上断路器（含负荷开关）杆杆头图（终端杆，三角排列，外加双侧隔离开关）

(a) 正视图；(b) 侧视图；(c) 外形图

1—柱上断路器；2—开关支架；3—导线引线；4—避雷器上引线；5—合成氧化锌避雷器；6—开关标识牌（图中未标示）；7—隔离开关；8—隔离开关安装支架；9—接地引下线

（7）双回柱上断路器（含负荷开关）杆杆头（耐张杆，双三角排列，外置隔离刀），如图1-99所示。二维动画

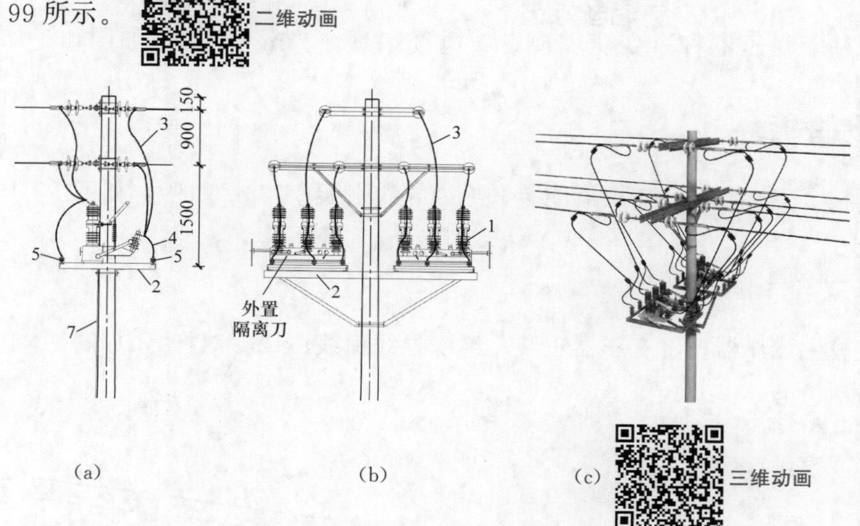

图1-99　双回柱上断路器（含负荷开关）杆杆头图（耐张杆，双三角排列，外置隔离刀）
（a）正视图；（b）侧视图；（c）外形图
1—柱上断路器；2—开关支架；3—导线引线；4—避雷器上引线；5—合成氧化锌避雷器；
6—开关标识牌（图中未标示）；7—接地引下线

（8）双回柱上断路器（含负荷开关）杆杆头（耐张杆，双三角排列，外加两侧隔离开关），如图1-100所示。二维动画

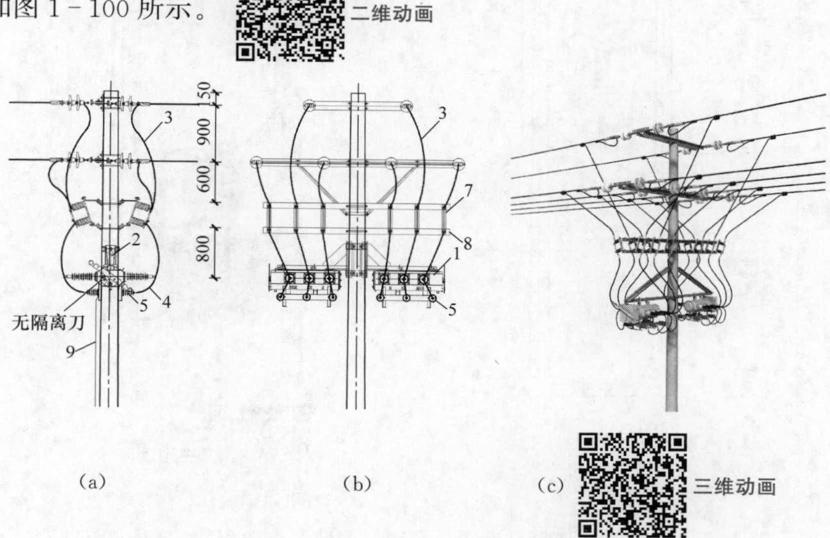

图1-100　双回柱上断路器（含负荷开关）杆杆头图
（耐张杆，双三角排列，外加两侧隔离开关）
（a）正视图；（b）侧视图；（c）外形图
1—柱上断路器；2—开关支架；3—导线引线；4—避雷器上引线；5—合成氧化锌避雷器；
6—开关标识牌（图中未标示）；7—隔离开关；8—隔离开关安装支架；9—接地引下线

1.5.9 柱上变压器杆

微课件

（1）柱上变压器杆（变压器侧装，电缆引线，12m 双杆），如图 1－101 所示。

二维动画

（2）柱上变压器杆（变压器侧装，绝缘导线引线，12m 双杆），如图 1－102 所示。

二维动画

（3）柱上变压器杆（变压器正装，绝缘导线引线，12m 双杆），如图 1－103 所示。

二维动画

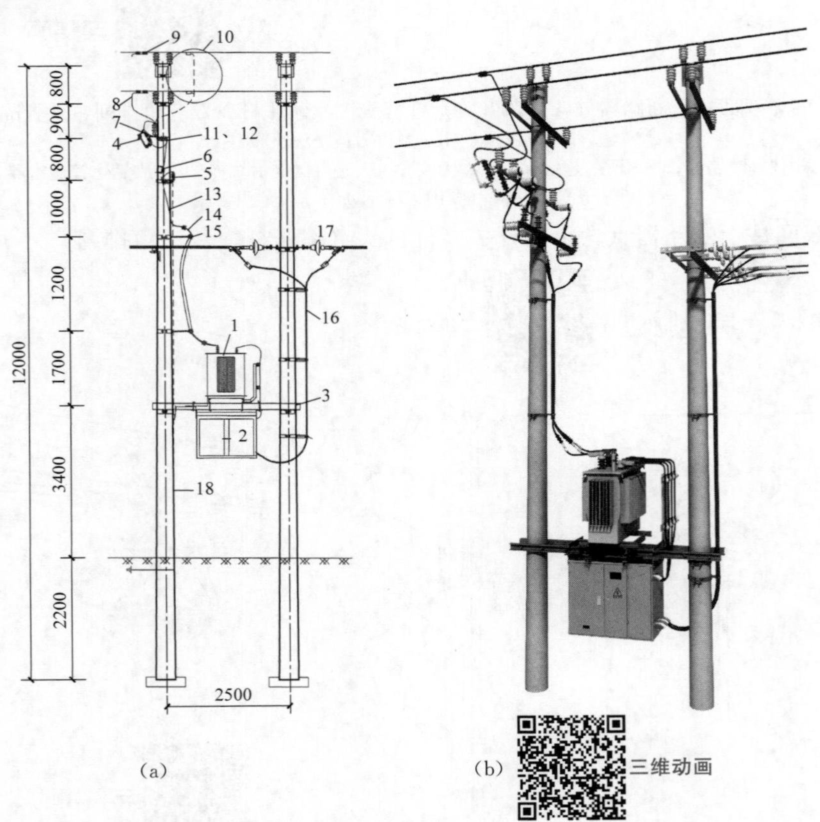

图 1－101　柱上变压器杆型图（变压器侧装，电缆引线，12m 双杆）

（a）正视图；（b）外形图

1—柱上变压器；2—JP 柜（低压综合配电箱）；3—变压器双杆支持架；4—跌落式熔断器；5—普通型避雷器或可拆卸避雷器；6—绝缘穿刺接地线夹；7—熔断器安装架；8—高压绝缘线；9—选用异性并购线夹；10—选用带电装拆线夹；11—线路柱式瓷绝缘子；12—横担；13—高压绝缘线；14—10kV 电力电缆和电缆头；15—杆上电缆固定架；16—低压电缆或低压绝缘线；17—低压耐张串；18—接地引下线；19—开关标识牌（图中未标示）

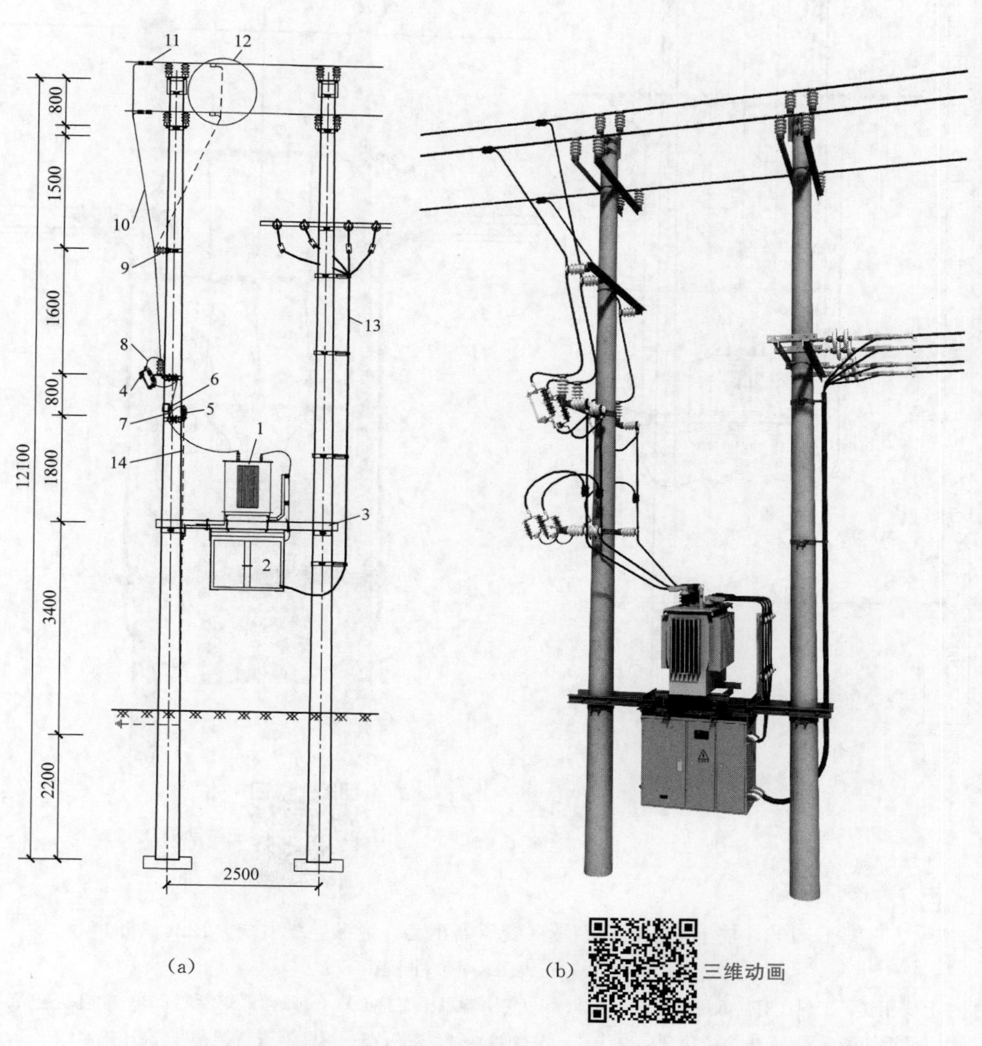

图 1 - 102　柱上变压器杆型图（变压器侧装，绝缘导线引线，12m 双杆）

（a）正视图；（b）外形图

1—柱上变压器；2—JP 柜（低压综合配电箱）；3—变压器双杆支持架；4—跌落式熔断器；5—普通型避雷器或可拆卸避雷器；6—绝缘穿刺接地线夹；7—绝缘压接线夹；8—熔断器安装架；9—线路柱式瓷绝缘子；10—高压绝缘线；11—选用异性并购线夹；12—选用带电装拆线夹；13—低压电缆或低压绝缘线；14—接地引下线；15—开关标识牌（图中未标示）

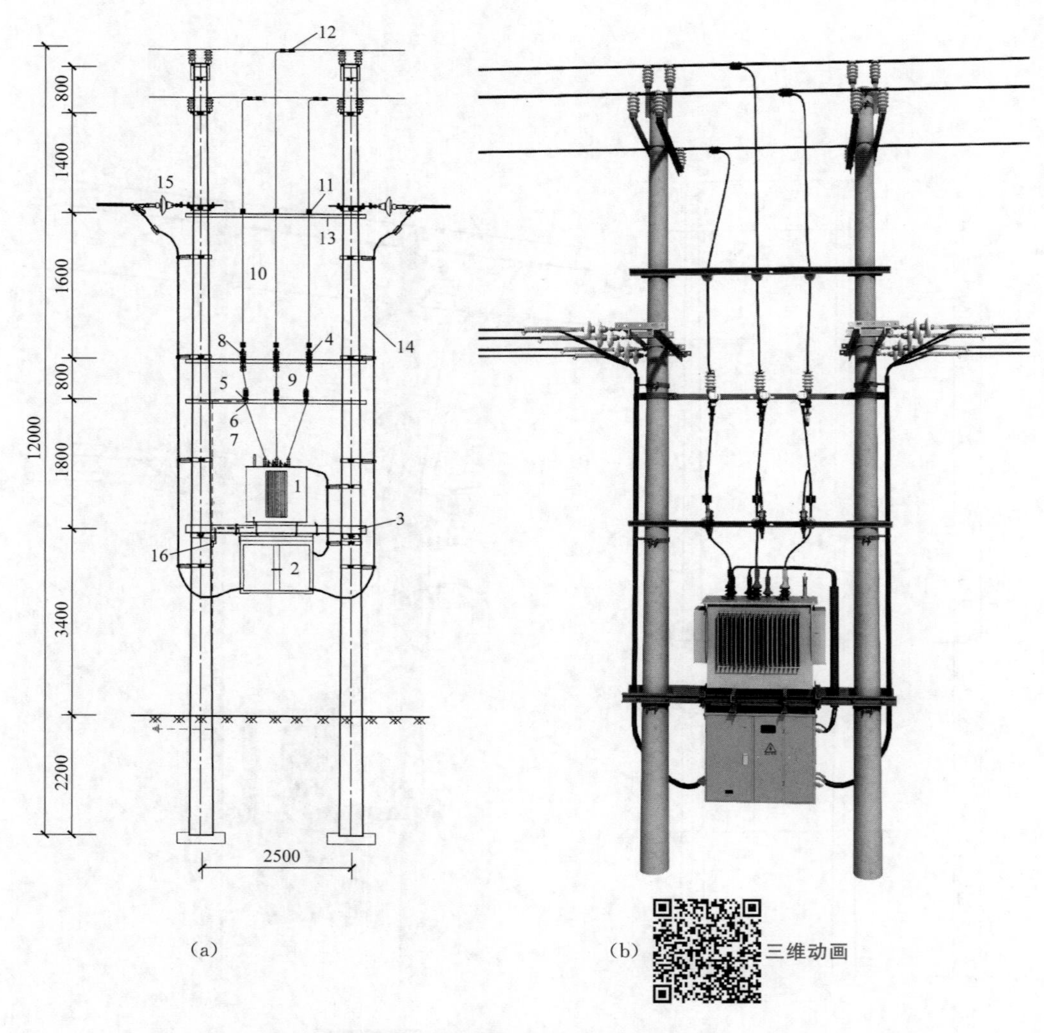

图 1-103　柱上变压器杆型图（变压器正装，绝缘导线引线，12m 双杆）

(a) 正视图；(b) 外形图

1—柱上变压器；2—JP 柜（低压综合配电箱）；3—变压器双杆支持架；4—跌落式熔断器；5—普通型避雷器或可拆卸避雷器；6—绝缘穿刺接地线夹；7—绝缘压接线夹；8—熔断器安装架；9—高压绝缘线；10—高压绝缘线；11—线路柱式瓷绝缘子；12—选用异性并购线夹；13—横担；14—低压电缆或低压绝缘线；15—低压耐张串；16—接地引下线；17—开关标识牌（图中未标示）

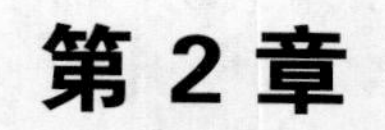

第 2 章

配电网不停电作业技术

2.1 不停电作业技术发展概述

PPT 课件

微课件

2.1.1 中国带电作业技术的发展

中国的带电作业，兴起于 20 世纪 50 年代初期的鞍山。

史料记载：中国的带电作业起步于 1954 年。1994 年 5 月 12 日，《中国电力报》发表了题为《科技是第一生产力的伟大实践—纪念中国带电作业诞生四十周年》的社论，社论开篇说道：40 年前的 5 月 12 日，以鞍山电业局提出用带电作业方法更换在 3.3kV 直线杆立瓶、横担的合理化建议为标志，开创了我国带电作业的光辉历程。在鞍山局编辑出版的《纪念鞍山电业局带电作业兴起 35 周年》专刊的刊头词中说道：带电作业是新中国成立后大搞技术革命、开展合理化建议运动的产物。

1956 年，鞍山电业局成立了由张仁杰任组长的中国第一个带电作业专业研究组；1970 年 10 月广州电业局成立了由林玉明任班长的中国第一个三八带电作业班，这在带电作业历史上独树一帜（之后 1979 年 10 月 11 日三八带电作业班撤销）。

1956－1957 年，中国第一代和第二代 3.3～66kV 不停电检修全套工具相继研制成功，设计者为带电作业创始人鞍山供电局职工刘长庚。

1958 年，对带电作业技术来说是最不平凡的一年，依据潘洗、杨宏著的《带电》一书中的描述：

（1）4 月 12 日《人民日报》以《电力工业的重大技术革新—不停电检修电力线路》为题，报道了鞍山电业局试验成功带电作业技术的消息，表明氛围很浓厚。

（2）4 月 29 日水电部发出《关于推广不停电检修电力线路的通知》，表明经验已成熟。

（3）根据水电部通知举办了五大区的带电作业培训班，全国各地纷纷成立带电作业机构，表明骨干队伍开始形成。5 月 20 日鞍山电业局负责组织了中国《第一期不停电检修电力线路培训班》，北京等 5 个省、市电业（供电）局 46 人参加此次培训；6 月 15 日，《水利电力工人报》以《为全国开展带电作业培养母鸡》为题，对此次培训进行了报道；同年在武汉也举办了《不停电检修电力线路培训班》。

(4) 7月15日沈阳中试所技术员刘德成在国内首次成功进行了220kV等电位带电作业试验，18日试验组成功进行了等电位更换导线线夹和修补导线的检修任务。实践和试验表明：不停电检修技术能在实际工作中得到推广和应用。

(5) 8月12日报刊发表了毛泽东在天津视察时参观带电作业工具展的照片，给广大带电作业人员以极大的鼓舞，表明影响很大。从此，中国的带电作业开始在全国广泛地开展，于是便有“1958年中国带电作业开始年”。

之后历经发展与提高，中国的带电作业技术日臻成熟，已经成为不停电检修、安装、改造及测试的一个不可缺少的重要手段：

一是高压（110、220kV）、超高压（330、500、750kV）的交流输电线路带电作业常态化开展。

二是超高压（±400、±500kV、±660kV）的直流输电线路带电作业常态化开展。

三是特高压（1000kV）交流输电线路带电作业和特高压（±800kV、±1100kV）直流输电线路带电作业处于世界领先水平。

四是变电站电气设备带电作业如带电断接引线、带电水冲洗等作业项目常态化开展。

五是直升机带电作业和机器人带电作业推广应用。

六是35kV线路和20kV线路带电作业积极开展。

七是10kV和0.4kV配电网不停电作业有序开展。

2.1.2 地电位作业法、中间电位作业法和等电位作业法

1991年，DL 408—1991《电业安全工作规程（发电厂和变电所电气部分）》、DL 409—1991《电业安全工作规程（电力线路部分）》发布，明确了中国的带电作业方式分为三种：地电位作业、中间电位作业和等电位作业，如图2-1所示，适用于在海拔1000m及以下交流10～500kV的高压架空电力线路，变电站（发电厂）电气设备上采用“等电位、中间电位和地电位”方式进行的带电作业，以及低压带电作业。

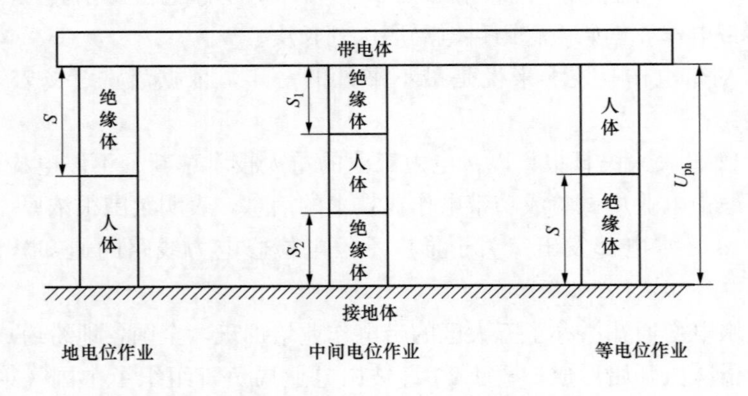

图2-1 地电位、中间电位和等电位作业

三种带电作业方式依据 DL/T 966《送电线路带电作业技术导则》（3.1、3.2、3.3）的定义如下。

1. 地电位作业

地电位作业（earth potential working），是指作业人员在接地构件上采用绝缘工具对带电体开展的作业，作业人员的人体电位为地电位。

如图 2-2 所示，作业时人体必须与带电体保持规定的最小安全距离 S（单间隙），人与带电体的关系是：带电体→绝缘体→人体→接地体。

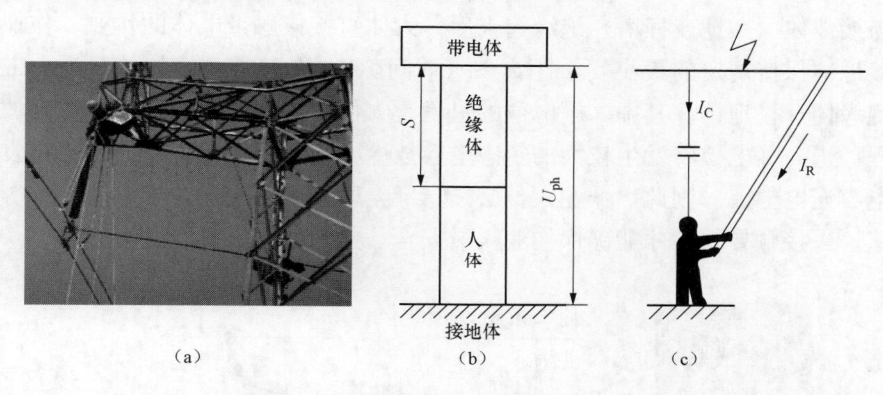

图 2-2 地电位作业

（a）现场图；（b）位置图；（c）示意图

2. 中间电位作业

中间电位作业（mid-potential working），是指作业人员对接地构件绝缘，并与带电体保持一定的距离对带电体开展的作业，作业人员的人体电位为悬浮的中间电位。

如图 2-3 所示，作业时人体处于接地体和带电体之间的某一悬浮电位，不仅要求

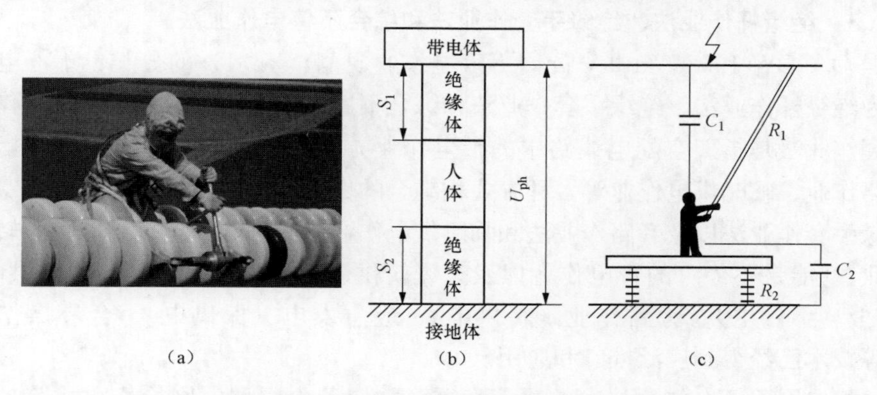

图 2-3 中间电位作业

（a）现场图；（b）位置图；（c）示意图

通过两部分绝缘体分别与接地体和带电体隔开，同时还要求由人体与接地体和带电体之间组成的组合间隙 S（两段空气间隙 S_1 与 S_2 的和）保持安规规定的最小安全距离（组合间隙），人与带电体的关系为：带电体→绝缘体→人体→绝缘体→接地体。

3. 等电位作业 

等电位作业（equal potential working），是指作业人员对大地绝缘后，人体与带电体处于同一电位时进行的作业。

如图 2-4 所示是指作业人员保持与带电体（导线）同一电位的作业，即人体通过绝缘体与接地体（大地或杆塔）绝缘起来后，人体直接接触带电体的作业。作业时人体必须与接地体保持规定的最小安全距离 S（单间隙），人与带电体的关系为：带电体→人体→绝缘体→接地体。其中，等电位的过程是人体与导线间形成的暂态电容放电和充电的过程：进入等电位将发生较大的暂态电容放电电流；脱离等电位的过程将发生较大的暂态电容充电电流。因此，作业人员必须身穿全套屏蔽服，通过导电手套或等电位转移线（棒）去接触导线，才能确保作业人员安全。

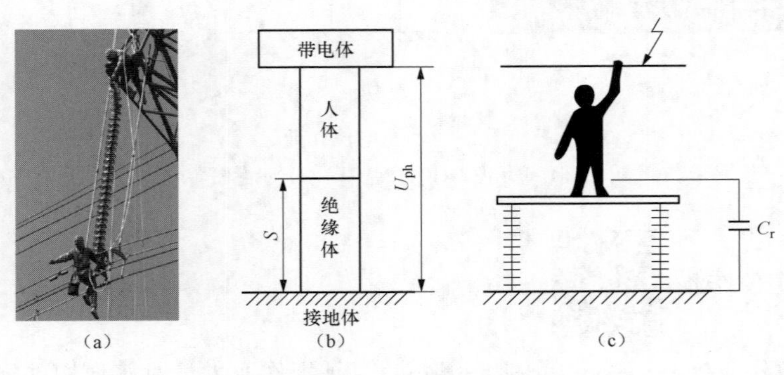

图 2-4　等电位作业

(a) 现场图；(b) 位置图；(c) 示意图

2.1.3　绝缘杆作业法、绝缘手套作业法和综合不停电作业法

依据 Q/GDW 10520《10kV 配网不停电作业规范》(6.1) 的分类：不停电作业方式可分为绝缘杆作业法、绝缘手套作业法和综合不停电作业法。其中，绝缘杆作业法和绝缘手套作业法是指架空配电线路中的带电作业方式；综合不停电作业法是指带电作业、旁路作业、临时供电作业等多种方式相结合的作业，或者说是综合运用绝缘杆作业法、绝缘手套作业法以及旁路作业法和临时供电作业法的作业，包括“能转必转”的转供电作业、“能带不停”的带电作业以及“先转供、后带电、再保电”的保供电作业。“带电作业（不停电）、旁路作业（转供电）、应急发电（保供电）、合环操作（转供电）”等技术已经得到广泛推广和应用。

中国配电网不停电作业技术的快速发展，加快了中国配电网检修方式跨越式的转变。全面实现用户完全不停电，全面提升“获得电力”服务水平，持续优化用电营商环

境，不停电工作必须贯穿于配电网规划设计、基建施工、运维检修、用户业扩的全过程；配网施工检修作业必须由“停电”为主向全面“不停电”作业转变；配电运营服务保障必须由“接上电、修得快”向“用好电、不停电”转变。以客户为中心，尽一切可能减少用户停电时间，不停电就是最好的服务。

2.2　配电线路带电作业技术

PPT课件

微课件

2.2.1　带电作业的概念

根据《鞍山电业局志·第一卷》记载：“带电作业”是在不间断对用户供电的情况下，进行有电设备的检修、维护和测试工作的专门技术。这是老一代带电作业专家们对带电作业技术的一个诠释，体现了“人民电业为人民”的服务宗旨，带电作业应以实现用户的不停电为目的。

带电作业作为一个融合了科学严谨性与工作灵活性以及保证供电可靠性的特殊作业方式。无论是输电线路带电作业中的地电位作业法、中间电位作业法、等电位作业法，还是配电线路带电作业中的绝缘杆作业法、绝缘手套作业法，对电气设备在“带电”运行状态下进行的检修工作，完全不同于一般意义下的“停电”状态下的检修工作。

依据GB/T 2900.55—2016以及国际电工委员会IEC 60050—651：2014《电工术语　带电作业》（651—21—01）的定义：带电作业（live working），是指工作人员接触带电部分的作业，或工作人员身体的任一部分或使用的工具、装置、设备进入带电作业区域的作业。

一是“工作人员接触带电部分的作业”，称为直接作业法。输电线路带电作业中指的是“等电位作业法”；配电线路带电作业中指的是“绝缘手套作业法”。

二是“工作人员身体的任一部分或使用的工具、装置、设备进入带电作业区域的作业”，称为间接作业法。输电线路带电作业中指的是“地电位作业法、中间作业法”；配电线路带电作业中指的是“绝缘杆作业法”。

三是“带电作业区域（live working zone）”，是指带电部分周围的空间，通过以下措施来降低电气风险：

（1）“仅限熟练的工作人员进入”，是指从事带电作业工作的人员必须持有带电作业资格证书上岗，包括工作票签发人、工作负责人、专责监护人以及工作班成员等持证上岗、履职尽责（安全责任）。依据《国家电网公司电力安全工作规程（配电部分）（试行）》第9.1.2条的规定：参加带电作业的人员应经专门培训，考试合格取得资格、单位批准后，方可参加相应的作业。带电作业工作票签发人和工作负责人、专责监护人应由具有带电作业资格和实践经验的人员担任。

（2）“在不同电位下保持适当的空气间距”，是指从带电部分到带电区域的外边界，即带电作业安全距离（空气间隙），通常情况下，安全距离大于或等于在最大额定电压下的电气间距和人机操纵距离之和。

(3)“带电作业工具以及带电作业区域和特殊的防范措施”，通过行业或企业的规程来确定，即行业、企业以及国家等制定的一些制度标准，包括安规、规范、导则等。

实践表明和试验证明：在带电作业区域内工作，电对人体产生的电流、静电感应、强电场和电弧的伤害，将直接危及作业人员的人身安全。

（1）电流的伤害：是指人体串入电路产生的单相（接地）触电和相间（短路）触电的伤害。其中，单相（接地）触电，是指人体接触到地面或其他接地导体的同时，人体另一部位触及某一相带电体所引起的电击；相间（短路）触电，是指人体的两个部位同时触及两相带电体所引起的电击，相间短路时人体所承受的电压为线电压，这种危险性更大。

（2）强电场的伤害：是指人在带电体附近工作时，尽管人体没有接触带电体，但人体仍然会由于空间电场的静电感应而对产生的风吹、针刺等不舒适之感，以及静电感应产生的暂态电击的伤害；

（3）电弧的伤害：是指人体与带电体或接地体之间的空气间隙击穿放电对人体造成的伤害。

为了安全地开展带电作业工作，确保带电作业人员不致受到触电伤害的危险，并且在作业中没有任何不舒服之感，对进入带电作业区域的人员必须提供安全可靠的安全防护措施。

对进入带电作业区域的人员提供安全可靠的作业环境和防护措施，是安全地开展带电作业必须满足的先决条件：

（1）电流的防护，是指严格限制流经人体的稳态电流不超过人体的感知水平 1mA（1000μA）、暂态电击不超过人体的感知水平 0.1mJ。

试验表明：流经人体的电流只要低于某一个水平，人体不会感到有电流存在，即人体对电流有一定的耐受能力，对人体的感知水平是 1mA（1000μA）。

带电作业中，绝缘材料在内、外因素影响下，也会使通道流过一定的电流，习惯上把这种电流称为泄漏电流。超标的泄漏电流也是一种对人体伤害比较严重的电流。尤其是经绝缘体表面通过的沿面电流。带电作业遇到的泄漏电流，主要是指沿绝缘工具（包括绝缘操作杆和承力工具）表面流过的电流。

带电作业中，工频电场中的电击可分为暂态电击与稳态电击两种：①暂态电击，是指在人体接触电场中对地绝缘的导体的瞬间，聚集在导体上的电荷以火花放电的形式通过人体对地突然放电。流过人体的电流是一种频率很高的电流，当电流超过某一值时，即对人体造成电击。暂态电击通常以火花放电的能量（mJ）来衡量其对人体危害性的程度，对人体的感知水平是 0.1mJ。②稳态电击，在等电位作业和间接带电作业中，由于人体对地有电容，人体也会受到稳态电容电流等的电击，电击对人体造成损伤的主要因素是流经人体电流的数值大小。

（2）强电场防护，是指严格限制人体体表局部场强不超过人体的感知水平 240kV/m。

在电场中，人体开始产生风吹感的大小与电场的强弱有关。“吹风感”是电场引起气体游离和移动的一种现象。经测试证明：人体在良好的绝缘装置上，裸露的皮肤上开始感觉到有微风拂过时的电场强度大约为 240kV/m。若低于这个场强人体不会感到电场的存在。于是便将这一场强作为人体对电场感知的临界值。在强电场下要保证作业人员没有任何不舒服之感，就必须对人体进行强电场的防护，穿着屏蔽服进行带电作业。

（3）电弧的防护，是指严格控制和保证可能导致对人体直接放电的那段空气间隙（安全距离）要足够大，不得小于安全工作规程规定的安全距离。

绝缘工具置于空气之中以及人体与带电体（或接地体）之间充满着空气，在强电场的作用下，沿绝缘工具表面闪络放电或空气间隙击穿放电，也是造成人身弧光触电伤害的一条途径。为防止电弧的伤害，人体与带电体（或接地体）之间必须保持规定的安全距离（空气间隙）。

在配电线路带电作业中，安全距离是根据系统最大内过电压（44kV）按绝缘配合惯用法来确定，是指带电作业人员与不同电位的物体之间所应保持的最小空气间隙。其中：

（1）采用绝缘杆作业法时，人体与带电体的最小安全距离为 0.4m，绝缘承力工具最小有效绝缘长度 0.4m，绝缘操作工具最小有效绝缘长度 0.7m。

（2）采用绝缘手套作业法时，相地最小安全距离为 0.4m，相间最小安全距离为 0.6m，绝缘遮蔽重叠不应小于 0.15m。

（3）一般情况下，带电作业的安全距离和绝缘长度适用于海拔 1000m 及以下。当海拔高度在 1000m 以上时，应根据作业区不同海拔，修正各类空气与固体绝缘的安全距离和绝缘长度。

（4）依据 Q/GDW 10520《10kV 配网不停电作业规范》9.8 的规定：在高海拔地区开展不停电作业时，3000m 以下地区与平原地区技术参数一致，3000m 及以上地区相地最小安全距离 0.6m，相间 0.8m，绝缘承力工具最小有效绝缘长度 0.6m，绝缘操作工具最小有效绝缘长度 0.9m，绝缘遮蔽重叠不应小于 0.2m。

2.2.2　架空配电线路带电作业方式

GB/T 18857—2002《配电线路带电作业技术导则》规定了配电线路带电作业方式为：“绝缘杆作业法和绝缘手套作业法”，并指出不允许作业人员穿戴屏蔽服和导电手套，采用“等电位方式”进行作业，绝缘手套作业法不是等电位作业法。

GB/T 18857—2008《配电线路带电作业技术导则》发布，再次规定了 10kV 电压等级配电线路带电作业方式为“绝缘杆作业法”和“绝缘手套作业法”，区别于按作业人员电位的划分方法，严格禁止穿屏蔽服进行“等电位作业”。2010 年，随着配电带电作业技术的发展，带电作业用绝缘工器具和绝缘斗臂车的配备日臻完善，“绝缘杆作业法和绝缘手套作业法”在配电线路带电作业项目中正式推广和应用。

1. 绝缘杆作业法

如图 2-5 所示，绝缘杆作业法也称为间接作业法，按照 GB/T 14286《带电作业工具设备术语》2.1.1.4 的定义：绝缘杆作业法（hot stick working），是指作业人员与带电体保持一定的距离，用绝缘工具进行的作业。

绝缘杆作业法是通过绝缘工具来间接完成其预定的工作目标，基本的操作有支、拉、紧、吊等，它们的配合使用是其主要的作业手段。

按照 GB/T 18857《配电线路带电作业技术导则》（以下简称《配电导则》）6.1 中的规定：

（1）绝缘杆作业法是指作业人员与带电体保持规定的安全距离，穿戴绝缘防护用具，通过绝缘杆进行作业的方式。

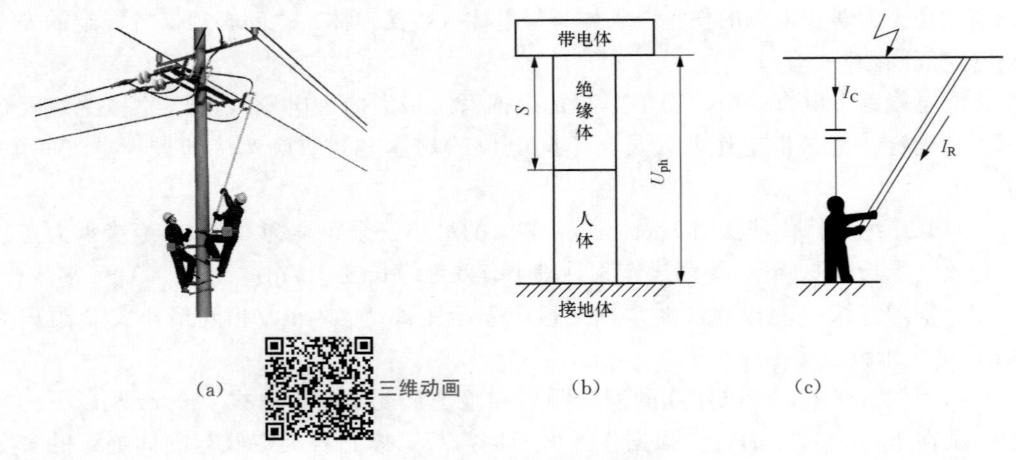

图 2-5 绝缘杆作业法

(a) 现场图 (b) 位置图 (c) 示意图

（2）作业过程中有可能引起不同电位设备之间发生短路或接地故障时，应对设备设置绝缘遮蔽。

（3）绝缘杆作业法既可在登杆作业中采用，也可在斗臂车的工作斗或其他绝缘平台上采用。

（4）绝缘杆作业法中，绝缘杆为相地之间主绝缘，绝缘防护用具为辅助绝缘。

生产中绝缘杆作业法无论是在登杆作业中采用，还是优先在绝缘斗臂车的工作斗或其他绝缘平台上采用（俗称短杆作业），以图 2-5 为例，保证其作业安全的注意事项有：

（1）保持足够的人身与带电体的安全距离（空气间隙）为 0.4m（此距离不包括人体活动范围）。

依据《国网公司电力安全工作规程（配电部分）》（以下简称《配电安规》）9.2.9 和《配电导则》7.1.1 的规定：在配电线路上采用绝缘杆作业法时，人体与带电体的最

小距离不得小于 0.4m，此距离不包括人体活动范围。

考虑到配电线路作业空间狭小以及作业人员活动范围对安全距离的潜在影响，作业人员的工位选择是否合适至关重要，在不影响作业的前提下，必须考虑人体与带电体的最小安全作业距离，确保人体远离带电体，以防止离带电导线过近以及作业中动作幅度过大造成的触电伤害风险。

（2）保证绝缘工具的可靠绝缘性能为 700MΩ。

有关绝缘电阻的现场检测，在《配电安规》并没有明确规定，但为了保证作业安全，应当遵照 Q/GDW 1799.2《电力安全工作规程（线路部分）》13.2.2 的规定：带电作业工具使用前，应使用 2500V 及以上绝缘电阻表或绝缘检测仪进行分段绝缘检测（电极宽 2cm，极间宽 2cm），阻值应不低于 700MΩ，以及 Q/GDW 10520《10kV 配网不停电作业规范》（以下简称《作业规范》）中的规定：对绝缘工具应使用绝缘测试仪进行分段绝缘检测，绝缘电阻值不低于 700MΩ。

（3）保证绝缘工具的有效绝缘长度为 0.7m、0.4m。

《配电安规》9.2.10 的规定：绝缘操作杆的有效绝缘长度不得小于 0.7m，绝缘承力工具和吊绳的有效绝缘长度不得小于 0.4m。

2. 绝缘手套作业法

如图 2-6 所示，绝缘手套作业法（也称为直接作业法），按照 GB/T 14286《带电作业工具设备术语》2.1.1.5 的定义：绝缘手套作业法（insulating glove working），是指作业人员通过绝缘手套并与周围不同电位适当隔离保护的直接接触带电体所进行的作业。

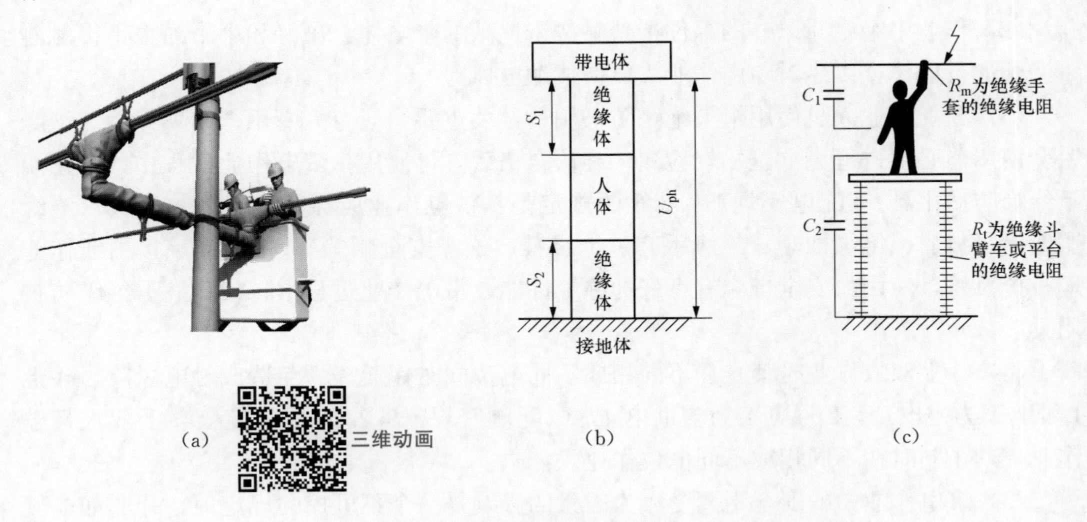

(a)　(b)　(c)

图 2-6　绝缘手套作业法

(a) 现场图 (b) 位置图 (c) 示意图

按照《配电导则》6.2中的规定：

（1）绝缘手套作业法是指作业人员使用绝缘斗臂车、绝缘梯、绝缘平台等绝缘承载工具与大地保持规定的安全距离，穿戴绝缘防护用具，与周围物体保持绝缘隔离，通过绝缘手套对带电体直接进行作业的方式。

本条款中作业人员使用绝缘斗臂车等绝缘承载工具与大地保持规定的安全距离，以及保证绝缘承载工具可靠的绝缘性能，是进行绝缘手套作业法作业的先决条件，对作业人员的安全担负着非常重要的主绝缘保护作用。

（2）采用绝缘手套作业法时无论作业人员与接地体和相邻带电体的空气间隙是否满足规定的安全距离，作业前均应对人体可能触及范围内的带电体和接地体进行绝缘遮蔽。

（3）在作业范围窄小，电气设备布置密集处，为保证作业人员对相邻带电体或接地体的有效隔离，在适当位置还应装设绝缘隔板等限制作业人员的活动范围。

（4）在配电线路带电作业中，严禁作业人员穿戴屏蔽服装和导电手套，采用等电位方式进行作业。绝缘手套作业法不是等电位作业法。

（5）绝缘手套作业法中，绝缘承载工具为相地主绝缘，空气间隙为相间主绝缘，绝缘遮蔽用具、绝缘防护用具为辅助绝缘。

生产中绝缘手套作业法无论是在绝缘斗臂车上采用，还是在绝缘平台以及绝缘快装脚手架上采用，以图2-6为例，保证其作业安全的注意事项有：

（1）《配电安规》9.7的规定：绝缘斗臂车的金属部分在仰起、回转运动中，与带电体间的安全距离不得小于0.9m（10kV）；工作中车体应使用不小于16mm^{2}的软铜线良好接地；绝缘臂的有效绝缘长度应大于1.0m（10kV）；禁止绝缘斗超载工作以及绝缘斗臂车使用前应在预定位置空斗试操作一次。

（2）作业中绝缘斗以外的部件严禁触碰未遮蔽的带电体，吊臂和小吊绳也不得触碰未遮蔽的带电体，以免对斗内作业人员造成触电风险。

（3）斗上作业人员使用个人绝缘防护用具至关重要，应专人专用、专项保管。绝缘手套使用前必须进行充（压）气检测，确认合格后方可使用。带电作业过程中，禁止摘下绝缘防护用具。《配电安规》9.2.6的规定是：带电作业应穿戴绝缘防护用具（绝缘服或绝缘披肩、绝缘袖套、绝缘手套、绝缘鞋、绝缘安全帽等）。带电断、接引线作业应戴护目镜，使用的安全带应有良好的绝缘性能。带电作业过程中，禁止摘下绝缘防护用具。

（4）斗上双人作业时禁止在不同相或不同电位同时作业，为免造成触电风险，斗上1号电工为主电工，2号电工为辅助电工。《配电安规》9.2.14的规定：斗上双人带电作业，禁止同时在不同相或不同电位作业。

（5）带电作业中的安全距离受人为因素的影响是一个不可控的规定值，并非如电气安全距离维持某一固定不变的值。为了防止因作业位置过近人体串入电路的触电风险（单相接地或相间短路），以及安全距离不足对人体造成的弧光触电伤害，作业人员在工位的选择上，在不影响作业的前提下，应该是远离接地体、带电体而作业。

(6) 绝缘手套作业法属于直接作业法，直接作业不等同于无保护的作业。配电线路作业空间狭小，必须重视多层后备防护。作业时，不仅要求作业人员穿戴着“绝缘防护用具”对人体进行安全防护和隔离，而且还要求对作业区域的带电导线、绝缘子以及接地构件（如横担）等应采取相对地、相与相之间的绝缘遮蔽（隔离）措施，才能确保作业人员的安全。

(7)《配电安规》9.2.7 和 9.2.8 的规定：对作业中可能触及的其他带电体及无法满足安全距离的接地体（导线支承件、金属紧固件、横担、拉线等）应采取绝缘遮蔽措施。作业区域带电体、绝缘子等应采取相间、相对地的绝缘隔离（遮蔽）措施。禁止同时接触两个非连通的带电体或同时接触带电体与接地体。

(8)《配电导则》6.2.2 的规定：无论作业人员与接地体和相邻带电体的空气间隙是否满足规定的安全距离，作业前均需对人体可能触及范围内的带电体和接地体进行绝缘遮蔽。

(9)《配电导则》9.14 的规定：对带电体设置绝缘遮蔽时，应按照从近到远的原则，从离身体最近的带电体依次设置；对上下多回分布的带电导线设置遮蔽用具时，应按照从下到上的原则，从下层导线开始依次向上层设置；对导线、绝缘子、横担的设置次序是按照从带电体到接地体的原则，先放导线遮蔽用具，再放绝缘子遮蔽用具、然后对横担进行遮蔽，遮蔽用具之间的接合处的重合长度应不小于导则中的规定（10kV，海拔 $H\leqslant 3000$m，重合长度 150mm），如果重合部分长度无法满足要求，应使用其他遮蔽用具遮蔽结合处，使其重合长度满足要求。

(10)《配电导则》9.15 的规定：如遮蔽罩有脱落的可能时，应采用绝缘夹或绝缘绳绑扎，以防脱落。作业位置周围如有接地拉线和低压线等设施，也应使用绝缘挡板、绝缘毯、遮蔽罩等对周边物体进行绝缘隔离。另外，无论导线是裸导线还是绝缘导线，在作业中均应进行绝缘遮蔽。对绝缘子等设备进行遮蔽时，应避免人为短接绝缘子片。

(11)《配电导则》9.16 的规定：拆除遮蔽用具应从带电体下方（绝缘杆作业法）或者侧方（绝缘手套作业法）拆除绝缘遮蔽用具，拆除顺序与设置遮蔽相反：应按照从远到近的原则，即从离作业人员最远的开始依次向近处拆除；如是拆除上下多回路的绝缘遮蔽用具，应按照从上到下的原则，从上层开始依次向下顺序拆除；对于导线、绝缘子、横担的遮蔽拆除，应按照先接地体后带电体的原则，先拆横担遮蔽用具（绝缘垫、绝缘毯、遮蔽罩）、再拆绝缘子遮蔽用具、然后拆导线遮蔽用具。在拆除绝缘遮蔽用具时应注意不使被遮蔽体受到显著振动，要尽可能轻地拆除。

(12) 依据《配电导则》，考虑到绝缘手套作业法是直接接触带电体而作业，为了安全作业有保障、万无一失，作业人员进入带电作业区域穿戴个人绝缘防护用具，对作业范围内可能触及的带电体、接地体设置绝缘遮蔽（隔离）措施，人身远离带电体、接地体而作业，是保证作业安全的重要技术措施，多层后备绝缘防护缺一不可。

二维动画

2.2.3 配电线路断接“引线类”项目

配电线路断接“引线类”项目，包括断、接熔断器上引线、分支线路引线、耐张线路引线、空载电缆线路引线等。

1. 断、接熔断器上引线

断、接熔断器上引线，以直线分支杆（有熔丝支接装置，三角排列）为例，如图 2－7 所示。

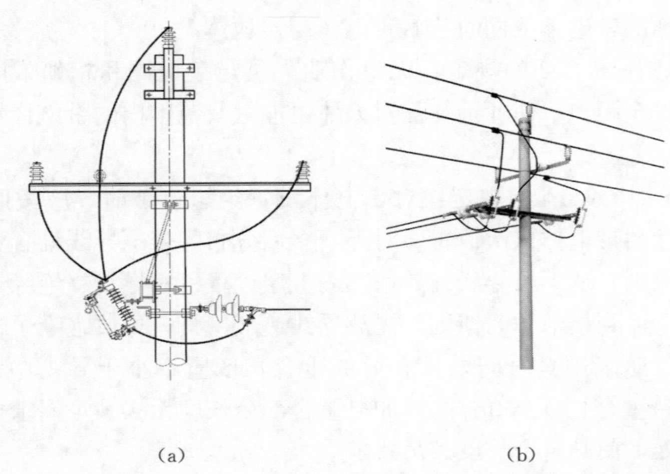

三维动画

图 2－7 直线分支杆（有熔丝支接装置，三角排列）
(a) 杆头图；(b) 外形图

2. 断、接分支线路引线

断、接分支线路引线，以直线分支杆（三角排列）为例，如图 2－8 所示。

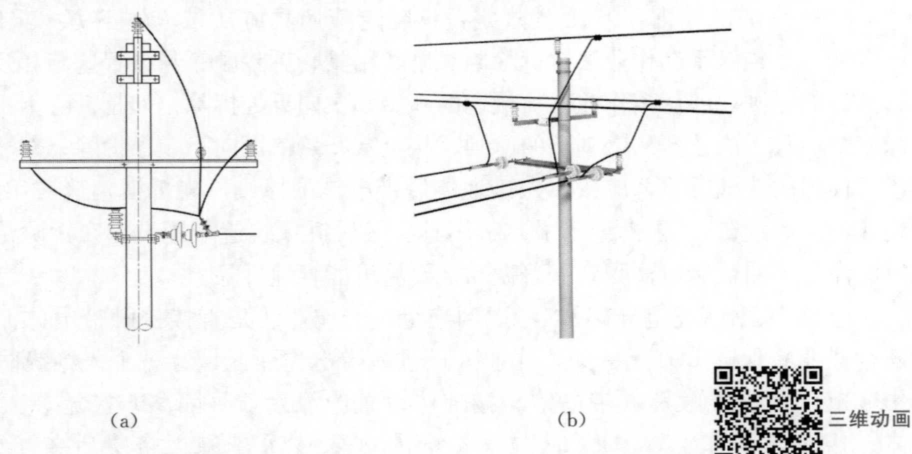

三维动画

图 2－8 直线分支杆（三角排列）示意图
(a) 杆头图；(b) 外形图

3. 断、接耐张杆引线

断、接耐张杆引线，以直线耐张杆（三角排列）为例，如图 2－9 所示。

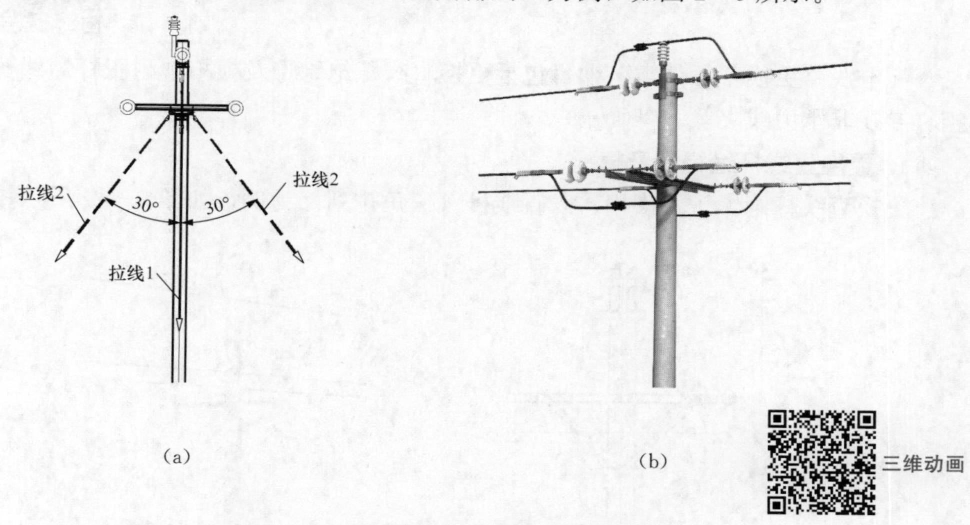

图 2－9　直线耐张杆（三角排列）

（a）杆头图；（b）外形图

4. 断、接空载电缆线路引线

断、接空载电缆线路引线，以电缆引下杆（三角排列，安装支柱型避雷器）为例，如图 2－10 所示。

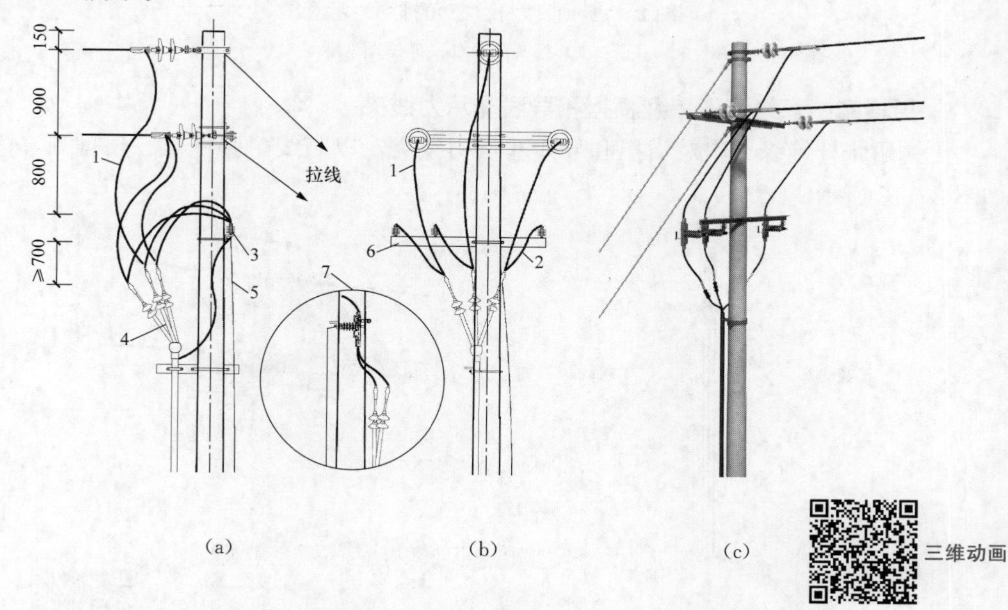

图 2－10　电缆引下杆（三角排列，安装支柱型避雷器）

（a）杆头正视图；（b）杆头侧视图；（c）外形图

1—导线引线；2—避雷器上引线；3—支柱型避雷器；4—户外电缆终端；5—接地引下线；6—避雷器支架；7—支柱型避雷器安装图

2.2.4 配电线路更换“元件类”项目

配电线路更换“元件类”项目包括更换直线杆绝缘子及横担、耐张杆绝缘子串及横担、导线非承力线夹等。

1. 更换直线杆绝缘子及横担

更换直线杆绝缘子及横担，以直线杆（三角排列）为例，如图 2－11 所示。

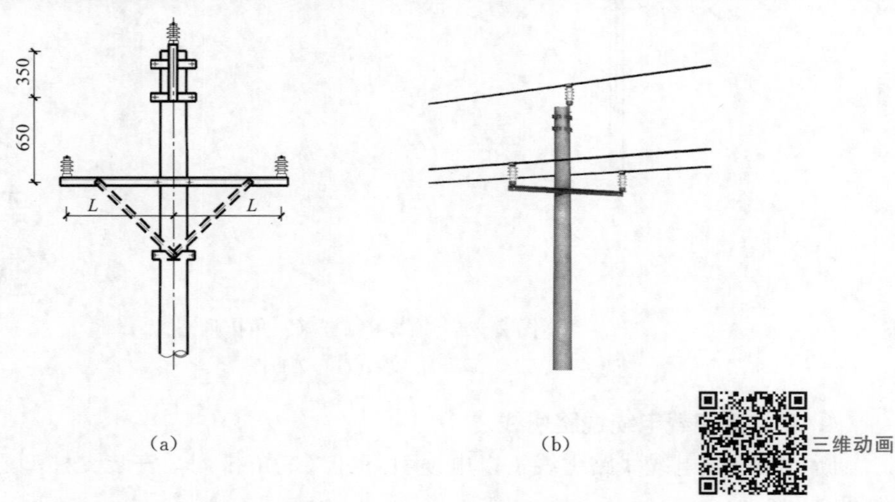

图 2－11　直线杆（三角排列）示意图

（a）杆头图；（b）外形图

2. 更换耐张杆绝缘子串及横担和导线非承力线夹

更换耐张杆绝缘子串及横担和导线非承力线夹，以直线耐张杆（三角排列）为例，如图 2－12 所示。

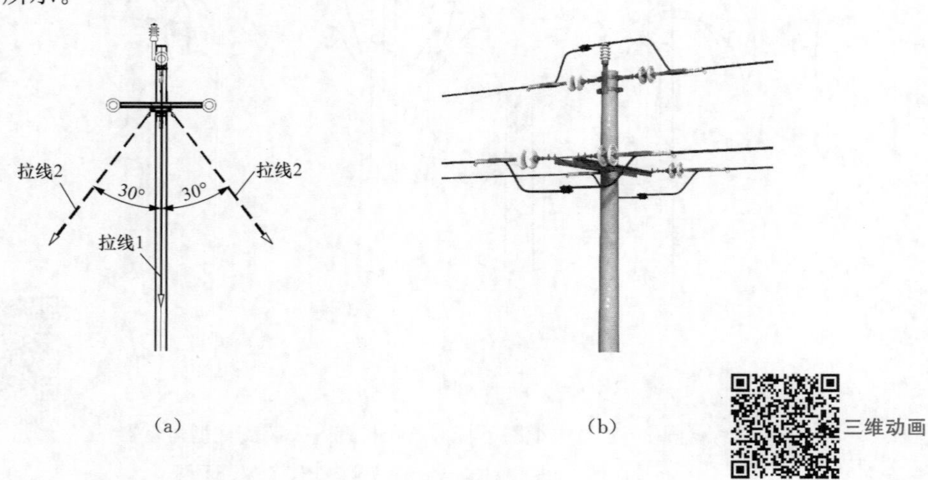

图 2－12　直线耐张杆（三角排列）

（a）杆头图；（b）外形图

2.2.5　配电线路更换“电杆类”项目

配电线路更换“电杆类”项目包括组立或撤除和更换直线电杆、直线杆改终端杆、直线杆改耐张杆等。

1. 组立或撤除和更换直线电杆

组立或撤除和更换直线电杆，以直线电杆（三角排列）为例，如图2-13所示。

2. 直线杆改终端杆

直线杆改终端杆，以终端杆（三角排列）为例，如图2-14所示。

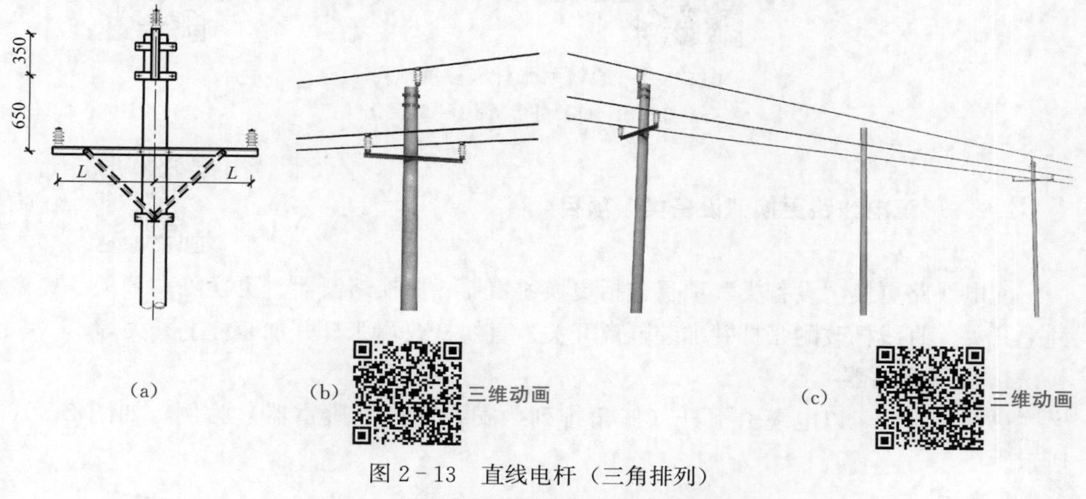

图2-13　直线电杆（三角排列）

(a) 杆头图；(b) 外形图；(c) 线路图

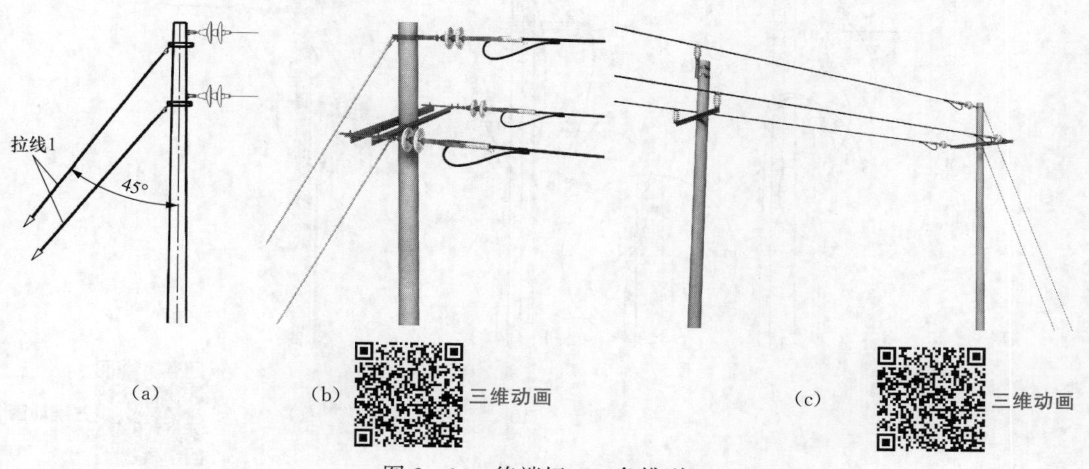

图2-14　终端杆（三角排列）

(a) 杆头图；(b) 外形图；(c) 线路图

3. 直线杆改耐张杆

直线杆改耐张杆，以直线耐张杆（三角排列）为例，如图2-15所示。

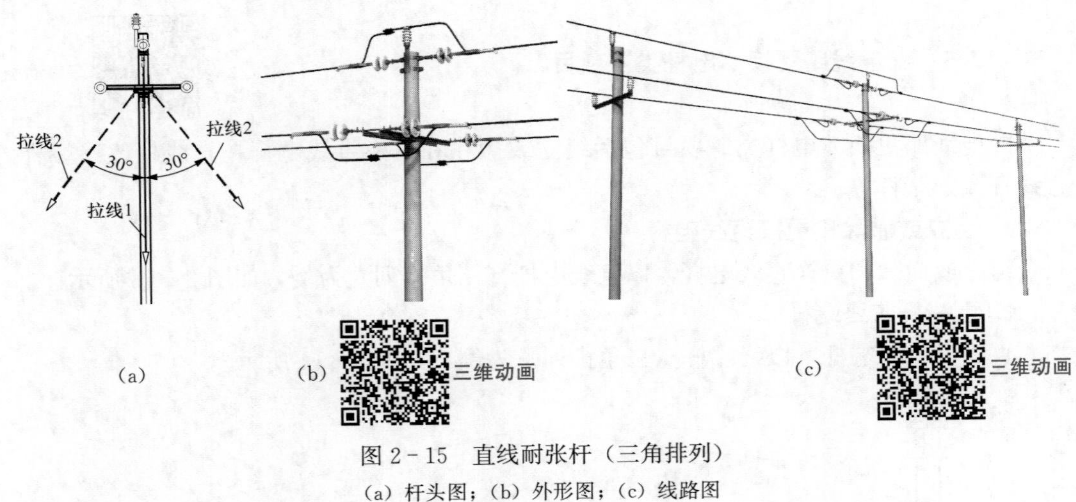

图 2－15　直线耐张杆（三角排列）

(a) 杆头图；(b) 外形图；(c) 线路图

2.2.6　配电线路更换“设备类”项目

配电线路更换“设备类”项目包括更换避雷器、更换熔断器、更换隔离开关、更换柱上开关、直线杆改耐张杆并加装隔离开关、直线杆改耐张杆并加装柱上开关等。

1. 更换避雷器

更换避雷器，以电缆引下杆（三角排列，安装支柱型避雷器）为例，如图 2－16 所示。

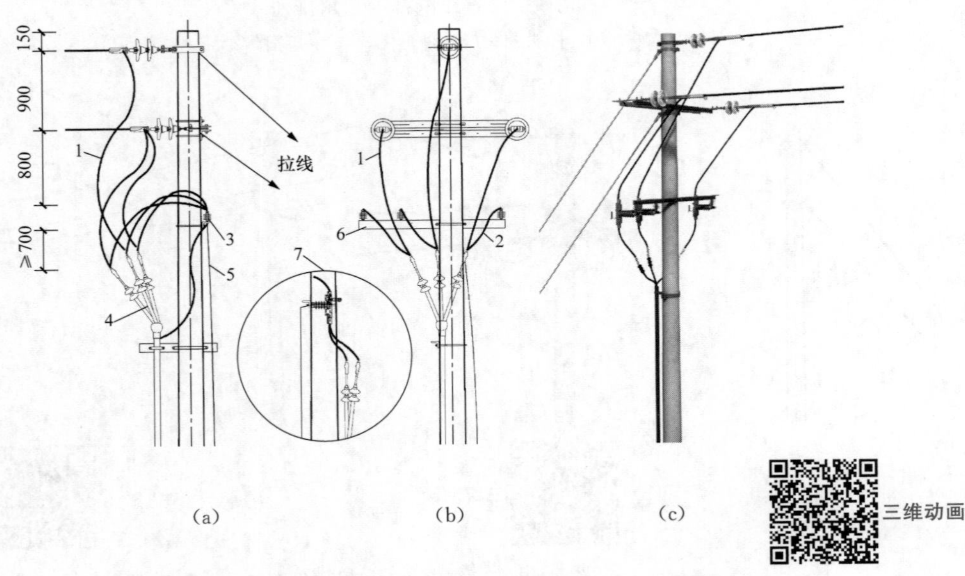

图 2－16　电缆引下杆（三角排列，安装支柱型避雷器）

(a) 正视图；(b) 侧视图；(c) 外形图

1—导线引线；2—避雷器上引线；3—支柱型避雷器；4—户外电缆终端；5—接地引下线；6—避雷器支架；7—支柱型避雷器安装图

2. 更换熔断器

更换熔断器，以直线分支杆（有熔丝支接装置，三角排列）为例，如图 2－17 所示。

3. 更换隔离开关

更换隔离开关，以隔离开关杆（三角排列）为例，如图 2－18 所示。

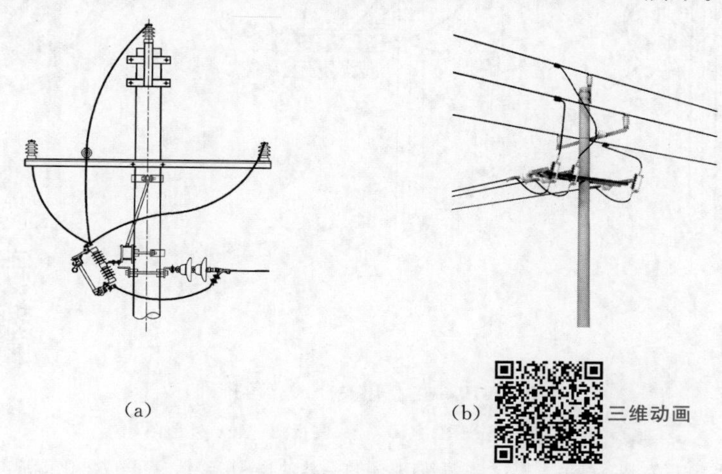

图 2－17　直线分支杆（有熔丝支接装置，三角排列）

(a) 杆头图；(b) 外形图

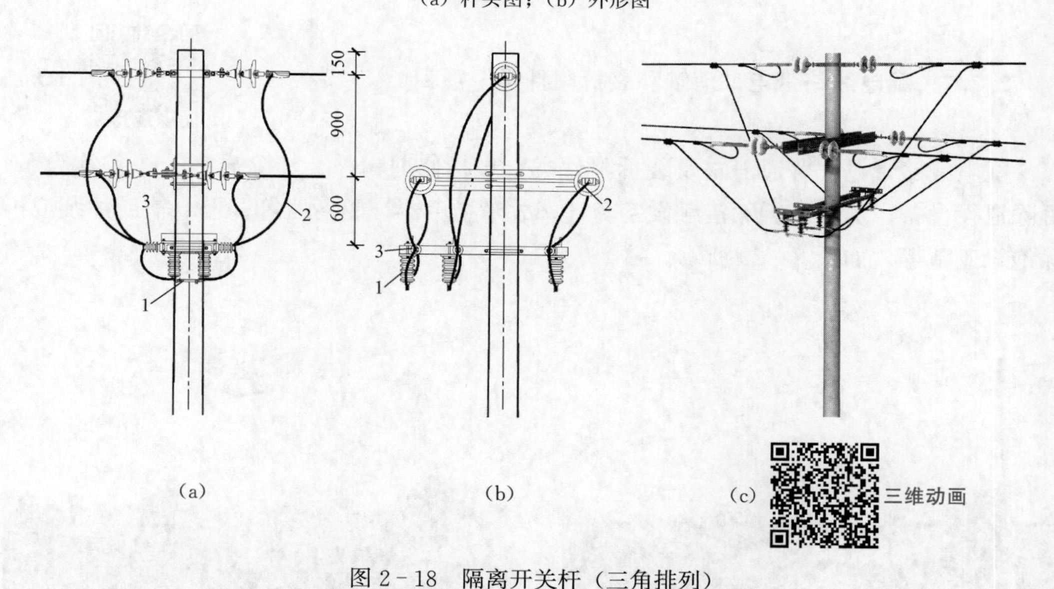

图 2－18　隔离开关杆（三角排列）

(a) 杆头正视图；(b) 杆头侧视图；(c) 外形图

1—隔离开关；2—导线引线；3—线路柱式瓷绝缘子

4. 更换柱上开关

更换柱上开关（包括断路器和负荷开关），以柱上开关杆（三角排列）为例，如图 2－19 所示。

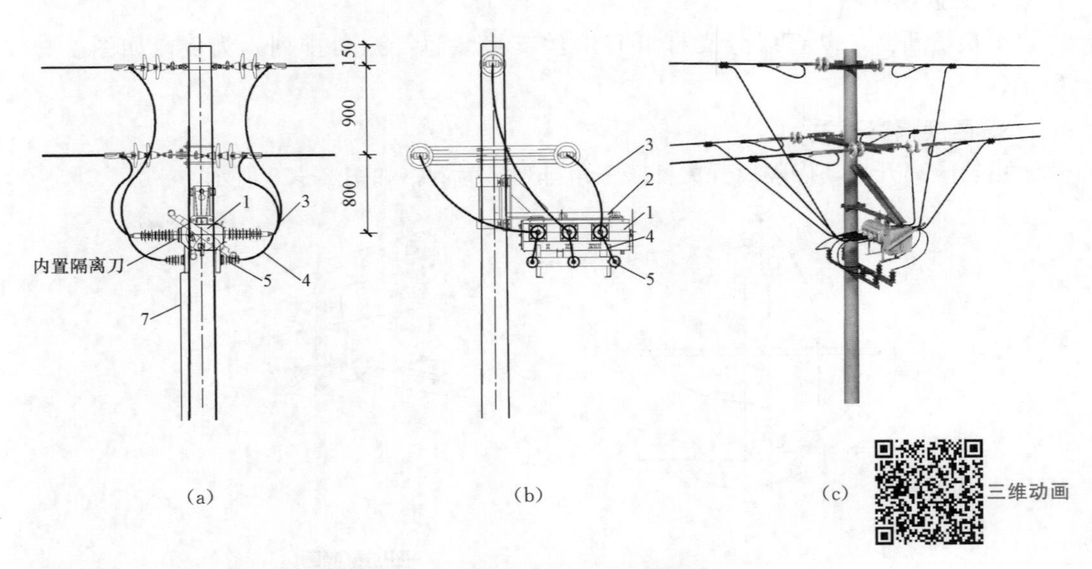

图 2-19　柱上开关杆（三角排列）

(a) 杆头正视图；(b) 杆头侧视图；(c) 外形图

1—柱上开关；2—开关支架；3—导线引线；4—避雷器上引线；5—合成氧化锌避雷器；
6—开关标识牌（图中未标示）；7—接地引下线

2.2.7　配电线路带电“消缺和装拆附件类”项目

配电线路带电“普通消缺及装拆附件类”包括修剪树枝、清除异物、扶正绝缘子、拆除退役设备；加装或拆除接触设备套管、故障指示器、驱鸟器等；带电辅助加装或拆除绝缘遮蔽等，如图 2-20 所示。

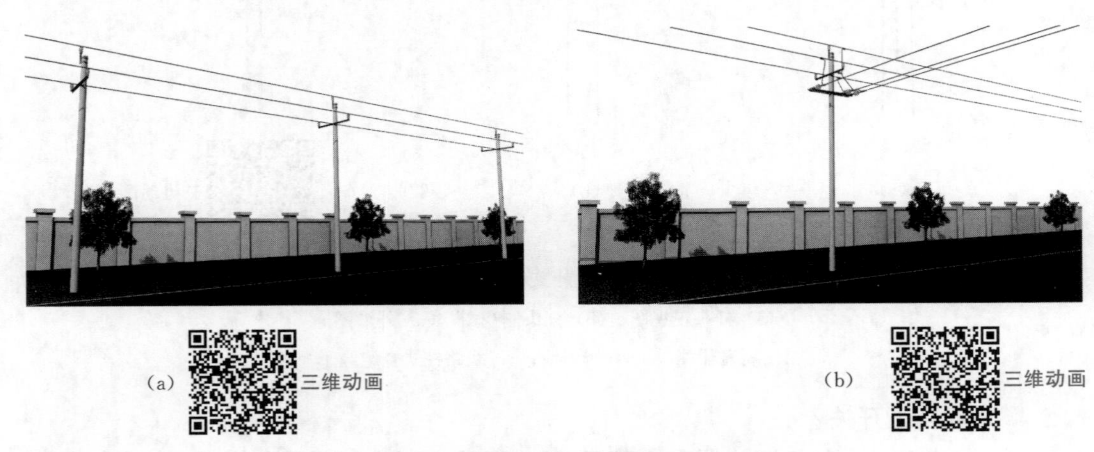

图 2-20　普通消缺及装拆附件类项目

(a) 主线路；(b) 分支线路

2.3　配电线路旁路作业技术

2.3.1　旁路作业的概念

2009 年，Q/GDW 249—2009《10kV 旁路作业设备技术条件》发布。

2010 年，Q/GDW 520—2010《10kV 架空配电线路带电作业管理规范》提出了综合不停电作业法和旁路作业。

2011 年，国家电网公司确定了将旁路作业拓展延伸到电缆线路，逐步实现检修电缆线路、环网箱等工作的不停电作业，组织开展了 Q/GDW 710—2012《10kV 电缆线路不停电作业技术导则》的编制工作。

2017 年，GB/T 34577—2017《配电线路旁路作业技术导则》的发布与实施，以及涉及旁路作业和旁路设备的多项技术标准发布与实施，为旁路作业在 10kV 架空线路和电缆线路中的规范开展提供了技术支撑和保障。

依据 GB/T 34577《配电线路旁路作业技术导则》（3.1）中的定义：旁路作业（by-pass working），是指通过旁路设备的接入，将配电网中的负荷转移至旁路系统，实现待检修设备停电检修的作业方式。

应用旁路作业的关键是：如何构建旁路电缆供电回路，实现线路和设备中的负荷转移。

在如图 2-21 所示的旁路作业检修架空线路作业项目中，实现线路负荷转移的旁路电缆供电回路就是：由三相旁路引下电缆、旁路负荷开关、三相旁路柔性电缆和电气连接用的引流线夹、快速插拔终端、快速插拔接头所组成，而图中的断联点是指采用桥接施工法实现线路的断开点（停电检修）与联接点（线路供电），简称断联点。

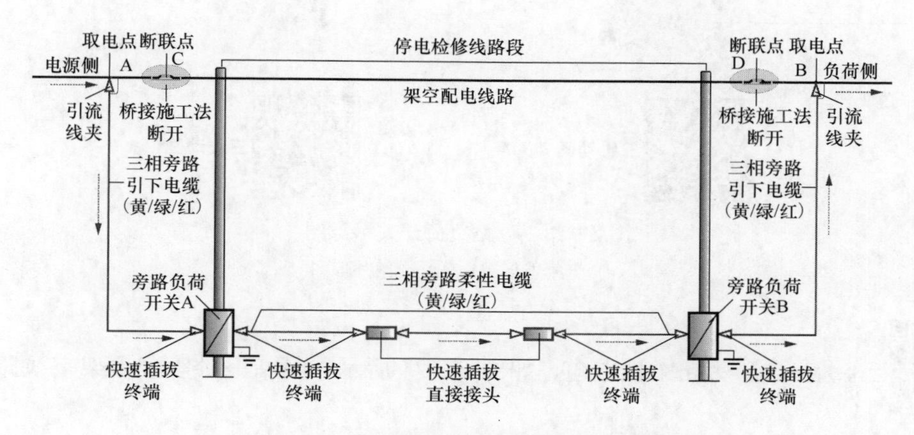

图 2-21　旁路电缆供电回路工作示意图

二维动画 （1）旁路引下电缆，如图 2 - 22 所示，是指用于电气连接架空导线与旁路负荷开关之间的旁路柔性电缆。每组电缆 3 根分三种颜色（黄、绿、红）辨识。其中，安装有引流线夹的一端与架空导线电气连接；安装有快速插拔终端的一端与旁路负荷开关电气连接。

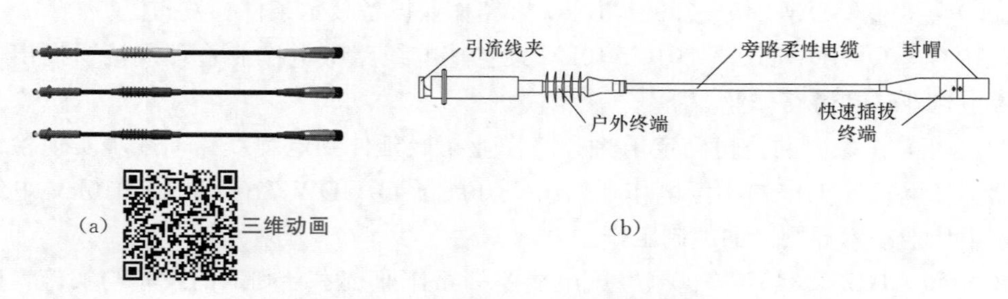

图 2 - 22　旁路引下电缆示意图

（a）外形图和黄、绿、红相色带；（b）组成示意图

二维动画 （2）旁路负荷开关，如图 2 - 23 所示，是指用于户内或户外，可移动的三相开关，具有分闸、合闸两种状态，用于旁路作业中负荷电流的切换。

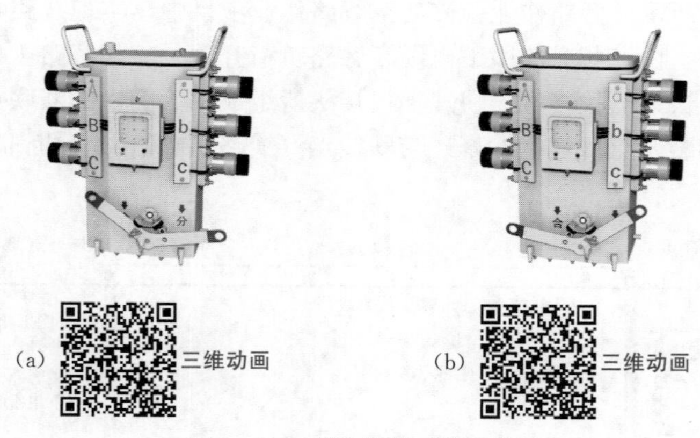

图 2 - 23　旁路负荷开关示意图

（a）分闸外形图；（b）合闸外形图

二维动画 （3）旁路柔性电缆，如图 2 - 24 所示，是指一种承载着架空线路的负荷电流的电缆，是一种导体由多股软铜线构成的、能重复弯曲使用的单芯电力电缆。每组电缆 3 根分三种颜色（黄、绿、红）辨识，每根标准长度一般为 50m。

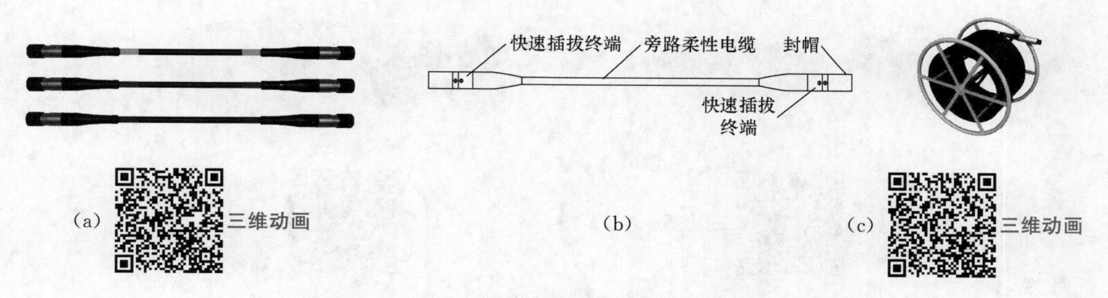

图 2-24　旁路柔性电缆示意图

(a) 外形图及相色带；(b) 组成示意图；(c) 电缆盘外形图

二维动画（4）快速插拔旁路电缆终端，如图 2-25 所示，是指安装在旁路柔性电缆的两端，用于旁路柔性电缆与自锁定快速插拔旁路电缆接头之间的电气连接，以及旁路柔性电缆与旁路负荷开关、移动箱变车上的自锁定快速插拔接头之间的电气连接。

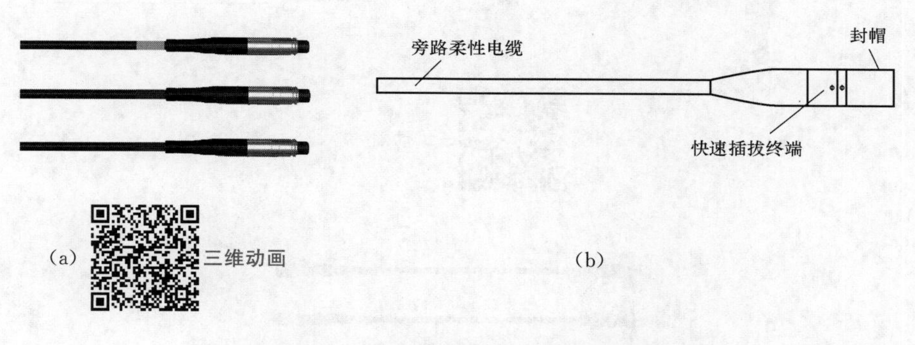

图 2-25　快速插拔旁路电缆终端示意图

(a) 外形图；(b) 组成示意图

二维动画（5）快速插拔旁路电缆接头，如图 2-26 所示，是指与快速插拔旁路电缆终端配合使用，用于旁路柔性电缆之间的电气连接，采用自锁定快速插拔连接方式的接头，包括直通接头、T 型接头以及铠装接头保护架。

二维动画（6）螺栓式旁路电缆终端（俗称“T 型”终端），如图 2-27 所示，是指用于旁路电缆与欧式环网柜（箱）的电气连接，采用螺栓连接方式的可分离旁路电缆终端。

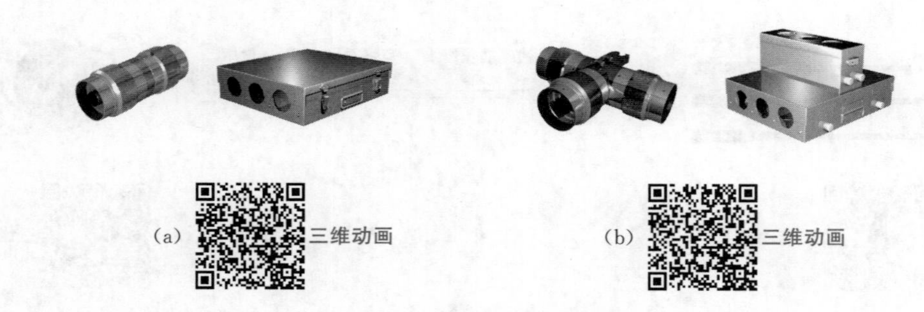

图 2-26　快速插拔直通接头和T型接头示意图

(a) 快速插拔直通接头和铠装接头保护架外形图；(b) 快速插拔T型接头和铠装接头保护架外形图

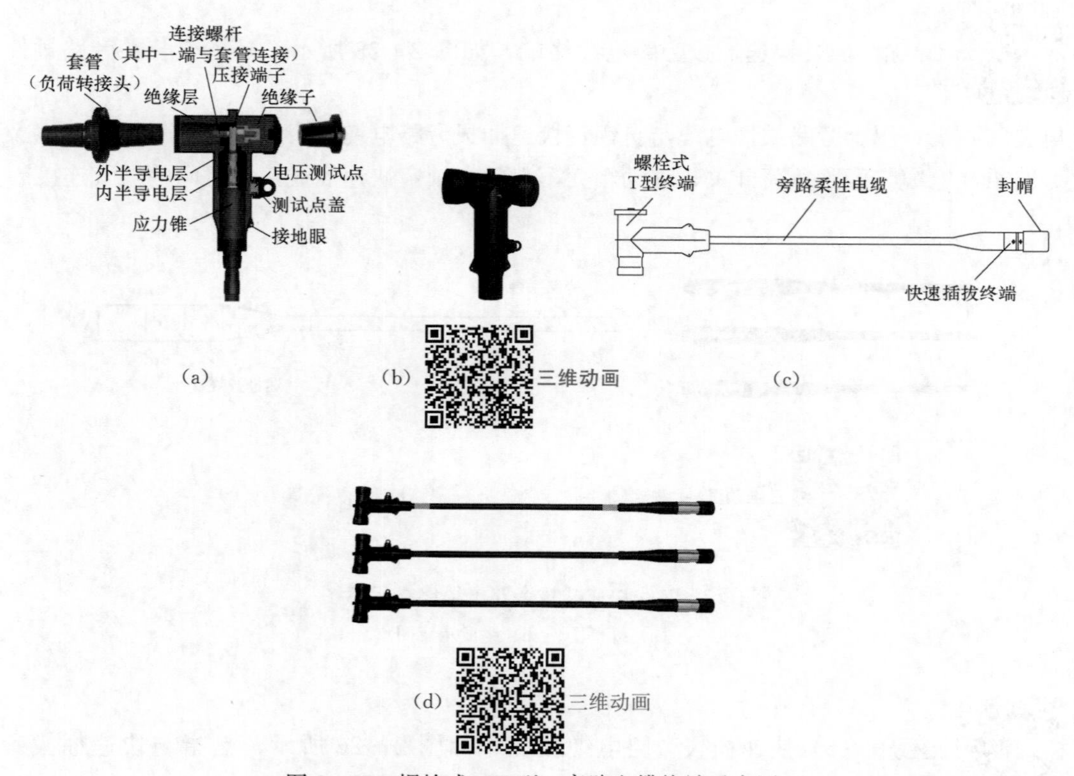

图 2-27　螺栓式（T型）旁路电缆终端示意图

(a) 螺栓式（T型）终端构造图；(b) 螺栓式（T型）终端外形图；(c) 螺栓式（T型）终端旁路电缆组成图；(d) 螺栓式（T型）终端旁路电缆外形图

(7) 插入式旁路电缆终端俗称“肘型”终端，如图 2-28 所示，是指用于旁路电缆与美式环网柜（箱）的电气连接，采用滑动连接方式的可分离旁路电缆终端。

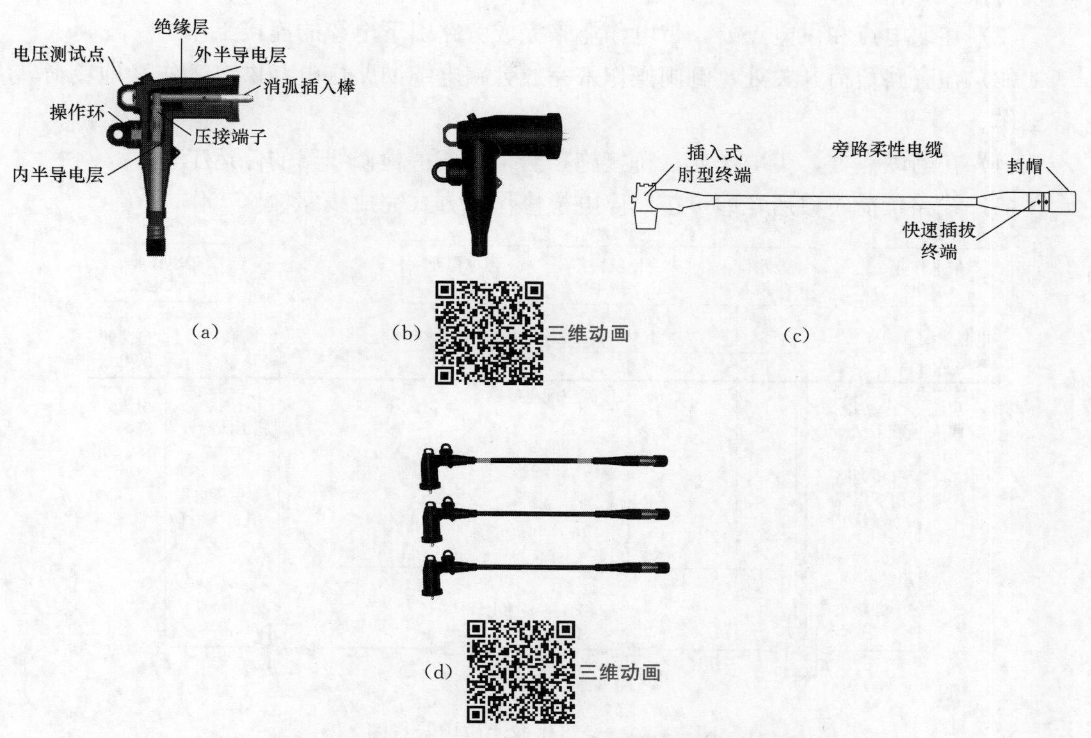

图 2－28　带插入式（肘型）终端的旁路电缆示意图

(a) 插入式（肘型）终端构造图；(b) 插入式（肘型）终端外形图；(c) 插入式（肘型）终端旁路电缆组成图；(d) 插入式（肘型）终端旁路电缆外形图

2.3.2　配电线路旁路作业方式

依据 Q/GDW 10520《10kV 配网不停电作业规范》和国标 GB/T 34577《配电线路旁路作业技术导则》并结合生产，配电线路旁路作业方式按照项目的不同可以分为旁路作业法和临时供电作业法。其中，无论是旁路作业法，还是临时供电作业法，都是通过构建旁路电缆供电回路，实现线路和设备中的负荷转移，从而完成停电检修工作和保供电工作。

1. 旁路作业法

生产中，旁路作业法用在停电检修工作中，包含取电、送电、供电三个环节。根据取电点不同旁路作业法项目分为两类：一类是电缆线路和环网箱的停电检修（更换）工作，采用旁路作业方式来完成；另一类是架空线路和柱上变压器的停电检修（更换）工作，需要采用“带电作业＋旁路作业”方式协同来完成，例如，在如图 2－29 所示的停电检修架空线路的旁路作业中，实现线路负荷转移（停电检修）工作，既包含了带电作业工作，又包含了旁路作业工作。

(1) 在旁路负荷开关处，旁路作业来完成旁路电缆回路的接入工作，以及旁路引下电缆的接入工作。

（2）在取电点和供电点处，带电作业来完成旁路引下电缆的连接工作。

（3）在旁路负荷开关处，倒闸操作来完成旁路电缆回路送电和供电工作，即负荷转移工作。

（4）在断联点处，带电作业（桥接施工法）完成待检修线路的停运工作。

（5）线路负荷转移后，即可按照停电检修作业方式完成线路检修工作。

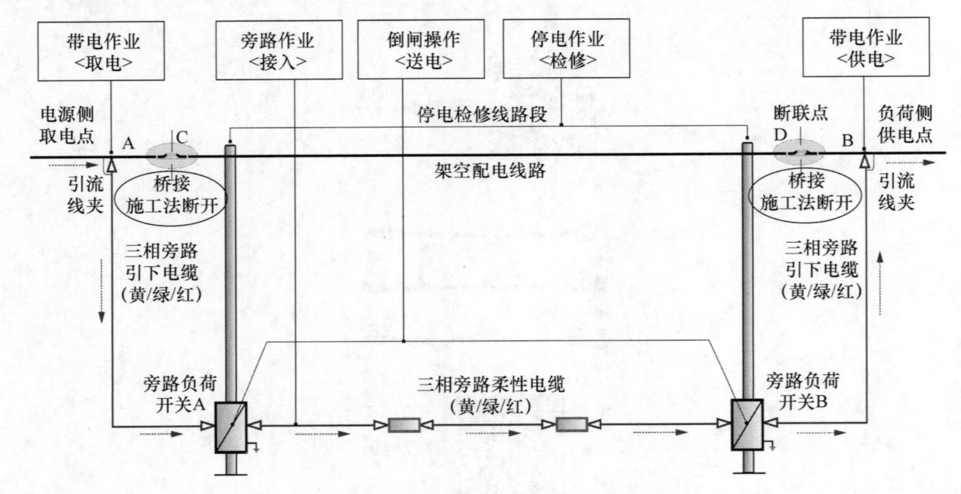

图 2－29　旁路作业法应用示意图

以图 2－29 为例，采用旁路作业法时的安全注意事项有：

（1）采用旁路作业时，必须确认线路负荷电流小于旁路系统额定电流，旁路作业中使用的旁路设备必须满足最大负荷电流（200A）要求，旁路设备并可靠接地。

（2）带电安装（拆除）高压旁路引下电缆前，必须确认（电源侧和负荷侧）旁路负荷开关处于分闸状态并可靠闭锁。

（3）带电安装（拆除）高压旁路引下电缆时，必须是在作业范围内的带电体（导线）完全绝缘遮蔽的前提下进行，起吊高压旁路引下电缆时应使用小吊臂缓慢进行。

（4）带电接入旁路引下电缆时，必须确保旁路引下电缆的相色标记“黄、绿、红”与高压架空线路的相位标记 A（黄）、B（绿）、C（红）保持一致。接入的顺序是“远边相、中间相和近边相”导线，拆除的顺序相反。

（5）高压旁路引下电缆与旁路负荷开关可靠连接后，在与架空导线连接前，合上旁路负荷开关检测旁路电缆回路绝缘电阻应不小于 500MΩ；检测完毕、充分放电后，断开且确认旁路负荷开关处于分闸状态并可靠闭锁。

（6）在起吊高压旁路引下电缆前，应事先用绝缘毯将与架空导线连接的引流线夹遮蔽好，并在其合适位置系上长度适宜的起吊绳和防坠绳。挂接高压旁路引下电缆的引流线夹时应先挂防坠绳、再拆起吊绳；拆除引流线夹时先挂起吊绳，再拆防坠绳；拆除后的引流线夹及时用绝缘毯遮蔽好后再起吊下落。

（7）拉合旁路负荷开关应使用绝缘操作杆进行，旁路电缆回路投入运行后应及时锁

死闭锁机构。旁路电缆回路退出运行，断开高压旁路引下电缆后应对旁路电缆回路充分放电。

(8) 展放旁路柔性电缆时，应在工作负责人的指挥下，由多名作业人员配合使旁路电缆离开地面整体敷设在保护槽盒内，防止旁路电缆与地面摩擦且不得受力，防止电缆出现扭曲和死弯现象。展放、接续后应进行分段绑扎固定。

(9) 采用地面敷设旁路柔性电缆时，沿作业路径应设安全围栏和“止步、高压危险!”标识牌，防止旁路电缆受损或行人靠近旁路电缆；在路口应采用过街保护盒或架空敷设，如需跨越道路时应采用架空敷设方式。

(10) 连接旁路设备和旁路柔性电缆前，应对旁路电缆回路中的电缆接头、接口的绝缘部分进行清洁，并按规定要求均匀涂抹绝缘硅脂。

(11) 旁路作业中使用的旁路负荷开关必须满足最大负荷电流要求（小于旁路系统额定电流 200A)，旁路开关外壳应可靠接地。

(12) 采用自锁定快速插拔直通接头分段连接（接续）旁路柔性电缆终端时，应逐相将旁路柔性电缆的同相色（黄、绿、红）快速插拔终端可靠连接，带有分支的旁路柔性电缆终端应采用自锁定快速插拔 T 型接头。接续好的终端接头放置专用铠装接头保护盒内。三相旁路柔性电缆接续完毕后应分段绑扎固定。

(13) 接续好的旁路柔性电缆终端与旁路负荷开关连接时应采用快速插拔终端接头，连接应核对分相标志，保证相位色的一致：相色黄、绿、红与同相位的 A（黄)、B（绿)、C（红）相连。

(14) 旁路系统投入运行前和恢复原线路供电前必须进行核相，确认相位正确方可投入运行。对低压用户临时转供的时候，也必须进行核相（相序)。恢复原线路接入主线路供电前必须符合送电条件。

(15) 展放和接续好的旁路系统接入前进行绝缘电阻检测应不小于 500MΩ。绝缘电阻检测完毕后，以及旁路设备拆除前、电缆终端拆除后，均应进行充分放电，用绝缘放电棒放电时，绝缘放电棒（杆）的接地应良好。绝缘放电棒（杆）以及验电器的绝缘有效长度应不小于 0.7m。

(16) 操作旁路设备开关、检测绝缘电阻、使用放电棒（杆）进行放电时，操作人员均应戴绝缘手套进行。

(17) 旁路系统投入运行后，应每隔半小时检测一次回路的负载电流，监视其运行情况。在旁路柔性电缆运行期间，应派专人看守、巡视。在车辆繁忙地段还应与交通管理部门取得联系，以取得配合。夜间作业应有足够的照明。

(18) 依据 GB/T 34577《配电线路旁路作业技术导则》4.2.4 的规定：雨雪天气严禁组装旁路作业设备；组装完成的旁路作业设备允许在降雨（雪）条件下运行，但应确保旁路设备连接部位有可靠的防雨（雪）措施。

(19) 带电作业人员在断联点处完成已检修段线路接入主线路的供电（恢复）工作时，应严格按照带电作业方式进行。

(20) 依据《国家电网公司电力安全工作规程（配电部分）》(9.17) 规定：带电、

停电作业配合的项目，当带电、停电作业工序转换时，双方工作负责人应进行安全技术交接，确认无误后，方可开始工作。

（21）旁路作业中需要倒闸操作，必须由运行操作人员严格按照《配电倒闸操作票》进行，操作过程必须由两人进行，一人监护一人操作，并执行唱票制。操作机械传动的断路器（开关）或隔离开关（刀闸）时应戴绝缘手套。没有机械传动的断路器（开关）、隔离开关（刀闸）和跌落式熔断器，应使用合格的绝缘棒进行操作。

2. 临时供电作业法

生产中，临时供电作业法用在保供电工作中，同样包含取电、送电、供电三个环节。例如，在图 2－30 所示的从架空线路临时取电给移动箱变的作业中，实现线路负荷转移（保供电）工作，既包含了带电作业工作，又包含了旁路作业工作：

（1）在旁路负荷开关和移动箱变处，旁路作业来完成旁路电缆回路的接入工作，以及低压旁路引下电缆的接入工作。

（2）在取电点处，带电作业来完成旁路引下电缆的连接工作。

（3）在旁路负荷开关和移动箱变处，倒闸操作来完成旁路电缆回路送电和供电工作，即负荷转移（保供电）工作。

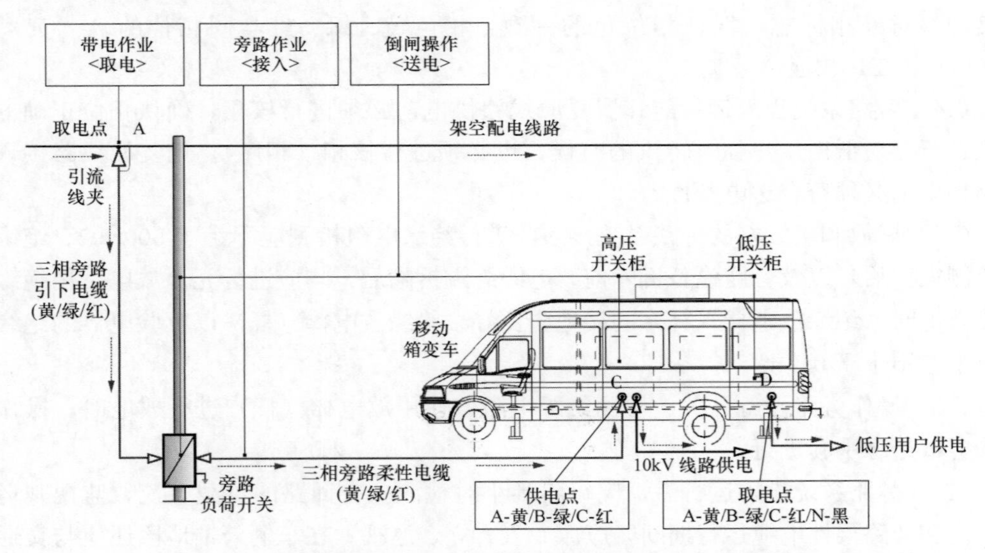

图 2－30　临时供电作业法应用之架空线路临时取电示意图

在临时供电作业法中，根据取电点的不同，临时供电工作还包含以下几类：

（1）从低压（0.4kV）发电车临时取电给低压（0.4kV）用户供电工作，如图 2－31 所示。

（2）从中压（10kV）发电车临时取电给 10kV 线路供电工作，如图 2－32 所示。

（3）从移动箱变车临时取电给低压（0.4kV）用户或 10kV 线路供电工作，如图 2－33 所示。

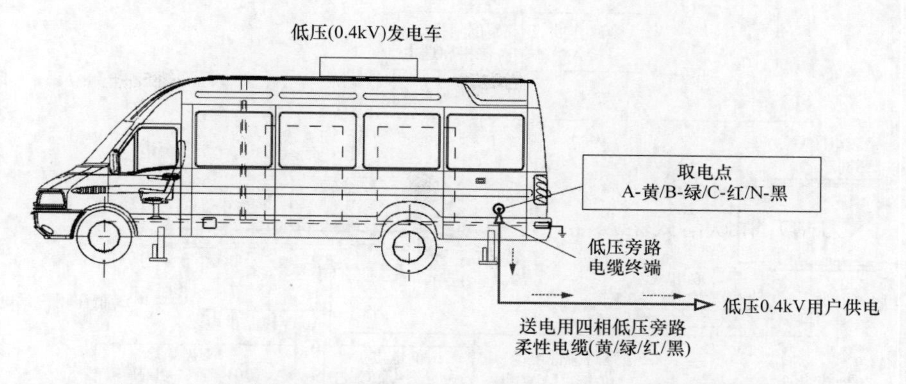

图 2-31　临时供电作业法应用之低压（0.4kV）发电车取电示意图

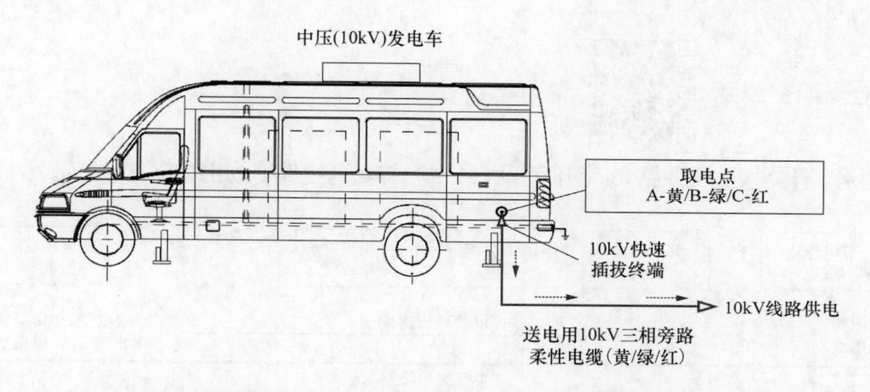

图 2-32　临时供电作业法应用之中压（10kV）发电车取电示意图

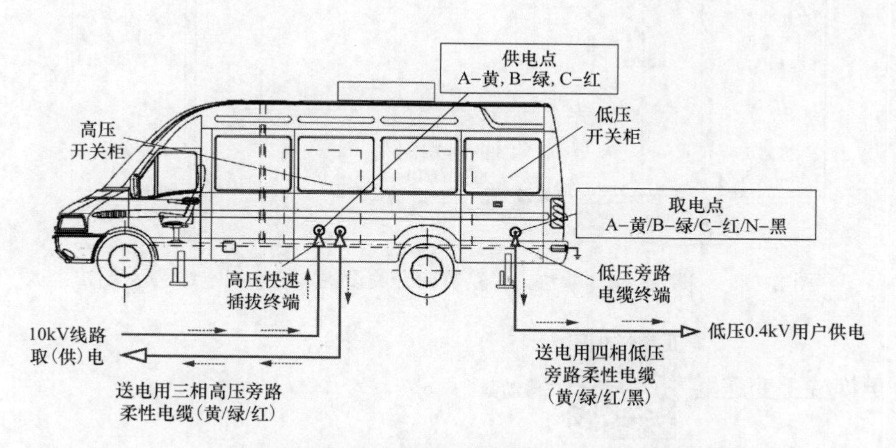

图 2-33　临时供电作业法应用之移动箱变车取电示意图

（4）从环网箱临时取电给移动箱变供电、环网箱供电工作，如图 2-34 所示。

2.3.3　配电线路"转供电类"项目

配电线路"转供电类"项目包括采用旁路作业法检修架空线路、更换柱上变压器以及检修电缆线路、检修环网箱等。

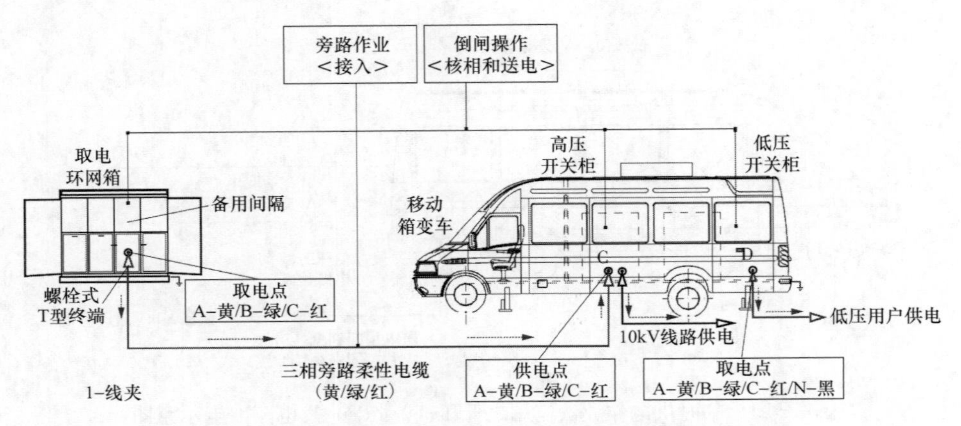

图 2-34　临时供电作业法应用之环网箱临时取电示意图

1. 检修架空线路

二维动画

采用旁路作业法（旁路负荷开关设备）检修架空线路，如图 2-35 所示。

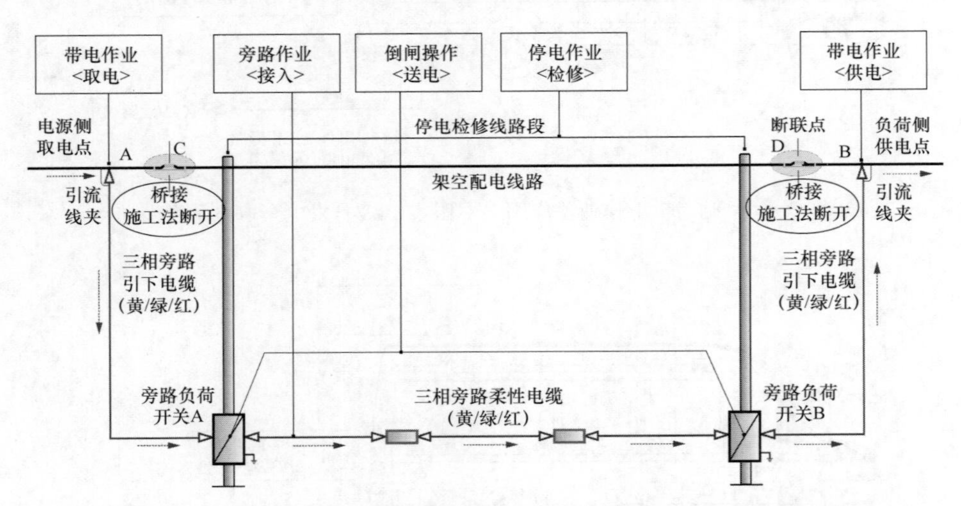

图 2-35　采用旁路作业法（旁路负荷开关设备）检修架空线路示意图

2. 更换柱上变压器

二维动画

采用旁路作业法（移动箱变车作业）不停电更换柱上变压器，如图 2-36 所示。

3. 检修电缆线路

二维动画

采用旁路作业法检修电缆线路，如图 2-37 所示。

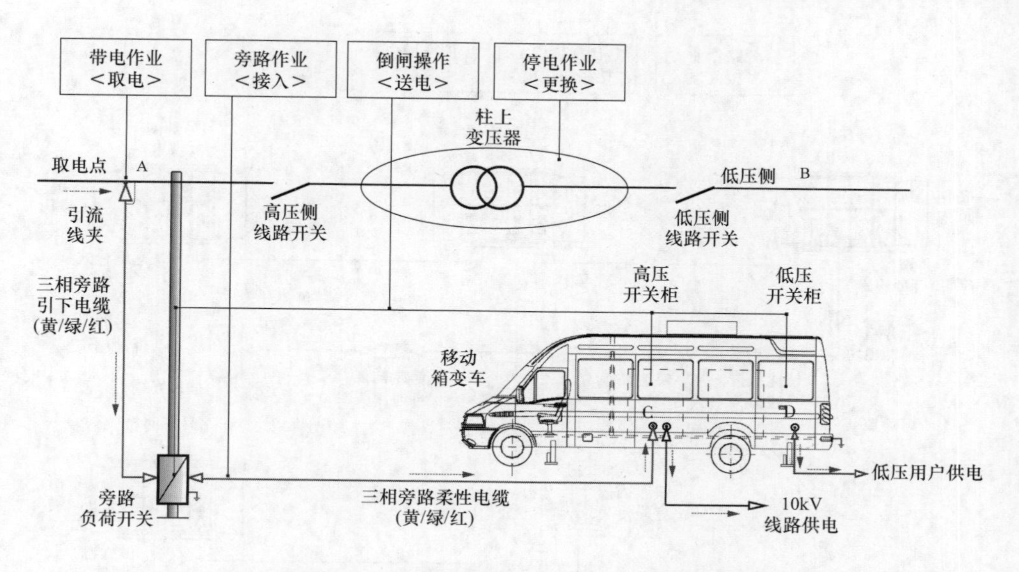

图 2 - 36　采用旁路作业法（移动箱变车作业）不停电更换柱上变压器示意图

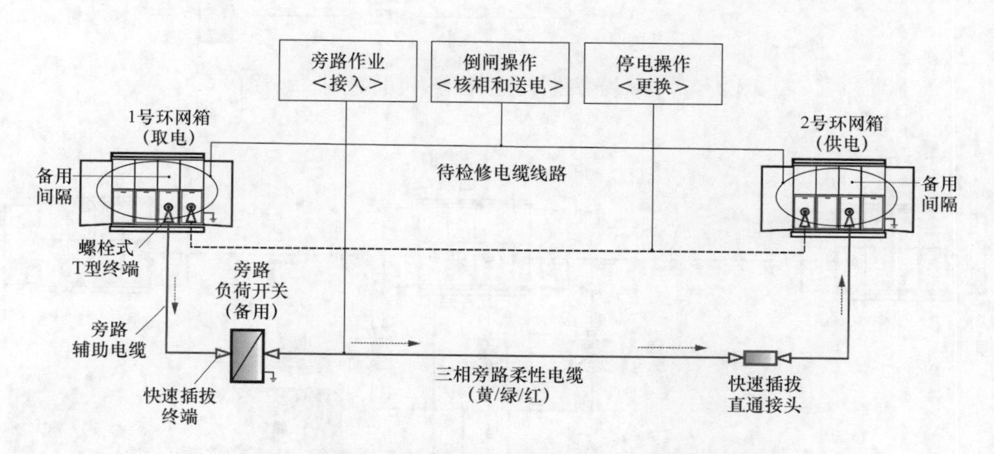

图 2 - 37　采用旁路作业法检修电缆线路作业示意图

4. 检修环网箱 二维动画

（1）采用旁路作业法检修环网箱，如图 2 - 38 所示。

（2）采用“移动环网柜（箱）车＋电缆转换接头”检修环网箱工作，如图 2 - 39 所示。

2.3.4　配电线路“临时取电类”项目

配电线路“临时取电类”项目包括采用临时供电作业法从架空线路临时取电给移动箱变供电、从架空线路临时取电给环网箱供电以及从环网箱临时取电给移动箱变供电从环网箱临时取电给环网箱供电等。

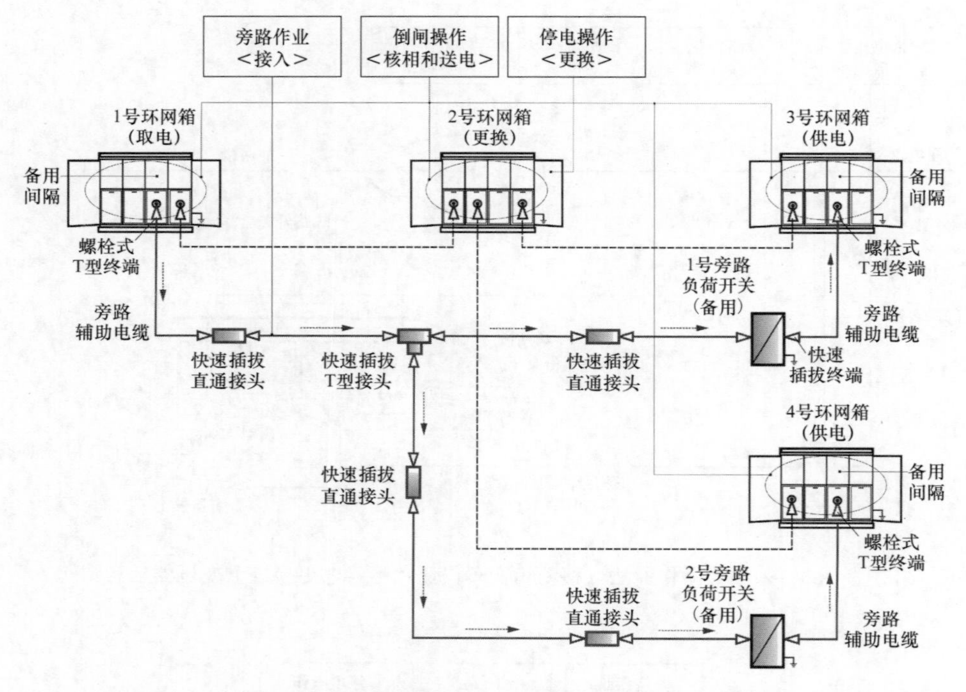

图 2-38　采用旁路作业法检修环网箱作业示意图

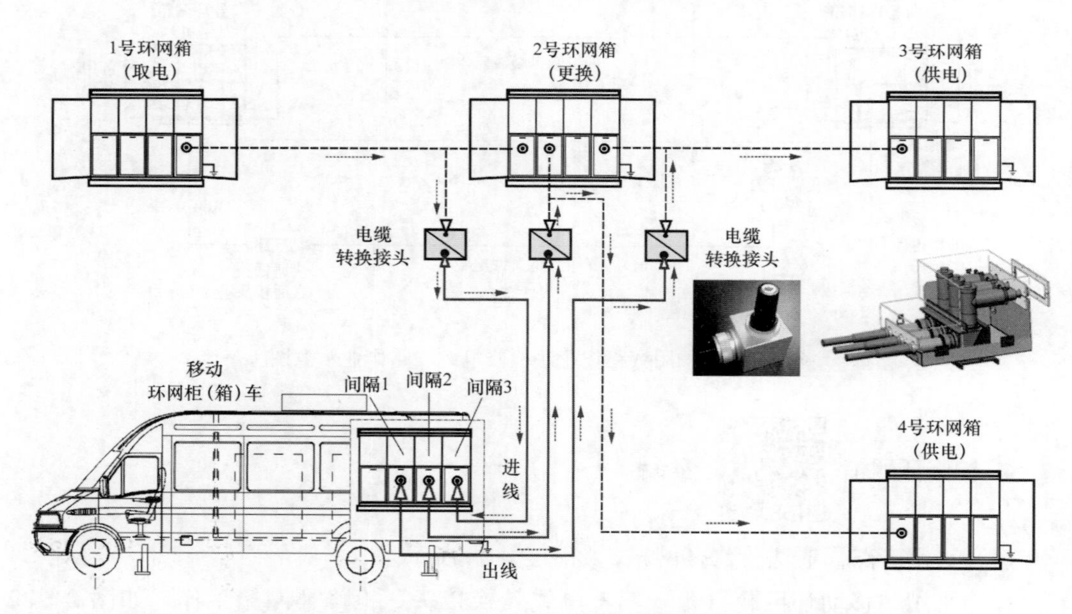

图 2-39　采用“移动环网柜（箱）车＋电缆转换接头”检修环网箱作业示意图

1. 从架空线路临时取电给移动箱变供电  二维动画

采用临时供电作业法从架空线路临时取电给移动箱变供电，如图 2-40 所示。

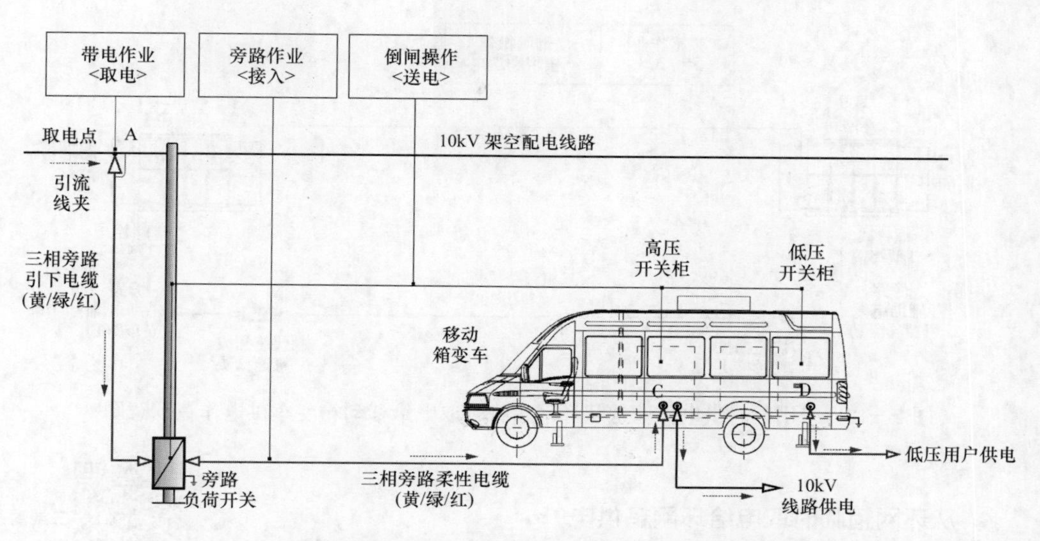

图 2-40　采用临时供电作业法从架空线路临时取电给移动箱变车供电作业示意图

2. 从架空线路临时取电给环网箱供电

采用临时供电作业法从架空线路临时取电给环网箱供电，如图 2-41 所示。

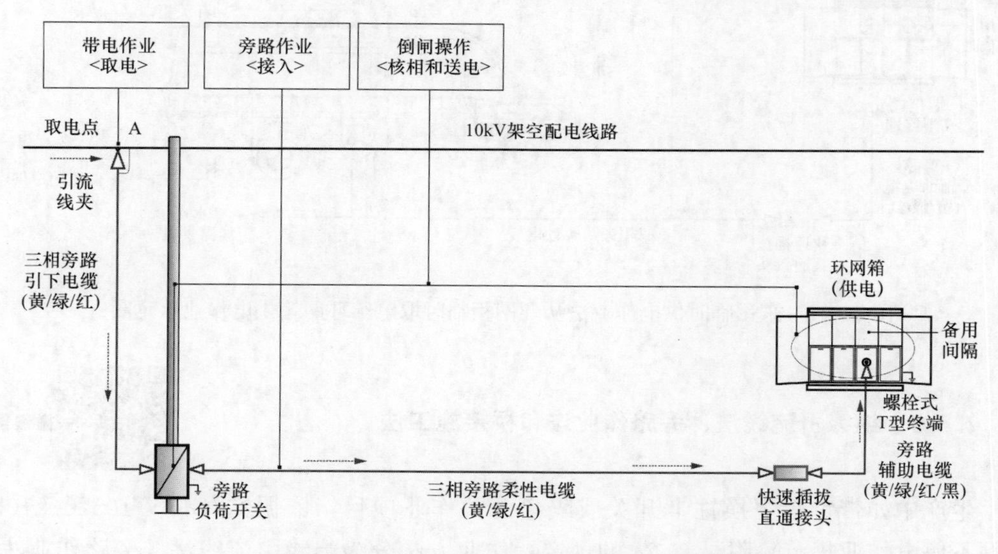

图 2-41　采用临时供电作业法从架空线路临时取电给环网箱供电作业示意图

3. 从环网箱临时取电给移动箱变供电

采用临时供电作业法从环网箱临时取电给移动箱变供电，如图 2-42 所示。

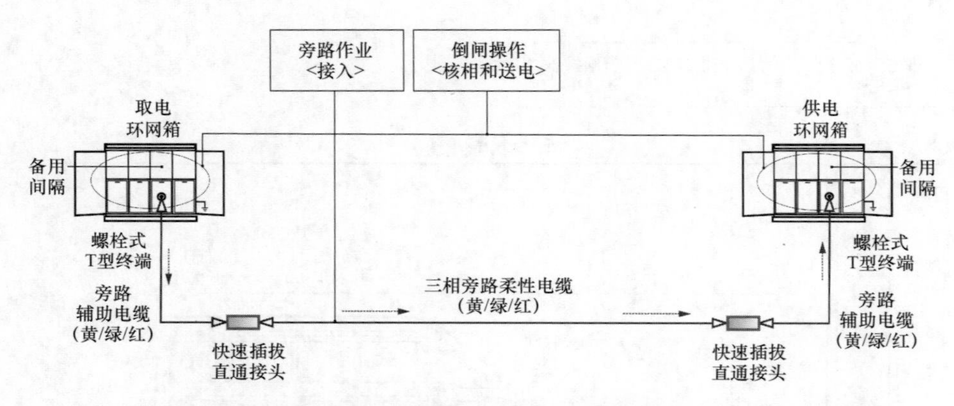

图 2-42　采用临时供电作业法从环网箱临时取电给移动箱变车供电作业示意图

4. 从环网箱临时取电给环网箱供电

采用临时供电作业法从环网箱临时取电给环网箱供电，如图 2-43 所示。

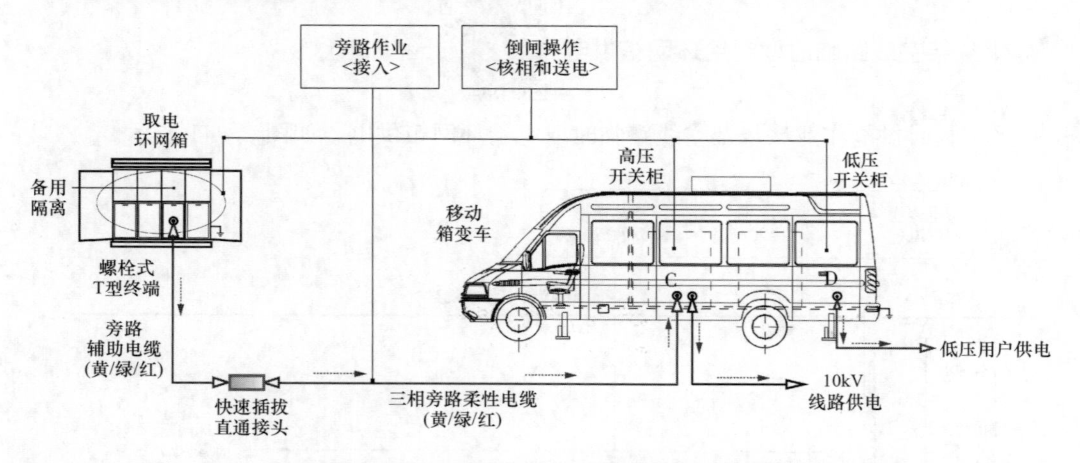

图 2-43　采用临时供电作业法从环网柜临时取电给环网箱供电作业示意图

2.3.5　绝缘引流线法、旁路作业法和桥接施工法

生产中如带负荷更换柱上开关或隔离开关作业项目，依据 Q/GDW 10520《10kV 配网不停电作业规范》附录 C.24 的规定：作业方法分为绝缘引流线法、旁路作业法和桥接施工法（俗称“小旁路”作业法）。

1. 绝缘引流线法

如图 2-44 所示，绝缘引流线法，是指绝缘引流线逐相搭接导线而构成的旁路回路

进行负荷转移的作业，特点是绝缘引流线构建旁路回路，逐相短接、逐相分流实现负荷转移。其中，绝缘引流线，是由挂接导线用的引流线夹和螺旋式紧固手柄以及起着载流导体作用的载流引线所组成，适合于带负荷更换柱上隔离开关、熔断器、导线非承力线夹等作业。但在用于带负荷更换柱上开关作业时，开关的跳闸回路不锁死，严禁短接开关。原因是：采用绝缘引流线法逐相短接时，逐相短接就是逐相分流的开始，先短接的引流线要先分流 1/2 左右的线路电流，三相电流不平衡，就必然存在着短接瞬间开关跳闸而带负荷接入绝缘引流线的隐患。

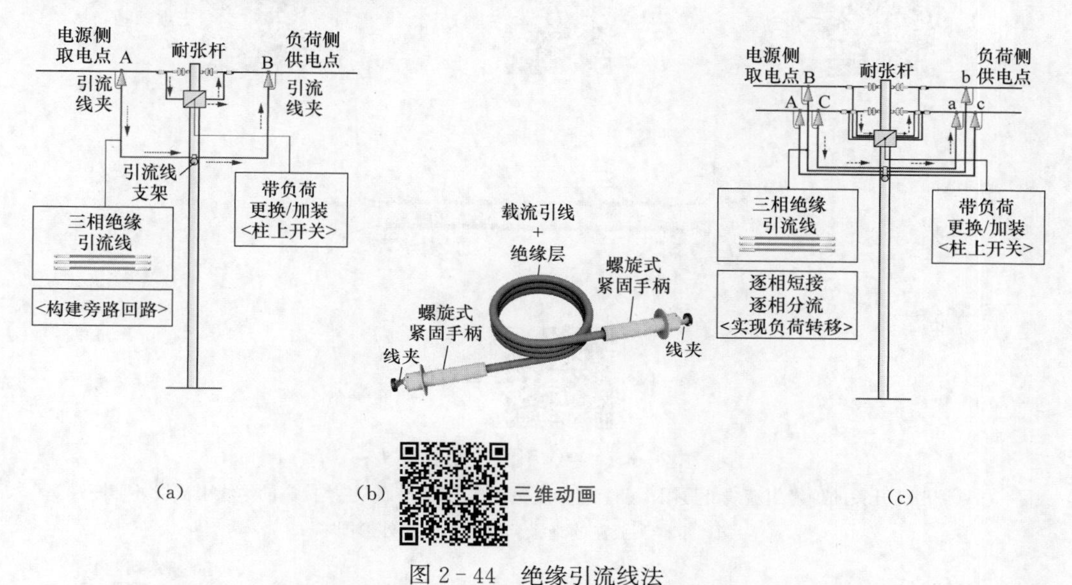

图 2-44　绝缘引流线法

(a) 绝缘引流线接入示意图；(b) 绝缘引流线外形图；(c) 逐相短接、分流示意图。

这里需要说明的是：

(1) 绝缘引流线及其接头，如图 2-45 所示。一是绝缘手套作业法（线夹为旋转式接头）；二是使用线夹转换接头将手动安装方式改为绝缘操作杆安装方式。

(2) 绝缘引流线作为带电作业用消弧开关和配套跨接线使用，如图 2-46 所示。

带电作业用消弧开关是指用于带电作业的，具有开合空载架空或电缆线路电容电流功能和一定灭弧能力的开关；是带电断、接空载电缆线路引线作业项目使用的主要工具。在使用消弧开关断、接空载电缆连接引线时，需配套使用绝缘引流线作为跨接线。使用时先将消弧开关挂接在架空线路上，绝缘引流线一端线夹挂接在消弧开关的导电杆上，另一端线夹固定在空载电缆引线上或支柱型避雷器的验电接地杆上。

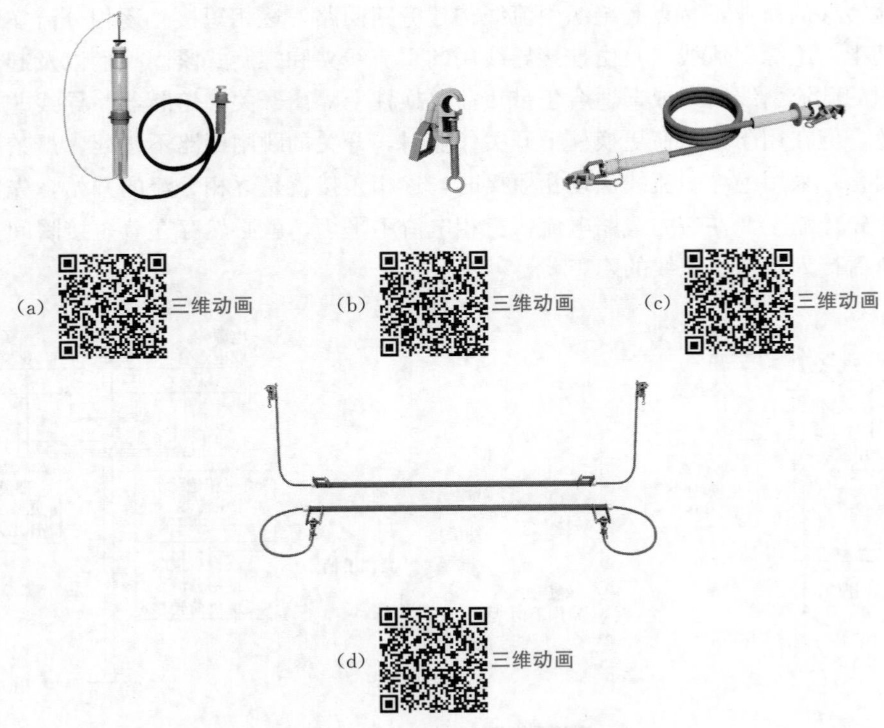

图 2-45　绝缘引流线及其接头

(a) 带消弧开关的绝缘引流线外形图；(b) 转换接头外形图；(c) 带转换接头的绝缘引流线外形图；(d) 带猴头线夹的绝缘套筒式引流线外形图

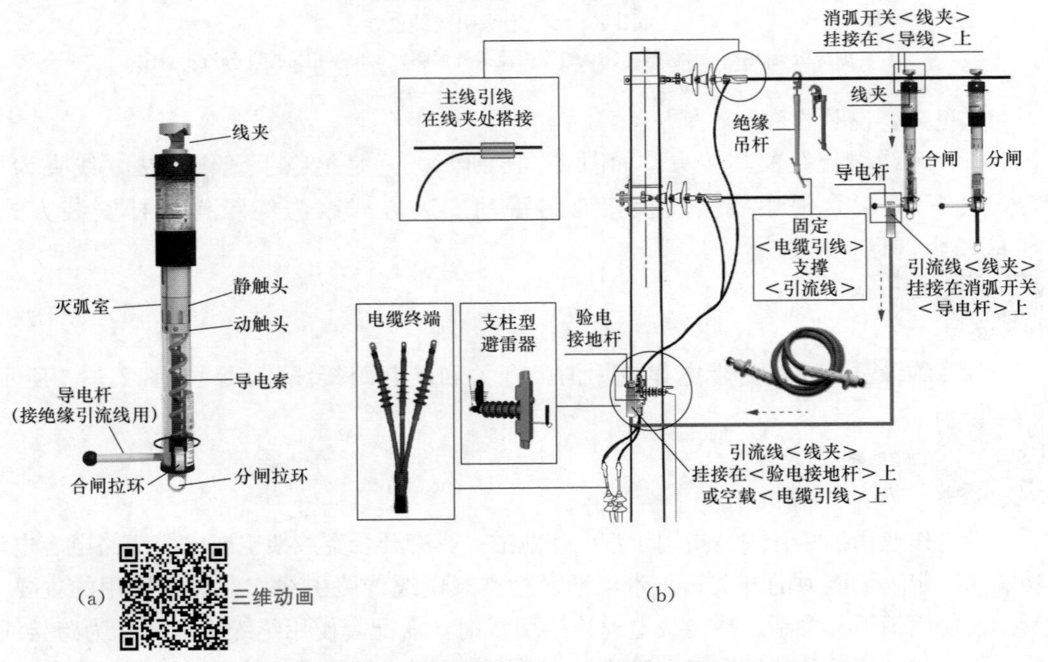

图 2-46　带电作业用消弧开关和配套使用的绝缘引流线（跨接线）

(a) 消弧开关（合闸）外形图；(b)“消弧开关＋绝缘引流线”（跨接线）应用示意图

2. 旁路作业法 二维动画

如图 2－47 所示，旁路作业法，是指通过旁路负荷开关、电杆两侧的旁路引下电缆和余缆支架组成的旁路回路进行负荷转移作业，特点是“旁路引下电缆＋旁路负荷开关”构建旁路回路，逐相接入、合上开关、同时分流实现负荷转移，如图 2－48 所示。

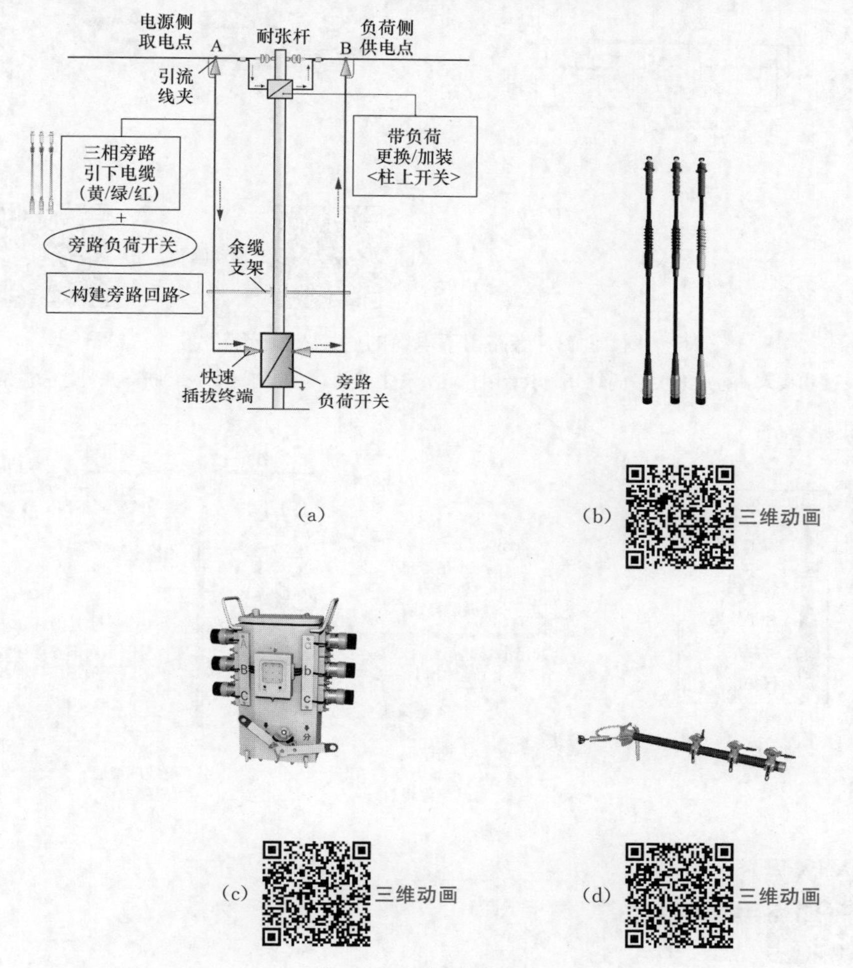

图 2－47　旁路作业法

(a) 旁路作业法组成示意图；(b) 旁路引下电缆外形图；(c) 旁路负荷开关外形图；(d) 余缆支架外形图

这里需要对“旁路引下电缆的起吊与挂接”说明的是（如图 2－49 所示）：

(1) 旁路引下电缆是由导体、内半导电层、绝缘层、外半导电层、屏蔽层和保护层所组成，使用中的旁路引下电缆的屏蔽层必须通过旁路负荷开关可靠接地。旁路负荷开关不接地、分闸不闭锁以及柱上开关跳闸回路不闭锁，严禁起吊和挂接旁路引下电缆。

(2) 旁路引下电缆起吊前，应事先用绝缘毯将与引流线夹遮蔽好，并在其合适位置系上长度适宜的起吊绳和防坠绳；拆除后的引流线夹及时用绝缘毯遮蔽好后再下落。

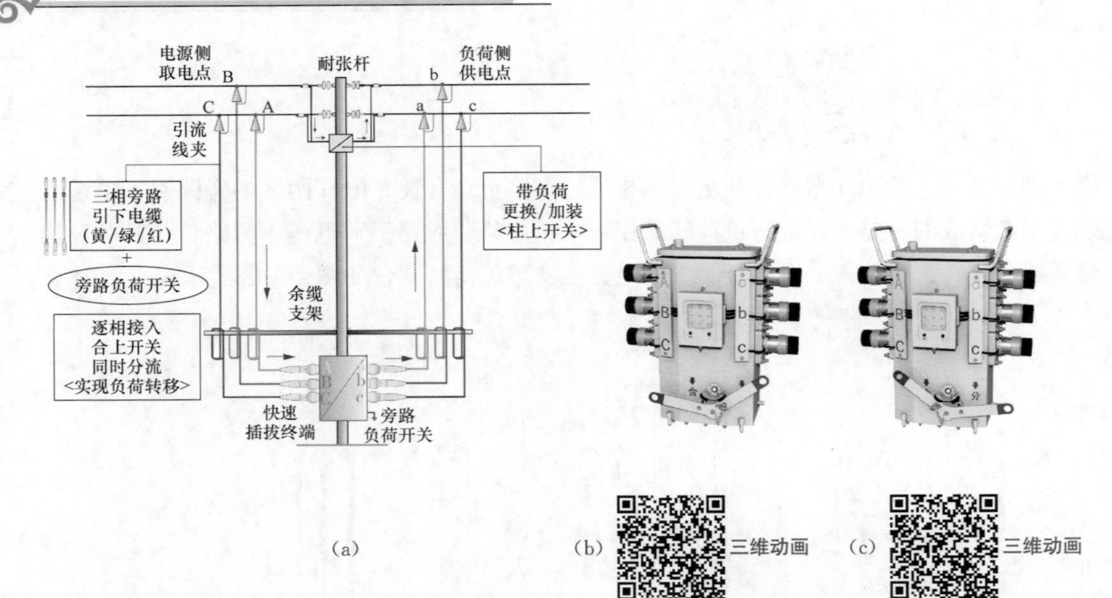

图 2-48　旁路引下电缆的“接入与分流”

(a) 逐相接入、合上开关、同时分流示意图；(b) 合上开关，分流开始；(c) 断开开关，分流结束

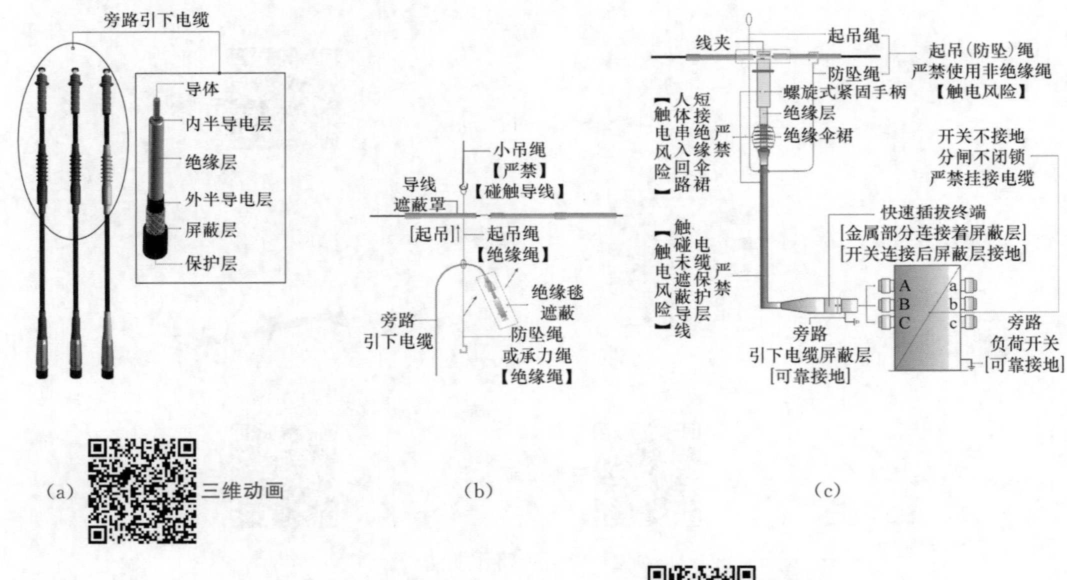

图 2-49　旁路引下电缆的起吊与挂接

(a) 旁路引下电缆构造图；(b) 旁路引下电缆的起吊示意图；(c) 旁路引下电缆的挂接示意图

(3) 起吊（防坠）绳必须是绝缘绳，有效绝缘长度不得小于 0.4m，严禁使用非绝缘绳。

(4) 旁路引下电缆在起吊过程中，严禁触碰未遮蔽的导线。

(5) 挂接旁路引下电缆时，严禁短接绝缘伞裙（直接握住绝缘伞裙或双手同时握住

绝缘伞裙的上下），引发人体串入回路的触电风险。

3. 桥接施工法　二维动画

如图 2－50 所示，桥接施工法是指先通过旁路负荷开关、电杆两侧的旁路引下电缆和余缆支架组成的旁路回路进行负荷转移之后，通过桥接工具硬质绝缘紧线器等开断主导线，实现按照停电检修作业方式更换柱上开关，待作业完成后再用液压接续管或专用快速接头接续主导线的作业，特点是：①“旁路引下电缆＋旁路负荷开关”构建旁路回路，逐相接入、合上开关、同时分流实现负荷转移，如图 2－51 所示；②通过桥接工具开断主导线构建停电作业区，转带电作业方式为停电检修作业方式，对导线开断、接续工艺质量要求高，如图 2－52 所示。

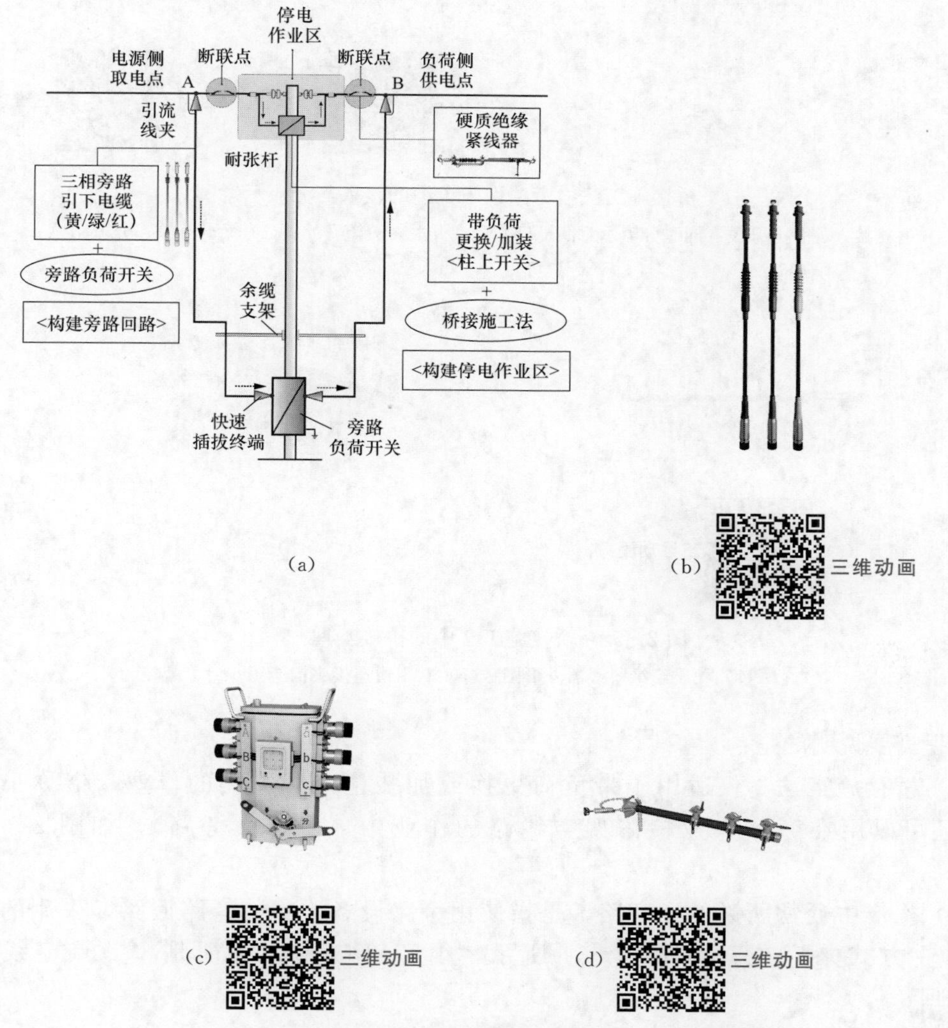

图 2－50　桥接施工法之旁路供电回路构成组成示意图

（a）桥接施工法组成示意图；（b）旁路引下电缆外形图；（c）旁路负荷开关外形图；（d）余缆支架外形图

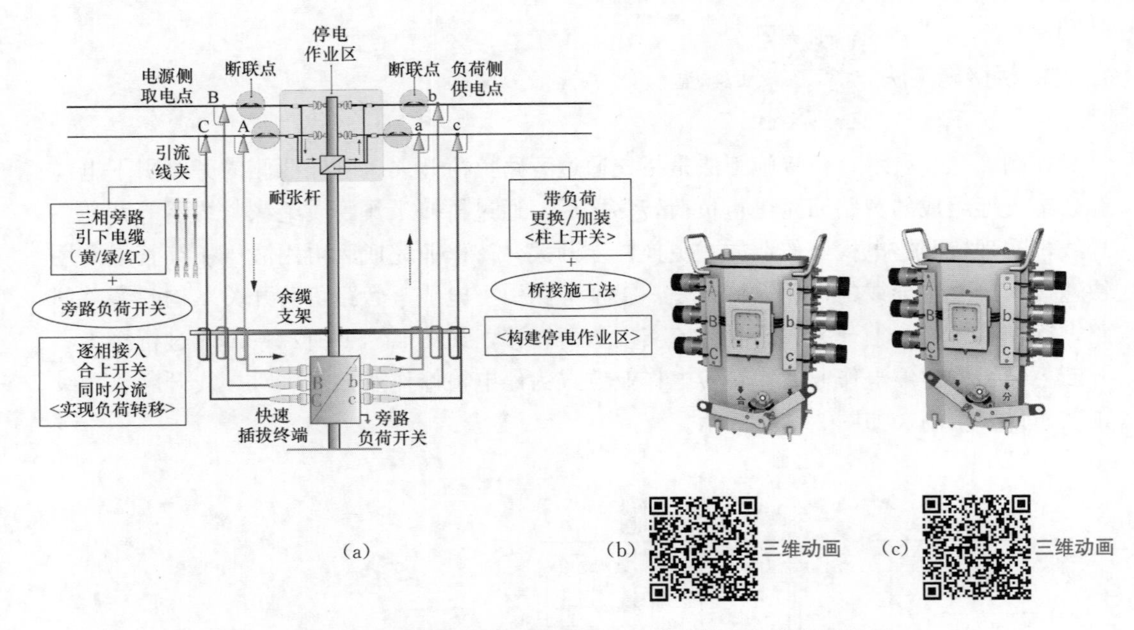

(a) (b) (c)

图 2-51　桥接施工法之旁路引下电缆的接入与分流示意图

（a）逐相接入、合上开关、同时分流示意图；（b）合上开关，分流开始；（c）断开开关，分流结束

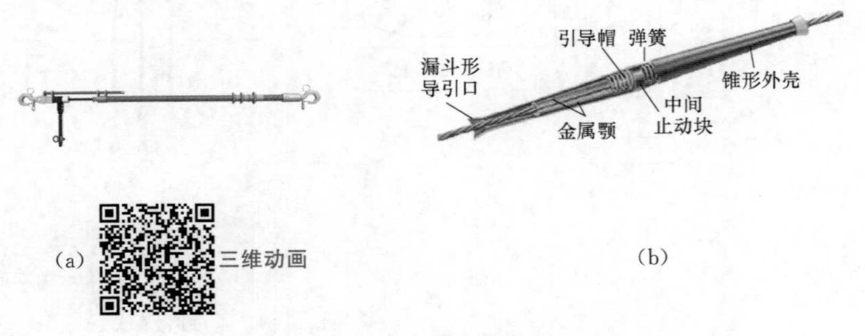

(a) (b)

图 2-52　桥接施工法中的桥接工具

（a）硬质绝缘紧线器外形图；（b）专用快速接头构造图

这里需要说明的是：

（1）桥接施工法不仅适用于带负荷更换或加装柱上开关类的作业（俗称小旁路），还可以用在旁路作业检修架空线路的作业中（俗称大旁路），如图 2-53 所示。

（2）生产中通常所说的小旁路，是指使用旁路设备构成的旁路回路，采用的是带电作业方式来完成。如图 2-54 所示，小旁路构成的特征是“一点一线”：

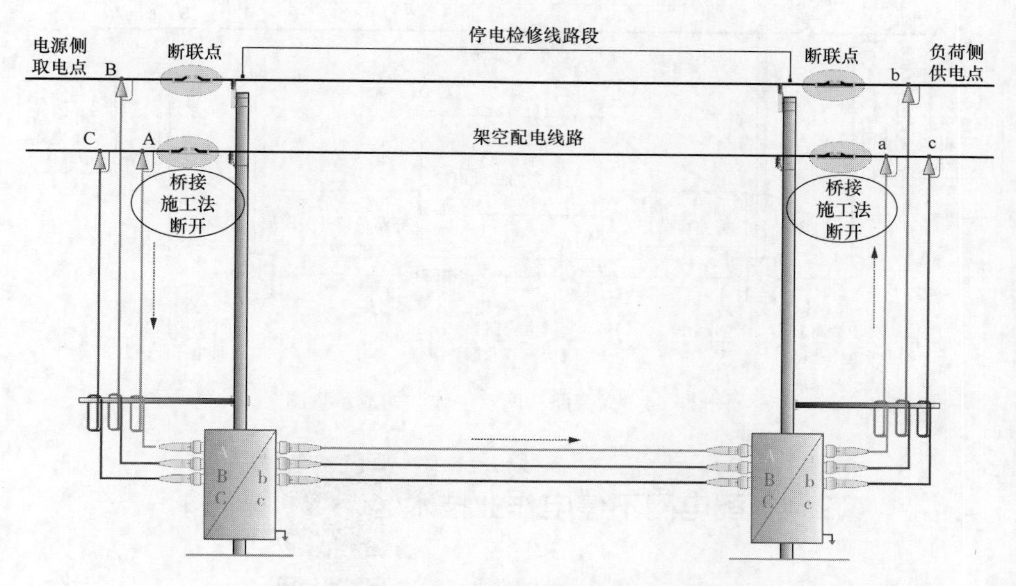

图2-53　“桥接施工法”在旁路作业法（俗称大旁路）检修架空线路作业中的应用示意图

1）一点，是指一个旁路负荷开关，相当于并联一个柱上开关。

2）一线，是指连接导线和旁路负荷开关的旁路引下电缆。

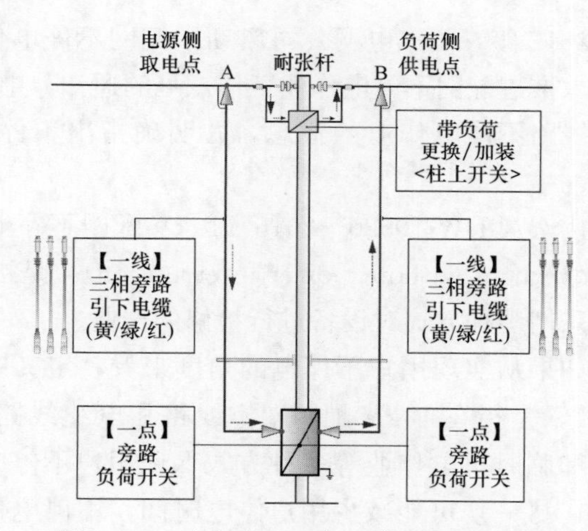

图2-54　小旁路“一点一线”构成示意图

（3）生产中所说的二维动画大旁路，是指使用旁路设备构成的旁路回路，如图2-55所示，与小旁路不同之处：

1）小旁路是按照带电作业的技术要求来完成。

2）大旁路作业中，旁路回路的接入和退出是按照旁路作业的技术要求来完成。

3）大旁路构成的特征是“两点一线”。

a. 两点，是指两个开关（可以是旁路负荷开关，也可以是移动箱变车上的高压进线开关或欧式环网箱上的备用间隔开关等），分别构成取电开关和供电开关，分隔着带电侧和无电侧。

b. 一线，是指连接取电开关和供电开关之间的旁路柔性电缆。

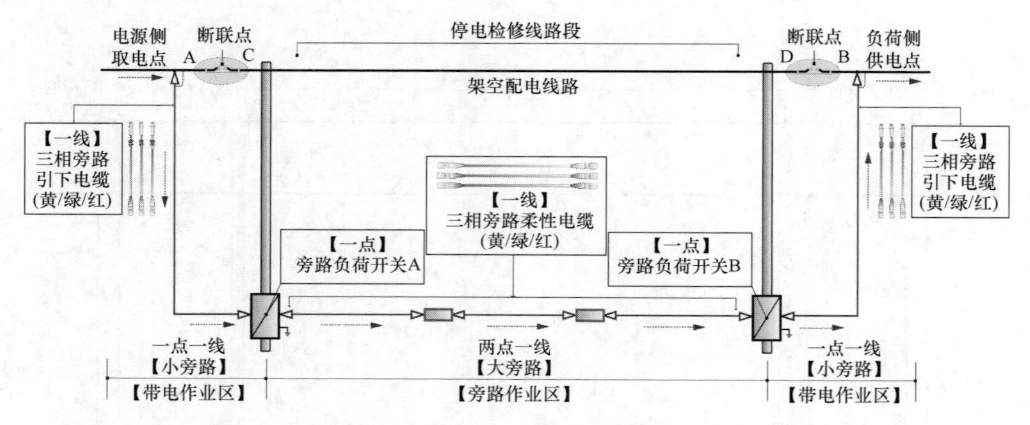

图 2-55　大旁路“两点一线”构成示意图

2.4　配电网不停电作业技术

2.4.1　不停电作业的概念

2012年，国家电网公司启动了配网不停电作业推进工作，并在其下发的《关于印发深入推进配网不停电作业工作意见的通知》中，提出了涵盖配网架空线路带电作业和电缆线路不停电作业的概念，并明确指出不停电作业是提高配网供电可靠性的重要手段。

按 Q/GDW 10520—2016《10kV 配网不停电作业规范》（3.1）的定义：不停电作业（overhaul without power interruption），是指以实现用户的不停电或短时停电为目的，采用多种方式对设备进行检修的作业。

如果从实现用户不停电的角度来看，定义中的“采用多种方式对设备进行检修的作业”，是指在 10kV 配网架空线路和电缆线路不停电作业中，采用带电作业、旁路作业和临时供电作业等多种方式保证用户不停电的作业。以客户为中心，人民电业为人民，尽一切可能减少用户停电时间，不停电作业已经成为中国主流的配网检修作业方式。

不停电作业的提出与推广，旁路作业的开展与应用，推动了中国配电网检修作业方式从带电作业到不停电作业的转变。不停电检修是指线路设备不停电的带电作业，它是从电力设备带电运行状态定义检修工作。不停电作业则是从实现用户不停电的角度定义电力设备的检修工作，多种方式（转供电、带电、保电）相结合，确保用户不停电作业的总称。

随着《国家电网公司电力安全工作规程（配电部分）》的下发与执行，以及后续一系列涉及配网不停电作业的制度标准相继发布与实施，特别是 Q/GDW 10520—2016《10kV 配网不停电作业规范》、GB/T 34577—2017《配电线路旁路作业技术导则》、

GB/T 18857—2019《配电线路带电作业技术导则》的发布与实施，为安全、规范、高效地开展配网不停电作业工作提供了技术支撑和保障。

为实现高的供电可靠性和高的电能质量要求，必须建设一流现代化配电网作支撑。

针对配电网计划停电检修来说，必须严控停电计划时户数，采取先转供，后带电，再保电方式，化整为零、化繁为简，大力开展综合不停电作业，全面推进配网施工检修由大规模停电作业向不停电或少停电作业模式转变。

依据 Q/GDW 10370《配电网技术导则》5.11.1 和 5.11.2 的规定：配电线路检修维护、用户接入（退出）、改造施工等工作，以不中断用户供电为目标，按照能带电、不停电，更简单、更安全的原则，优先考虑采取不停电作业方式。配电工程方案编制、设计、设备选型等环节，应考虑不停电作业的要求。

2.4.2　配电网不停电作业方式

微课件

依据 10520《10kV 配网不停电作业规范》（6.1）的分类：配电网不停电作业方式可分为绝缘杆作业法、绝缘手套作业法和综合不停电作业法。

1. 绝缘杆作业法

二维动画

在配电网不停电作业方式中，绝缘杆作业法就是架空配电线路中的带电作业方式，按照国家标准 GB/T 14286《带电作业工具设备术语》2.1.1.4 的定义：绝缘杆作业法 (hot stick working)，是指作业人员与带电体保持一定的距离，用绝缘工具进行的作业，如图 2-56 所示。

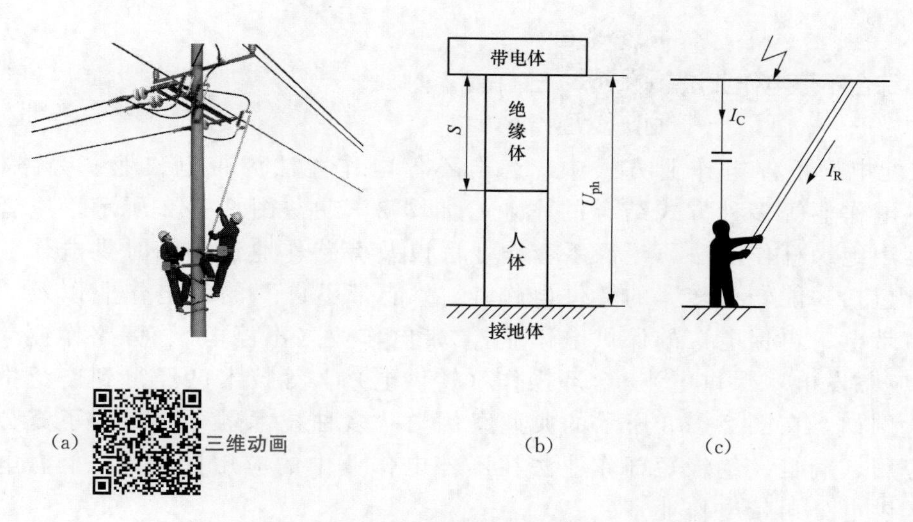

图 2-56　绝缘杆作业法

（a）现场图；（b）位置图；（c）示意图

2. 绝缘手套作业法

在配电网不停电作业方式中，绝缘手套作业法也是架空配电线路中的带电作业方式，按照按国家标准《GB/T 14286 带电作业工具设备术语》2.1.1.5 的定义：绝缘杆作业法（insulating glove working），是指作业人员通过绝缘手套并与周围不同电位适当隔离保护的直接接触带电体所进行的作业，如图 2－57 所示。

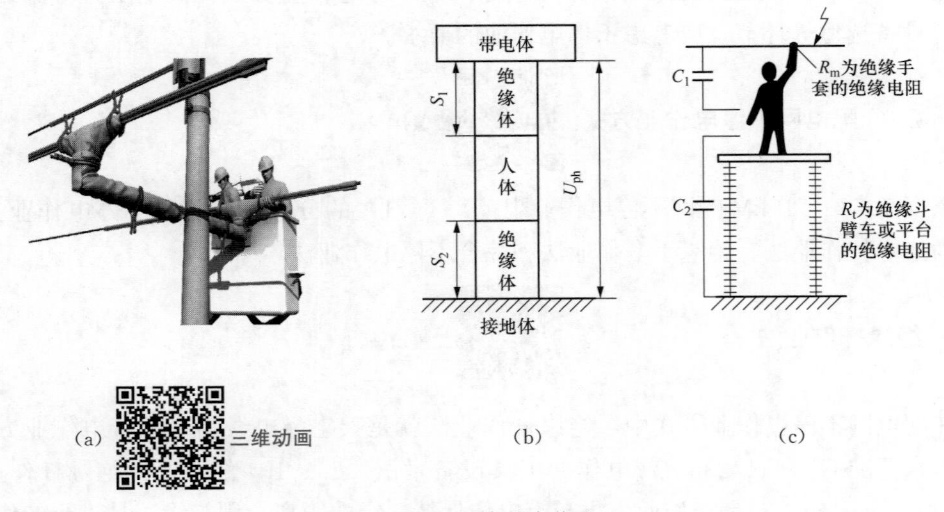

图 2－57　绝缘手套作业法

(a) 现场图 (b) 位置图 (c) 示意图

3. 综合不停电作业法

在配电网不停电作业方式中，综合不停电作业法为带电作业、旁路作业、临时供电作业等多种方式结合的作业，如图 2－58～图 2－62 所示，或者说是综合运用绝缘杆作业法、绝缘手套作业法以及旁路作业法和临时供电作业法的作业，包括“能转必转”的转供电作业、“能带不停”的带电作业以及“先转供、后带电、再保电”的保供电作业。“带电作业（不停电）、旁路作业（转供电）、应急发电（保供电）、合环操作（转供电）”等技术已经得到广泛推广和应用。例如，在图 2－63 所示的典型案例中“多种技术融合”得到了充分的推广与应用（摘自《绝缘短杆作业法在不停电作业中的应用探索》—上海电力公司市区供电公司带电作业室）。

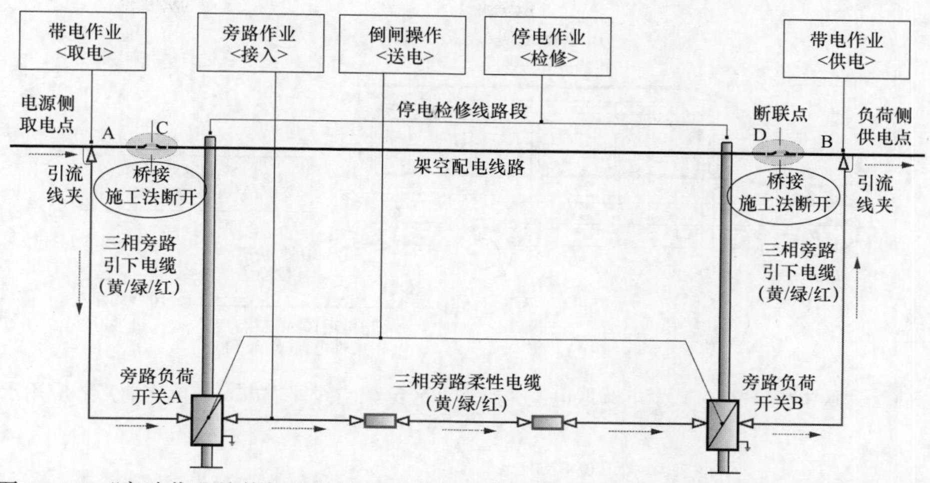

图 2 - 58　“旁路作业检修架空线路（取供电：带电作业；送电：旁路作业）”应用示意图

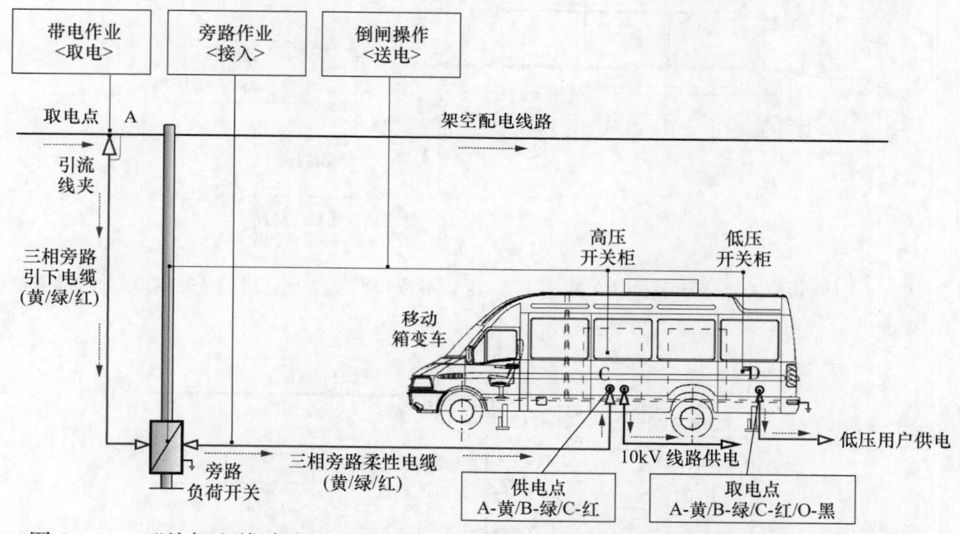

图 2 - 59　“从架空线路取电（带电作业）给移动箱变供电（旁路作业）”应用示意图

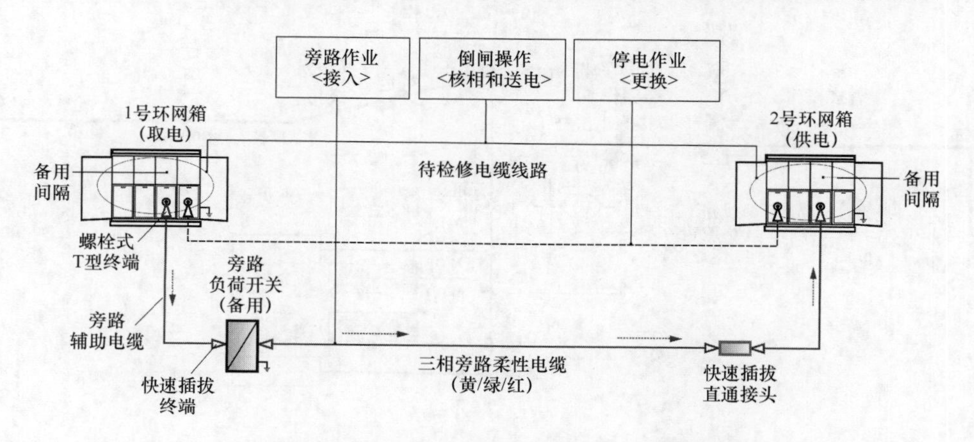

图 2 - 60　“旁路作业检修电缆线路”应用示意图

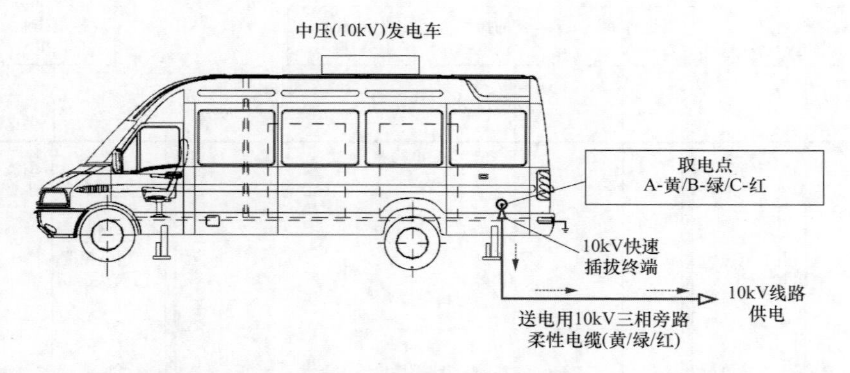

图 2-61 “从中压（10kV）发电车取电（旁路作业）给架空线路供电（带电作业）”应用示意图

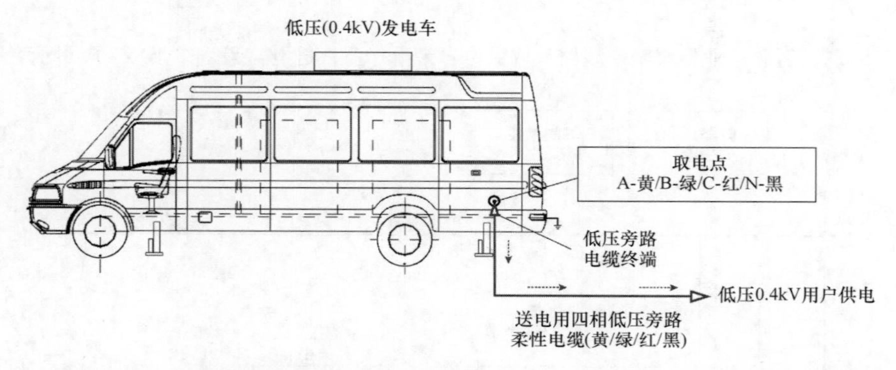

图 2-62 “从低压（0.4kV）发电车取电（0.4kV 不停电作业）给低压用户供电”应用示意图

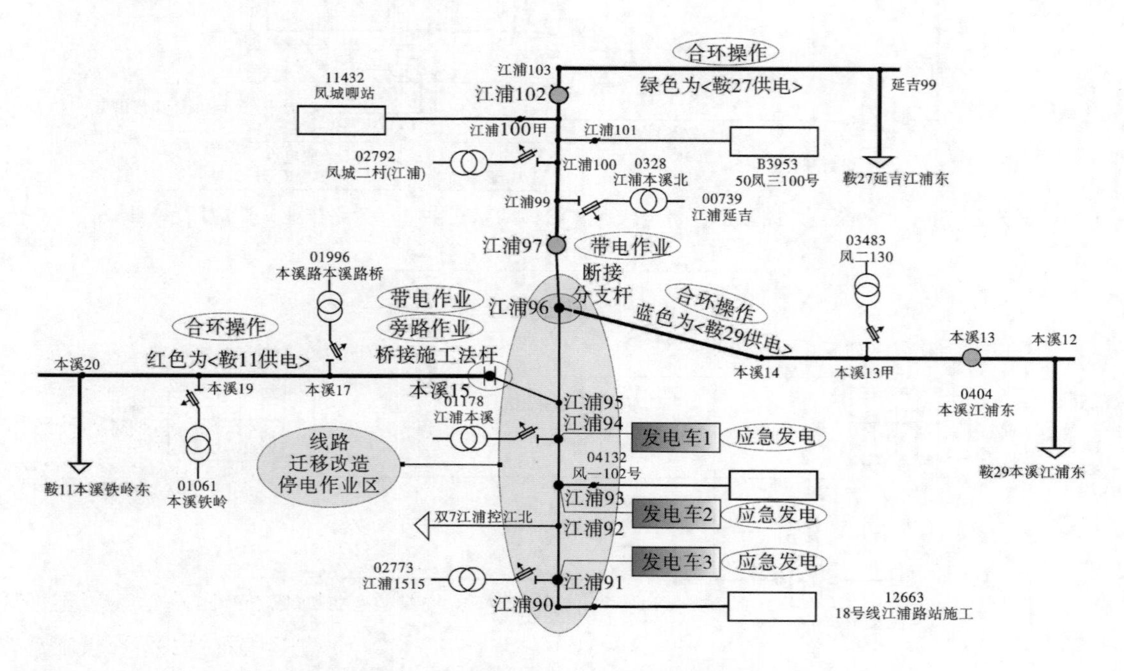

图 2-63 “多种技术融合下的用户不停电作业典型案例”示意图

【注】：①＜合环操作＞：合上江浦 102 号杆杆刀（0205 江浦延吉南），拉开江浦 97 号杆杆刀（0328 江浦本溪北），使江浦 99 号杆至江浦 102 号杆线路上的负荷转移到鞍 27 线路上；②＜合环操作＞：合上本溪 13 号杆杆刀（0404 本溪江浦东），＜带电作业＞：拆开江浦 96 号杆支接，使江浦 96 号杆至本溪 13 号杆线路上的负荷转移至鞍 29 线路上；③＜带电作业＞+＜旁路作业＞：在本溪 15 号杆安装旁路开关，对西侧 10KV 导线进行桥接施工法开断导线作业，将本溪 15 号杆至本溪 21 号杆线路上的负荷全部转移至鞍 11 线路上；④＜应急发电＞：江浦 91 号杆、江浦 93 号杆、江浦 94 号杆三个用户点以应急发电车的形式对用户进行供电。⑤＜停电作业＞：站内拉开双 7 江浦控江北开关，使江浦 90 号杆至江浦 97 号杆线路停电，停电完成新江浦 95 号杆至本溪 15 号杆、新江浦 95 号杆至江浦 96 号杆新放导线等工作。

2.4.3　配电网不停电作业人员和项目分类

微课件

1. 配电网不停电作业人员

二维动画

从事配电网不停电作业工作的人员，接受岗前认证培训，“先取证、后上岗”是开展不停电作业工作的第一步；进入作业区域的人员，为其提供安全可靠的防护措施，“尊重人的生命、安全作业有保障”是开展不停电作业工作的第一位。

依据 Q/GDW 10520《10kV 配网不停电作业规范》（第 8 章人员资质与培训管理），从事配电网不停电工作的带电作业人员、旁路作业人员以及地面辅助人员必须全面接受培训、全员持证上岗，多专业（带电、电缆、运行、检修等）协同、多人员（带电作业人员、旁路作业人员、运行操作人员、停电作业人员等）协作，全面开展不停电工作。

如图 2-64 所示的配电网不停电作业工作人员组成示意图，从事配网不停电作业工作的人员，按其作业对象和作业方式可以分为：

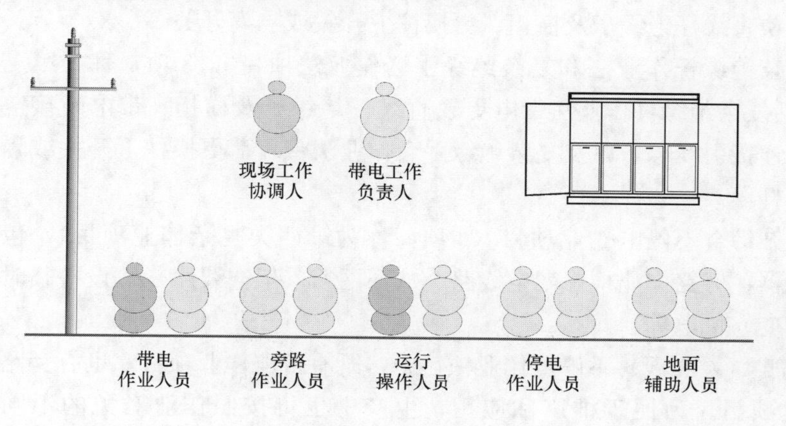

三维动画

图 2-64　配电网不停电作业工作人员组成示意图

（1）带电作业人员。包括带电工作负责人、杆上电工、斗内电工和地面电工，持有《配网不停电作业（简单项目）资质证书》上岗，从事不停电作业第一、二类作业项目，持有《配网不停电作业（复杂项目）资质证书》上岗，从事不停电作业第三、四类作业项目。

（2）旁路作业人员。包括电缆工作负责人、地面电工，持有《配网不停电作业（复杂项目）资质证书》上岗，若持有《配网不停电作业（电缆）资质证书》上岗，只能开展第四类复杂项目作业中（除架空线路外）的旁路作业检修电缆线路和环网箱工作，以及从环网箱临时取电给移动箱变和环网箱供电工作。

（3）运行操作人员。包括受令人、操作人、监护人，负责倒闸操作工作，执行《配电倒闸操作票》，一人监护一人操作。

（4）停电作业人员。包括停电工作负责人、杆上电工和地面电工等，负责停电作业工作，执行《配电线路第一种工作票》。

（5）地面辅助人员。包含带电作业人员和旁路作业人员中的地面电工，是指不直接登杆或上绝缘斗（绝缘平台）作业的人员，可以经省公司级基地进行不停电作业专项培训、考试合格后，持培训合格证上岗，但此证只能从事地面辅助工作。

（6）其他人员。对于从事不停电作业工作的人员“先取证、后上岗”，这是开展不停电作业工作的第一步和先决条件，包括工作票签发人、专责监护人和项目总协调人等，必须持有《配网不停电作业资质证书》上岗，依据 Q/GDW 10520《10kV 配网不停电作业规范》9.4 的规定：不停电作业项目需要不同班组协同作业时，应设项目总协调人。

2. 配网不停电作业项目分类

依据 Q/GDW 10520《10kV 配网不停电作业规范》（6.2）的划分，常用配网不停电作业项目按照作业难易程度，可分为四类（33 项），见表 2-1。其中：

（1）第一类为简单绝缘杆作业法项目（4 项，称为第一类简单作业项目），包括普通消缺及装拆附件、带电更换避雷器等。

（2）第二类为简单绝缘手套作业法项目（10 项，称为第二类简单作业项目），包括带电断接引流线、更换直线杆绝缘子及横担、更换柱上开关或隔离开关等。

（3）第三类为复杂绝缘杆作业法和复杂绝缘手套作业法项目（13 项，称为第三类复杂作业项目），包括复杂绝缘杆作业法带电更换直线杆绝缘子及横担、带电断接空载电缆线路与架空线路连接引线等，以及复杂绝缘手套作业法带负荷更换柱上开关或隔离开关、直线杆改耐张杆等。

（4）第四类为复杂综合不停电作业项目（6 项，称为第四类复杂作业项目），包括不停电更换柱上变压器、旁路作业检修架空线路、从环网箱（架空线路）等设备临时取电给环网箱（移动箱变）供电等。

在 10kV 配电网四类（33 项）不停电作业项目中，既有带电作业项目，也有旁路作业以及临时供电作业项目。为便于推广和应用，生产中也可按照作业对象的不同将 10kV 配电网不停电作业项目分为七类：引线类、元件类、电杆类、设备类、普通消缺

及装拆附件类、转供电类、临时取电类。

表2-1　　常用不停电作业项目（四类33项）

序号	常用作业项目	作业类别	作业方式	不停电作业时间（h）	减少停电时间（h）	作业人数（人次）
1	普通消缺及装拆附件（包括：修剪树枝、清除异物、扶正绝缘子、拆除退役设备；加装或拆除接触设备套管、故障指示器、驱鸟器等）	第一类	绝缘杆作业法	0.5	2.5	4
2	带电更换避雷器	第一类	绝缘杆作业法	1	3	4
3	带电断引流线（包括：熔断器上引线、分支线路引线、耐张杆引流线）	第一类	绝缘杆作业法	1.5	3.5	4
4	带电接引流线（包括：熔断器上引线、分支线路引线、耐张杆引流线）	第一类	绝缘杆作业法	1.5	3.5	4
5	普通消缺及装拆附件（包括：清除异物、扶正绝缘子、修补导线及调节导线弧垂、处理绝缘导线异响、拆除退役设备、更换拉线、拆除非承力拉线；加装接地环；加装或拆除接触设备套管、故障指示器、驱鸟器等）	第二类	绝缘手套作业法	0.5	2.5	4
6	带电辅助加装或拆除绝缘遮蔽	第二类	绝缘手套作业法	1.	2.5	4
7	带电更换避雷器	第二类	绝缘手套作业法	1.5	3.5	4
8	带电断引流线（包括：熔断器上引线、分支线路引线、耐张杆引流线）	第二类	绝缘手套作业法	1	3	4
9	带电接引流线（包括：熔断器上引线、分支线路引线、耐张杆引流线）	第二类	绝缘手套作业法	1	3	4
10	带电更换熔断器	第二类	绝缘手套作业法	1.5	3.5	4
11	带电更换直线杆绝缘子	第二类	绝缘手套作业法	1	3	4
12	带电更换直线杆绝缘子及横担	第二类	绝缘手套作业法	1.5	3.5	4
13	带电更换耐张杆绝缘子串	第二类	绝缘手套作业法	2	4	4
14	带电更换柱上开关或隔离开关	第二类	绝缘手套作业法	3	5	4

续表

序号	常用作业项目	作业类别	作业方式	不停电作业时间（h）	减少停电时间（h）	作业人数（人次）
15	带电更换直线杆绝缘子	第三类	绝缘杆作业法	1.5	3.5	4
16	带电更换直线杆绝缘子及横担	第三类	绝缘杆作业法	2	4	4
17	带电更换熔断器	第三类	绝缘杆作业法	2	4	4
18	带电更换耐张绝缘子串及横担	第三类	绝缘手套作业法	3	5	4
19	带电组立或撤除直线电杆	第三类	绝缘手套作业法	3	5	8
20	带电更换直线电杆	第三类	绝缘手套作业法	4	6	8
21	带电直线杆改终端杆	第三类	绝缘手套作业法	3	5	4
22	带负荷更换熔断器	第三类	绝缘手套作业法	2	4	4
23	带负荷更换导线非承力线夹	第三类	绝缘手套作业法	2	4	4
24	带负荷更换柱上开关或隔离开关	第三类	绝缘手套作业法	4	6	12
25	带负荷直线杆改耐张杆	第三类	绝缘手套作业法	4	6	5
26	带电断空载电缆线路与架空线路连接引线	第三类	绝缘杆作业法、绝缘手套作业法	2	4	4
27	带电接空载电缆线路与架空线路连接引线	第三类	绝缘杆作业法、绝缘手套作业法	2	4	4
28	带负荷直线杆改耐张杆并加装柱上开关或隔离开关	第四类	绝缘手套作业法	5	7	7
29	不停电更换柱上变压器	第四类	综合不停电作业法	2	4	12
30	旁路作业检修架空线路	第四类	综合不停电作业法	8	10	18
31	旁路作业检修电缆线路	第四类	综合不停电作业法	8	10	20
32	旁路作业检修环网箱	第四类	综合不停电作业法	8	10	20

续表

序号	常用作业项目	作业类别	作业方式	不停电作业时间（h）	减少停电时间（h）	作业人数（人次）
33	从环网箱（架空线路）等设备临时取电给环网箱、移动箱变供电	第四类	综合不停电作业法	2	4	24

2.4.4　配电网“引线类”项目

生产中，配电网“引线类”项目常见的有：①带电“断、接”熔断器上引线；②带电“断、接”分支线路引线；③带电“断、接”耐张杆引线；④带电“断、接”空载电缆线路与架空线路连接引线等。

如图2－65（b）所示，根据断接引线所用的线夹不同可将断接引线类项目分为两类：

一是采用如“C形线夹、J型线夹、H型线夹、并沟线夹”＋绝缘锁杆＋线夹安装专用工具“断接”引线类项目，作业方法包括绝缘手套作业法、绝缘杆作业法。

二是采用如“猴头线夹、马镫线夹”等带电装卸线夹＋伸缩式绝缘锁杆等“断接”引线类项目，这种采用连接牢靠的“带电装卸线夹”＋伸缩式绝缘锁杆的作业方法，可使线夹金具与线夹安装专用工具合二为一，大大提高了作业工效，包括绝缘手套作业法、绝缘杆作业法，以及绝缘斗臂车作业、绝缘平台作业以及登杆作业等。

线夹安装专用工具包括：①“C形线夹、J型线夹、H型线夹、并沟线夹”配置的线夹安装专用工具，如图2－65（c）所示；②“猴头线夹、马镫线夹”等带电装卸线夹配置的“伸缩式绝缘锁杆”作为线夹安装专用工具，如图2－65（a）所示。

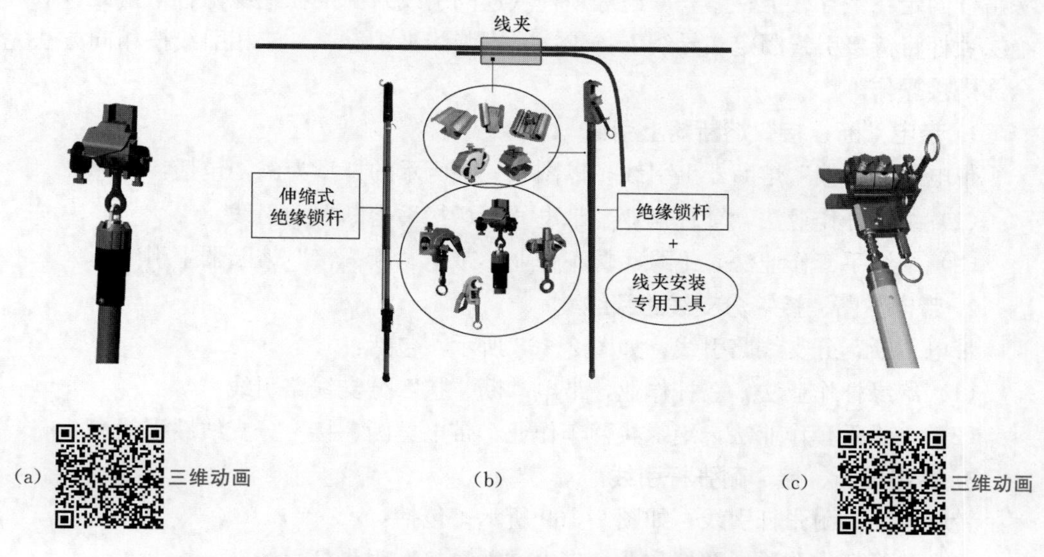

（a）　　（b）　　（c）

图2－65　“断、接”引线作业所用线夹、绝缘锁杆和线夹安装专用工具

（a）伸缩式绝缘锁杆安装猴头线夹外形图；（b）线夹与绝缘锁杆外形图；（c）并购线夹安装专用工具外形图

以图 2-66 为例，带电“断、接”引线类项目的作业流程可以归纳为：

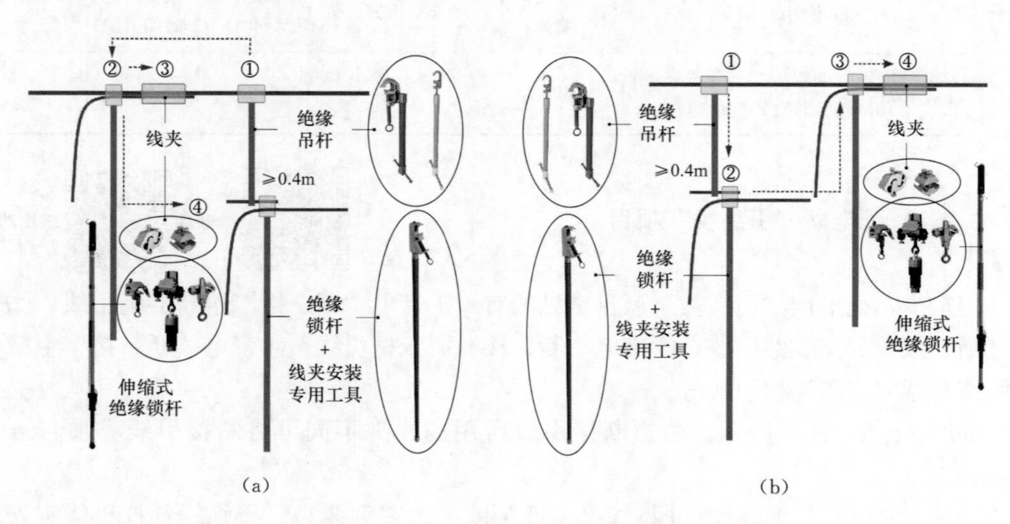

图 2-66 “断、接”引线类项目的作业流程
(a)“断”引线；(b)“接”引线

(1) 拆除线夹法“断”引线类项目的作业流程，如图 2-66 (a) 所示。①——绝缘吊杆固定在主导线上；②——绝缘锁杆将待断引线固定；③——剪断引线或拆除线夹；④——绝缘锁杆（连同引线）固定在绝缘吊杆下端处；⑤——三相引线按相同方法全部断开后再一并拆除。

(2) 安装线夹法“接”引线类项目的作业流程，如图 2-66 (b) 所示。①——绝缘吊杆固定在主导线上；②——绝缘锁杆（连同引线）固定在绝缘吊杆下端处；③——绝缘锁杆将待接引线固定在导线上；④——安装线夹；⑤——三相引线按相同方法完成全部搭接操作。

1. 带电“断、接”熔断器上引线

带电“断、接”熔断器上引线，以图 2-67 所示的杆型为例，包括：

(1) 绝缘杆作业法，登杆作业，带电“断、接”熔断器上引线。

(2) 绝缘手套作业法，绝缘斗臂车作业，带电“断、接”熔断器上引线。

2. 带电“断、接”分支线路引线

带电“断”分支线路引线，如图 2-68 所示，包括：

(1) 绝缘杆作业法，登杆作业，带电“断、接”分支线路引线。

(2) 绝缘手套作业法，绝缘斗臂车作业，带电“断、接”分支线路引线。

3. 带电“断、接”耐张杆引线

带电“断”耐张杆引线，如图 2-69 所示，包括：

(1) 绝缘杆作业法，登杆作业，带电“断、接”耐张杆引线。

(2) 绝缘手套作业法，绝缘斗臂车作业，带电“断、接”耐张杆引线。

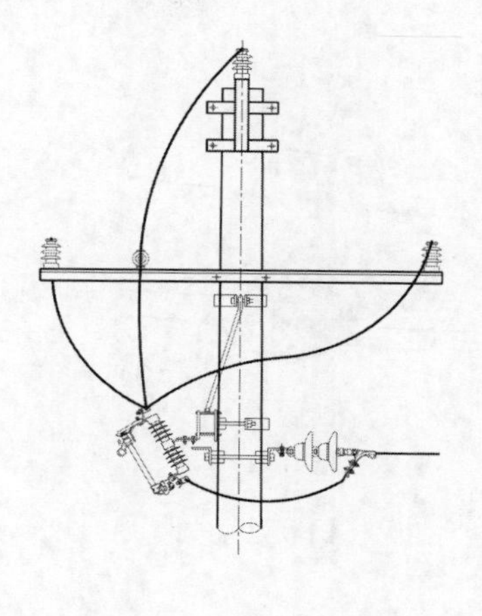

(a)

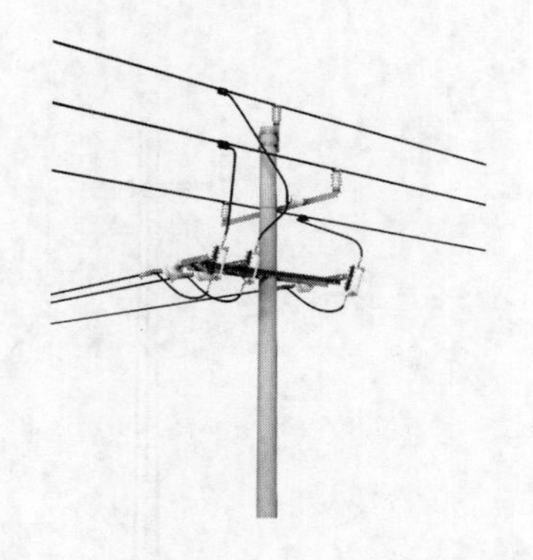

(b)

图2-67 带电“断、接”熔断器上引线（三角排列）示意图

(a) 杆头图；(b) 外形图

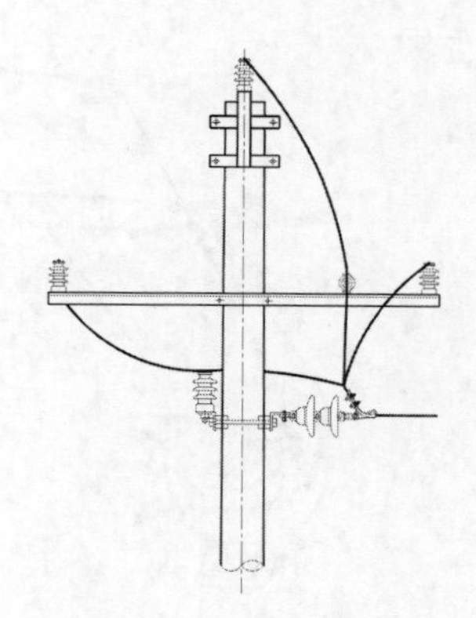

(a)

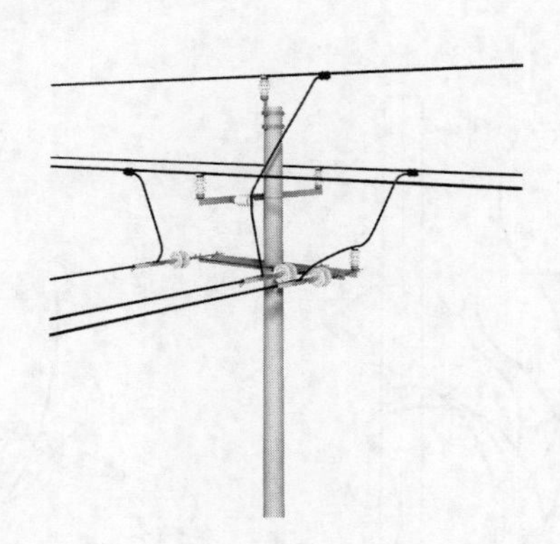

(b) 三维动画

图2-68 带电“断、接”分支线路引线（三角排列）示意图

(a) 杆头图；(b) 外形图

4. 带电“断、接”空载电缆线路与架空线路连接引线

带电“断”空载电缆线路与架空线路连接引线，如图2-70所示，包括：

(1) 绝缘杆作业法，绝缘斗臂车作业，带电“断、接”空载电缆线路与架空线路连接引线。

(2) 绝缘手套作业法，绝缘斗臂车作业，带电“断、接”空载电缆线路与架空线路连接引线。

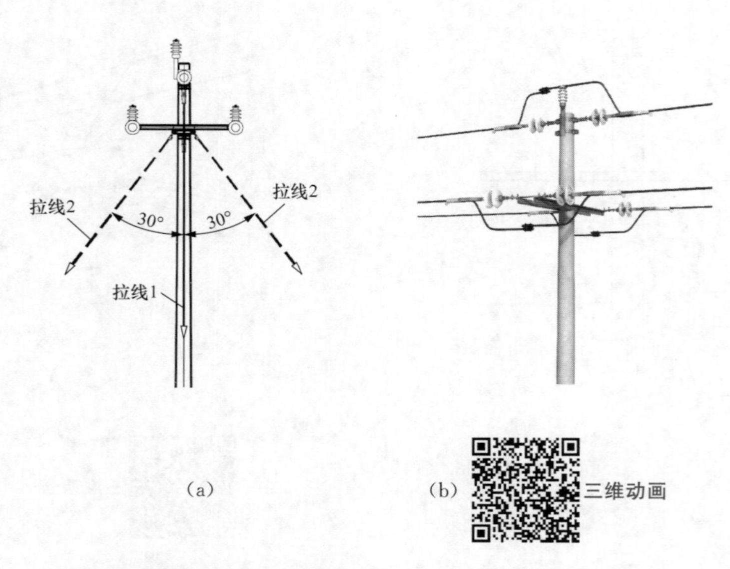

图 2-69 带电“断、接”耐张杆引线（三角排列）示意图

（a）杆头图；（b）外形图

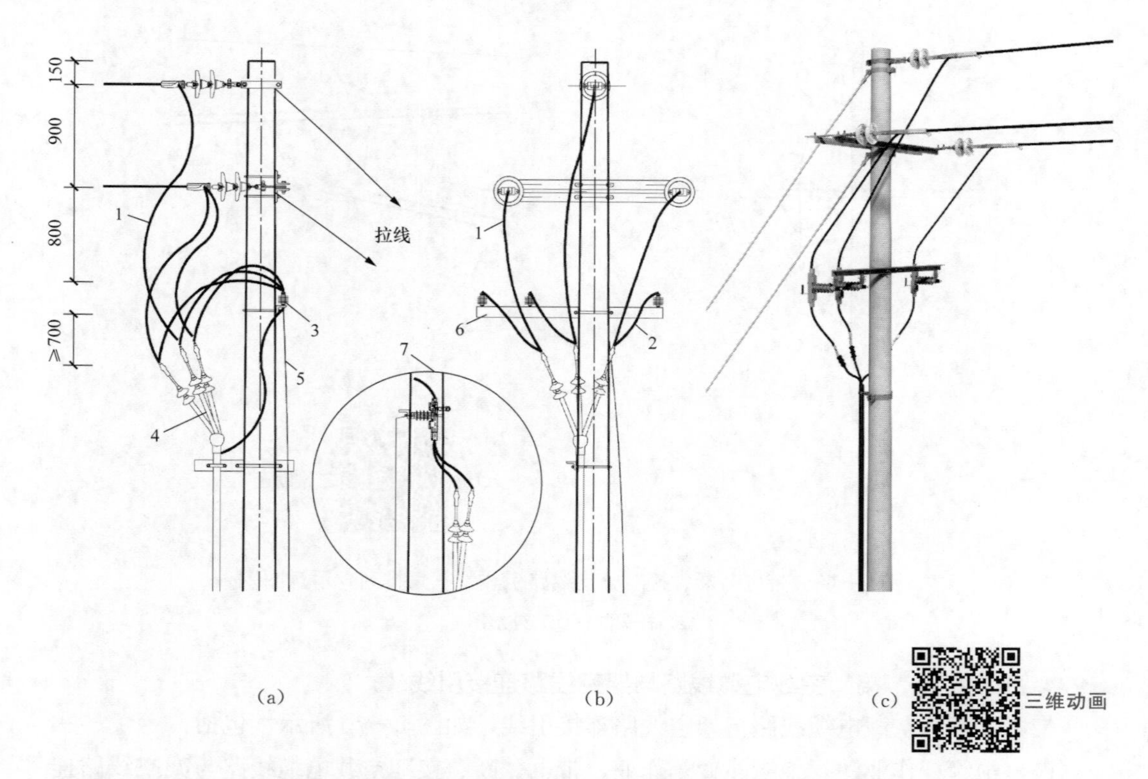

图 2-70 带电“断、接”空载电缆线路与架空线路连接引线（终端杆，安装支柱型避雷器）示意图

（a）杆头正视图；（b）杆头侧视图；（c）外形图

1—导线引线；2—避雷器上引线；3—支柱型避雷器；4—户外电缆终端；5—接地引下线；

6—避雷器支架；7—支柱型避雷器安装图

2.4.5　配电网“元件类”项目

生产中，配电网“元件类”项目常见的有：①带电更换直线杆绝缘子及横担；②带电更换耐张杆绝缘子串及横担；③带负荷更换导线非承力线夹。

1. 带电更换直线杆绝缘子及横担

带电更换直线杆绝缘子及横担，如图 2－71 所示，包括：

（1）绝缘手套作业法＋小吊绳法起吊导线，绝缘斗臂车作业，带电更换直线杆绝缘子。

（2）绝缘杆作业法＋羊角抱杆起吊导线，登杆作业，带电更换直线杆绝缘子。

（3）绝缘杆作业法＋支拉杆起吊导线，登杆作业，带电更换直线杆绝缘子。

（4）绝缘手套作业法＋小吊绳法起吊导线＋绝缘横担法固定导线，绝缘斗臂车作业，带电更换直线杆绝缘子及横担。

（5）绝缘杆作业法＋组合抱杆法起吊导线，绝缘斗臂车作业，带电更换直线杆绝缘子及横担。

（6）绝缘杆作业法＋支拉杆法起吊导线，绝缘斗臂车作业，带电更换直线杆绝缘子及横担。

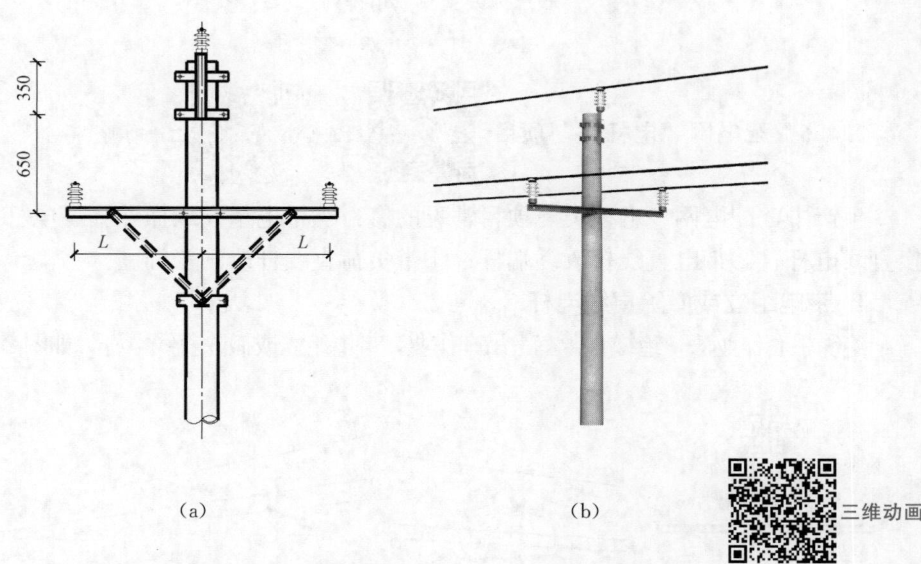

图 2－71　带电更换直线杆绝缘子（三角排列）示意图

（a）杆头图；（b）外形图

2. 带电更换耐张杆绝缘子串及横担和带负荷更换导线非承力线夹

带电更换耐张杆绝缘子串及横担和带负荷更换导线非承力线夹，如图 2－72 所示，包括：

（1）绝缘手套作业法，绝缘斗臂车作业，带电更换耐张杆绝缘子串。

（2）绝缘手套作业法＋绝缘横担法，绝缘斗臂车作业，带电更换耐张杆绝缘子串及横担。

（3）绝缘手套作业法＋下落横担法，绝缘斗臂车作业，带电更换耐张杆绝缘子串及横担。

（4）绝缘手套作业法＋绝缘引流线法，绝缘斗臂车作业，带负荷更换导线非承力线夹。

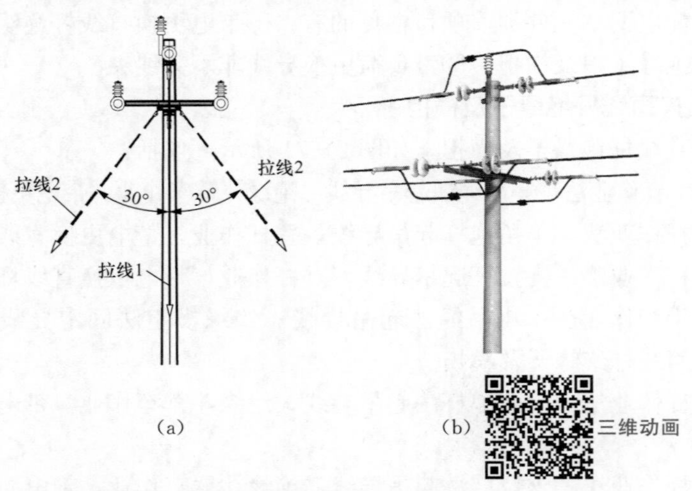

图 2－72　带电更换耐张杆绝缘子串及横担和带负荷更换导线非承力线夹（三角排列）示意图

（a）杆头图；（b）外形图

2.4.6　配电网“电杆类”项目

生产中，配电网“电杆类”项目常见的有：①带电组立或撤除直线电杆；②带电更换直线电杆；③带电直线杆改终端杆；④带负荷直线杆改耐张杆。

1. 带电组立或撤除直线电杆

绝缘手套作业法，绝缘斗臂车＋吊车作业，带电组立或撤除直线电杆，如图 2－73 所示。

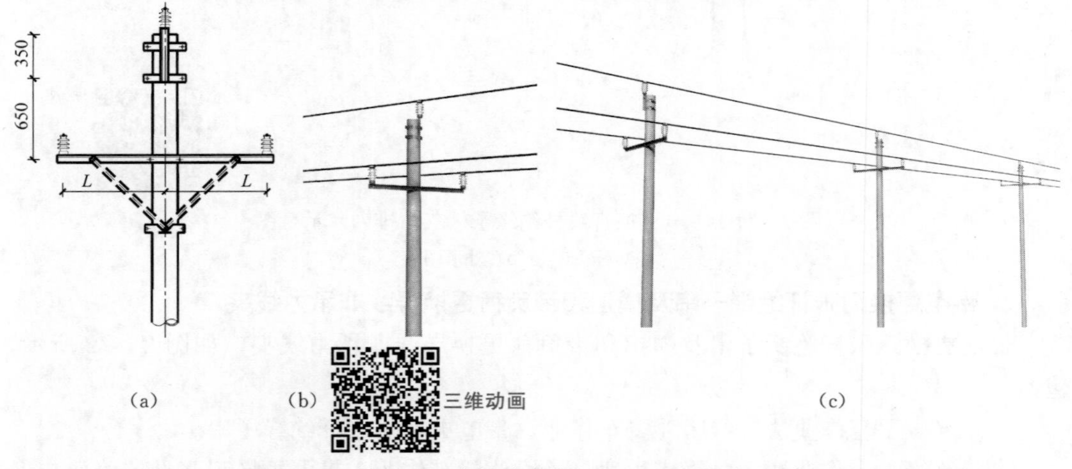

图 2－73　带电组立或撤除直线电杆（三角排列）示意图

（a）杆头图；（b）外形图；（c）线路图

2. 带电更换直线电杆

绝缘手套作业法，绝缘斗臂车＋吊车作业，带电更换直线电杆，如图 2－74 所示。

图 2－74　带电更换直线电杆（三角排列）示意图

（a）杆头图；（b）外形图；（c）线路图

3. 带电直线杆改终端杆

带电直线杆改终端杆，如图 2－75 所示，包括：

（1）绝缘手套作业法＋绝缘横担法，绝缘斗臂车作业，带电直线杆改终端杆。

（2）绝缘手套作业法＋杆顶绝缘横担法，绝缘斗臂车作业，带电直线杆改终端杆。

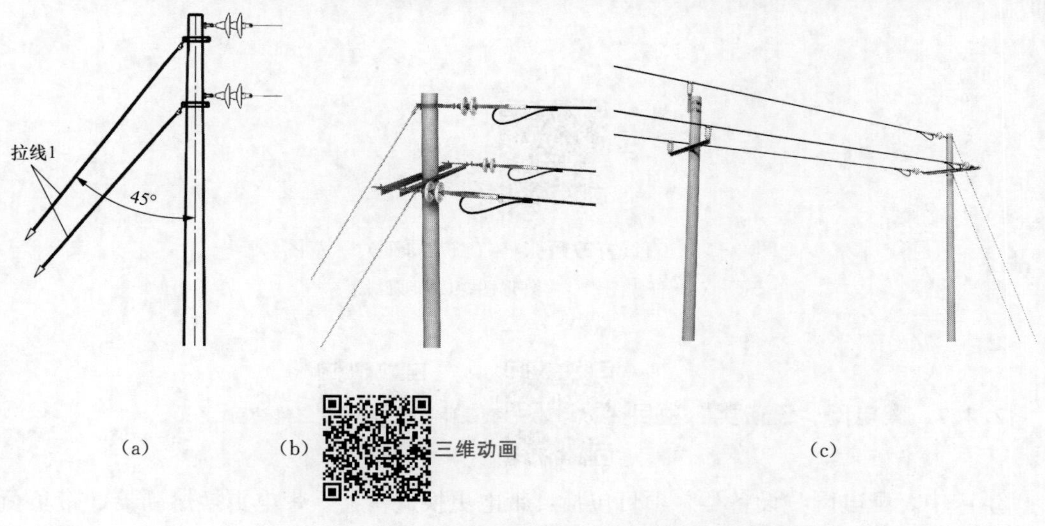

图 2－75　直线杆改终端杆（三角排列）示意图

（a）杆头图；（b）外形图；（c）线路图

4. 带负荷直线杆改耐张杆

带负荷直线杆改耐张杆，如图 2－76 所示，包括：

（1）绝缘手套作业法＋旁路作业法＋绝缘横担法，绝缘斗臂车作业，带负荷直线杆改耐张杆。

（2）绝缘手套作业法＋桥接施工法，绝缘斗臂车作业，带负荷直线杆改耐张杆。

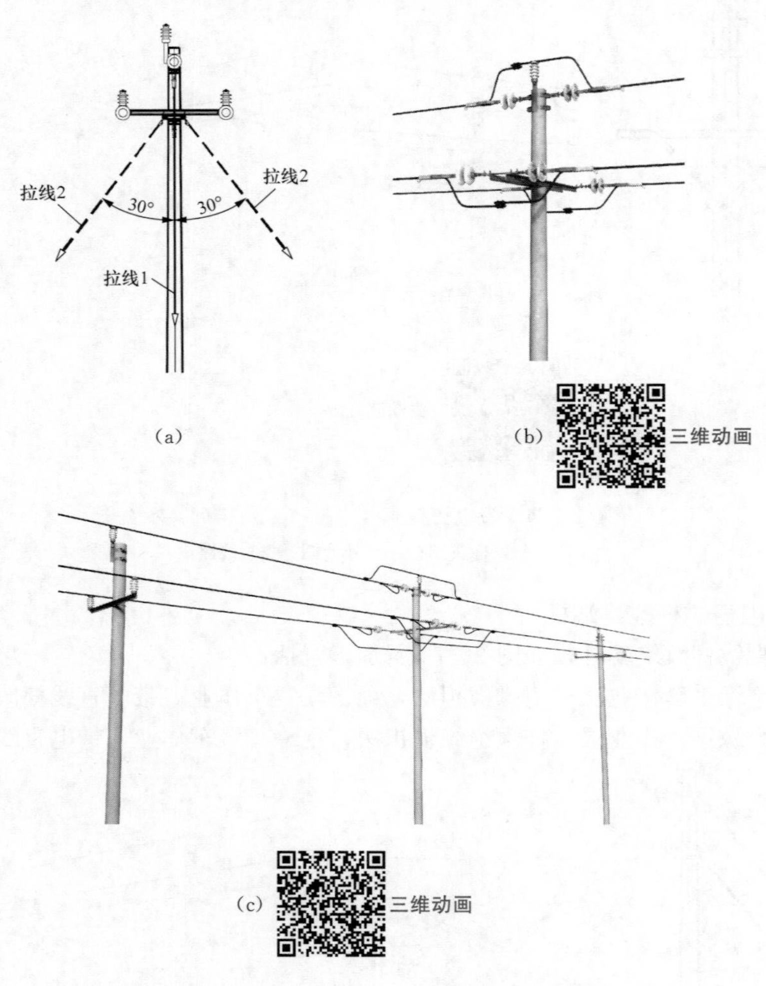

图 2－76　直线杆改耐张杆（三角排列）示意图

(a) 杆头图；(b) 外形图；(c) 线路图

2.4.7　配电网“设备类”项目

生产中，配电网“设备类”项目包括：带电更换避雷器、带电更换熔断器、带负荷更换熔断器、带电更换柱上隔离开关、带电更换柱上开关（断路器、负荷开关）、带负荷更换或加装柱上隔离开关、带负荷更换或加装柱上开关（断路器、负荷开关）等。其中：

（1）不带负荷类项目（通常称为带电更换××项目），是指配电线路处于带电状态，

需更换设备处于断开（拉开、开口）状态的作业项目，更换设备处不带负荷。

（2）带负荷类项目（通常称为带负荷更换××项目），是指需更换设备处于闭合（合上、闭口）状态的作业项目。应当注意的是：带负荷类项目必须保证在短接设备前，需更换设备处于可靠的闭合状态下方可进行。

生产中，对于更换柱上开关或隔离开关项目，常采用在主导线处“断、接”引线法进行更换。其中，开关连接引线可采用如图2－77所示的搭接形式；开关连接引线临时固定方式可采用图2－78所示的绝缘吊杆＋绝缘锁杆法进行。

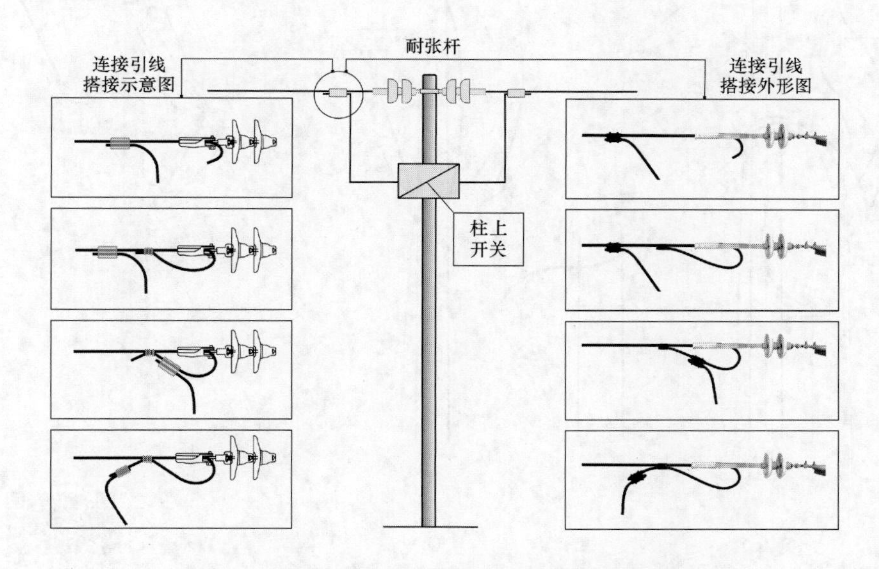

图2－77　柱上开关或隔离开关连接引线搭接形式图

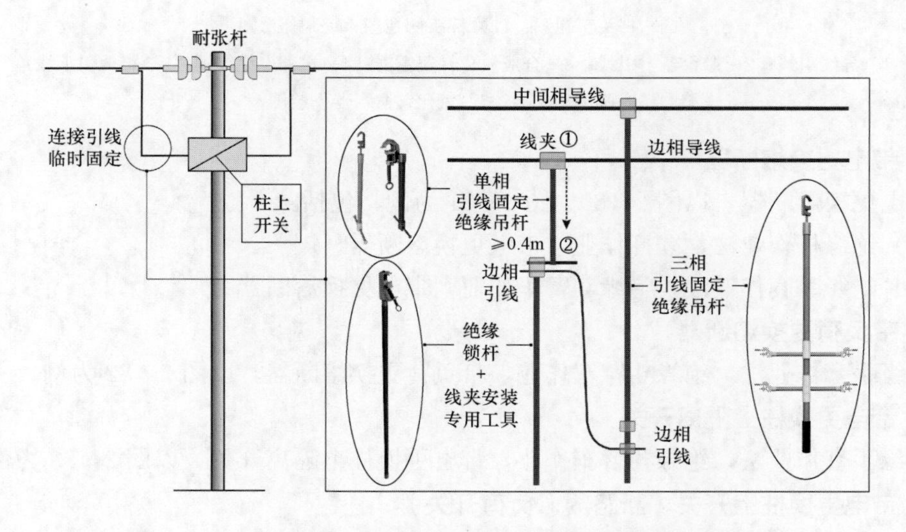

图2－78　柱上开关或隔离开关连接引线临时固定方式示意图

1. 带电更换避雷器

带电更换避雷器，以图 2－79 为例，包括：

(1) 绝缘手套作业法，绝缘斗臂车作业，带电“更换”避雷器。

(2) 绝缘杆作业法，登杆作业，带电“更换”避雷器。

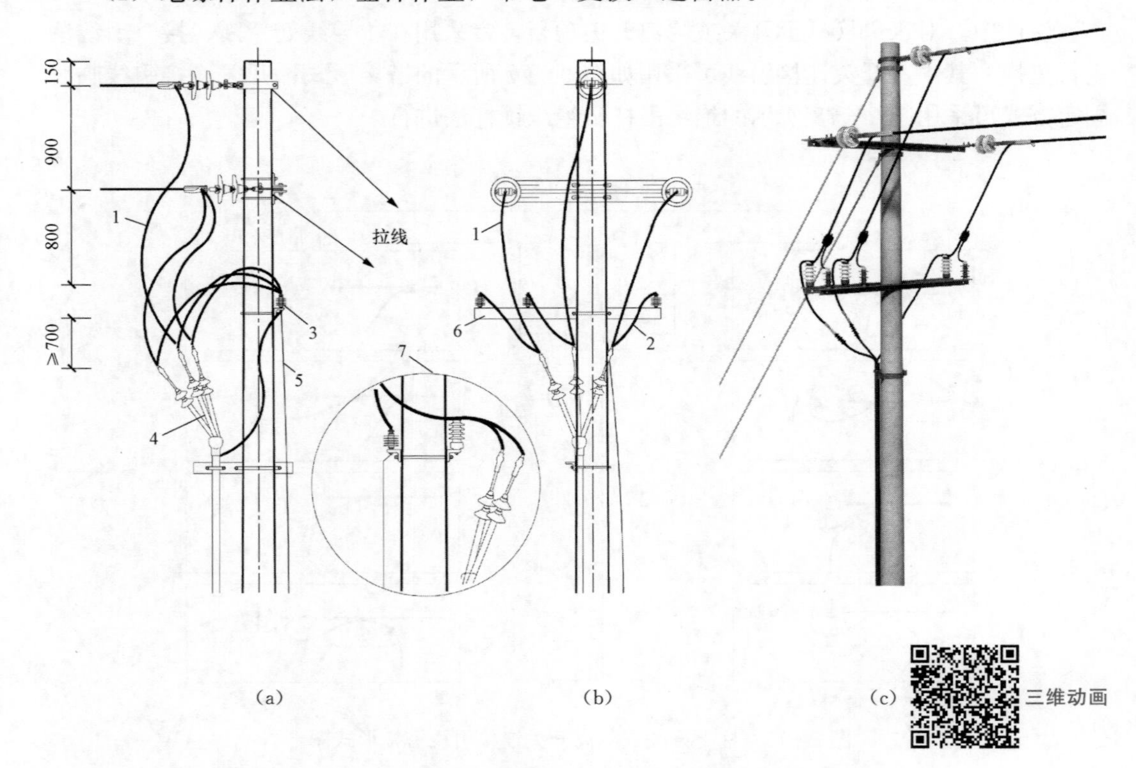

图 2－79　带电“更换”避雷器（终端杆，安装氧化锌避雷器）示意图

(a) 杆头正视图；(b) 杆头侧视图；(c) 外形图

1—导线引线；2—避雷器上引线；3—合成氧化锌避雷器；4—户外电缆终端；5—接地引下线；6—避雷器支架；7—氧化锌避雷器安装图

2. 带电更换熔断器

带电更换熔断器，以图 2－80、图 2－81 为例，包括：

(1) 绝缘杆作业法，登杆作业，带电更换熔断器。

(2) 绝缘手套作业法，绝缘斗臂车作业，带电更换熔断器。

3. 带负荷更换熔断器

绝缘手套作业法，绝缘斗臂车作业，带负荷更换熔断器，以图 2－82 为例。

4. 带电更换柱上隔离开关

绝缘手套作业法，绝缘斗臂车作业，带电更换柱上隔离开关，以图 2－83 为例。

5. 带电更换柱上开关（断路器、负荷开关）

绝缘手套作业法，绝缘斗臂车作业，带电更换柱上开关（断路器、负荷开关），以图 2－84 为例。

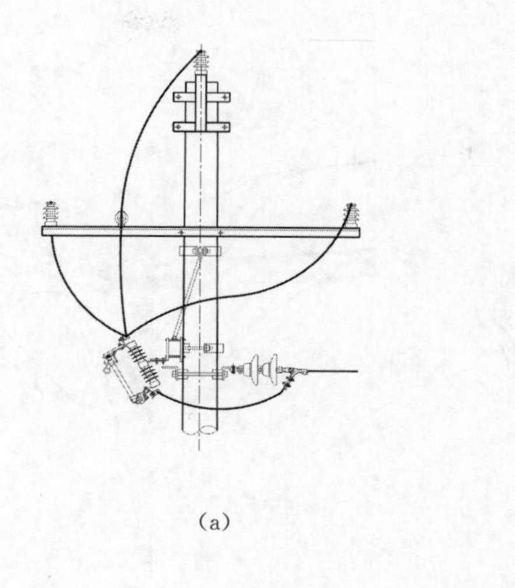

(a)

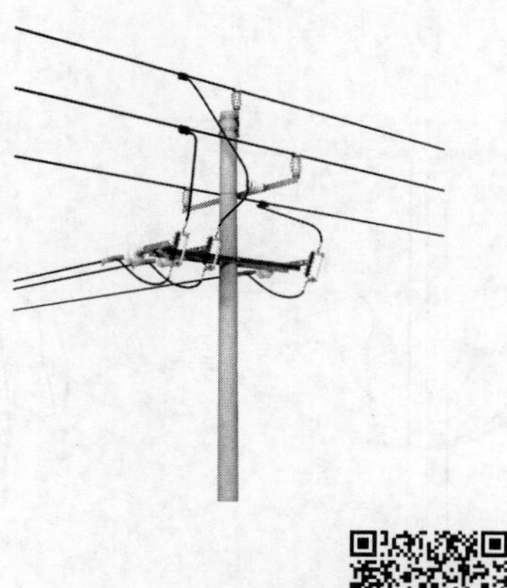

(b)

图 2-80　带电更换熔断器（分支杆，三角排列）示意图
（a）杆头图；（b）外形图

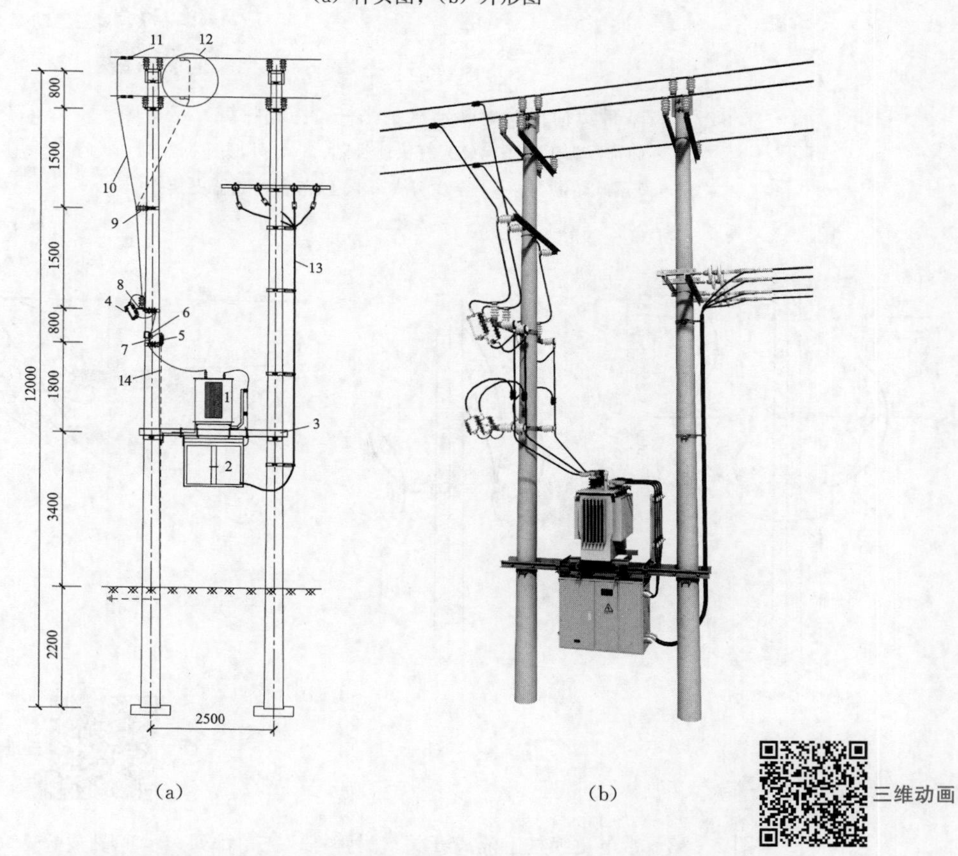

图 2-81　带电更换熔断器（变台杆，变压器侧装，绝缘导线引线，12m 双杆，三角排列）示意图
（a）杆头图；（b）外形图
1—柱上变压器；2—JP 柜（低压综合配电箱）；3—变压器双杆支持架；4—跌落式熔断器；5—普通型避雷器或可拆卸避雷器；6—绝缘穿刺接地线夹；7—绝缘压接线夹；8—熔断器安装架；9—线路柱式瓷绝缘子；10—高压绝缘线；11—选用异性并购线夹；12—选用带电装拆线夹；13—低压电缆或低压绝缘线；14—接地引下线；15—开关标识牌（图中未标示）

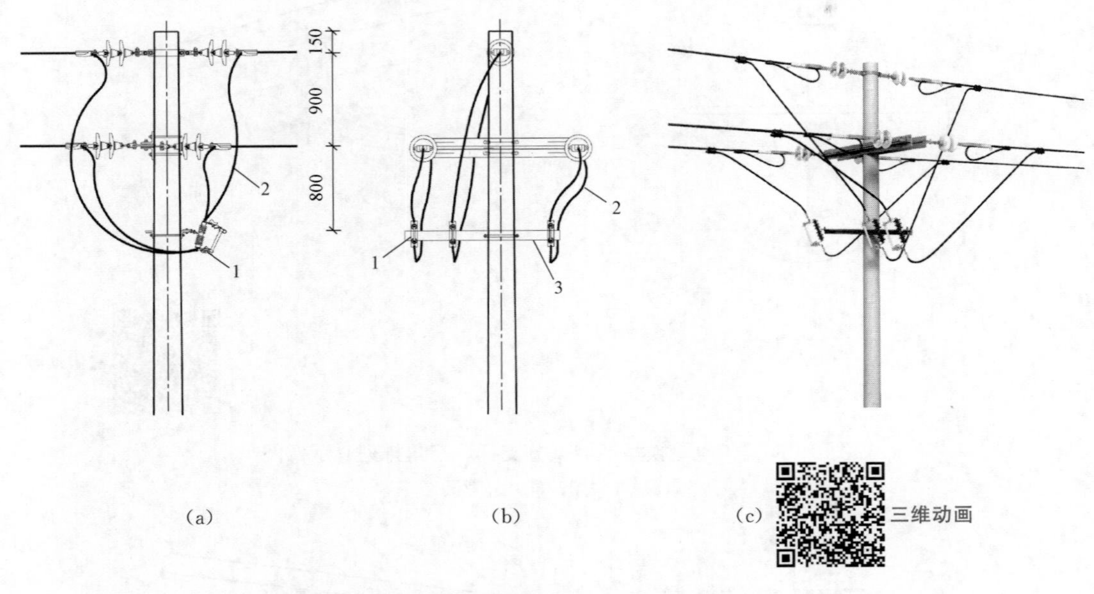

图 2-82　带负荷更换熔断器（耐张杆，三角排列）示意图

（a）杆头正视图；（b）杆头侧视图；（c）外形图

1—跌落式熔断器；2—导线引线；3—跌落式熔断器支架

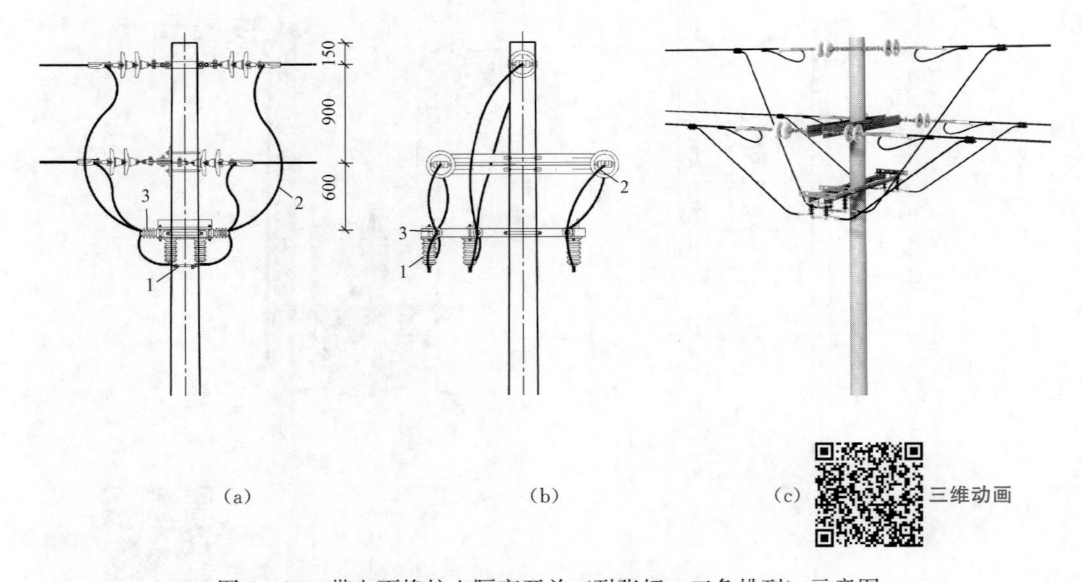

图 2-83　带电更换柱上隔离开关（耐张杆，三角排列）示意图

（a）杆头正视图；（b）杆头侧视图；（c）外形图

1—隔离开关；2—导线引线；3—线路柱式瓷绝缘子

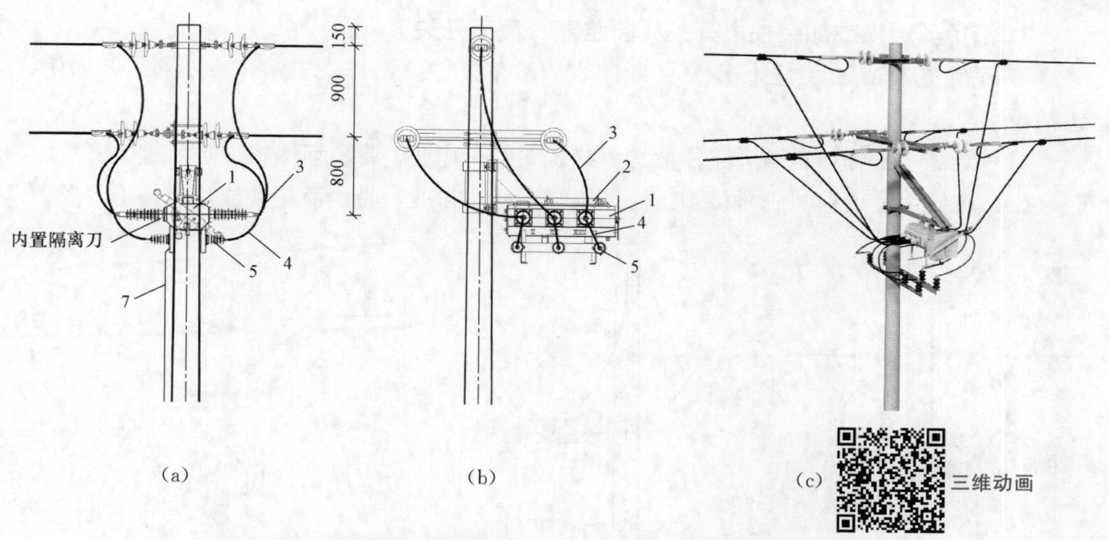

图 2-84　带电更换柱上断路器（三角排列，内置隔离刀）示意图

(a) 杆头正视图；(b) 杆头侧视图；(c) 外形图

1—柱上断路器；2—开关支架；3—导线引线；4—避雷器上引线；5—合成氧化锌避雷器；6—开关标识牌（图中未标示）；7—接地引下线

6. 带负荷更换或加装柱上隔离开关

带负荷更换或加装柱上隔离开关，以图 2-85 为例，包括：

（1）绝缘手套作业法+旁路作业法，绝缘斗臂车作业，带负荷更换或加装柱上隔离开关。其中，带负荷加装柱上隔离开关的杆，应是耐张杆或由直线杆改好的耐张杆。

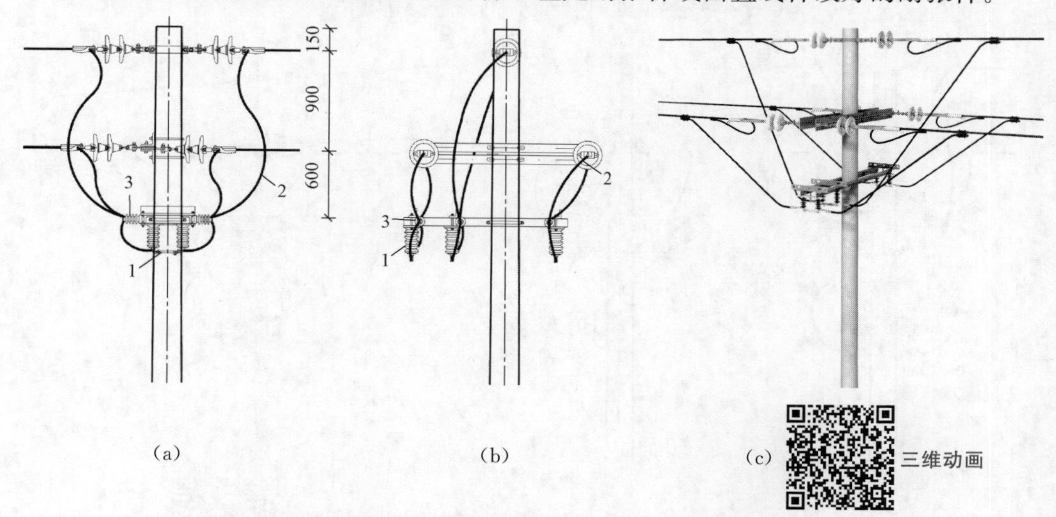

图 2-85　带负荷更换或加装柱上隔离开关（耐张杆，三角排列）或负荷开关示意图

(a) 杆头正视图；(b) 杆头侧视图；(c) 外形图

1—隔离开关；2—导线引线；3—线路柱式瓷绝缘子

（2）绝缘手套作业法+绝缘引流线法，绝缘斗臂车作业，带负荷更换或加装柱上隔离开关。

7. 带负荷更换或加装柱上开关（断路器、负荷开关）

带负荷更换或加装柱上开关（断路器、负荷开关），以图 2－86～图 2－88 为例，包括：

（1）绝缘手套作业法＋旁路作业法，绝缘斗臂车作业，带负荷更换或加装柱上开关。

（2）绝缘手套作业法＋桥接施工法，绝缘斗臂车作业，带负荷更换或加装柱上开关。

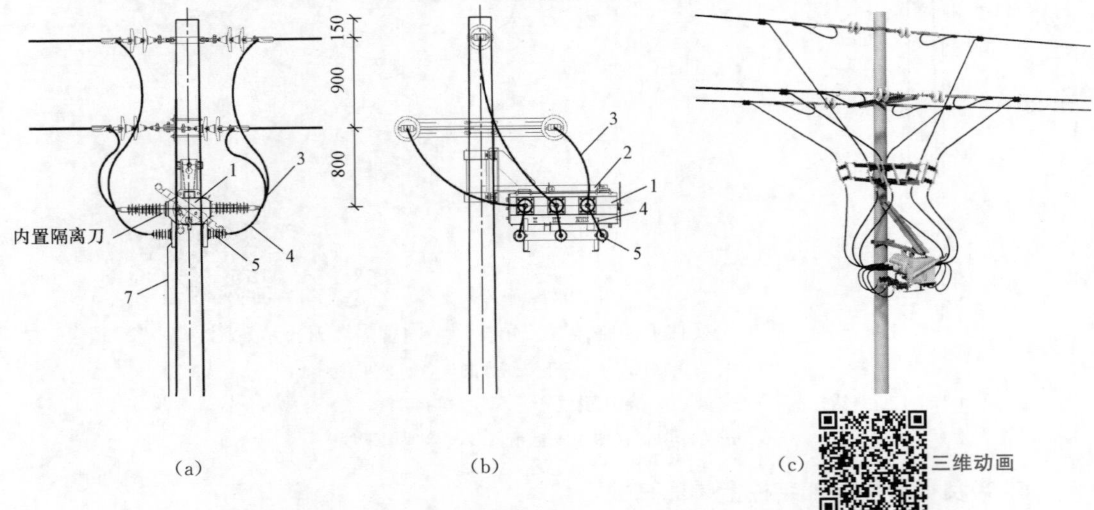

图 2－86　带负荷更换柱上断路器（三角排列，内置隔离刀）或负荷开关示意图

（a）杆头正视图；（b）杆头侧视图；（c）外形图

1—柱上断路器；2—开关支架；3—导线引线；4—避雷器上引线；5—合成氧化锌避雷器；6—开关标识牌（图中未标示）；7—接地引下线

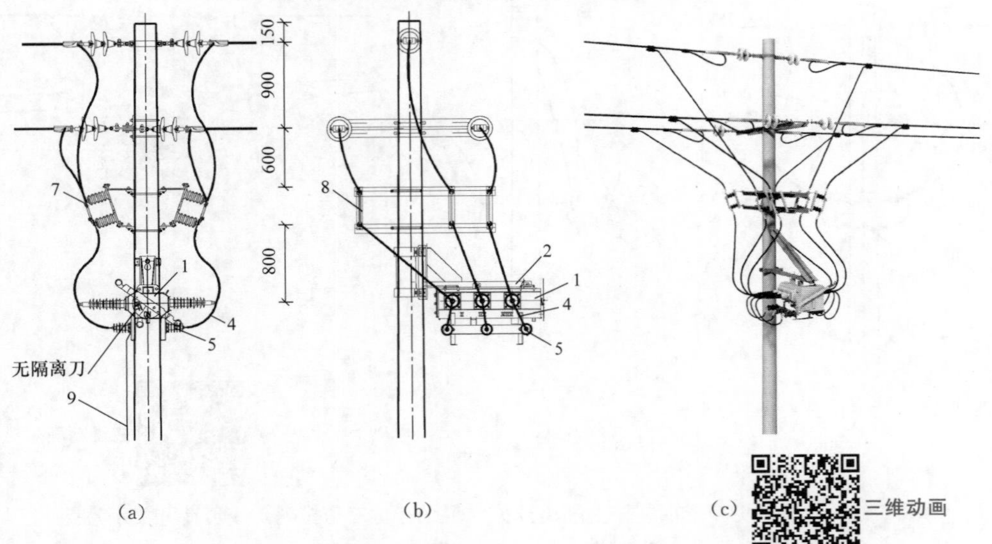

图 2－87　带负荷更换柱上断路器（三角排列，外加两侧隔离开关）或负荷开关示意图

（a）杆头正视图；（b）杆头侧视图；（c）外形图

1—柱上断路器；2—开关支架；3—导线引线；4—避雷器上引线；5—合成氧化锌避雷器；6—开关标识牌（图中未标示）；7—隔离开关；8—隔离开关安装支架；9—接地引下线

其中，带负荷加装柱上开关（断路器、负荷开关）的杆，应是耐张杆或由直线杆改好的耐张杆。

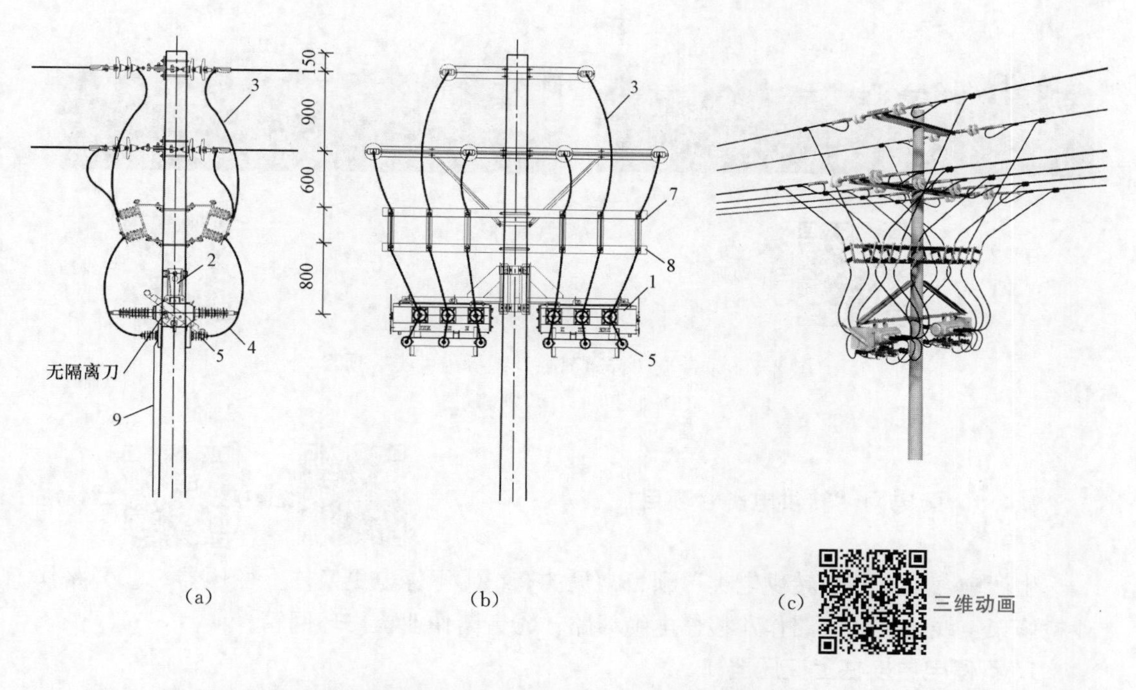

图 2－88　带负荷更换双回柱上断路器（三角排列，外加两侧隔离开关）或负荷开关示意图

（a）杆头正视图；（b）杆头侧视图；（c）外形图

1—柱上断路器；2—开关支架；3—导线引线；4—避雷器上引线；5—合成氧化锌避雷器；6—开关标识牌（图中未标示）；7—隔离开关；8—隔离开关安装支架；9—接地引下线

2.4.8　配电网“普通消缺及装拆附件类”项目

生产中，配电网带电“普通消缺及装拆附件类”项目，以图 2－89 所示的线路为例，常见的有：①带电（绝缘手套作业法或绝缘杆作业法）修剪树枝；②带电（绝缘手套作业法或绝缘杆作业法）清除异物；③带电（绝缘手套作业法或绝缘杆作业法）扶正绝缘子；④带电（绝缘手套作业法或绝缘杆作业法）拆除退役设备；⑤带电（绝缘手套作业法或绝缘杆作业法）加装接触设备套管；⑥带电（绝缘手套作业法或绝缘杆作业法）拆除接触设备套管；⑦带电（绝缘手套作业法或绝缘杆作业法）加装故障指示器；⑧带电（绝缘手套作业法或绝缘杆作业法）拆除故障指示器；⑨带电（绝缘手套作业法或绝缘杆作业法）加装驱鸟器；⑩带电（绝缘手套作业法或绝缘杆作业法）拆除驱鸟器；⑪带电（绝缘手套作业法）辅助加装或拆除绝缘遮蔽等。

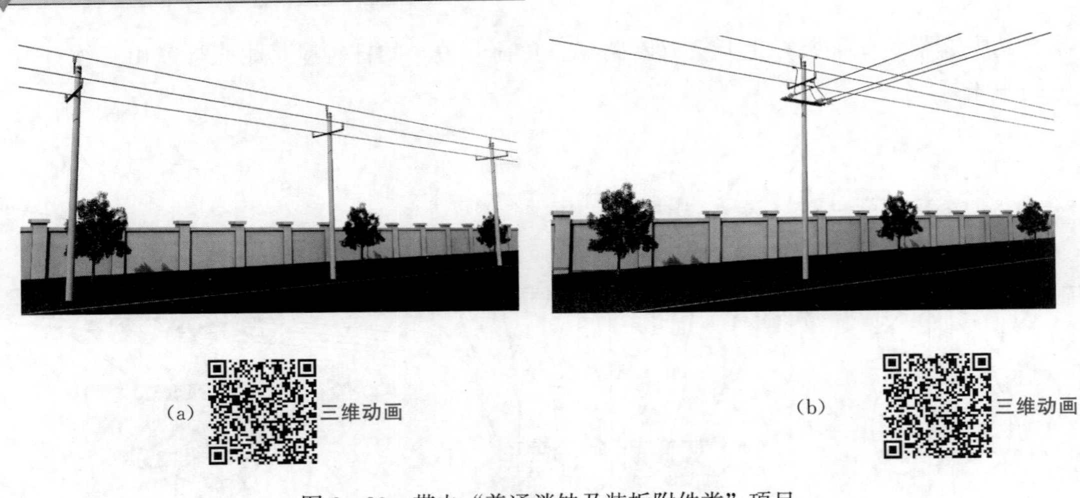

图 2-89　带电“普通消缺及装拆附件类”项目

（a）主线路；（b）分支线路

2.4.9　配电网“转供电类”项目

生产中，配电网“转供电类”项目常见的有：①不停电更换柱上变压器；②旁路作业检修架空线路；③旁路作业检修电缆线路；④旁路作业检修环网箱。

1. 不停电更换柱上变压器

（1）综合不停电作业法，绝缘斗臂车+发电车作业，不停电更换柱上变压器（发电车作业），图 2-90 所示。

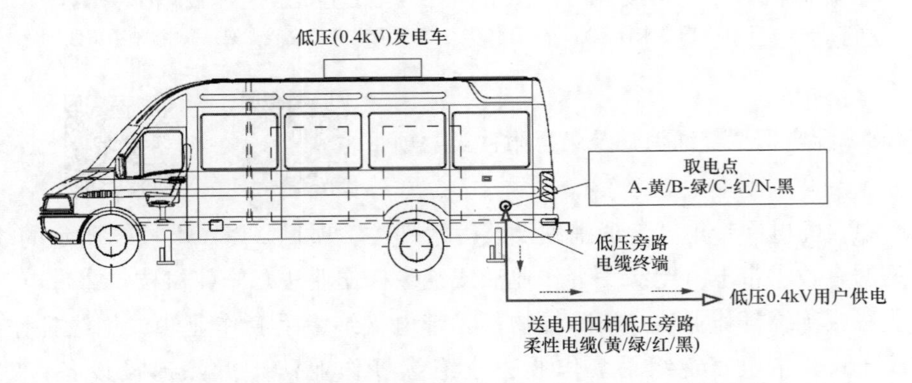

图 2-90　不停电更换柱上变压器（发电车作业）示意图

（2）综合不停电作业法，绝缘斗臂车+移动箱变车作业，不停电更换柱上变压器（移动箱变车作业），图 2-91 所示。

2. 旁路作业检修架空线路

综合不停电作业法，绝缘斗臂车作业，地面敷设电缆或架空敷设电缆，旁路作业检修架空线路，图 2-92 所示。

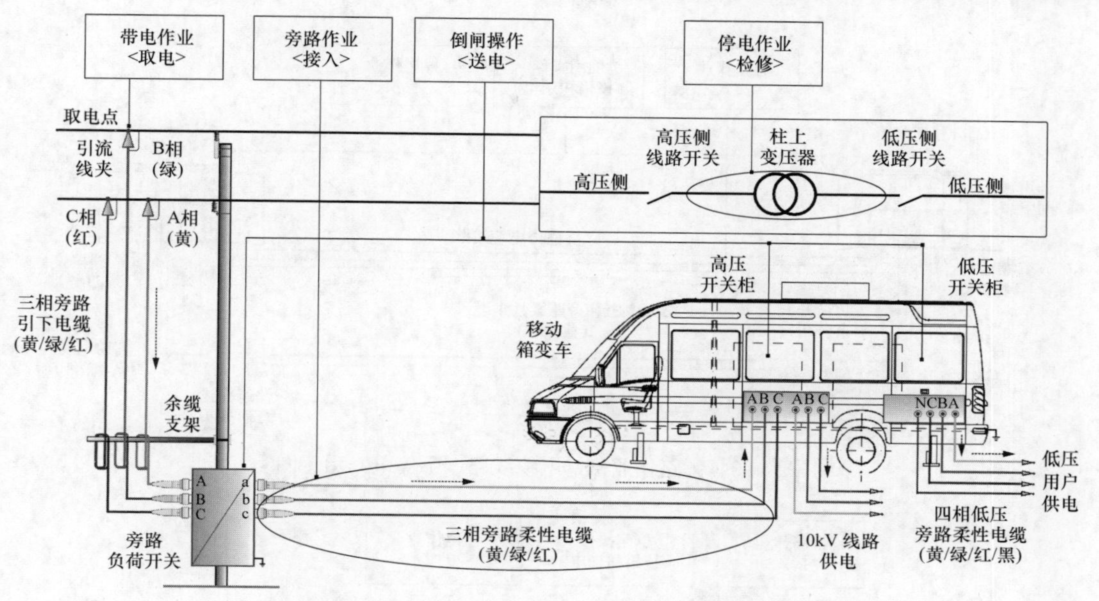

图 2－91　不停电更换柱上变压器（移动箱变车作业）示意图

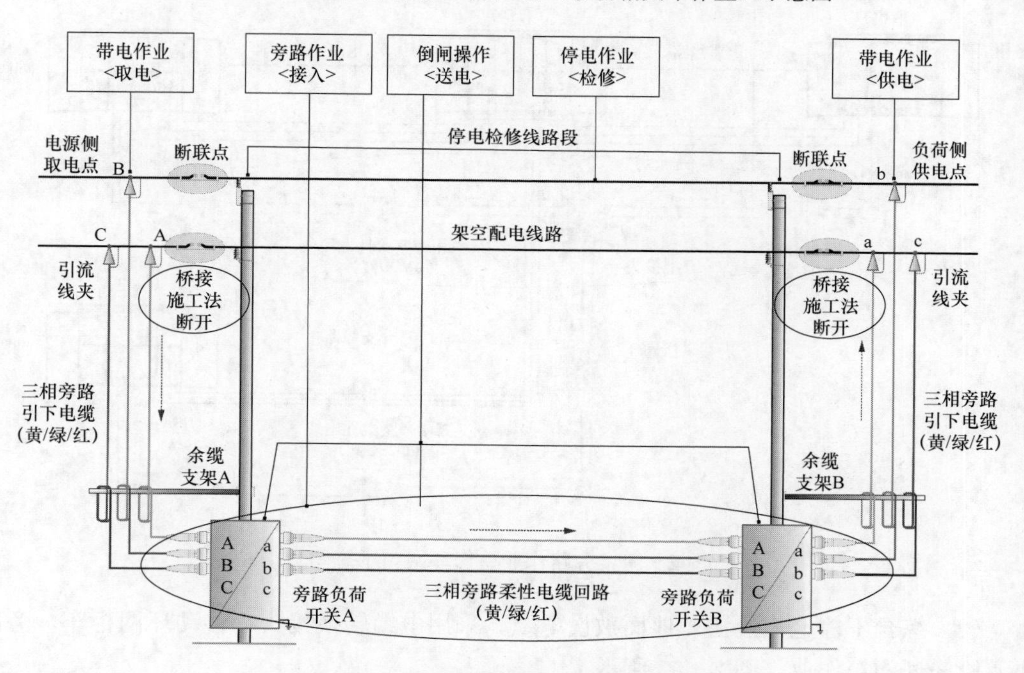

图 2－92　旁路作业检修架空线路示意图

3. 旁路作业检修电缆线路

综合不停电作业法，不停电或短时停电，地面敷设电缆，旁路作业检修电缆线路（不停电），图 2－93 所示。

4. 旁路作业检修环网箱

（1）综合不停电作业法，地面敷设电缆，旁路作业“检修”环网箱，图 2－94 所示。

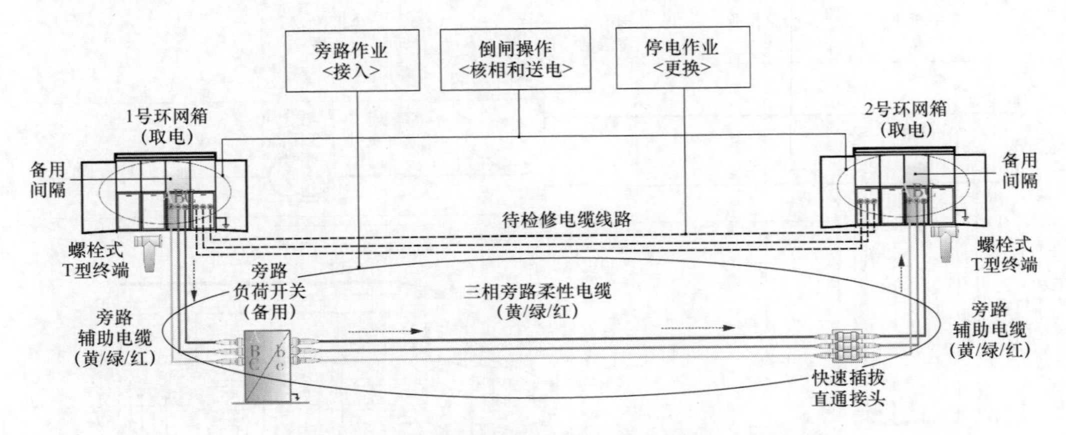

图 2-93　旁路作业检修电缆线路（不停电）示意图

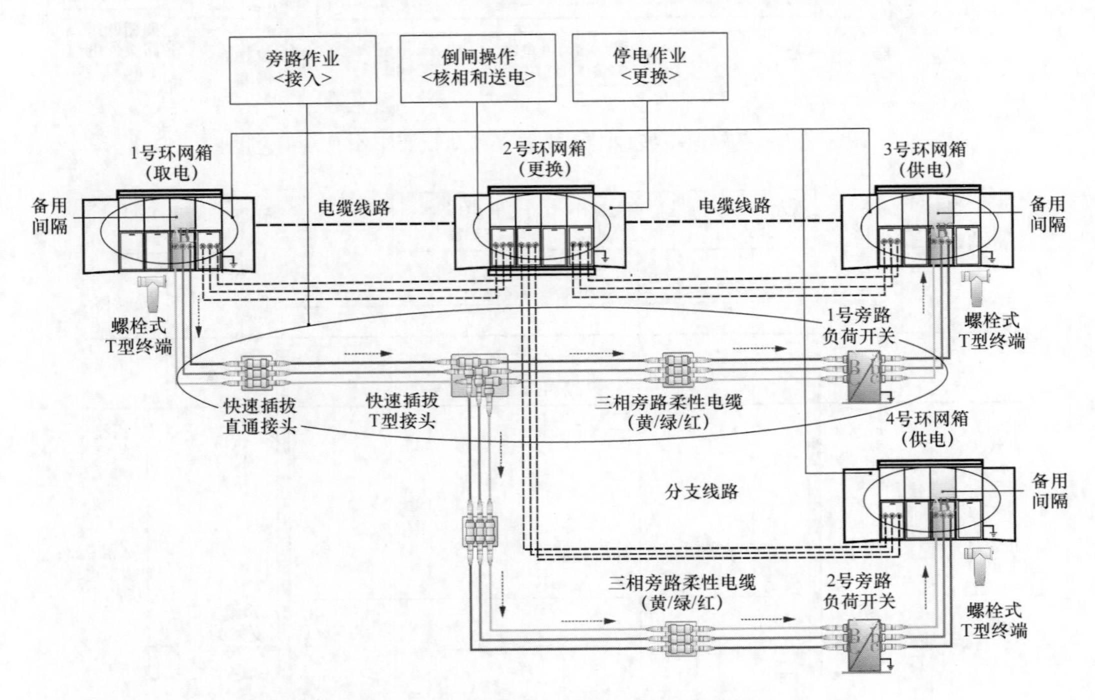

图 2-94　旁路作业检修环网箱示意图

（2）综合不停电作业法，地面敷设电缆，采用电缆转换接头＋移动环网柜车，旁路作业检修环网箱作业，图 2-95 所示。

2.4.10　配电网“临时取电类”项目

生产中，配电网“临时取电类”项目常见的有：①从架空线路临时取电给移动箱变供电；②从架空线路临时取电给环网箱供电；③从环网箱临时取电给移动箱变；④从环网箱临时取电给环网箱供电。

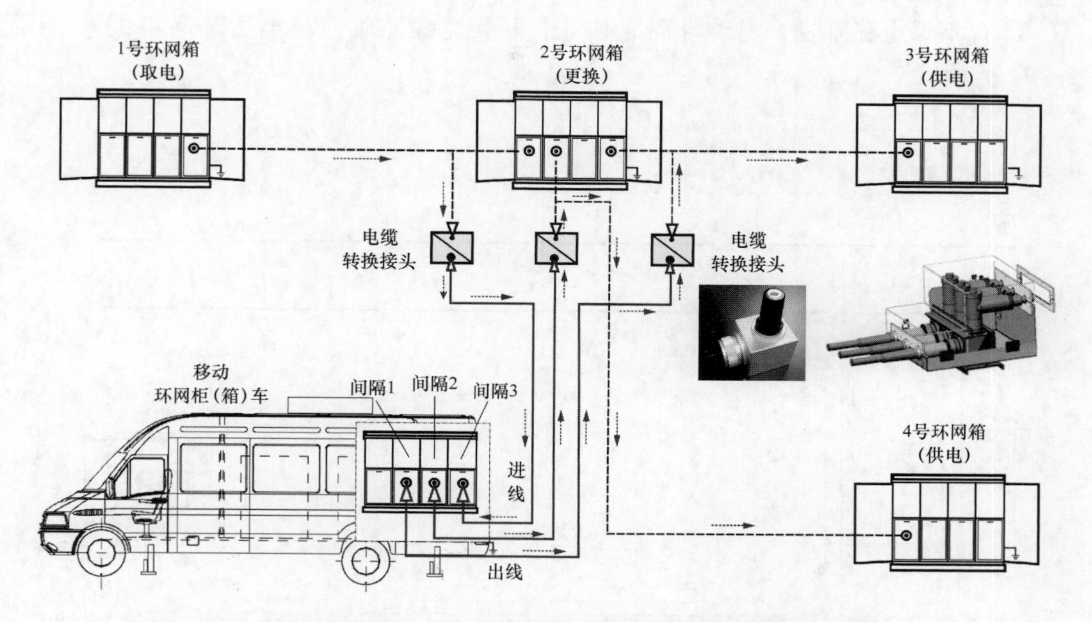

图 2－95　采用电缆转接头＋移动环网柜车旁路作业检修环网箱作业示意图

1. 从架空线路临时取电给移动箱变供电

综合不停电作业法，绝缘斗臂车＋移动箱变作业，从架空线路临时取电给移动箱变供电，图 2－96 所示。

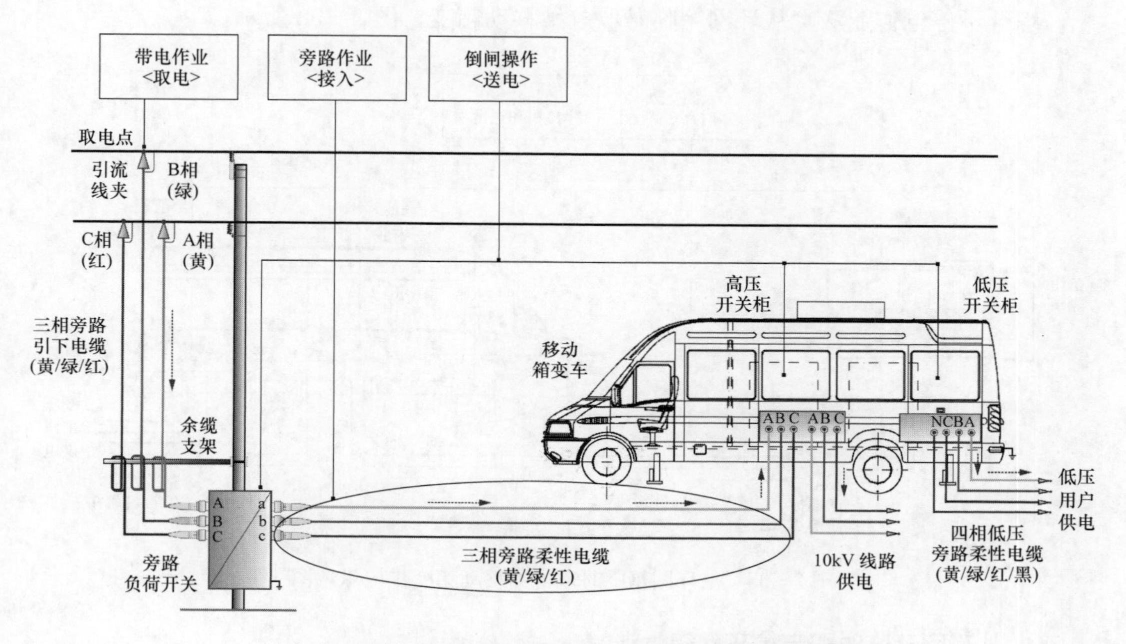

图 2－96　从架空线路临时取电给移动箱变供电示意图

2. 从架空线路临时取电给环网箱供电

综合不停电作业法，绝缘斗臂车作业，从架空线路临时取电给环网箱供电，图 2－97 所示。

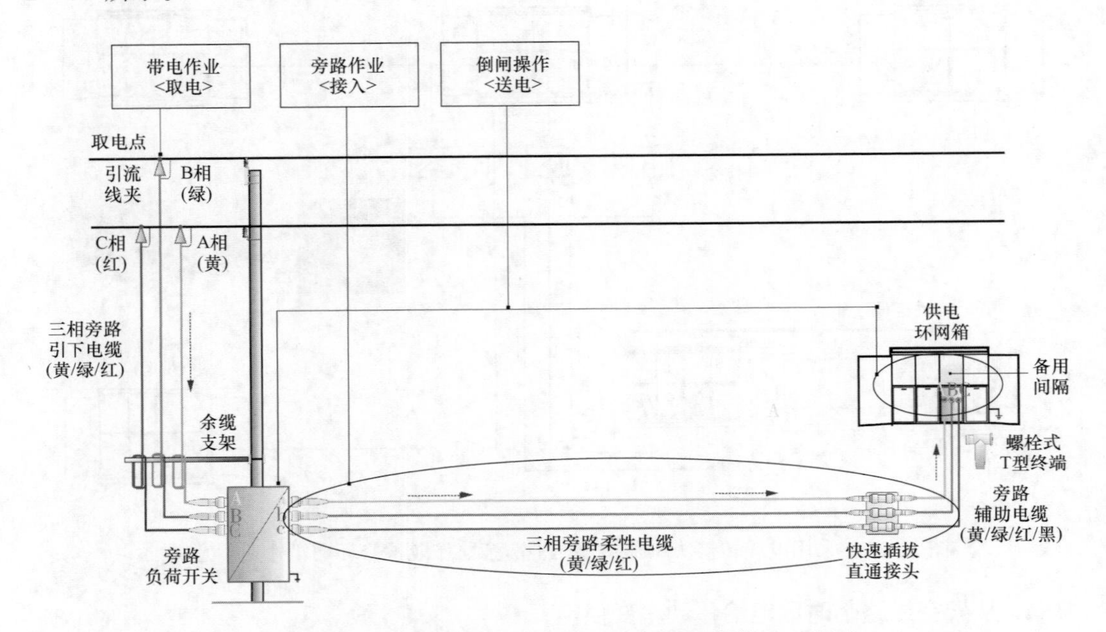

图 2－97　从架空线路“临时取电”给环网箱供电示意图

3. 从环网箱临时取电给移动箱变

综合不停电作业法，从环网箱临时取电给移动箱变，图 2－98 所示。

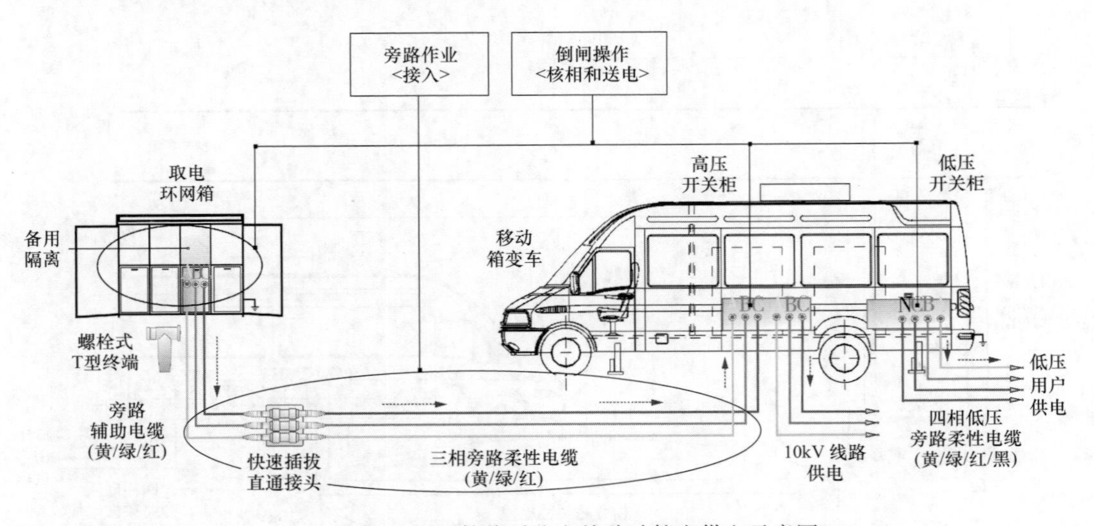

图 2－98　从环网箱临时取电给移动箱变供电示意图

4. 从环网箱临时取电给环网箱供电

综合不停电作业法，从环网箱临时取电给环网箱供电，图 2－99 所示。

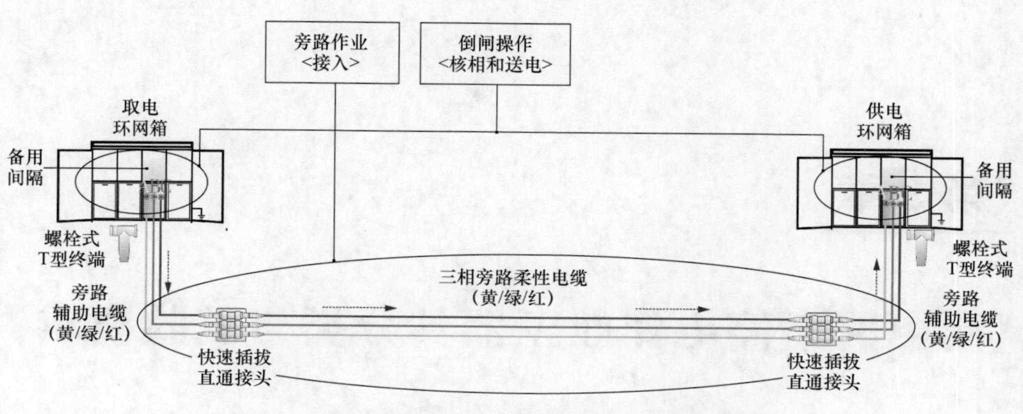

图 2-99　从环网箱临时取电给环网箱供电示意图

第3章

配电网不停电作业工器具分类与试验要求

3.1 配电网不停电作业工器具分类

PPT课件

微课件

配电网不停电作业工器具（包括装置和设备）依据作业项目和作业方式的不同，可以分为两类：

（1）绝缘杆作业法和绝缘手套作业法使用的带电作业工器具，包括绝缘遮蔽用具、绝缘防护用具、绝缘操作工具和绝缘承载工具等。其中：绝缘防护用具和绝缘遮蔽用具，作为配电带电作业用辅助绝缘，是指用来隔离人体与带电体、遮蔽（隔离）带电体和接地体，对作业中的人员起到安全保护，要求耐压水平不小于20kV的绝缘用具。绝缘操作工具和绝缘承载工具，作为配电带电作业用主绝缘工具，是指隔离电位起主要作用的电介质，耐压水平不小于45kV的绝缘工具。

（2）旁路作业法所涉及的旁路设备，包括旁路柔性电缆、旁路负荷开关、旁路引下电缆、旁路电缆终端和中间接头、带电作业用消弧开关、旁路作业车、移动箱变车和移动电源车等。

1. 绝缘承载工具

二维动画

绝缘承载工具，是指承载作业人员进入带电作业位置的固定式或移动式绝缘工具，包括绝缘斗臂车、绝缘脚手架、绝缘平台等。

（1）绝缘斗臂车，如图3-1～图3-6所示。10kV带电作业用绝缘斗臂车不仅是带电作业人员进入带电作业区域的承载工具，而且是在带电作业时为作业人员提供相对地之间的主绝缘防护。按照伸展结构的类型分为伸缩臂式、折叠臂式和混合式（伸缩臂+折叠臂）三种类型的绝缘斗臂车，包括A形支腿和H形支腿的绝缘斗臂车，以及无支腿式绝缘斗臂车和履带式绝缘斗臂车等。

（2）绝缘脚手架（或称为绝缘检修架）和绝缘平台，如图3-5所示。其中，依据Q/GDW 698《10kV带电作业用绝缘平台使用导则》，10kV带电作业用绝缘平台（insulating platform），是指由绝缘材料加工制作，安装固定在电杆上，承载带电作业人员

并提供人与电杆等接地体的主绝缘保护的工作平台，主要由抱杆装置、主平台及附件等组成，包括固定式、旋转式、旋转带升降式三种类型。

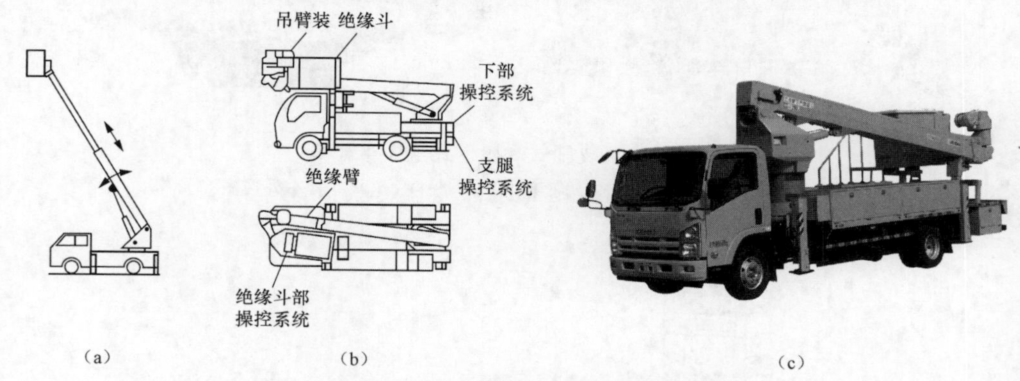

图3-1　伸缩臂式绝缘斗臂车

(a) 伸展结构示意图；(b) 斗臂车组成示意图；(c) 斗臂车（新型）外形图

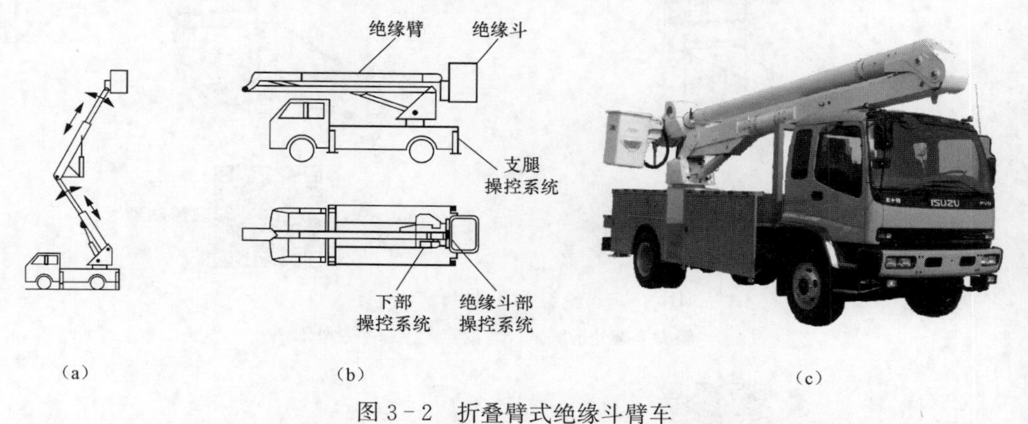

图3-2　折叠臂式绝缘斗臂车

(a) 伸展结构示意图；(b) 斗臂车组成示意图；(c) 斗臂车外形图。

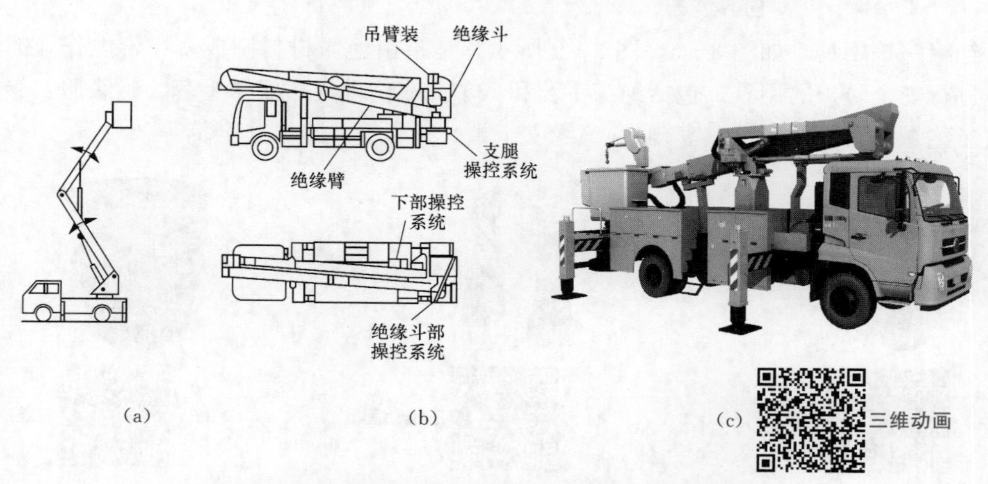

图3-3　混合式（折叠臂+伸缩臂）绝缘斗臂车

(a) 伸展结构示意图；(b) 斗臂车组成示意图；(c) 斗臂车外形图

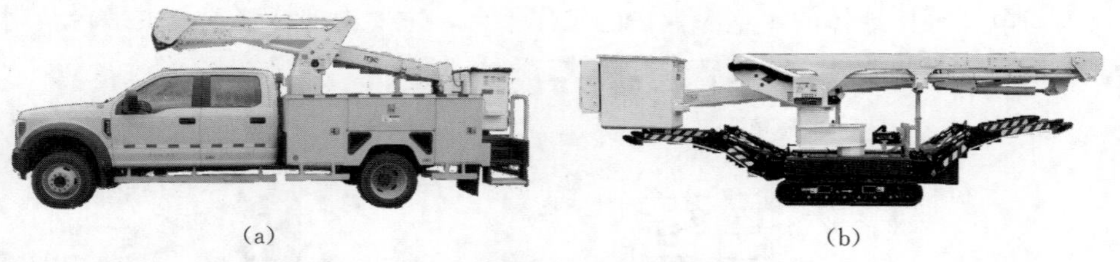

(a) (b)

图 3-4 无支腿式和履带式绝缘斗臂车

(a) 无支腿式绝缘斗臂车外形图；(b) 履带式绝缘斗臂车外形图

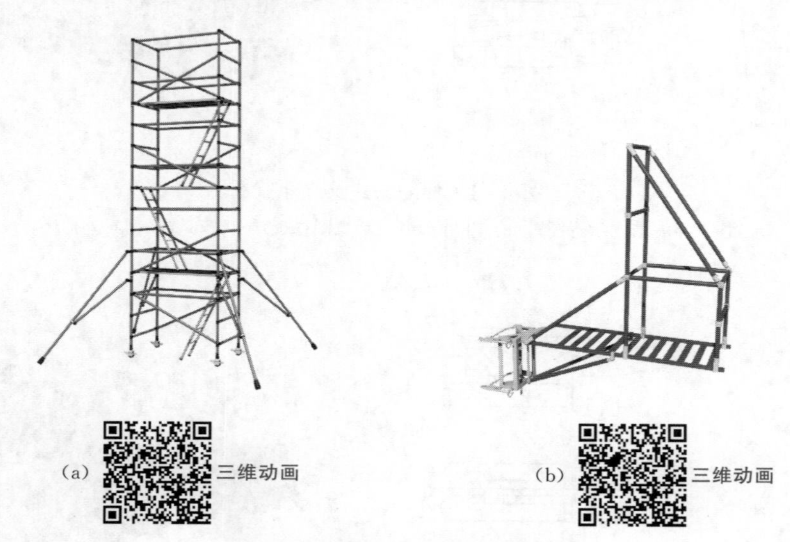

图 3-5 绝缘脚手架和绝缘平台

(a) 绝缘脚手架外形图；(b) 固定式绝缘平台外形图

2. 绝缘防护用具

绝缘防护用具，如图 3-6～图 3-9 所示，是指由绝缘材料制成，在带电作业时对人体进行安全防护的用具。包括绝缘手套和（羊皮或仿羊皮）保护手套、绝缘服、绝缘披肩、绝缘袖套、绝缘鞋（套鞋）、绝缘安全帽、护目镜、绝缘安全带等。

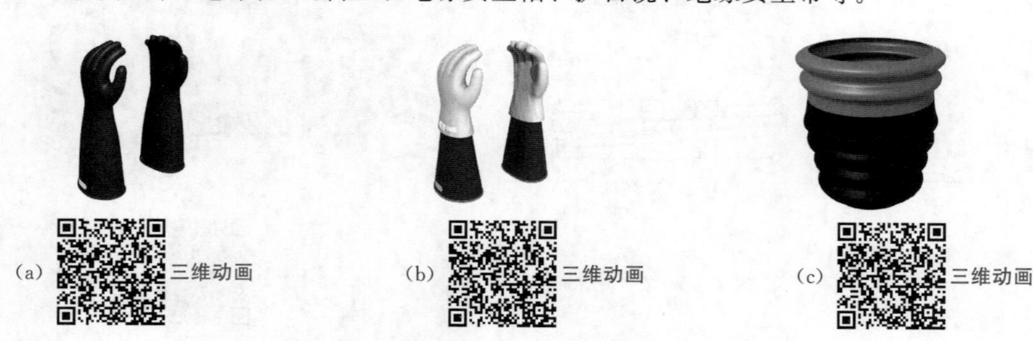

图 3-6 绝缘手套和（羊皮或仿羊皮）保护手套

(a) 绝缘手套；(b)（羊皮或仿羊皮）保护手套；(c) 绝缘手套充压气检测器

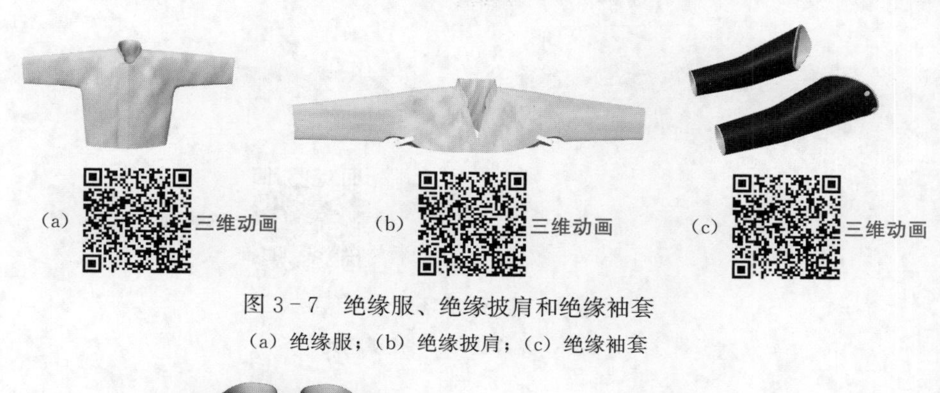

图3-7　绝缘服、绝缘披肩和绝缘袖套

(a) 绝缘服；(b) 绝缘披肩；(c) 绝缘袖套

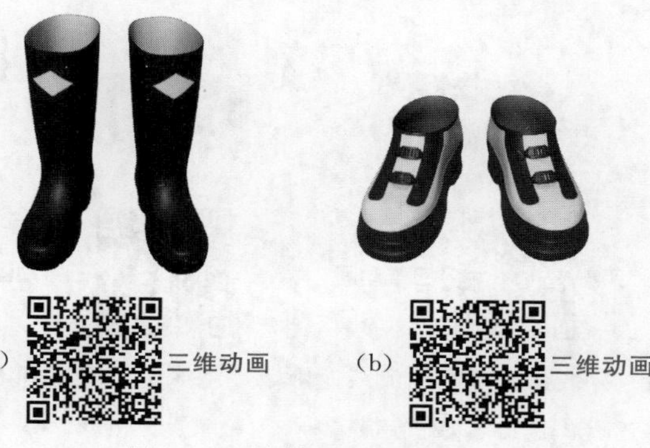

图3-8　绝缘鞋和绝缘套鞋

(a) 绝缘鞋；(b) 绝缘套鞋

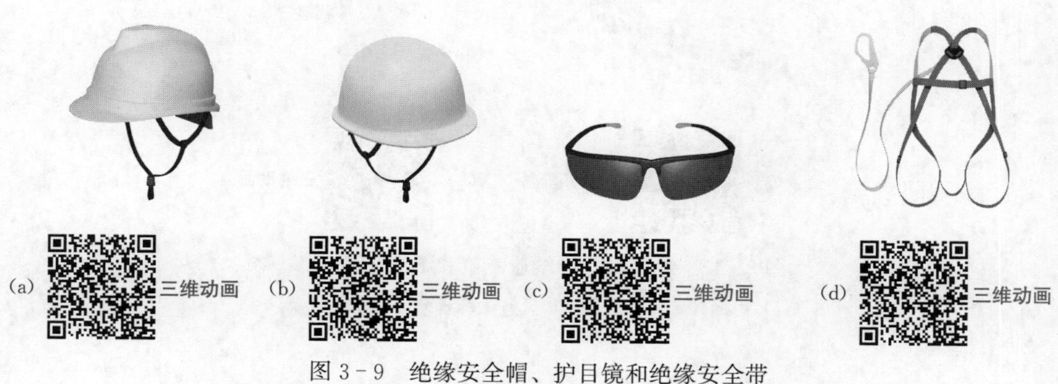

图3-9　绝缘安全帽、护目镜和绝缘安全带

(a) 绝缘安全帽外形1；(b) 绝缘安全帽外形2；(c) 护目镜；(d) 绝缘安全带

3. 绝缘遮蔽用具

二维动画

绝缘遮蔽用具，如图3-10～图3-13所示，是指由绝缘材料制成，用来遮蔽或隔离带电体和邻近的接地部件的硬质或软质用具。包括绝缘毯和绝缘毯夹、导线遮蔽罩、引流线遮蔽罩、绝缘子遮蔽罩、电杆遮蔽罩、绝缘杆式导线遮蔽罩、绝缘杆式绝缘子遮蔽罩、绝缘隔板（挡板）等。其中，绝缘隔板（挡板）是指用于隔离带电部件、限制工作人员活动范围的绝缘平板等。

图 3-10　绝缘毯和绝缘毯夹

（a）绝缘毯；（b）绝缘毯夹

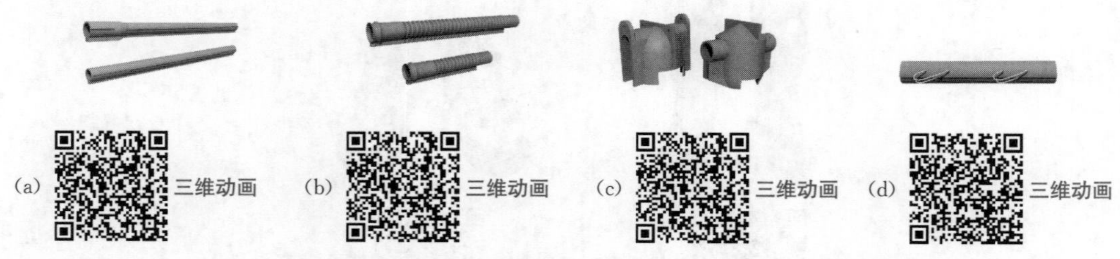

图 3-11　导线遮蔽罩、引流线遮蔽罩、绝缘子遮蔽罩和电杆遮蔽罩

（a）导线遮蔽罩；（b）引流线遮蔽罩；（c）绝缘子遮蔽罩；（d）电杆遮蔽罩

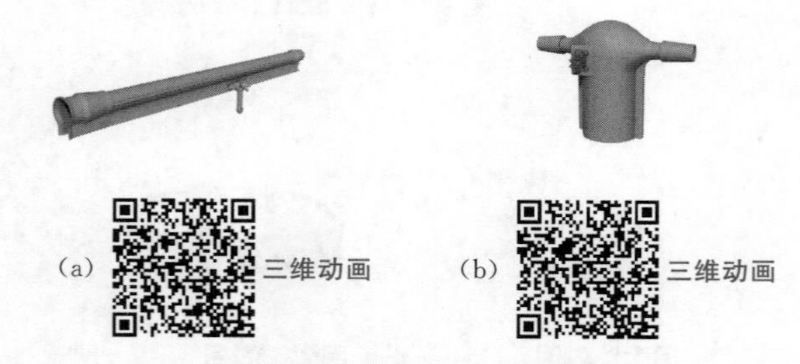

图 3-12　绝缘杆式导线遮蔽罩和绝缘子遮蔽罩

（a）绝缘杆式导线遮蔽罩；（b）绝缘杆式绝缘子遮蔽罩

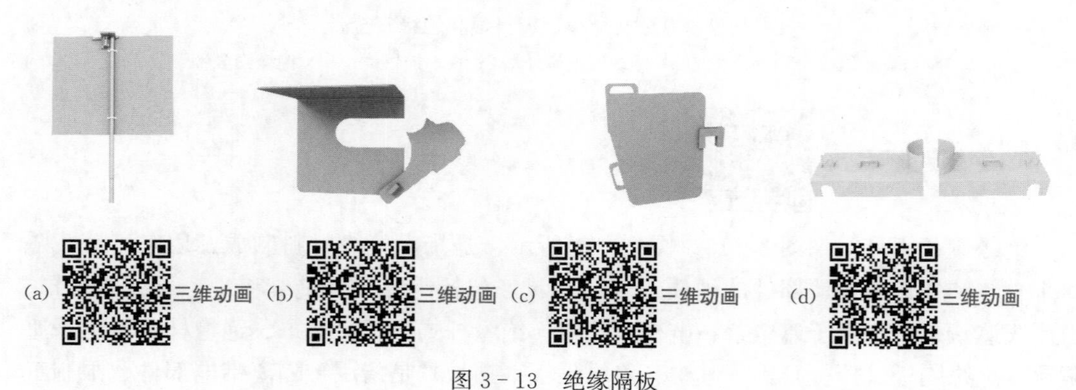

图 3-13　绝缘隔板

（a）外形 1 图；（b）外形 2 图；（c）外形 3 图；（b）外形 4 图

4. 绝缘操作工具

二维动画

绝缘操作工具，如图3-14～图3-20所示，是指用绝缘材料制成的操作工具，包括以绝缘管、棒、板为主绝缘材料，端部装配金属工具的硬质绝缘工具和以绝缘绳为主绝缘材料制成的软质绝缘工具。包括绝缘杆、绝缘锁杆、绝缘双头锁杆、绝缘撑杆、绝缘吊杆、绝缘杆式绝缘导线剥皮器、线夹安装专用工具、绝缘滑车、绝缘绳、绝缘绳套、绝缘横担、绝缘紧线器、绝缘剪、绝缘切刀等。其中，线夹安装专用工具包括：一是为C形线夹、J型线夹、H型线夹、并沟线夹配置的线夹安装专用工具；二是为猴头线夹、马镫线夹等带电装卸线夹配置的“伸缩式绝缘锁杆”作为线夹安装专用工具。

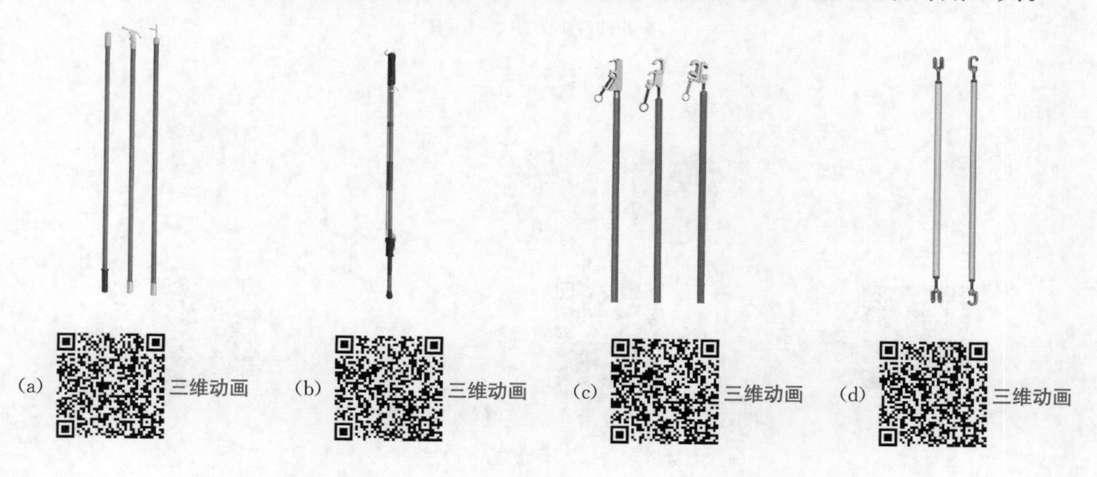

图3-14 绝缘杆、绝缘双头锁杆和绝缘撑杆

(a) 绝缘杆；(b) 伸缩式绝缘锁杆；(c) 绝缘双头锁杆；(d) 绝缘撑杆

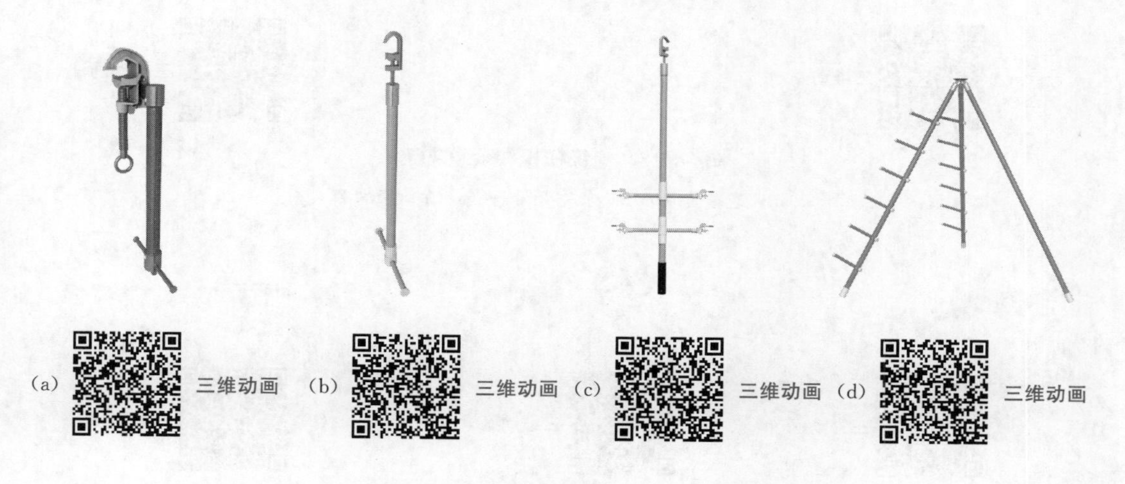

图3-15 绝缘吊杆和绝缘工具支架

(a) 绝缘吊杆1；(b) 绝缘吊杆2；(c) 绝缘吊杆3；(d) 绝缘工具支架

(a) 三维动画　(b) 三维动画　(c) 三维动画

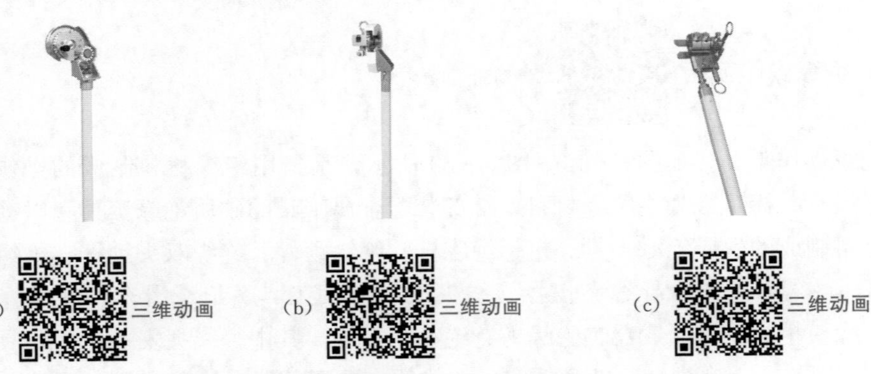

图 3-16　绝缘杆式绝缘导线剥皮器和线夹安装专用工具

(a) 绝缘导线剥皮器 1（包括电动式和手动式）；(b) 绝缘导线剥皮器 2（包括电动式和手动式）；(c) 并购线夹安装专用工具

(a) 三维动画　(b) 三维动画　(c) 三维动画

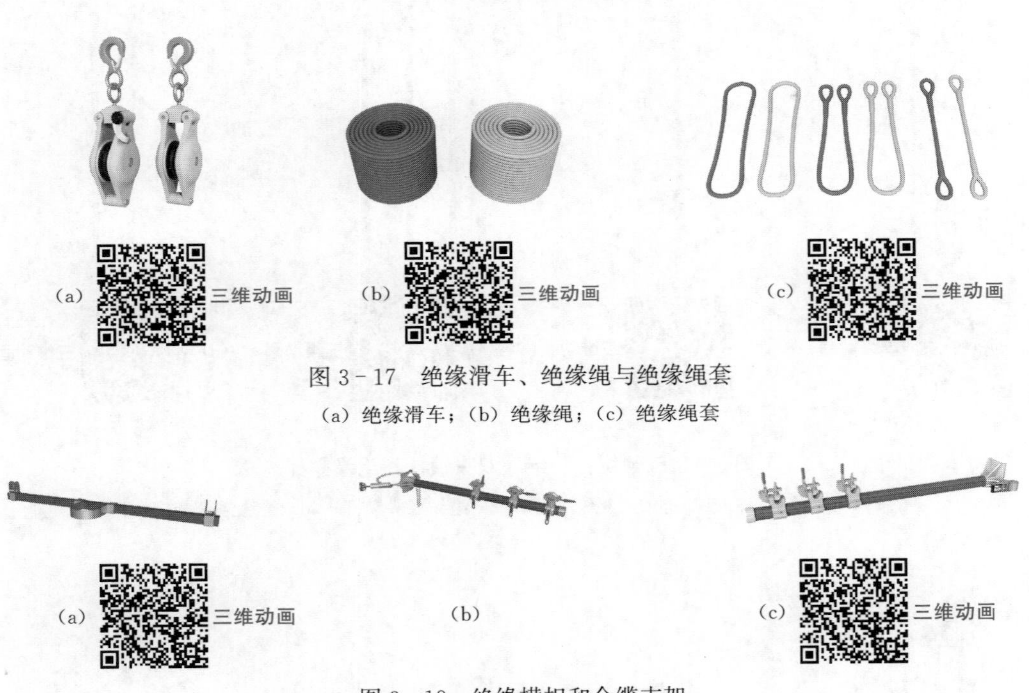

图 3-17　绝缘滑车、绝缘绳与绝缘绳套

(a) 绝缘滑车；(b) 绝缘绳；(c) 绝缘绳套

(a) 三维动画　(b)　(c) 三维动画

图 3-18　绝缘横担和余缆支架

(a) 绝缘横担；(b) 余缆支架 1；(c) 余缆支架 2

(a) 三维动画　(b) 三维动画　(c) 三维动画

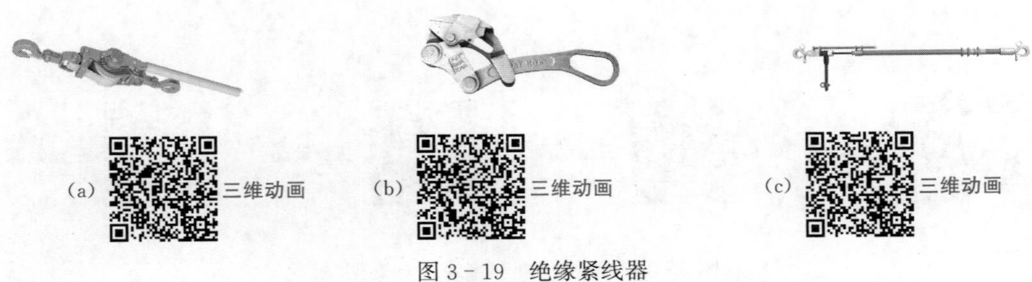

图 3-19　绝缘紧线器

(a) 软质绝缘紧线器和卡线器；(b) 硬质绝缘紧线器

图3-20　绝缘剪和绝缘切刀

(a) 长柄绝缘棘轮剪；(b) 绝缘切刀

5. 金属工具 二维动画

生产中，常用的配电线路带电作业用金属工具，如图3-21、图3-22所示，包括绝缘导线剥皮器、液压钳、电动扳手、电动切刀、螺母破碎机器等

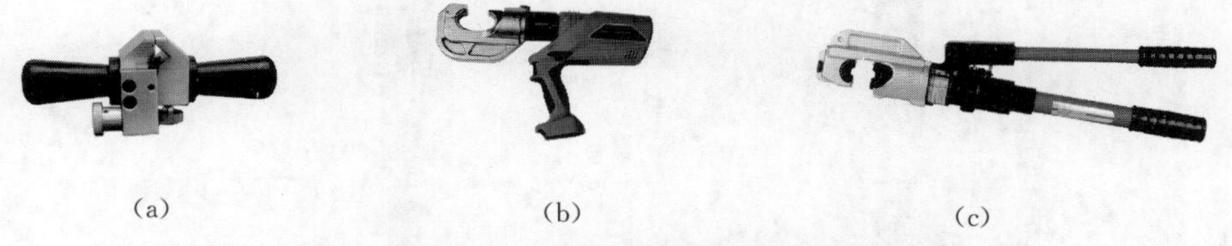

图3-21　绝缘导线剥皮器和液压钳

(a) 绝缘导线剥皮器；(b) 电动式液压钳；(c) 手动式液压钳

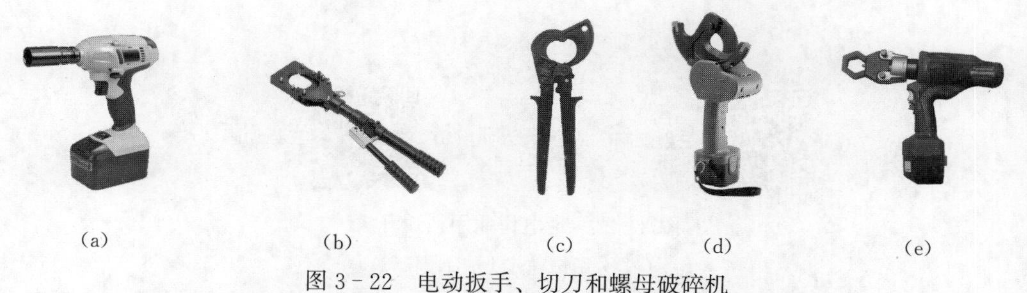

图3-22　电动扳手、切刀和螺母破碎机

(a) 电动扳手；(b) 液压切刀；(c) 棘轮切刀；(d) 电动切刀；(e) 螺母破碎机

6. 旁路设备

二维动画

生产中，配电网不停电作业常用的旁路设备（俗称小旁路和大旁路设备），如图3-23～图3-31所示，是指架空配电线路带电作业中“绝缘引流线法、旁路作业法、桥接施工法”所用的俗称小旁路设备，以及配电网架空线路和电缆线路不停电作业中“旁路作业法、临时供电作业法”所使用的俗称大旁路设备，包括绝缘引流线、带电作业用消弧开关、旁路引下电缆、旁路负荷开关、旁路柔性电缆、快速插拔旁路电缆终

端、快速插拔旁路电缆接头、螺栓式和插入式旁路电缆终端、移动箱变车、中（低）压发电车、移动环网柜车和旁路电缆车等。

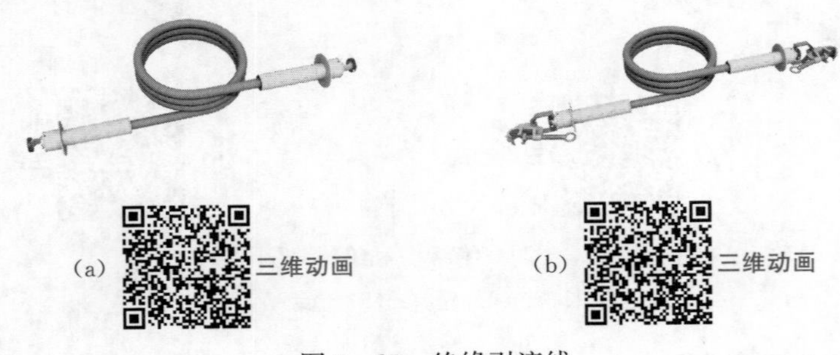

图 3-23　绝缘引流线

(a) 绝缘引流线+旋转式紧固手柄；(b) 绝缘引流线+马镫线夹

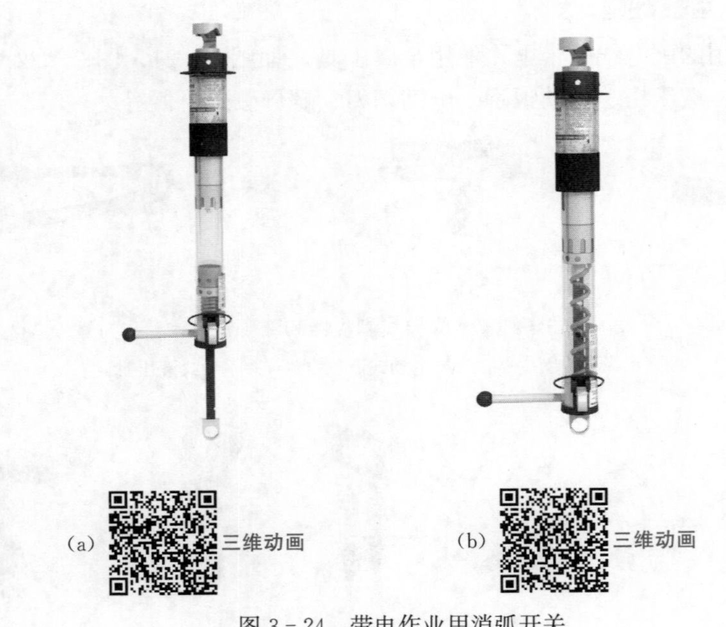

图 3-24　带电作业用消弧开关

(a) 分闸位置；(b) 合闸位置

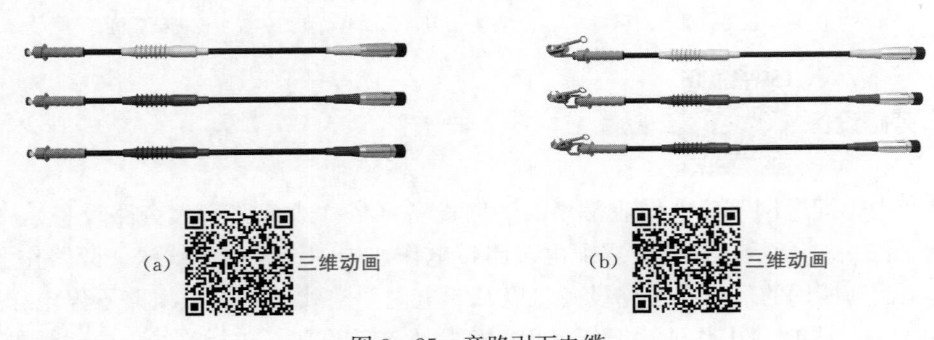

图 3-25　旁路引下电缆

(a) 引流线夹+旋转式紧固手柄；(b) 引流线夹+马镫线夹

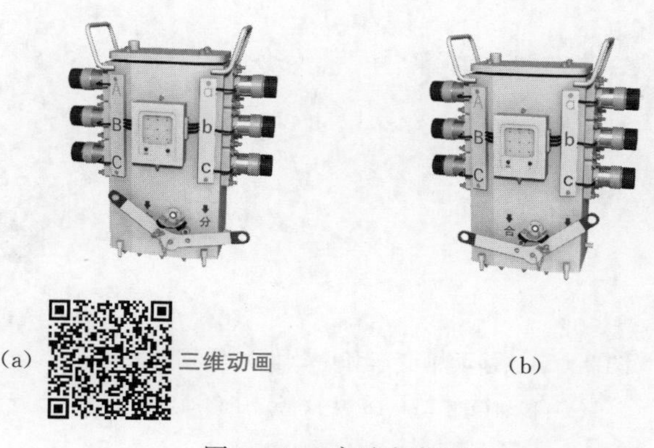

图 3－26　旁路负荷开关

（a）分闸位置；（b）合闸位置

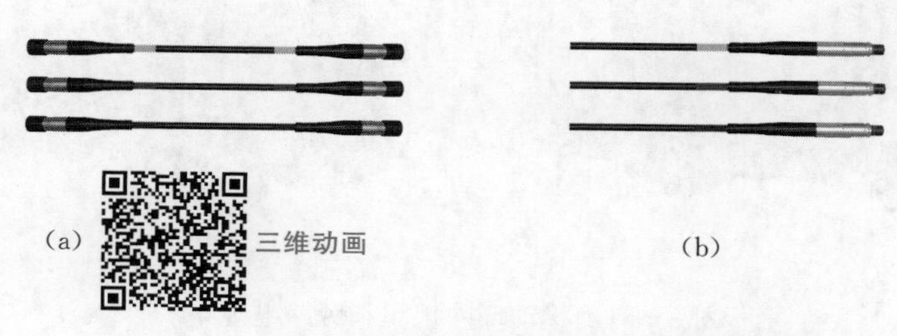

图 3－27　旁路柔性电缆和快速插拔旁路电缆终端

（a）旁路柔性电缆；（b）快速插拔旁路电缆终端

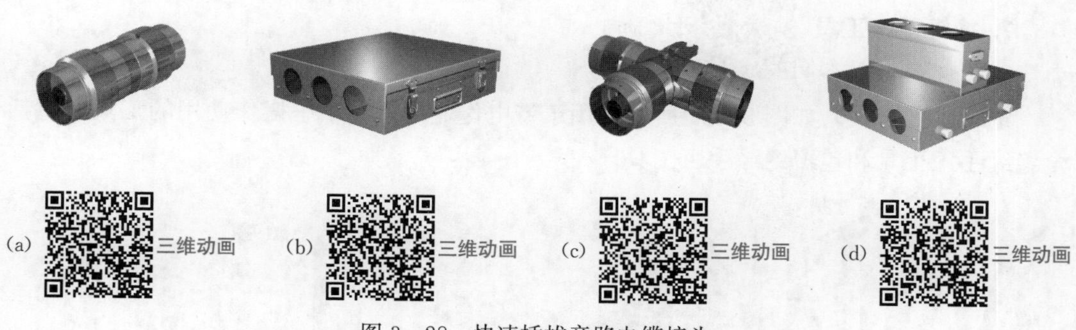

图 3－28　快速插拔旁路电缆接头

（a）直通接头外形图；（b）直通接头保护架外形图；（c）T 型接头外形图；（d）T 型接头保护架外形图

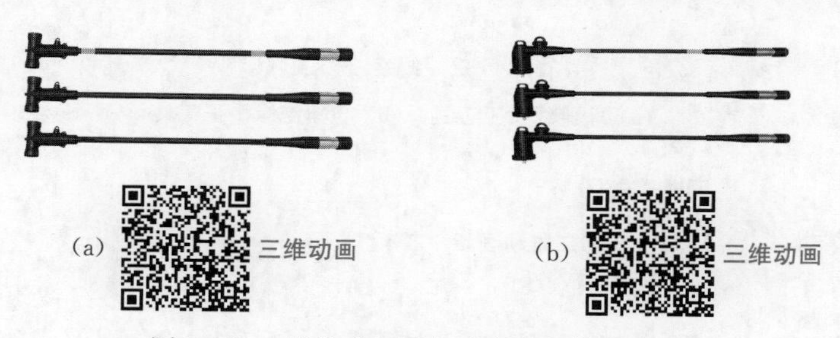

图 3－29　螺栓式和插入式旁路电缆终端

（a）螺栓式（T 型）；（b）插入式（肘型）

(a)

(b)

图 3-30　移动箱变车和中（低）压移动发电车

（a）移动箱变车；（b）中（低）压移动发电车

(a)

(b)

图 3-31　移动环网柜车和旁路电缆车

（a）移动环网柜车；（b）旁路电缆车

7. 绝缘手工工具  二维动画

绝缘手工工具，如图 3-32 所示，用于带电作业中握在手中操作使用的工具，包括全绝缘手工工具和包覆绝缘手工工具。

(a)

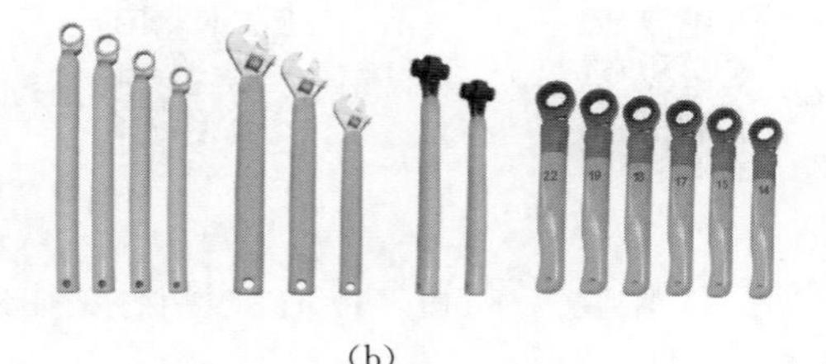

(b)

图 3-32　绝缘手工工具

（a）全绝缘手工工具；（b）包覆绝缘手工工具

8. 检测仪器  二维动画

常用检测仪器，如图 3-33～图 3-36 所示，包括电流检测仪、绝缘电阻检测仪、核相仪、温度检测仪、风速检测仪、验电器、放电棒和接地棒等。

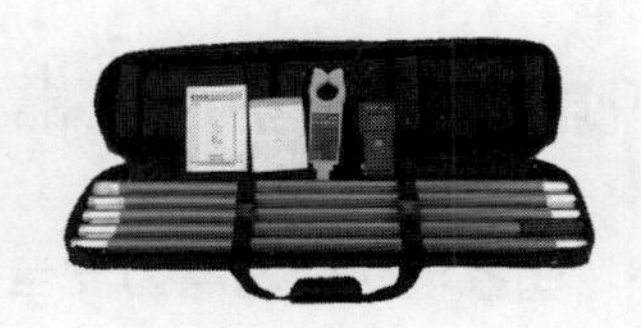

（a）　　（b）　　（c）

图 3－33　电流检测仪

（a）绝缘斗臂车用泄漏电流检测仪；（b）钳形电流表；（c）绝缘杆式电流检测仪

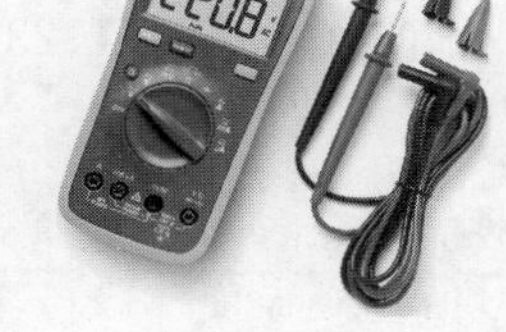

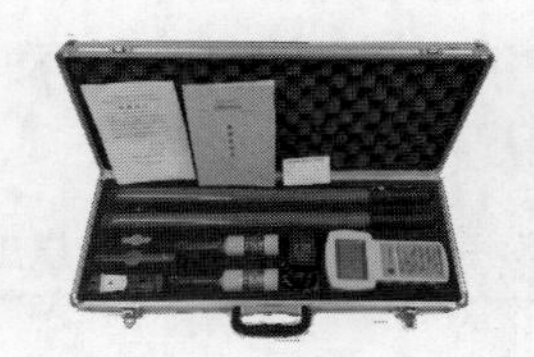

（a）　　（b）　　（c）　　（d）

图 3－34　绝缘电阻检测仪和核相仪

（a）绝缘电阻检测仪；（b）万用表；（c）便携式核相仪；（d）相序表

（a）　　（b）　　（c）

图 3－35　湿度和风速检测仪

（a）湿度检测仪；（b）风速检测仪；（c）温湿度、风速检测仪

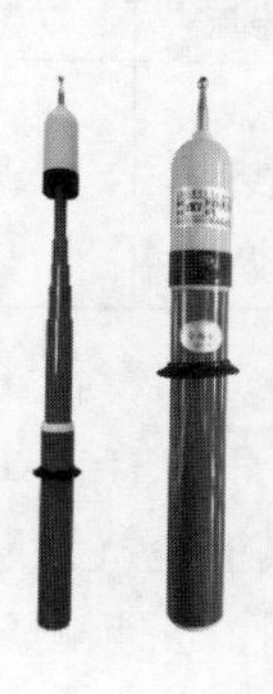

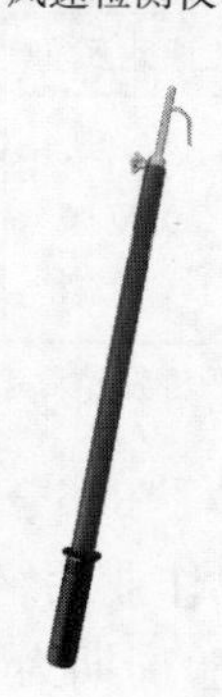

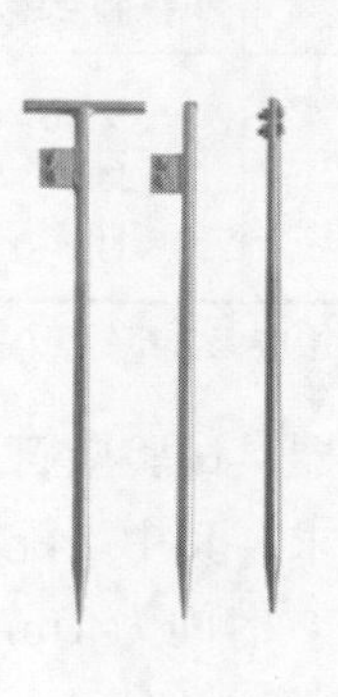

（a）　　（b）　　（c）

图 3－36　验电器、放电棒和接地棒

（a）验电器；（b）放电棒；（c）接地棒

3.2 配电网不停电作业工器具试验要求

1. 按照《国家电网公司电力安全工作规程(配电部分)(试行)》9.7.1、9.8.3、9.8.4的规定

(1)绝缘斗臂车应根据DL/T 854—2017《带电作业用绝缘斗臂车使用导则》(原标准DL/T 854—2004《带电作业用绝缘斗臂车的保养维护及在使用中的试验》)定期检查。包括绝缘工作斗(绝缘内斗的层向耐压和沿面闪络试验、外斗的沿面闪络试验)、绝缘臂的工频耐压试验、整车的工频试验以及内斗、外斗、绝缘臂、整车的泄漏电流试验,预防性试验每年一次见表3-1、表3-2(摘自Q/GDW 11237—2014《配网带电作业绝缘斗臂车技术规范》)。

表3-1　绝缘工作斗性能要求

试验部件	试验项目					
	定型/型式/出厂试验			预防性试验		
	层向耐压	沿面闪络	泄漏电流	层向耐压	沿面闪络	泄漏电流
绝缘内斗	50kV 1min	0.4m 50kV 1min	0.4m 20kV ≤200μA	45kV 1min	0.4m 45kV 1min	0.4m 20kV ≤200μA
绝缘外斗	20kV 5min	0.4m 50kV 1min	0.4m 20kV ≤200μA	—	0.4m 45kV 1min	0.4m 20kV ≤200μA

注　层向耐压、沿面闪络试验过程中应无击穿、无闪络、无严重发热(温升容限+10℃)。
"—"表示不必检测项目。

表3-2　绝缘臂绝缘性能要求

试验部件	试验项目					
	定型/型式试验		出厂试验		预防性试验	
	工频耐压	泄漏电流	工频耐压	泄漏电流	工频耐压	泄漏电流
绝缘臂	0.4m 100kV 1min	0.4m 20kV ≤200μA	0.4m 50kV 1min	0.4m 20kV ≤200μA	0.4m 45kV 1min	0.4m 20kV ≤200μA

注　工频耐压试验过程中应无击穿、无闪络、无严重发热(温升容限+10℃)。

(2)带电作业工器具试验应符合DL/T 976—2017《带电作业工具、装置和设备预防性试验规程》的要求。其中,配电带电作业用绝缘工具的电气预防性试验为:试验长度0.4m,加压45kV,时间为1min,试验周期为12个月。工频耐压试验以无击穿、无闪络及过热为合格。

(3)带电作业遮蔽和防护用具试验应符合GB/T 18857—2019《配电线路带电作业技术导则》的要求。其中,配电带电作业用绝缘防护用具和绝缘遮蔽用具的电气预防性试

验为：试验电压20kV，时间为1min，试验周期为6个月。试验中试品应无击穿、无闪络、无发热为合格。

2. 按照国网运检三［2018］7号《配网不停电作业工器具、装置和设备试验管理规范（试行）》第十三条、第十四条等的规定

（1）个人安全防护用具电气试验一年两次，试验周期6个月。

（2）绝缘遮蔽用具电气试验一年两次，试验周期6个月。

（3）绝缘工器具电气试验一年一次，机械试验一年一次。

（4）金属工器具机械试验两年一次。

（5）绝缘斗臂车电气试验和机械试验一年一次，试验周期不超过12个月。

（6）10kV旁路作业设备电气试验一年一次，10kV带电作业用消弧开关电气试验一年两次，试验周期6个月。

（7）交接试验要求：交接试验项目依据工器具采购合同、招标技术规范书要求进行。绝缘斗臂车等重要装备的交接试验由各省（自治区、直辖市）公司委托中国电科院进行。

（8）试验机构要求：各省（自治区、直辖市）公司不停电作业工器具预防性试验一般由省电科院承担。省电科院不具备承担不停电作业工器具预防性试验能力时，应逐步开展能力建设，期间可委托中国电科院或各省（自治区、直辖市）公司认定的第三方试验机构承担。

第 4 章

配电网不停电作业班组微课堂相关知识宣讲

4.1 《班组微课堂之国网配电安规》宣讲

PPT 课件

微课件

4.1.1 《班组微课堂之国网配电安规“9.1 一般要求”》宣讲

4.1.2 《班组微课堂之国网配电安规“9.2 安全技术措施”》宣讲

4.2 《班组微课堂之保作业安全》宣讲

PPT 课件

4.2.1 《班组微课堂之保作业安全“不碰触安规底线”最重要》宣讲

微课件

4.2.2 《班组微课堂之保作业安全“远离触电风险”最重要》宣讲

微课件

4.2.3 《班组微课堂之保作业安全“六看六化工作法”最重要》宣讲

微课件

4.2.4 《班组微课堂之保作业安全“准化作业”最重要》宣讲

微课件

4.2.5 《班组微课堂之保作业安全“履行现场勘查制度”最重要》宣讲

微课件

4.2.6 《班组微课堂之保作业安全“履行工作票制度”最重要》宣讲

微课件

4.2.7 《班组微课堂之保作业安全“执行现场标准化作业指导书”最重要》宣讲

4.3　《班组微课堂之班组管理》宣讲

PPT 课件

4.3.1　《班组微课堂之班组管理“沟通”最重要》宣讲

微课件

4.3.2　《班组微课堂之班组管理“履职尽责”最重要》宣讲

微课件

4.3.3　《班组微课堂之班组管理“5+2 作业项目分类”最重要》宣讲

微课件

4.3.4　《班组微课堂之班组管理“两票一记录一指导书”最重要》宣讲

微课件

4.3.5　《班组微课堂之班组管理“不停电作业统计”最重要》宣讲

微课件

4.3.6　《班组微课堂之班组管理“不停电作业资料”最重要》宣讲

微课件

4.3.7　《班组微课堂之班组管理“工具车辆保管”最重要》宣讲

微课件

4.3.8　《班组微课堂班组管理之“电气预防性试验”最重要》宣讲

微课件

4.3.9　《班组微课堂之班组管理“不停电就是做好的服务”最重要》宣讲

微课件

4.3.10　《班组微课堂之班组管理“致敬带电作业”最重要》宣讲

微课件

4.4 《班组微课堂之班组培训》宣讲

PPT 课件

4.4.1 《班组微课堂之班组培训“制度标准贯彻落实”最重要》宣讲 1

微课件

4.4.2 《班组微课堂之班组培训“制度标准贯彻落实”最重要》宣讲 2

微课件

4.4.3 《班组微课堂之班组培训“制度标准贯彻落实”最重要》宣讲 3

微课件

4.4.4 《班组微课堂之班组培训“制度标准贯彻落实”最重要》宣讲 4

微课件

4.5 《班组微课堂之岗位能力提升》宣讲

PPT 课件

4.5.1 《班组微课堂之岗位能力提升“应知应会培训”最重要》宣讲 1

微课件

4.5.2 《班组微课堂之岗位能力提升“引线类”项目安全培训最重要》宣讲

微课件

4.5.3 《班组微课堂之岗位能力提升“元件类”项目安全培训最重要》宣讲

微课件

4.5.4 《班组微课堂之岗位能力提升“电杆类”项目安全培训最重要》宣讲

微课件

4.5.5 《班组微课堂之岗位能力提升“设备类”旁路作业法项目安全培训最重要》宣讲

微课件

4.5.6 《班组微课堂之岗位能力提升“设备类”桥接施工法项目安全培训最重要》宣讲

微课件

4.5.7 《班组微课堂之岗位能力提升“转供电类”更换柱上变压器项目安全培训最重要》宣讲

微课件

4.5.8 《班组微课堂之岗位能力提升“转供电类”检修电缆线路项目安全培训最重要》宣讲

微课件

4.5.9 《班组微课堂之岗位能力提升“转供电类”检修环网箱项目安全培训最重要》宣讲

微课件

4.5.10 《班组微课堂之岗位能力提升“临时取电类”架空线路取电项目安全培训最重要》宣讲

微课件

4.5.11 《班组微课堂之岗位能力提升“临时取电类”环网箱取电项目安全培训最重要》宣讲

微课件

第 5 章

带电作业技术应用——断接“引线类”项目

5.1 带电断熔断器上引线（绝缘杆作业法，登杆作业）

PPT 课件

微课件

二维动画

按照 Q/GDW 10520《10kV 配网不停电作业规范》，本项目为第一类、简单绝缘杆作业法项目，如图 5－1 所示，适用于绝缘杆作业法＋拆除线夹法（登杆作业）带电断熔断器上引线工作，推荐的作业流程（断开引线类项目相同）为：①绝缘吊杆固定在主导线上；②绝缘锁杆将待断引线固定；③剪断引线或拆除线夹；④绝缘锁杆（连同引线）固定在绝缘吊杆的横向支杆上。三相引线按相同方法全部断开后再一并拆除，生产中务必结合现场实际工况参照适用，并积极推广绝缘手套作业法融合绝缘杆作业法（俗称短杆作业）在绝缘斗臂车的工作斗或其他绝缘平台如绝缘脚手架上的应用。

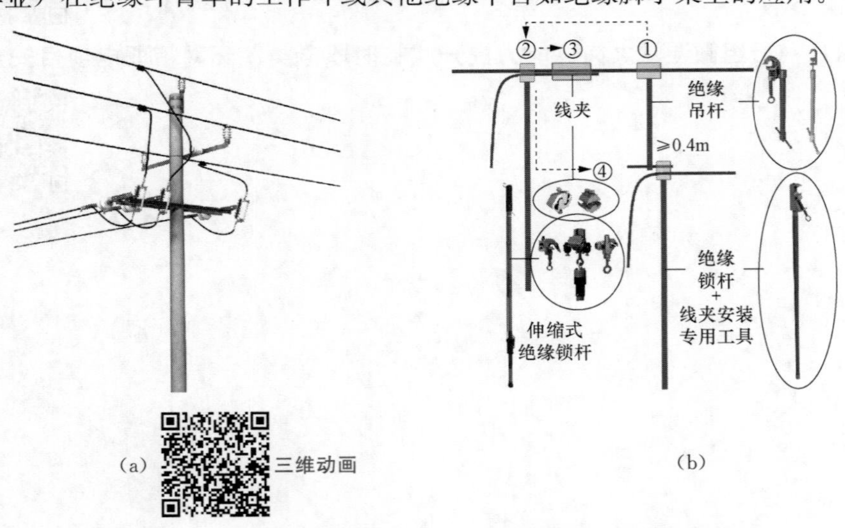

图 5－1　绝缘杆作业法（登杆作业）带电断熔断器上引线

(a) 杆头外形图；(b) 作业流程图（推荐）

以图5-1所示的直线分支杆（有熔断器，导线三角排列）为例说明其操作步骤。

本项目工作人员共计4人，人员分工为：工作负责人（兼工作监护人）1人、杆上电工2人、地面电工1人。

本项目操作前的准备工作已完成，工作负责人已检查确认熔断器确已断开，熔管已取下，作业装置和现场环境符合带电作业条件。

1. 工作开始，进入带电作业区域，验电

（1）获得工作负责人许可后，杆上电工穿戴好绝缘防护用具，携带绝缘传递绳登杆至合适位置，将个人使用的绝缘保护绳（二防绳）系挂在电杆合适位置上。

（2）杆上电工使用验电器对绝缘子、横担进行验电，确认无漏电现象汇报给工作负责人，连同现场检测的风速、湿度一并记录在工作票备注栏内。

（3）杆上电工在确保安全距离的前提下，使用绝缘操作杆挂好绝缘传递绳。

2. 断熔断器上引线

方法1：剪断引线法断熔断器上引线。

（1）杆上电工使用绝缘锁杆将绝缘吊杆（推荐选用）固定在近边相线夹附近的主导线上。

（2）杆上电工使用绝缘锁杆将待断开的熔断器上引线临时固定在主导线上。

（3）杆上电工使用绝缘断线剪剪断上引线与主导线的连接。

（4）杆上电工使用绝缘锁杆使引线脱离主导线并将上引线缓缓放下，临时固定在绝缘吊杆的横向支杆上。

（5）杆上电工使用绝缘锁杆将开口式遮蔽罩套在中间相熔断器上引线侧的近边相主导线和绝缘子上。

（6）按相同的方法拆除远边相引线，完成后同样使用绝缘锁杆将开口式遮蔽罩套在中间相熔断器上引线侧的远边相主导线和绝缘子上。

（7）按相同的方法拆除中间相熔断器上引线。

（8）杆上电工使用绝缘断线剪分别在熔断器上接线柱处将上引线剪断并取下。

（9）杆上电工使用绝缘锁杆拆除两边相主导线上的导线遮蔽罩和绝缘子遮蔽罩。

（10）杆上电工拆除三相导线上的绝缘吊杆。

方法2：拆除线夹法断熔断器上引线。

（1）杆上电工使用绝缘锁杆将绝缘吊杆（推荐选用）固定在近边相线夹附近的主导线上。

（2）杆上电工使用绝缘锁杆将待断开的熔断器上引线临时固定在主导线上。

（3）杆上电工相互配合使用线夹装拆工具拆除熔断器上引线与主导线的连接。

（4）杆上电工使用绝缘锁杆将熔断器上引线缓缓放下，临时固定在绝缘吊杆的横向支杆上。

（5）杆上电工使用绝缘锁杆将开口式遮蔽罩套在中间相熔断器上引线侧的近边相主导线和绝缘子上。

（6）按相同的方法拆除远边相引线，完成后同样使用绝缘锁杆将开口式遮蔽罩套在中间相熔断器上引线侧的远边相主导线和绝缘子上。

(7) 按相同的方法拆除中间相熔断器上引线。

(8) 杆上电工使用绝缘断线剪分别在熔断器上接线柱处将上引线剪断并取下。

(9) 杆上电工使用绝缘锁杆拆除两边相主导线上的导线遮蔽罩和绝缘子遮蔽罩。

(10) 杆上电工拆除三相导线上的绝缘吊杆。

生产中如引线与主导线由于安装方式和锈蚀等原因不易拆除，可直接在主导线搭接位置处剪断引线的方式进行，同时做好防止引线摆动的措施。

3. 工作完成，退出带电作业区域，工作结束

(1) 杆上电工向工作负责人汇报确认本项工作已完成。

(2) 检查杆上无遗留物，杆上电工返回地面，工作结束。

5.2 带电接熔断器上引线（绝缘杆作业法，登杆作业）

按照Q/GDW 10520《10kV配网不停电作业规范》，本项目为第一类、简单绝缘杆作业法项目，如图5-2所示，适用于绝缘杆作业法+安装线夹法（登杆作业）带电接熔断器上引线工作，推荐的作业流程为（搭接引线类项目相同）：①绝缘吊杆固定在主导线上；②绝缘锁杆（连同引线）固定在绝缘吊杆的横向支杆上；③绝缘锁杆将待接引线固定在导线上；④安装线夹。三相引线按相同方法完成全部搭接操作，生产中务必结合现场实际工况参照适用，并积极推广绝缘手套作业法融合绝缘杆作业法（俗称短杆作业）在绝缘斗臂车的工作斗或其他绝缘平台如绝缘脚手架上的应用。

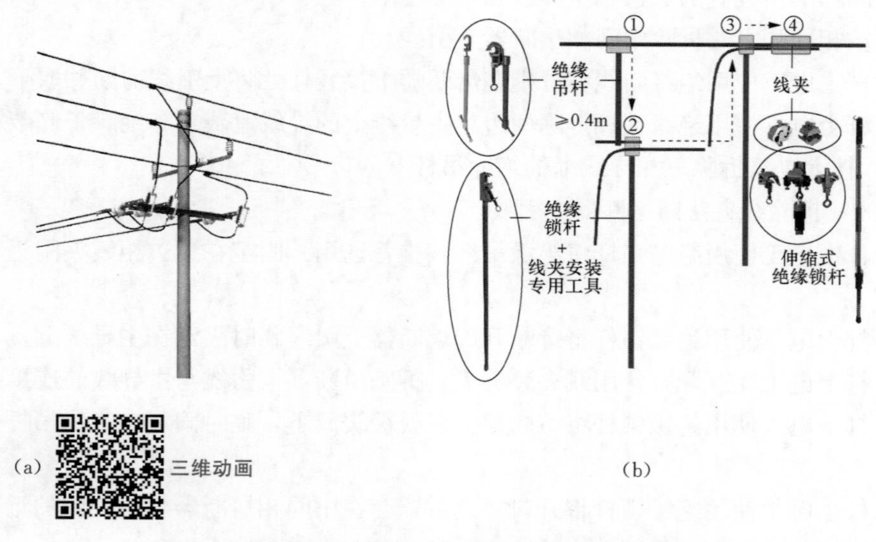

图5-2 绝缘杆作业法（登杆作业）带电接熔断器上引线

(a) 杆头组装图；(b) 作业流程图（推荐）

以图5-2所示的直线分支杆（有熔断器，导线三角排列）为例说明其操作步骤。

本项目工作人员共计4人，人员分工为：工作负责人（兼工作监护人）1人、杆上电工2人、地面电工1人。

本项目操作前的准备工作已完成，工作负责人已检查确认负荷侧变压器、电压互感器确已退出，熔断器确已断开，熔管已取下，待接引流线确已空载，作业装置和现场环境符合带电作业条件。

1. 工作开始，进入带电作业区域，验电，设置绝缘遮蔽措施

（1）获得工作负责人许可后，杆上电工穿戴好绝缘防护用具，携带绝缘传递绳登杆至合适位置，将个人使用的绝缘保护绳（二防绳）系挂在电杆合适位置上。

（2）杆上电工使用验电器对绝缘子、横担进行验电，确认无漏电现象汇报给工作负责人，连同现场检测的风速、湿度一并记录在工作票备注栏内。

（3）杆上电工在确保安全距离的前提下，使用绝缘操作杆挂好绝缘传递绳，检查三相熔断器安装应符合验收规范要求。

（4）杆上电工使用绝缘锁杆将硬质遮蔽罩套在熔断器上方的近边相主导线和绝缘子上。

2.（测量引线长度）接熔断器上引线

方法：（在导线处）安装线夹法接熔断器上引线。

（1）杆上电工使用绝缘测量杆测量三相引线长度，地面电工配合做好三相引线，包括剥除引线搭接处的绝缘层、清除氧化层和压接设备线夹等。

（2）杆上电工使用绝缘导线剥皮器依次剥除三相导线搭接处（距离横担不小于0.6～0.7m）的绝缘层并清除导线上的氧化层。

（3）杆上电工使用绝缘锁杆将绝缘吊杆固定在待安装线夹附近的主导线上。

（4）杆上电工将三相引线一端安装在熔断器上接线柱上，另一端使用绝缘锁杆临时固定在绝缘吊杆的横向支杆上。

（5）杆上电工使用绝缘锁杆拆除近边相熔断器上引线侧的导线遮蔽罩。

（6）杆上电工使用绝缘锁杆将开口式遮蔽罩套在中间相熔断器上引线侧的远边相主导线和绝缘子上。

（7）杆上电工使用绝缘锁杆锁住中间相熔断器上引线待搭接的一端，提升至引线搭接处的主导线上可靠固定。

（8）杆上电工配合使用线夹安装工具安装线夹，引线与导线可靠连接后撤除绝缘锁杆和绝缘吊杆。

（9）杆上电工使用绝缘锁杆拆除两边相主导线上的导线遮蔽罩和绝缘子遮蔽罩。

（10）其余两边相熔断器上引线的搭接按相同的方法进行，三相引线的搭接可按先中间相、再两边相的顺序进行，或根据现场工况选择。

3. 工作完成，退出带电作业区域，工作结束

（1）杆上电工向工作负责人汇报确认本项工作已完成。

（2）检查杆上无遗留物，杆上电工返回地面，工作结束。

5.3　带电断分支线路引线（绝缘杆作业法，登杆作业）

PPT课件

微课件
二维动画

按照Q/GDW 10520《10kV配网不停电作业规范》，本项目为第一类、简单绝缘杆作业法项目，如图5-3所示，适用于绝缘杆作业法+拆除线夹法（登杆作业）带电断熔断器上引线工作，推荐作业流程为（断开引线类项目相同）：①绝缘吊杆固定在主导线上；②绝缘锁杆将待断引线固定；③剪断引线或拆除线夹；④绝缘锁杆（连同引线）固定在绝缘吊杆的横向支杆上。三相引线按相同方法全部断开后再一并拆除，生产中务必结合现场实际工况参照适用，并积极推广绝缘手套作业法融合绝缘杆作业法（俗称短杆作业）在绝缘斗臂车的工作斗或其他绝缘平台如绝缘脚手架上的应用。

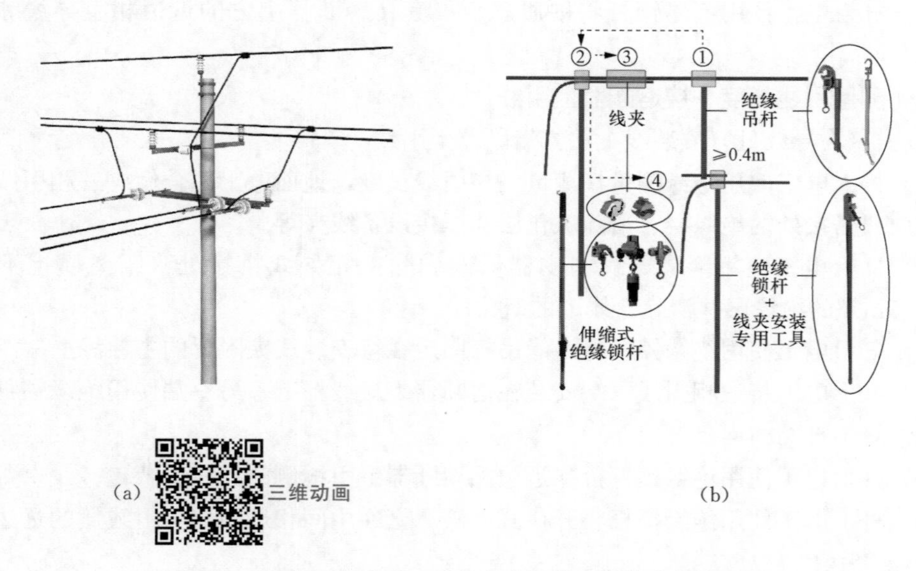

图5-3　绝缘杆作业法（登杆作业）带电断分支线路引线

(a) 杆头组装图；(b) 作业流程图（推荐）

以图5-3所示的直线分支杆（无熔断器，导线三角排列）为例说明其操作步骤。

本项目工作人员共计4人，人员分工为：工作负责人（兼工作监护人）1人、杆上电工2人、地面电工1人。

本项目操作前的准备工作已完成，工作负责人已检查确认待断引流线已空载，负荷侧变压器、电压互感器已退出，作业装置和现场环境符合带电作业条件。

1. 工作开始，进入带电作业区域，验电

（1）获得工作负责人许可后，杆上电工穿戴好绝缘防护用具，携带绝缘传递绳登杆至合适位置，将个人使用的绝缘保护绳（二防绳）系挂在电杆合适位置上。

（2）杆上电工使用验电器对绝缘子、横担进行验电，确认无漏电现象，使用电流检测仪检测分支线路电流确认空载（空载电流不大于5A）汇报给工作负责人，连同现场检测的风速、湿度一并记录在工作票备注栏内。

（3）杆上电工在确保安全距离的前提下，使用绝缘操作杆挂好绝缘传递绳。

2. 断分支线路引线

方法1：剪断引线法断分支线路引线。

（1）杆上电工使用绝缘锁杆将绝缘吊杆（推荐选用）固定在近边相线夹附近的主导线上。

（2）杆上电工使用绝缘锁杆将待断开的分支线路引线与主导线可靠固定。

（3）杆上电工使用绝缘断线剪剪断分支线路引线与主导线的连接。

（4）杆上电工使用绝缘锁杆使分支线路引线脱离主导线并将引线缓缓放下，临时固定在绝缘吊杆的横向支杆上。

（5）杆上电工使用绝缘锁杆将开口式遮蔽罩套在中间相引线侧的近边相主导线和绝缘子上。

（6）按相同的方法拆除远边相引线，完成后同样使用绝缘锁杆将开口式遮蔽罩套在中间相引线侧的远边相主导线和绝缘子上。

（7）按相同的方法拆除中间相引线。

（8）杆上电工使用绝缘断线剪分别在分支线路耐张线夹处将引线剪断并取下。

（9）杆上电工使用绝缘锁杆拆除两边相主导线上的导线遮蔽罩和绝缘子遮蔽罩。

（10）杆上电工拆除三相导线上的绝缘吊杆。

方法2：拆除线夹法断分支线路引线。

（1）杆上电工使用绝缘锁杆将绝缘吊杆（推荐选用）固定在线夹附近的主导线上。

（2）杆上电工使用绝缘锁杆将待断开的分支线路引线临时固定在主导线上。

（3）杆上电工相互配合使用线夹装拆工具拆除分支线路引线与主导线的连接。

（4）杆上电工使用绝缘锁杆将分支线路引线缓缓放下，临时固定在绝缘吊杆的横向支杆上。

（5）杆上电工使用绝缘锁杆将硬质遮蔽罩套在中间相引线侧的近边相主导线和绝缘子上。

（6）按相同的方法拆除远边相引线，完成后同样使用绝缘锁杆将硬质遮蔽罩套在中间相引线侧的远边相主导线和绝缘子上。

（7）按相同的方法拆除中间相引线。

（8）杆上电工使用绝缘断线剪分别在分支线路耐张线夹处将引线剪断并取下。

（9）杆上电工使用绝缘锁杆拆除两边相主导线上的导线遮蔽罩和绝缘子遮蔽罩。

（10）杆上电工拆除三相导线上的绝缘吊杆。

生产中如引线与主导线由于安装方式和锈蚀等原因不易拆除，可直接在主导线搭接位置处剪断引线的方式进行，同时做好防止引线摆动的措施。

3. 工作完成，拆除绝缘遮蔽，退出带电作业区域，工作结束

（1）杆上电工向工作负责人汇报确认本项工作已完成。

（2）检查杆上无遗留物，杆上电工返回地面，工作结束。

5.4　带电接分支线路引线（绝缘杆作业法，登杆作业）

按照 Q/GDW 10520《10kV 配网不停电作业规范》，本项目为第一类、简单绝缘杆作业法项目，如图 5－4 所示，适用于绝缘杆作业法＋安装线夹法（登杆作业）带电接熔断器上引线工作，推荐作业流程为（搭接引线类项目相同）：①绝缘吊杆固定在主导线上；②绝缘锁杆（连同引线）固定在绝缘吊杆的横向支杆上；③绝缘锁杆将待接引线固定在导线上；④安装线夹。三相引线按相同方法完成搭接操作，生产中务必结合现场实际工况参照适用，并积极推广绝缘手套作业法融合绝缘杆作业法（俗称短杆作业）在绝缘斗臂车的工作斗或其他绝缘平台如绝缘脚手架上的应用。

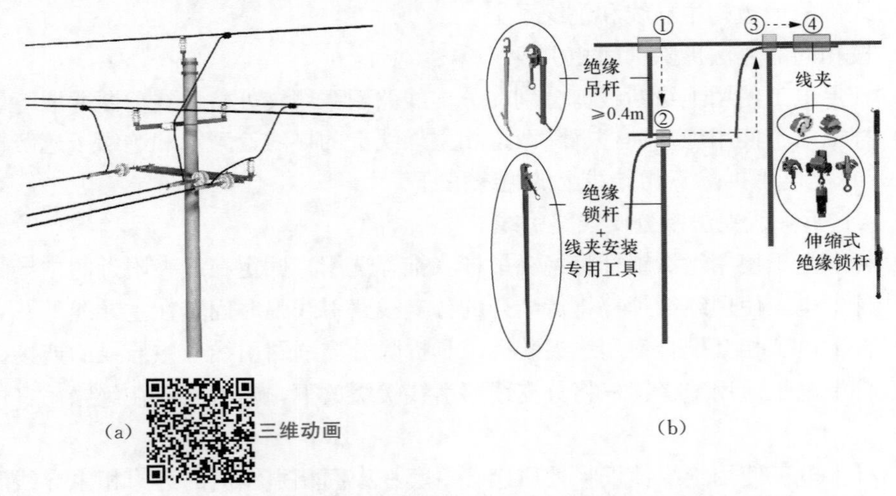

图 5－4　绝缘杆作业法（登杆作业）带电接分支线路引线

（a）杆头组装图；（b）作业流程图（推荐）

以图 5－4 所示的直线分支杆（无熔断器，导线三角排列）为例说明其操作步骤。

本项目工作人员共计 4 人，人员分工为：工作负责人（兼工作监护人）1 人、杆上电工 2 人、地面电工 1 人。

本项目操作前的准备工作已完成，工作负责人已检查确认待接引流线已空载，负荷侧变压器、电压互感器已退出，作业装置和现场环境符合带电作业条件。

1. 工作开始，进入带电作业区域，验电

（1）获得工作负责人许可后，杆上电工穿戴好绝缘防护用具，携带绝缘传递绳登杆至合适位置，将个人使用的绝缘保护绳（二防绳）系挂在电杆合适位置上。

（2）杆上电工使用验电器对绝缘子、横担进行验电，确认无漏电现象。使用绝缘测试仪分别检测三相待接引流线对地绝缘良好，并确认空载汇报给工作负责人，连同现场检测的风速、湿度一并记录在工作票备注栏内。

（3）杆上电工在确保安全距离的前提下，使用绝缘操作杆挂好绝缘传递绳。

2.（测量引线长度）接分支线路引线

方法：（在导线处）安装线夹法接分支线路引线。

（1）杆上电工使用绝缘测量杆测量三相分支线路引线长度，按照测量长度切断三相引线、剥除三相引线搭接处的绝缘层和清除其上的氧化层。

（2）杆上电工使用绝缘导线剥皮器依次剥除三相导线搭接处（距离横担不小于0.6～0.7m）的绝缘层并清除导线上的氧化层。

（3）杆上电工使用绝缘锁杆将绝缘吊杆依次固定在引线搭接处附近的三相主导线上。

（4）杆上电工使用绝缘锁杆将三相引线固定在绝缘吊杆的横向支杆上。

（5）杆上电工使用绝缘锁杆分别将硬质遮蔽罩套在中间相引线侧的两边相主导线和绝缘子上。

（6）杆上电工使用绝缘锁杆锁住中间相引线待搭接的一端，提升至引线搭接处的主导线上可靠固定。

（7）杆上电工配合使用线夹安装工具安装线夹，引线与导线可靠连接后撤除绝缘锁杆和绝缘吊杆。

（8）杆上电工使用绝缘锁杆拆除两边相主导线上的导线遮蔽罩和绝缘子遮蔽罩。

（9）其余两边相引线的搭接按相同的方法进行，三相引线的搭接可按先中间相、再两边相的顺序进行，或根据现场工况选择。

3. 工作完成，退出带电作业区域，工作结束

（1）杆上电工向工作负责人汇报确认本项工作已完成。

（2）检查杆上无遗留物，杆上电工返回地面，工作结束。

5.5　带电断熔断器上引线（绝缘手套作业法，斗臂车作业）

PPT 课件

二维动画

按照 Q/GDW 10520《10kV 配网不停电作业规范》，本项目为第二类、简单绝缘手套作业法项目，如图 5－5 所示，适用于绝缘手套作业法＋拆除线夹法（斗臂车作业）带电断熔断器上引线工作。生产中务必结合现场实际工况参照适用，并积极推广绝缘手套作业法融合绝缘杆作业法（俗称短杆作业）在绝缘斗臂车的工作斗或其他绝缘平台如绝缘脚手架上的应用。

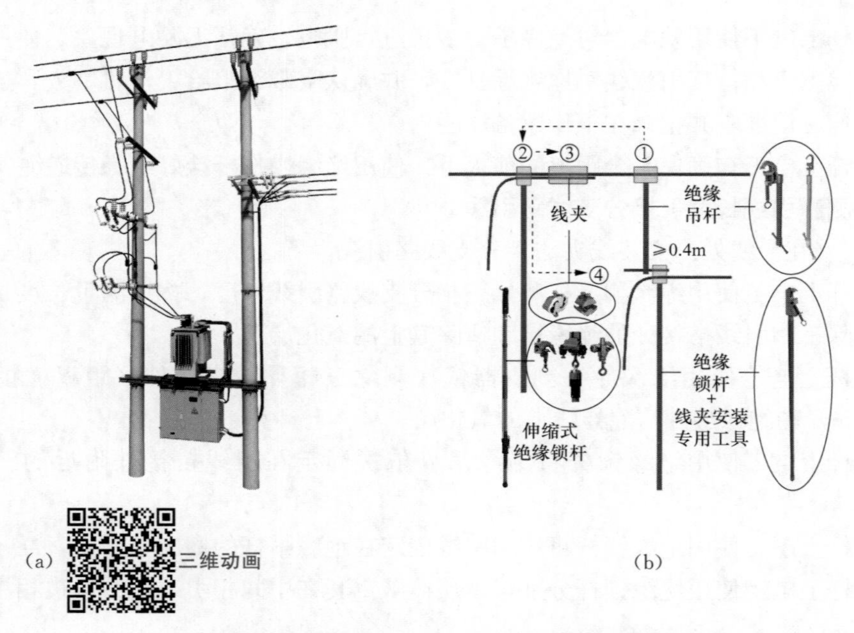

图 5－5　绝缘手套作业法（斗臂车作业）带电断熔断器上引线

(a) 柱上变压器杆组装图；(b) 绝缘手套作业法融合绝缘杆作业法流程图（推荐）

以图 5－5 所示的柱上变压器杆（有熔断器，导线三角排列）为例说明其操作步骤。

本项目工作人员共计 4 人，人员分工为：工作负责人（兼工作监护人）1 人、斗内电工 2 人、地面电工 1 人。

本项目操作前的准备工作已完成，工作负责人已检查确认熔断器已断开，熔管已取下，作业装置和现场环境符合带电作业条件。

1. 工作开始，进入带电作业区域，验电，设置绝缘遮蔽措施

(1) 斗内电工穿戴好绝缘防护用具，经工作负责人检查合格后进入绝缘斗、挂好安全带保险钩。

(2) 斗内电工调整绝缘斗至合适位置，使用验电器对绝缘子、横担进行验电，确认无漏电现象汇报给工作负责人，连同现场检测的风速、湿度一并记录在工作票备注栏内。

(3) 斗内电工调整绝缘斗至近边相导线外侧适当位置，按照“从近到远、从下到上、先带电体后接地体”的遮蔽原则，以及“近边相、中间相、远边相”的遮蔽顺序，依次对作业范围内的导线进行绝缘遮蔽，绝缘遮蔽线夹前先将绝缘吊杆固定在线夹附近的主导线上。

2. 断熔断器上引线

方法：（在导线处）拆除线夹法断熔断器上引线。

(1) 斗内电工调整绝缘斗至近边相合适位置，打开线夹处的绝缘毯，使用绝缘锁杆将待断开的熔断器上引线临时固定在主导线上后拆除线夹。

(2) 斗内电工调整工作位置后，使用绝缘锁杆将熔断器上引线缓缓放下，临时固定在绝缘吊杆的横向支杆上，完成后使用绝缘毯恢复线夹处的绝缘遮蔽。如导线为绝缘线，引线拆除后应恢复导线的绝缘。

（3）其余两相引线的拆除按相同的方法进行，三相引线的拆除可按先两边相、再中间相的顺序进行，或根据现场工况选择。

（4）三相引线全部拆除后统一盘圈后临时固定在同相引线上，已备后用。

生产中如引线与主导线由于安装方式和锈蚀等原因不易拆除，可直接在主导线搭接位置处剪断引线的方式进行，同时做好防止引线摆动的措施。

3. 工作完成，拆除绝缘遮蔽，退出带电作业区域，工作结束

（1）斗内电工向工作负责人汇报确认本项工作已完成。

（2）斗内电工转移绝缘斗至合适作业位置，按照“从远到近、从上到下、先接地体后带电体”的原则，以及“远边相、中间相、近边相”的顺序（与遮蔽相反），拆除绝缘遮蔽和绝缘吊杆。

（3）检查杆上无遗留物，绝缘斗退出带电作业区域，斗内电工返回地面，工作结束。

5.6　带电接熔断器上引线（绝缘手套作业法，斗臂车作业）

按照Q/GDW 10520《10kV配网不停电作业规范》，本项目为第二类、简单绝缘手套作业法项目，如图5-6所示，适用于绝缘手套作业法+安装线夹法（斗臂车作业）带电接熔断器上引线工作。生产中务必结合现场实际工况参照适用，并积极推广绝缘手套作业法融合绝缘杆作业法（俗称短杆作业）在绝缘斗臂车的工作斗或其他绝缘平台如绝缘脚手架上的应用。

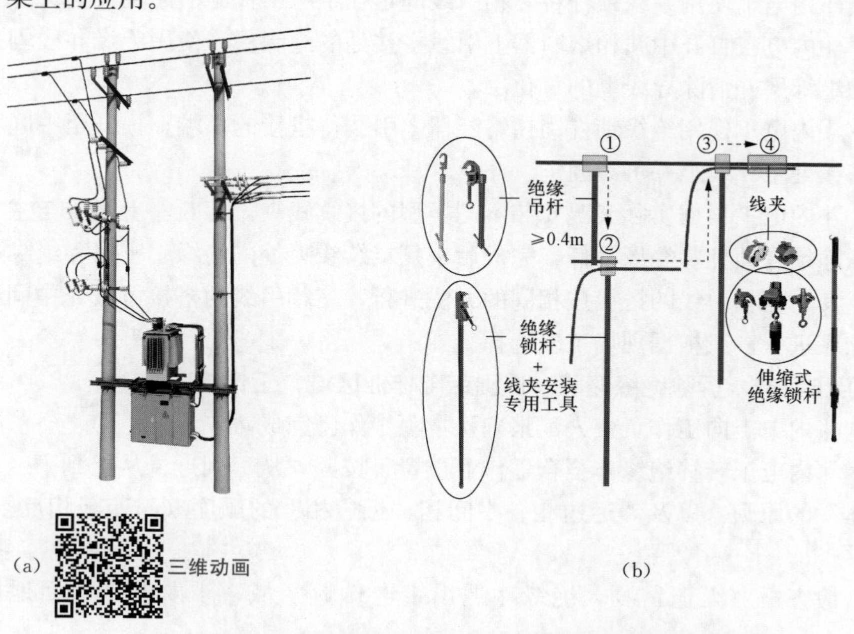

图5-6　绝缘手套作业法（斗臂车作业）带电接熔断器上引线

（a）变台杆组装图；（b）绝缘手套作业法融合绝缘杆作业法流程图（推荐）

以图5-6所示的变台杆（有熔断器，导线三角排列）为例说明其操作步骤。

本项目工作人员共计4人，人员分工为：工作负责人（兼工作监护人）1人、斗内电工2人、地面电工1人。

本项目操作前的准备工作已完成，工作负责人已检查确认熔断器已断开、熔管已取下，作业装置和现场环境符合带电作业条件。

1. 工作开始，进入带电作业区域，验电，设置绝缘遮蔽措施

（1）斗内电工穿戴好绝缘防护用具，经工作负责人检查合格后进入绝缘斗、挂好安全带保险钩。

（2）斗内电工调整绝缘斗至合适位置，使用验电器对绝缘子、横担进行验电，确认无漏电现象汇报给工作负责人，连同现场检测的风速、湿度一并记录在工作票备注栏内。

（3）斗内电工调整绝缘斗至近边相导线外侧适当位置，按照“从近到远、从下到上、先带电体后接地体”的遮蔽原则，以及“近边相、中间相、远边相”的遮蔽顺序，依次对作业范围内的导线进行绝缘遮蔽，引线搭接处（距离横担不小于0.6～0.7m）使用绝缘毯进行遮蔽，遮蔽前先将绝缘吊杆固定在搭接处附近的主导线上。

2. 接熔断器上引线

方法：（在导线处）安装线夹法接熔断器上引线。

（1）斗内电工调整绝缘斗至熔断器横担外侧适当位置，使用绝缘测量杆测量三相引线长度，按照测量长度切断熔断器上引线、剥除引线搭接处的绝缘层和清除其上的氧化层。

（2）斗内电工使用绝缘锁杆将三相引线固定在绝缘吊杆的横向支杆上。

（3）斗内电工打开中间相熔断器上引线搭接处的绝缘毯，使用绝缘导线剥皮器剥除搭接处的绝缘层并清除导线上的氧化层。

（4）斗内电工使用绝缘锁杆锁住熔断器上引线待搭接的一端，提升至中间相熔断器上引线搭接处主导线上并可靠固定。

（5）斗内电工根据实际工况安装不同类型的接续线夹，熔断器上引线与主导线可靠连接后撤除绝缘锁杆和绝缘吊杆，完成后恢复接续线夹处的绝缘、密封和绝缘遮蔽。

（6）其余两相引线的搭接按相同的方法进行，三相引线的搭接可按先中间相、再两边相的顺序进行，或根据现场工况选择。

3. 工作完成，拆除绝缘遮蔽，退出带电作业区域，工作结束

（1）斗内电工向工作负责人汇报确认本项工作已完成。

（2）斗内电工转移绝缘斗至合适作业位置，按照“从远到近、从上到下、先接地体后带电体”的原则，以及“远边相、中间相、近边相”的顺序（与遮蔽相反），拆除绝缘遮蔽。

（3）检查杆上无遗留物，绝缘斗退出带电作业区域，斗内电工返回地面，工作结束。

5.7　带电断分支线路引线（绝缘手套作业法，斗臂车作业）

按照 Q/GDW 10520《10kV 配网不停电作业规范》，本项目为第二类、简单绝缘手套作业法项目，如图 5－7 所示，适用于绝缘手套作业法＋拆除线夹法（斗臂车作业）带电断分支线路引线工作。生产中务必结合现场实际工况参照适用，并积极推广绝缘手套作业法融合绝缘杆作业法（俗称短杆作业）在绝缘斗臂车的工作斗或其他绝缘平台如绝缘脚手架上的应用。

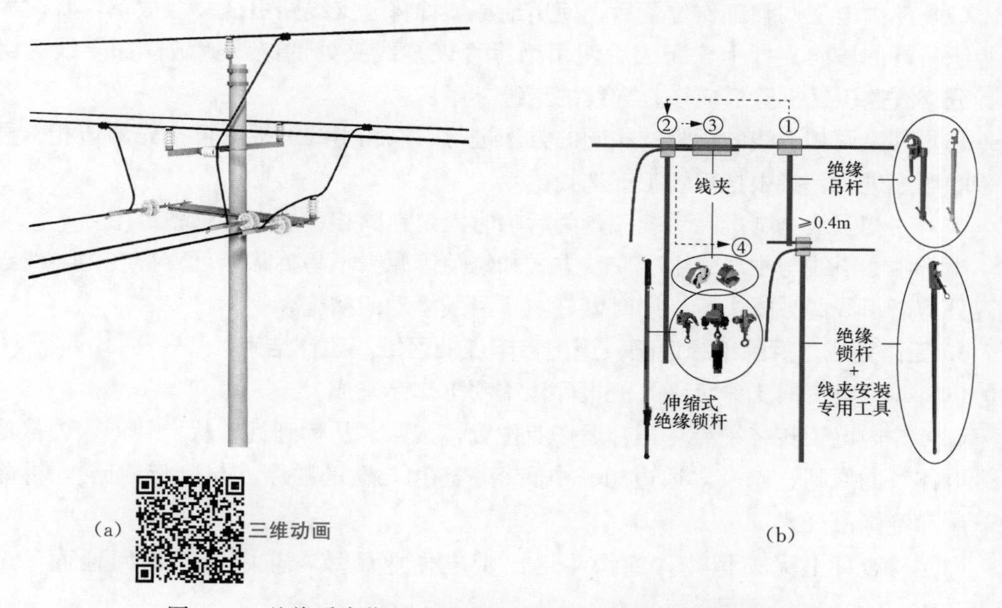

图 5－7　绝缘手套作业法（斗臂车作业）带电断分支线路引线

(a) 杆头组装图；(b) 绝缘手套作业法融合绝缘杆作业法流程图（推荐）

以图 5－7 所示的直线分支杆（无熔断器，导线三角排列）为例说明其操作步骤。

本项目工作人员共计 4 人，人员分工为：工作负责人（兼工作监护人）1 人、斗内电工 2 人、地面电工 1 人。

本项目操作前的准备工作已完成，工作负责人已检查确认待断引流线已空载，负荷侧变压器、电压互感器已退出，作业装置和现场环境符合带电作业条件。

1. 工作开始，进入带电作业区域，验电，设置绝缘遮蔽措施

(1) 斗内电工穿戴好绝缘防护用具，经工作负责人检查合格后进入绝缘斗、挂好安全带保险钩。

（2）斗内电工调整绝缘斗至合适位置，使用验电器对绝缘子、横担进行验电，确认无漏电现象，使用电流检测仪检测分支线路电流确认空载（空载电流不大于 5A）汇报给工作负责人，连同现场检测的风速、湿度一并记录在工作票备注栏内。

（3）斗内电工调整绝缘斗至近边相导线外侧适当位置，按照“从近到远、从下到上、先带电体后接地体”的遮蔽原则，以及“近边相、中间相、远边相”的遮蔽顺序，依次对作业范围内的导线进行绝缘遮蔽，遮蔽前先将绝缘吊杆固定在搭接线夹附近的主导线上。

2. 断分支线路引线

方法：（在导线处）拆除线夹法断分支线路引线。

（1）斗内电工调整绝缘斗至近边相外侧合适位置，打开线夹处的绝缘毯，使用绝缘锁杆将待断开的分支线路临时固定在主导线上后拆除线夹。

（2）斗内电工调整工作位置后，使用绝缘锁杆将分支线路引线缓缓放下，临时固定在绝缘吊杆的横向支杆上，完成后使用绝缘毯恢复线夹处的绝缘遮蔽。如导线为绝缘线，分支线路引线拆除后应恢复导线的绝缘。

（3）其余两相引线的拆除按相同的方法进行，三相引线的拆除可按先两边相、再中间相的顺序进行，或根据现场工况选择。

（4）三相引线全部拆除后统一盘圈后临时固定在同相引线上，已备后用。

生产中如引线与主导线由于安装方式和锈蚀等原因不易拆除，可直接在主导线搭接位置处剪断引线的方式进行，同时做好防止引线摆动的措施。

3. 工作完成，拆除绝缘遮蔽，退出带电作业区域，工作结束

（1）斗内电工向工作负责人汇报确认本项工作已完成。

（2）斗内电工转移绝缘斗至合适作业位置，按照“从远到近、从上到下、先接地体后带电体”的原则，以及“远边相、中间相、近边相”的顺序（与遮蔽相反），拆除绝缘遮蔽和绝缘吊杆。

（3）检查杆上无遗留物，绝缘斗退出带电作业区域，斗内电工返回地面，工作结束。

5.8 带电接分支线路引线（绝缘手套作业法，斗臂车作业）

PPT 课件

微课件 二维动画

按照 Q/GDW 10520《10kV 配网不停电作业规范》，本项目为第二类、简单绝缘手套作业法项目，如图 5－8 所示，适用于绝缘手套作业法＋安装线夹法（斗臂车作业）带电接分支线路引线工作。生产中务必结合现场实际工况参照适用，并积极推广绝缘手套作业法融合绝缘杆作业法（俗称短杆作业）在绝缘斗臂车的工作斗或其他绝缘平台如绝缘脚手架上的应用。

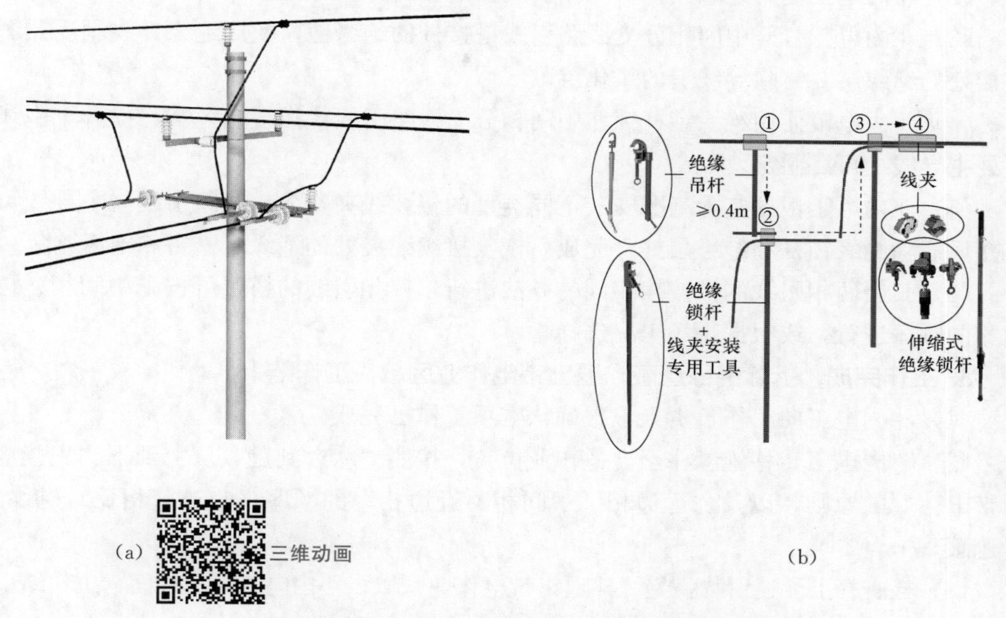

图5-8　绝缘手套作业法（斗臂车作业）带电接分支线路引线

（a）杆头组装图；（b）绝缘手套作业法融合绝缘杆作业法流程图（推荐）

以图5-8所示的直线分支杆（无熔断器，导线三角排列）为例说明其操作步骤。

本项目工作人员共计4人，人员分工为：工作负责人（兼工作监护人）1人、斗内电工2人、地面电工1人。

本项目操作前的准备工作已完成，工作负责人已检查确认待接引流线已空载，负荷侧变压器、电压互感器已退出，作业装置和现场环境符合带电作业条件。

1. 工作开始，进入带电作业区域，验电，设置绝缘遮蔽措施

（1）斗内电工穿戴好绝缘防护用具，经工作负责人检查合格后进入绝缘斗、挂好安全带保险钩。

（2）斗内电工调整绝缘斗至合适位置，使用验电器对绝缘子、横担进行验电，确认无漏电现象。使用绝缘测试仪分别检测三相待接引流线对地绝缘良好汇报给工作负责人，连同现场检测的风速、湿度一并记录在工作票备注栏内。

（3）斗内电工调整绝缘斗至近边相导线外侧适当位置，按照“从近到远、从下到上、先带电体后接地体”的遮蔽原则，以及“近边相、中间相、远边相”的遮蔽顺序，依次对作业范围内的导线进行绝缘遮蔽，引线搭接处（距离横担不小于0.6～0.7m）使用绝缘毯进行遮蔽，遮蔽前先将绝缘吊杆固定在搭接处附近的主导线上。

2.（测量引线长度）接分支线路引线

方法：（在导线处）安装线夹法搭接分支线路引线。

（1）斗内电工调整绝缘斗至分支线路横担外侧适当位置，使用绝缘测量杆测量三相引线长度，按照测量长度切断分支线路引线、剥除引线搭接处的绝缘层和清除其上的氧化层。

（2）斗内电工使用绝缘锁杆将三相引线固定在绝缘吊杆的横向支杆上。

（3）斗内电工打开中间相分支线路引线搭接处的绝缘毯，使用绝缘导线剥皮器剥除搭接处的绝缘层并清除导线上的氧化层。

（4）斗内电工使用绝缘锁杆锁住中间相分支线路引线待搭接的一端，提升至引线搭接处主导线上可靠固定。

（5）斗内电工根据实际工况安装不同类型的接续线夹，分支线路引线与主导线可靠连接后撤除绝缘锁杆和绝缘吊杆，完成后恢复接续线夹处的绝缘、密封和绝缘遮蔽。

（6）其余两相引线的搭接按相同的方法进行，三相引线的搭接可按先中间相、再两边相的顺序进行，或根据现场工况选择。

3. 工作完成，拆除绝缘遮蔽，退出带电作业区域，工作结束

（1）斗内电工向工作负责人汇报确认本项工作已完成。

（2）斗内电工转移绝缘斗至合适作业位置，按照“从远到近、从上到下、先接地体后带电体”的原则，以及“远边相、中间相、近边相”的顺序（与遮蔽相反），拆除绝缘遮蔽。

（3）检查杆上无遗留物，绝缘斗退出带电作业区域，斗内电工返回地面，工作结束。

5.9 带电断空载电缆线路引线（绝缘手套作业法，斗臂车作业）

PPT课件

微课件 二维动画

按照Q/GDW 10520《10kV配网不停电作业规范》，本项目为第三类、复杂绝缘手套作业法项目，如图5-9所示，适用于绝缘手套作业法＋拆除线夹法（斗臂车作业）＋带电作业用消弧开关带电断空载电缆线路引线工作。生产中务必结合现场实际工况参照适用，并积极推广绝缘手套作业法融合绝缘杆作业法（俗称短杆作业）在绝缘斗臂车的工作斗或其他绝缘平台如绝缘脚手架上的应用（见图5-10）。

以图5-9所示的电缆引下杆（经支柱型避雷器，导线三角排列）为例说明其操作步骤。

本项目工作人员共计4人，人员分工为：工作负责人（兼工作监护人）1人、斗内电工2人、地面电工1人。

本项目操作前的准备工作已完成，工作负责人已检查作业装置和现场环境符合带电作业条件，与运行单位已共同确认电缆负荷侧的开关或隔离开关等已断开、电缆线路已空载且无接地。

1. 工作开始，进入带电作业区域，验电，设置绝缘遮蔽措施

（1）斗内电工穿戴好绝缘防护用具，经工作负责人检查合格后进入绝缘斗、挂好安全带保险钩。

（2）斗内电工调整绝缘斗至合适位置，使用验电器对绝缘子、横担进行验电，确认无漏电现象，使用电流检测仪测量三相出线电缆的电流（空载电流不大于5A），确认电

缆空载汇报给工作负责人，连同现场检测的风速、湿度一并记录在工作票备注栏内。

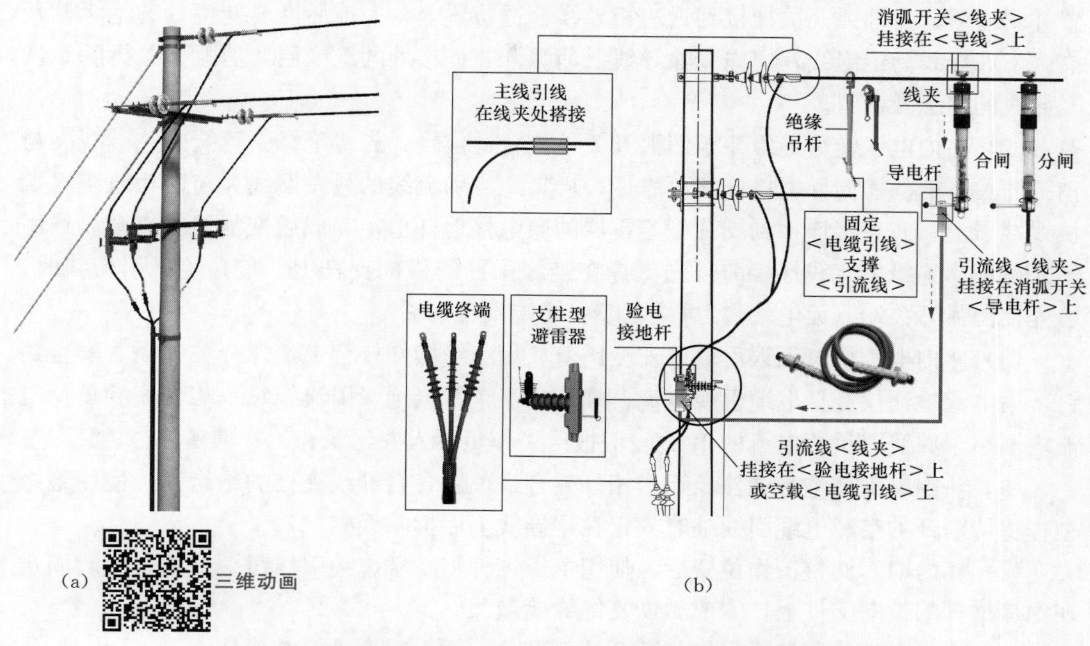

(a)　　(b)

图 5－9　绝缘手套作业法（斗臂车作业）带电断空载电缆线路引线

(a) 杆头外形图；(b) 断空载电缆线路引线示意图

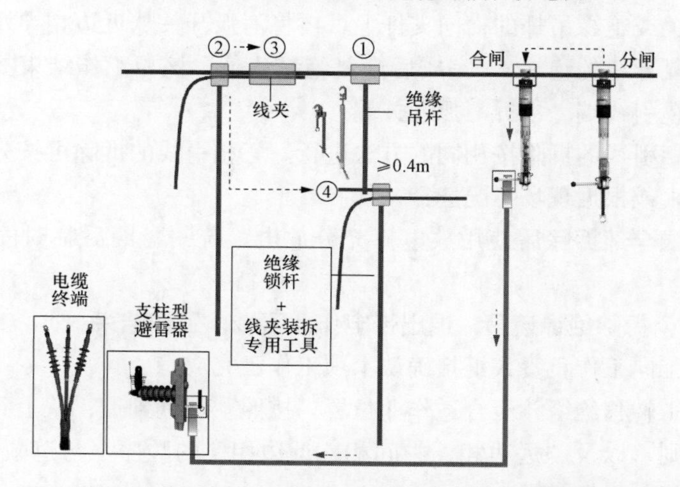

图 5－10　绝缘手套作业法融合绝缘杆作业法断空载电缆引线流程图（推荐）

(3) 斗内电工调整绝缘斗至近边相导线外侧适当位置，按照“从近到远、从下到上、先带电体后接地体”的遮蔽原则，以及“近边相、中间相、远边相”的遮蔽顺序，依次对作业范围内的导线进行绝缘遮蔽，选用绝缘吊杆法临时固定引线和支撑绝缘引流线，遮蔽前先将绝缘吊杆固定在搭接线夹附近的主导线上。

2. 安装消弧开关，断空载电缆引线

方法：（在导线处）拆除线夹法断空载电缆引线。

（1）斗内电工调整绝缘斗至近边相导线外侧合适位置，检查确认消弧开关在断开位置并闭锁后，将消弧开关挂接到近边相导线合适位置上，完成后恢复挂接处的绝缘遮蔽措施。如导线为绝缘线，应先剥除导线上消弧开关挂接处的绝缘层，消弧开关拆除后恢复导线的绝缘及密封。

（2）斗内电工转移绝缘斗至消弧开关外侧合适位置，先将绝缘引流线的一端线夹与消弧开关下端的横向导电杆连接可靠后，再将绝缘引流线的另一端线夹与同相电缆终端接线端子上，或直接连接到支柱型避雷器的验电接地杆上，完成后恢复绝缘遮蔽。选用绝缘吊杆，绝缘引流线挂接前可先支撑在绝缘吊杆的横向支杆上。挂接绝缘引流线时，应先接消弧开关端（无电端）、再接电缆引线端（有电端）。

（3）斗内电工检查无误后取下安全销钉，用绝缘操作杆合上消弧开关并插入安全销钉，用电流检测仪测量电缆引线电流，确认分流正常（绝缘引流线每一相分流的负荷电流应不小于原线路负荷电流的1/3），汇报给工作负责人并记录在工作票备注栏内。

（4）斗内电工调整绝缘斗至近边相外侧合适位置，打开线夹处的绝缘毯，使用绝缘锁杆将待断开的空载电缆引线临时固定在主导线上后拆除线夹。

（5）斗内电工调整工作位置后，使用绝缘锁杆将空载电缆引线缓缓放下，临时固定在绝缘吊杆的横向支杆上，完成后恢复绝缘遮蔽。

（6）斗内电工使用绝缘操作杆断开消弧开关，插入安全销钉并确认。

（7）斗内电工先将绝缘引流线从电缆过渡支架或支柱型避雷器的验电接地杆上取下，挂在消弧开关或绝缘吊杆的横向支杆上，再将消弧开关从近边相导线上取下（若导线为绝缘线应恢复导线的绝缘），完成后恢复绝缘遮蔽，该相工作结束。拆除绝缘引流线时，应先拆电缆引线端、再拆消弧开关端。

（8）其余两相引线的拆除按相同的方法进行，三相引线的拆除可按先两边相、再中间相的顺序进行，或根据现场工况选择。

（9）三相引线全部拆除后使用放电棒充分放电，统一盘圈后临时固定在同相引线上，已备后用。

3. 工作完成，拆除绝缘遮蔽，退出带电作业区域，工作结束

（1）斗内电工向工作负责人汇报确认本项工作已完成。

（2）斗内电工转移绝缘斗至合适作业位置，按照“从远到近、从上到下、先接地体后带电体”的原则，以及“远边相、中间相、近边相”的顺序（与遮蔽相反），拆除绝缘遮蔽和绝缘吊杆。

（3）检查杆上无遗留物，绝缘斗退出带电作业区域，斗内电工返回地面，工作结束。

5.10 带电接空载电缆线路引线（绝缘手套作业法，斗臂车作业）

按照Q/GDW 10520《10kV配网不停电作业规范》，本项目为第三类、复杂绝缘

手套作业法项目，如图5-11所示，适用于绝缘手套作业法+安装线夹法（斗臂车作业）+带电作业用消弧开关带电接空载电缆线路引线工作。生产中务必结合现场实际工况参照适用，并积极推广绝缘手套作业法融合绝缘杆作业法（俗称短杆作业）在绝缘斗臂车的工作斗或其他绝缘平台如绝缘脚手架上的应用（见图5-12）。

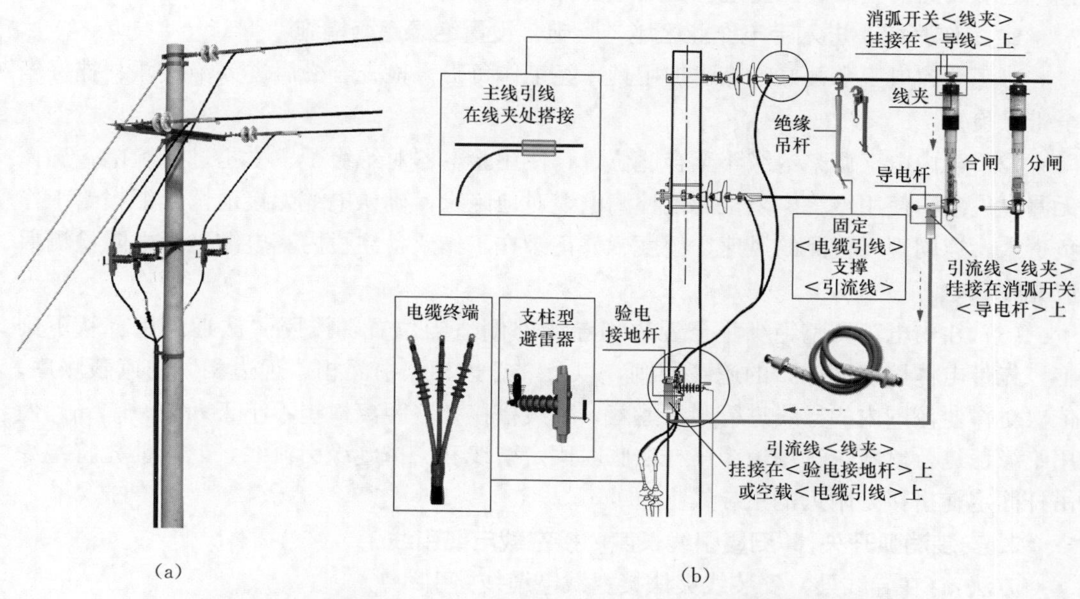

图5-11　绝缘手套作业法（斗臂车作业）带电接空载电缆线路引线

（a）杆头外形图；（b）接空载电缆线路引线示意图

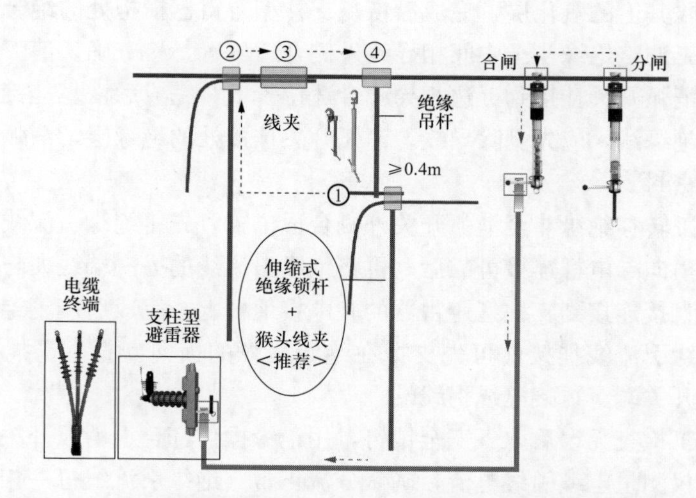

图5-12　绝缘手套作业法融合绝缘杆作业法接空载电缆引线流程图（推荐）

以图5-11所示的电缆引下杆（经支柱型避雷器，导线三角排列）为例说明其操作步骤。

本项目工作人员共计4人，人员分工为：工作负责人（兼工作监护人）1人、斗内电工2人、地面电工1人。

本项目操作前的准备工作已完成，工作负责人已检查作业装置和现场环境符合带电作业条件，与运行部门已共同确认电缆负荷侧开关（断路器或隔离开关等）处于断开位置，电缆线路已空载、无接地，出线电缆符合送电要求。

1. 工作开始，进入带电作业区域，验电，设置绝缘遮蔽措施

（1）斗内电工穿戴好绝缘防护用具，经工作负责人检查合格后进入绝缘斗、挂好安全带保险钩。

（2）斗内电工调整绝缘斗至合适位置，使用验电器对绝缘子、横担进行验电，确认无漏电现象，使用绝缘电阻检测仪检测电缆对地绝缘，确认电缆无接地情况汇报给工作负责人，连同现场检测的风速、湿度一并记录在工作票备注栏内。电缆绝缘电阻检测后应充分放电。

（3）斗内电工调整绝缘斗至近边相导线外侧适当位置，按照“从近到远、从下到上、先带电体后接地体”的遮蔽原则，以及“近边相、中间相、远边相”的遮蔽顺序，依次对作业范围内的导线进行绝缘遮蔽，引线搭接处（距离横担不小于0.6～0.7m）使用绝缘毯进行遮蔽，选用绝缘吊杆法临时固定引线和支撑绝缘引流线，遮蔽前先将绝缘吊杆固定在搭接处附近的主导线上。

2. 安装消弧开关，（测量引线长度）接空载电缆引线

方法：（在导线处）安装线夹法接空载电缆线路引线。

（1）斗内电工调整绝缘斗至支柱型避雷器横担外侧适当位置，使用绝缘测量杆测量三相引线长度，按照测量长度（引线已连接并盘圈备用）切断电缆引线、剥除引线搭接处的绝缘层和清除其上的氧化层，完成后恢复支柱型避雷器横担处的绝缘遮蔽。

（2）斗内电工调整绝缘斗至中间相导线外侧合适位置，检查确认消弧开关在断开位置并闭锁后，将消弧开关挂接到近边相导线合适位置上，完成后恢复挂接处的绝缘遮蔽措施。如导线为绝缘线，应先剥除导线上消弧开关挂接处的绝缘层，消弧开关拆除后恢复导线的绝缘及密封。

（3）斗内电工转移绝缘斗至消弧开关外侧合适位置，先将绝缘引流线的一端线夹与消弧开关下端的横向导电杆连接可靠后，再将绝缘引流线的另一端线夹与同相电缆终端接线端子上，或直接连接到支柱型避雷器的验电接地杆上，完成后恢复绝缘遮蔽。若选用绝缘吊杆，绝缘引流线挂接前可先支撑在绝缘吊杆的横向支杆上。挂接绝缘引流线时，应先接消弧开关端、再接电缆引线端。

（4）斗内电工检查无误后取下安全销钉，用绝缘操作杆合上消弧开关并插入安全销钉，用电流检测仪测量电缆引线电流，确认分流正常（绝缘引流线每一相分流的负荷电流应不小于原线路负荷电流的1/3），汇报给工作负责人并记录在工作票备注栏内。

（5）斗内电工使用绝缘锁杆将三相引线固定在绝缘吊杆的横向支杆上。

（6）斗内电工打开中间相电缆空载引线搭接处的绝缘毯，使用绝缘导线剥皮器剥除搭接处的绝缘层并清除导线上的氧化层，完成后恢复绝缘遮蔽。

（7）斗内电工使用绝缘锁杆锁住电缆空载引线待搭接的一端，提升至引线搭接处主导线上可靠固定。

（8）斗内电工根据实际工况安装不同类型的接续线夹，电缆空载引线与主导线可靠连接后撤除绝缘锁杆，完成后恢复接续线夹处的绝缘、密封和绝缘遮蔽。

（9）斗内电工使用绝缘操作杆断开消弧开关，插入安全销钉并确认。

（10）斗内电工先将绝缘引流线从电缆过渡支架或支柱型避雷器的验电接地杆上取下，挂在消弧开关或绝缘吊杆的横向支杆上，再将消弧开关从近边相导线上取下（若导线为绝缘线应恢复导线的绝缘及密封），完成后恢复绝缘遮蔽，该相工作结束。拆除绝缘引流线时，应先拆电缆引线端（有电端）、再拆消弧开关端（无电端）。

（11）其余两相引线的搭接按相同的方法进行，三相引线的搭接可按先中间相、再两边相的顺序进行，或根据现场工况选择。

3. 工作完成，拆除绝缘遮蔽，退出带电作业区域，工作结束

（1）斗内电工向工作负责人汇报确认本项工作已完成。

（2）斗内电工转移绝缘斗至合适作业位置，按照“从远到近、从上到下、先接地体后带电体”的原则，以及“远边相、中间相、近边相”的顺序（与遮蔽相反），拆除绝缘遮蔽和绝缘吊杆。

（3）检查杆上无遗留物，绝缘斗退出带电作业区域，斗内电工返回地面，工作结束。

5.11　带电断耐张杆引线（绝缘手套作业法，斗臂车作业）

按照Q/GDW 10520《10kV配网不停电作业规范》，本项目为第二类、简单绝缘手套作业法项目，如图5-13所示，适用于绝缘手套作业法+拆除线夹法（斗臂车作业）带电断耐张杆引线工作。生产中务必结合现场实际工况参照适用，并积极推广绝缘手套作业法融合绝缘杆作业法（俗称短杆作业）在绝缘斗臂车的工作斗或其他绝缘平台如绝缘脚手架上的应用。

以图5-13所示的直线耐张杆（导线三角排列）为例说明其操作步骤。

图5-13　绝缘手套作业法（斗臂车作业）带电断耐张杆引线

本项目工作人员共计4人，人员分工为：工作负责人（兼工作监护人）1人、斗内电工2人、地面电工1人。

本项目操作前的准备工作已完成，工作负责人已检查确认待断引流线已空载，负荷侧变压器、电压互感器已退出，作业装置和现场环境符合带电作业条件。

1. 工作开始，进入带电作业区域，验电，设置绝缘遮蔽措施。

（1）斗内电工穿戴好绝缘防护用具，经工作负责人检查合格后进入绝缘斗、挂好安全带保险钩。

（2）斗内电工调整绝缘斗至合适位置，使用验电器对绝缘子、横担进行验电，确认无漏电现象，使用电流检测仪检测耐张杆引流线确已空载（空载电流不大于5A）汇报给工作负责人，连同现场检测的风速、湿度一并记录在工作票备注栏内。

（3）斗内电工调整绝缘斗至近边相导线外侧适当位置，按照“从近到远、从下到上、先带电体后接地体”的遮蔽原则，以及“近边相、中间相、远边相”的遮蔽顺序，依次对作业范围内的导线、引线、绝缘子、横担进行绝缘遮蔽。

2. 断耐张杆引线

方法：（在导线处）拆除线夹法断耐张杆引线。

（1）斗内电工调整绝缘斗至近边相导线外侧合适位置，拆除接续线夹。

（2）斗内电工转移绝缘斗位置，将已断开的耐张杆引流线线头脱离电源侧带电导线，临时固定在同相负荷侧导线上，完成后恢复绝缘遮蔽。如断开的引流线不需要恢复，可在电源侧耐张线夹外200mm处剪断；如导线为绝缘线，拆开线夹后应恢复导线的绝缘。

（3）其余两相引线的拆除按相同的方法进行，三相引线的拆除可按先两边相、再中间相的顺序进行，或根据现场工况选择。

3. 工作完成，拆除绝缘遮蔽，退出带电作业区域，工作结束

（1）斗内电工向工作负责人汇报确认本项工作已完成。

（2）斗内电工转移绝缘斗至合适作业位置，按照“从远到近、从上到下、先接地体后带电体”的原则，以及“远边相、中间相、近边相”的顺序（与遮蔽相反），拆除绝缘遮蔽。

（3）检查杆上无遗留物，绝缘斗退出带电作业区域，斗内电工返回地面，工作结束。

5.12 带电接耐张杆引线（绝缘手套作业法，斗臂车作业）

按照Q/GDW 10520《10kV配网不停电作业规范》，本项目为第二类、简单绝缘手套作业法项目，如图5-14所示，适用于绝缘手套作业法+安装线夹法（斗臂车作业）带电接耐张杆引线工作。生产中务必结合现场实际工况参照使用，并积极推广绝缘手套

作业法融合绝缘杆作业法（俗称短杆作业）在绝缘斗臂车的工作斗或其他绝缘平台如绝缘脚手架上的应用。

图5－14　绝缘手套作业法（斗臂车作业）带电接耐张杆引线

以图5－14所示的直线耐张杆（导线三角排列）为例说明其操作步骤。

本项目工作人员共计4人，人员分工为：工作负责人（兼工作监护人）1人、斗内电工2人、地面电工1人。

本项目操作前的准备工作已完成，工作负责人已检查确认待接引流线已空载，负荷侧变压器、电压互感器已退出，作业装置和现场环境符合带电作业条件。

1. 工作开始，进入带电作业区域，验电，设置绝缘遮蔽措施

（1）斗内电工穿戴好绝缘防护用具，经工作负责人检查合格后进入绝缘斗、挂好安全带保险钩。

（2）斗内电工调整绝缘斗至合适位置，使用验电器对绝缘子、横担进行验电，确认无漏电现象汇报给工作负责人，连同现场检测的风速、湿度一并记录在工作票备注栏内。

（3）斗内电工调整绝缘斗至近边相导线外侧适当位置，按照“从近到远、从下到上、先带电体后接地体”的遮蔽原则，以及“近边相、中间相、远边相”的遮蔽顺序，依次对作业范围内的导线、引线、绝缘子、横担进行绝缘遮蔽。

2.（测量引线长度）接耐张杆引线

方法：（在导线处）安装线夹法接耐张杆引线。

（1）斗内电工调整绝缘斗至耐张横担外侧适当位置，使用绝缘测量杆测量三相引线长度（引线已留余备用），按照测量长度切断引线、剥除引线搭接处的绝缘层和清除其上的氧化层，完成后恢复引线处的绝缘遮蔽。

（2）斗内电工调整绝缘斗至中间相无电侧导线适当位置，将中间相无电侧引线固定在支持绝缘子上并恢复绝缘遮蔽。

（3）斗内电工绝缘斗调整至中间相带电侧导线适当位置，打开待接处绝缘遮蔽，搭接中间相引线安装接续线夹，连接牢固后撤除绝缘锁杆，恢复接续线夹处的绝缘、密封和绝缘遮蔽。

（4）其余两相引线按相同的方法在耐张横担下方进行搭接，三相引线的搭接可按先中间相、再两边相的顺序进行，或根据现场工况选择。

3. 工作完成，拆除绝缘遮蔽，退出带电作业区域，工作结束

（1）斗内电工向工作负责人汇报确认本项工作已完成。

（2）斗内电工转移绝缘斗至合适作业位置，按照“从远到近、从上到下、先接地体后带电体”的原则，以及“远边相、中间相、近边相”的顺序（与遮蔽相反），拆除绝缘遮蔽。

（3）检查杆上无遗留物，绝缘斗退出带电作业区域，斗内电工返回地面，工作结束。

第 6 章

带电作业技术应用——更换“元件类”项目

6.1 带电更换直线杆绝缘子（绝缘手套作业法，斗臂车作业）

按照 Q/GDW 10520《10kV 配网不停电作业规范》，本项目为第二类、简单绝缘手套作业法项目，如图 6-1 所示，适用于绝缘手套作业法+绝缘小吊臂法提升导线（斗臂车作业）更换直线杆绝缘子工作。生产中务必结合现场实际工况参照适用。

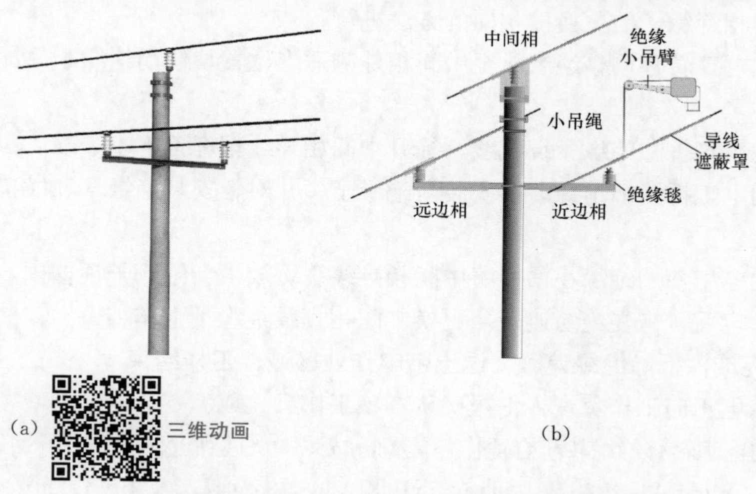

图 6-1 绝缘手套作业法（斗臂车作业）带电更换直线杆绝缘子
(a) 杆头外形图；(b) 绝缘小吊臂法提升导线示意图

以图 6-1 所示的直线杆（导线三角排列）为例说明其操作步骤。

本项目工作人员共计 4 人，人员分工为：工作负责人（兼工作监护人）1 人、斗内电工 2 人、地面电工 1 人。

本项目操作前的准备工作已完成，工作负责人已检查确认作业点两侧的电杆根部、基础牢固、导线绑扎牢固，作业装置和现场环境符合带电作业条件。

1. 工作开始，进入带电作业区域，验电，设置绝缘遮蔽措施

（1）斗内电工穿戴好绝缘防护用具，经工作负责人检查合格后进入绝缘斗、挂好安全带保险钩。

（2）斗内电工调整绝缘斗至合适位置，使用验电器对绝缘子、横担进行验电，确认无漏电现象汇报给工作负责人，连同现场检测的风速、湿度一并记录在工作票备注栏内。

（3）斗内电工调整绝缘斗至近边相导线外侧适当位置，按照“从近到远、从下到上、先带电体后接地体”的遮蔽原则，以及“近边相、中间相、远边相”的遮蔽顺序，依次对作业范围内的导线、绝缘子、横担进行绝缘遮蔽。更换中间相绝缘子应将三相导线、横担及杆顶部分进行绝缘遮蔽。

2. 提升导线，更换直线杆绝缘子

方法：绝缘小吊臂法提升导线更换直线杆绝缘子。

（1）斗内电工调整绝缘斗至远边相外侧适当位置，使用绝缘小吊绳在铅垂线上固定导线。

（2）斗内电工拆除绝缘子绑扎线，提升远边相导线至横担不小于0.4m处。

（3）斗内电工拆除旧绝缘子，安装新绝缘子，并对新安装绝缘子和横担进行绝缘遮蔽。

（4）斗内电工使用绝缘小吊绳将远边相导线缓缓放入新绝缘子顶槽内，使用盘成小盘的帮扎线固定后，恢复绝缘遮蔽。更换远边相直线绝缘子工作结束。

（5）近边相绝缘子的更换按相同的方法进行。

（6）斗内电工转移调整绝缘斗至中间相外侧适当位置，使用绝缘小吊绳在铅垂线上固定导线。

（7）斗内电工拆除绝缘子绑扎线，提升中间相导线至杆顶不小于0.4m处。

（8）斗内电工拆除旧绝缘子，安装新绝缘子，并对新安装绝缘子和横担设置绝缘遮蔽措施。

（9）斗内电工使用绝缘小吊绳将中间相导线缓缓放入新绝缘子顶槽内，使用盘成小盘的帮扎线固定后，恢复绝缘遮蔽，更换中间相直线绝缘子工作结束。

3. 工作完成，拆除绝缘遮蔽，退出带电作业区域，工作结束

（1）斗内电工向工作负责人汇报确认本项工作已完成。

（2）斗内电工转移绝缘斗至合适作业位置，按照“从远到近、从上到下、先接地体后带电体”的原则，以及“远边相、中间相、近边相”的顺序（与遮蔽相反），拆除绝缘遮蔽。

（3）检查杆上无遗留物，绝缘斗退出带电作业区域，斗内电工返回地面，工作结束。

6.2 带电更换直线杆绝缘子及横担（绝缘手套作业法，斗臂车作业）

PPT课件

微课件

二维动画

按照Q/GDW 10520《10kV配网不停电作业规范》，本项目为第二类、简单绝缘手

套作业法项目，如图6-2所示，适用于绝缘手套作业法+绝缘横担+绝缘小吊臂法提升导线（斗臂车作业）更换直线杆绝缘子及横担工作。生产中务必结合现场实际工况参照适用。

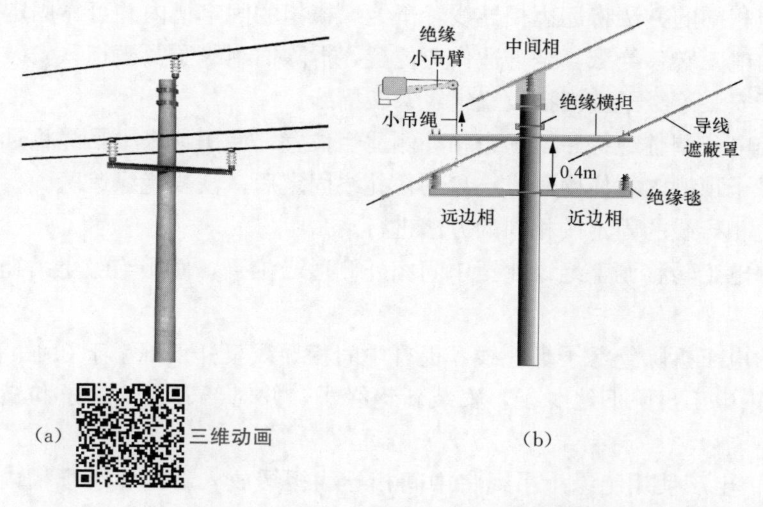

图6-2　绝缘手套作业法（斗臂车作业）带电更换直线杆绝缘子及横担

(a) 杆头外形图；(b) 绝缘横担+绝缘小吊臂法提升导线示意图

下面以图6-2所示的直线杆（导线三角排列）为例说明其操作步骤。

本项目工作人员共计4人，人员分工为：工作负责人（兼工作监护人）1人、斗内电工2人、地面电工1人。

本项目操作前的准备工作已完成，工作负责人已检查确认作业点两侧的电杆根部、基础牢固、导线绑扎牢固，作业装置和现场环境符合带电作业条件。

1. 工作开始，进入带电作业区域，验电，设置绝缘遮蔽措施

(1) 斗内电工穿戴好绝缘防护用具，经工作负责人检查合格后进入绝缘斗、挂好安全带保险钩。

(2) 斗内电工调整绝缘斗至合适位置，使用验电器对绝缘子、横担进行验电，确认无漏电现象汇报给工作负责人，连同现场检测的风速、湿度一并记录在工作票备注栏内。

(3) 斗内电工调整绝缘斗至近边相导线外侧适当位置，按照“从近到远、从下到上、先带电体后接地体”的遮蔽原则，以及“近边相、中间相、远边相”的遮蔽顺序，依次对作业范围内的导线、绝缘子、横担以及杆顶进行绝缘遮蔽。

2. 提升导线，更换直线杆绝缘子及横担

方法：绝缘横担+绝缘小吊臂法提升导线更换直线杆绝缘子。

(1) 斗内电工调整绝缘斗至相间合适位置，在电杆上高出横担约0.4m的位置安装绝缘横担。

(2) 斗内电工调整绝缘斗至近边相外侧适当位置，使用绝缘小吊绳在铅垂线上固定导线。

(3) 斗内电工拆除绝缘子绑扎线，提升近边相导线置于绝缘横担上的固定槽内可靠固定。

(4) 按照相同的方法将远边相导线置于绝缘横担的固定槽内并可靠固定。

(5) 斗内电工转移绝缘斗至合适作业位置，拆除旧绝缘子及横担，安装新绝缘子及横担，并对新安装绝缘子及横担设置绝缘遮蔽措施。

(6) 斗内电工调整绝缘斗至远边相外侧适当位置，使用绝缘小吊绳将远边相导线缓缓放入新绝缘子顶槽内，使用盘成小盘的帮扎线固定后，恢复绝缘遮蔽。

(7) 远边相导线的固定按相同的方法进行。

(8) 斗内电工转移调整绝缘斗至中间相外侧适当位置，使用绝缘小吊绳在铅垂线上固定导线。

(9) 斗内电工拆除绝缘子绑扎线，提升中间相导线至杆顶不小于0.4m处。

(10) 斗内电工拆除旧绝缘子，安装新绝缘子，并对新安装绝缘子和横担设置绝缘遮蔽措施。

(11) 斗内电工使用绝缘小吊绳将中间相导线缓缓放入新绝缘子顶槽内，使用盘成小盘的帮扎线固定后，恢复绝缘遮蔽，更换中间相绝缘子工作结束。

(12) 斗内电工转移绝缘斗至横担前方合适作业位置，拆除杆上绝缘横担，更换直线杆绝缘子及横担工作结束。

3. 工作完成，拆除绝缘遮蔽，退出带电作业区域，工作结束

(1) 斗内电工向工作负责人汇报确认本项工作已完成。

(2) 斗内电工转移绝缘斗至合适作业位置，按照“从远到近、从上到下、先接地体后带电体”的原则，以及“远边相、中间相、近边相”的顺序（与遮蔽相反），拆除绝缘遮蔽。

(3) 检查杆上无遗留物，绝缘斗退出带电作业区域，斗内电工返回地面，工作结束。

6.3 带电更换耐张杆绝缘子串（绝缘手套作业法，斗臂车作业）

按照Q/GDW 10520《10kV配网不停电作业规范》，本项目为第二类、简单绝缘手套作业法项目，如图6-3所示，适用于绝缘手套作业法（斗臂车作业）+绝缘紧线器+绝缘保护绳法更换耐张杆绝缘子串工作。生产中务必结合现场实际工况参照适用。

以图6-3所示的直线耐张杆（导线三角排列）为例说明其操作步骤。

本项目工作人员共计4人，人员分工为：工作负责人（兼工作监护人）1人、斗内电工2人、地面电工1人。

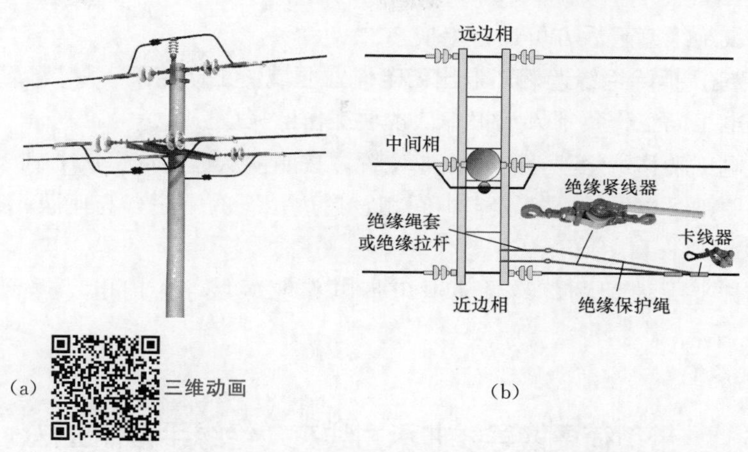

图6-3　绝缘手套作业法（斗臂车作业）带电更换耐张杆绝缘子串

(a) 杆头外形图；(b) 绝缘紧线器＋绝缘保护绳法示意图

本项目操作前的准备工作已完成，工作负责人已检查确认作业点两侧的电杆根部、基础牢固、导线绑扎牢固，作业装置和现场环境符合带电作业条件。

1. 工作开始，进入带电作业区域，验电，设置绝缘遮蔽措施

(1) 斗内电工穿戴好绝缘防护用具，经工作负责人检查合格后进入绝缘斗、挂好安全带保险钩。

(2) 斗内电工调整绝缘斗至合适位置，使用验电器对绝缘子、横担进行验电，确认无漏电现象汇报给工作负责人，连同现场检测的风速、湿度一并记录在工作票备注栏内。

(3) 斗内电工调整绝缘斗至近边相导线外侧适当位置，按照“从近到远、从下到上、先带电体后接地体”的遮蔽原则，以及“近边相、中间相、远边相”的遮蔽顺序，依次对作业范围内的导线、引流线、耐张线夹、绝缘子及横担进行绝缘遮蔽。

2. 安装绝缘紧线器和绝缘保护绳，更换耐张杆绝缘子串

(1) 斗内电工至近边相导线外侧合适位置，将绝缘绳套（或绝缘拉杆）可靠固定在耐张横担上上，安装绝缘紧线器和绝缘保护绳，完成后恢复绝缘遮蔽。

(2) 斗内电工使用绝缘紧线器缓慢收紧导线至耐张绝缘子松弛，并拉紧绝缘保护绳，完成后恢复绝缘遮蔽。

(3) 斗内电工托起已绝缘遮蔽的旧耐张绝缘子，将耐张线夹与耐张绝缘子连接螺栓拔除，使两者脱离，完成后恢复耐张线夹处的绝缘遮蔽。

(4) 斗内电工拆除旧耐张绝缘子，安装新耐张绝缘子，完成后恢复耐张绝缘子处的绝缘遮蔽。

(5) 斗内电工将耐张线夹与耐张绝缘子连接螺栓安装好，确认连接可靠后恢复耐张线夹处的绝缘遮蔽。

(6) 斗内电工松开绝缘保护绳套并放松紧线器，使绝缘子受力后拆下紧线器、绝缘保护绳套及绝缘绳套（或绝缘拉杆），恢复导线侧的绝缘遮蔽。

(7) 其余两相耐张绝缘子串的更换按相同的方法进行。更换中间相耐张绝缘子串时，两边相导线绝缘遮蔽后方可进行更换。

3. 工作完成，拆除绝缘遮蔽，退出带电作业区域，工作结束

（1）斗内电工向工作负责人汇报确认本项工作已完成。

（2）斗内电工转移绝缘斗至合适作业位置，按照“从远到近、从上到下、先接地体后带电体”的原则，以及“远边相、中间相、近边相”的顺序（与遮蔽相反），拆除绝缘遮蔽。

（3）检查杆上无遗留物，绝缘斗退出带电作业区域，斗内电工返回地面，工作结束。

6.4 带负荷更换导线非承力线夹（绝缘手套作业法＋绝缘引流线法，斗臂车作业）

按照Q/GDW 10520《10kV配网不停电作业规范》，本项目为第三类、复杂绝缘手套作业法项目，如图6－4所示，适用于绝缘手套作业法＋绝缘引流线法（斗臂车作业）带负荷更换导线非承力线夹工作。生产中务必结合现场实际工况参照适用。

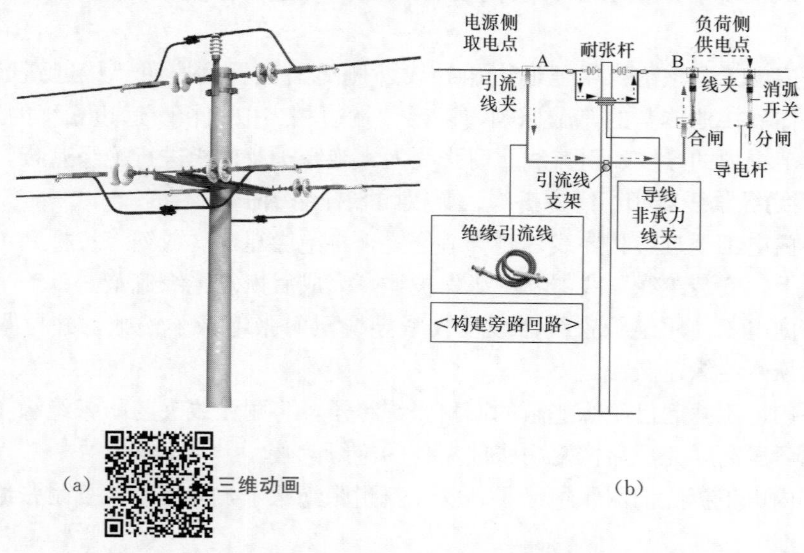

图6－4　绝缘手套作业法＋绝缘引流线法（斗臂车作业）带负荷更换导线非承力线夹
（a）杆头外形图；（b）绝缘引流线法示意图

以图6－4所示的直线耐张杆（导线三角排列）为例说明其操作步骤。

本项目工作人员共计4人，人员分工为：工作负责人（兼工作监护人）1人、斗内电工2人、地面电工1人。

本项目操作前的准备工作已完成，工作负责人已检查确认作业装置和现场环境符合带电作业条件。

1. 工作开始，进入带电作业区域，验电，设置绝缘遮蔽措施

（1）斗内电工穿戴好绝缘防护用具，经工作负责人检查合格后进入绝缘斗、挂好安全带保险钩。

（2）斗内电工调整绝缘斗至合适位置，使用验电器对绝缘子、横担进行验电，确认无漏电现象，使用电流检测仪确认负荷电流满足绝缘引流线使用要求汇报给工作负责人，连同现场检测的风速、湿度一并记录在工作票备注栏内。

（3）斗内电工调整绝缘斗至近边相导线外侧适当位置，按照“从近到远、从下到上、先带电体后接地体”的遮蔽原则，以及“近边相、中间相、远边相”的遮蔽顺序，依次对作业范围内的导线、引流线、耐张线夹、绝缘子及横担进行绝缘遮蔽。

2. 安装绝缘引流线和消弧开关，更换导线非承力线夹

（1）斗内电工调整绝缘斗至耐张横担下方合适位置，安装绝缘引流线支架。

（2）斗内电工根据绝缘引流线长度，在适当位置打开近边相导线的绝缘遮蔽，剥除两端挂接处导线上的绝缘层。

（3）斗内电工使用绝缘绳将绝缘引流线临时固定在主导线上，中间支撑在绝缘引流线支架上。

（4）斗内电工检查确认消弧开关在断开位置并闭锁后，将消弧开关挂接到近边相主导线上，完成后恢复挂接处的绝缘遮蔽。

（5）斗内电工调整绝缘斗至合适位置，先将绝缘引流线的一端线夹与消弧开关下端的横向导电杆连接可靠后，再将绝缘引流线的另一端线夹挂接到另一侧近边相主导线上，完成后恢复绝缘遮蔽，挂接绝缘引流线时，应先接消弧开关端、再接另一侧导线端。

（6）斗内电工检查无误后取下安全销钉，用绝缘操作杆合上消弧开关并插入安全销钉，用电流检测仪测量电缆引线电流，确认分流正常（绝缘引流线每一相分流的负荷电流应不小于原线路负荷电流的1/3），汇报给工作负责人并记录在工作票备注栏内。

（7）斗内电工调整绝缘斗至近边相导线外侧合适位置，在保证安全作业距离的前提下，以最小范围打开近边相导线连接处的遮蔽，更换近边相导线非承力线夹，完成后恢复线夹处的绝缘、密封和绝缘遮蔽。

（8）斗内电工使用电流检测仪测量引流线电流通流正常后，使用绝缘操作杆断开消弧开关，插入安全销钉后，拆除绝缘引流线和消弧开关。拆除绝缘引流线时，应先拆一侧导线端（有电端）、再拆消弧开关端（无电端），完成后恢复挂接处的绝缘遮蔽。

（9）其余两相导线非承力线夹的更换按相同的方法进行，完成后拆除绝缘引流线支架，更换导线非承力线夹工作结束。

3. 工作完成，拆除绝缘遮蔽，退出带电作业区域，工作结束

（1）斗内电工向工作负责人汇报确认本项工作已完成。

（2）斗内电工转移绝缘斗至合适作业位置，按照“从远到近、从上到下、先接地体后带电体”的原则，以及“远边相、中间相、近边相”的顺序（与遮蔽相反），拆除绝缘遮蔽。

（3）检查杆上无遗留物，绝缘斗退出带电作业区域，斗内电工返回地面，工作结束。

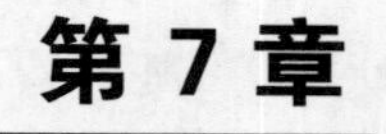

第 7 章

带电作业技术应用——更换“电杆类”项目

7.1 带电组立直线杆（绝缘手套作业法，斗臂车和吊车作业）

按照 Q/GDW 10520《10kV 配网不停电作业规范》，本项目为第三类、复杂绝缘手套作业法项目，如图 7－1 所示，适用于绝缘手套作业法＋专用撑杆（或专用吊杆）支撑导线（斗臂车和吊车作业）带电组立直线杆工作（撤除直线杆参照带电更换直线杆项目）。生产中务必结合现场实际工况参照适用。

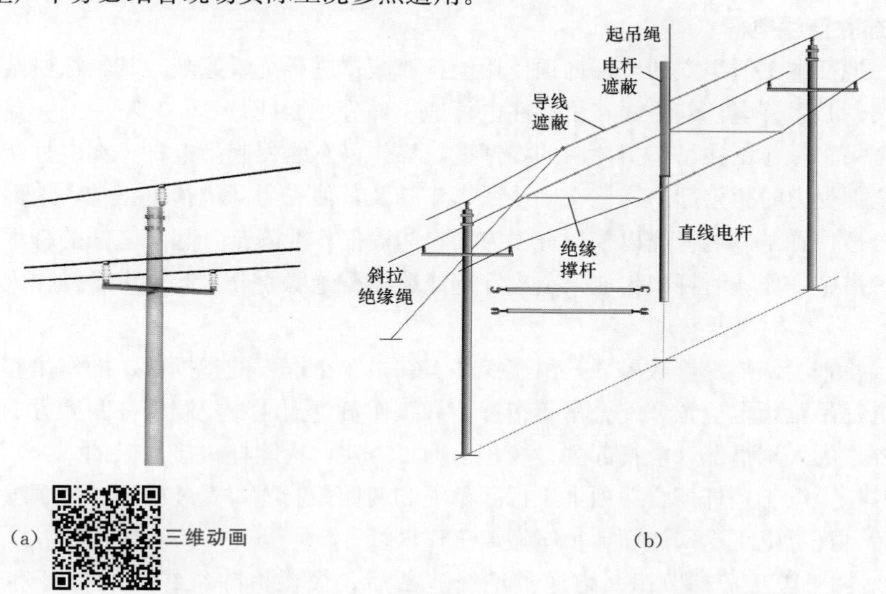

图 7－1　绝缘手套作业法（斗臂车和吊车作业）带电组立直线杆

(a) 直线电杆杆头外形图；(b) 专用撑杆法组立直线杆示意图

以图 7－1 所示的直线杆（导线三角排列）为例说明其操作步骤。

本项目工作人员共计 8 人，人员分工为：工作负责人（兼工作监护人）1 人、斗内电工2人，杆上电工1人，地面电工2人，吊车指挥1人，吊车操作工1人。

本项目操作前的准备工作已完成，工作负责人已检查确认作业点和两侧的电杆根部、基础牢固、导线绑扎牢固，作业装置和现场环境符合带电作业条件。

1. 工作开始，进入带电作业区域，验电，设置绝缘遮蔽措施

（1）斗内电工穿戴好绝缘防护用具，经工作负责人检查合格后进入绝缘斗、挂好安全带保险钩。

（2）斗内电工调整绝缘斗至合适位置，使用验电器对绝缘子、横担进行验电，确认无漏电现象汇报给工作负责人，连同现场检测的风速、湿度一并记录在工作票备注栏内。

（3）斗内电工调整绝缘斗至近边相导线外侧适当位置，按照“从近到远、从下到上、先带电体后接地体”的遮蔽原则，以及“近边相、中间相、远边相”的遮蔽顺序，使用导线遮蔽罩依次对作业范围内的导线进行绝缘遮蔽。绝缘遮蔽长度要适当延长，以确保组立电杆时不触及带电导线。

2. 专用撑杆法支撑导线

（1）斗内电工转移绝缘斗至边相导线外侧合适位置，在组立杆两侧分别使用绝缘撑杆将两边相导线撑开至合适位置；

（2）斗内电工转移绝缘斗至中间相导线外侧，将绝缘绳绑扎在中间相导线合适位置，并与地面电工配合将其导线拉向一侧并固定（中相导线也可采用专用撑杆将其拉向一侧）。

3. 组立直线电杆

（1）地面电工对组立的电杆杆顶使用电杆遮蔽罩进行绝缘遮蔽，其绝缘遮蔽长度要适当延长，并系好电杆起吊绳（吊点在电杆地上部分1/2处）。

（2）吊车操作工在吊车指挥工的指挥下，操作吊车缓慢起吊电杆，在电杆缓慢起吊到吊绳全部受力时暂停起吊，检查确认吊车支腿及其他受力部位情况正常，地面电工在杆根处合适位置系好绝缘绳以控制杆根方向；为确保作业安全，起吊电杆的杆根应设置接地保护措施，作业时杆根作业人员应穿绝缘靴、戴绝缘手套，起重设备操作人员应穿绝缘靴。

（3）检查确认绝缘遮蔽可靠，吊车操作工在吊车指挥工的指挥下，操作吊车在缓慢地将新电杆吊至预定位置，配合吊车指挥工和工作负责人注意控制电杆两侧方向的平衡情况和杆根的入洞情况，电杆起立，校正后回土夯实，拆除杆根接地保护。

（4）杆上电工登杆配合斗内电工拆除吊绳和两侧控制绳，安装横担、杆顶支架、绝缘子等后，杆上电工返回地面，吊车撤离工作区域。

（5）斗内电工完成横担、绝缘子绝缘遮蔽后，缓慢拆除绝缘导线撑杆和斜拉绝缘绳。

（6）斗内电工相互配合按照先中间相、后两边相的顺序，依次使用绝缘小吊绳提升导线置于绝缘子顶槽内，使用盘成小盘的帮扎线固定后，恢复绝缘遮蔽，组立直线电杆工作结束。

4. 工作完成，拆除绝缘遮蔽，退出带电作业区域，工作结束

（1）斗内电工向工作负责人汇报确认本项工作已完成。

（2）斗内电工转移绝缘斗至导线外侧合适作业位置，按照“从远到近、从上到下、先接地体后带电体”的原则，以及“远边相、中间相、近边相”的顺序（与遮蔽相反），拆除绝缘遮蔽。

（3）检查导线上无遗留物后返回地面，斗内作业工作结束。

7.2　带电更换直线杆（绝缘手套作业法，斗臂车和吊车作业）

按照 Q/GDW 10520《10kV 配网不停电作业规范》，本项目为第三类、复杂绝缘手套作业法项目，如图 7-2 所示，适用于绝缘手套作业法+专用撑杆（或专用吊杆）支撑导线（斗臂车和吊车作业）带电更换直线杆工作。生产中务必结合现场实际工况参照适用。

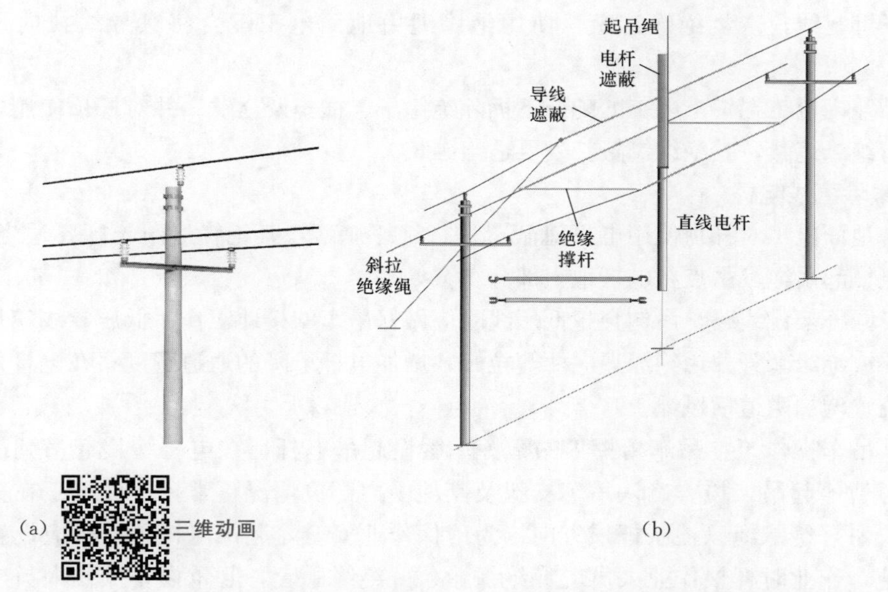

图 7-2　绝缘手套作业法（绝缘手套作业法，斗臂车和吊车作业）带电更换直线杆

（a）直线电杆杆头外形图；（b）专用撑杆法更换直线杆示意图

以图 7-2 所示的直线杆（导线三角排列）为例说明其操作步骤。

本项目工作人员共计 8 人，人员分工为：工作负责人（兼工作监护人）1 人、斗内电工 2 人，杆上电工 1 人，地面电工 2 人，吊车指挥 1 名，吊车操作工 1 名。

本项目操作前的准备工作已完成，工作负责人已检查确认作业点和两侧的电杆根部、基础牢固、导线绑扎牢固，电杆质量、坑洞等符合要求，作业装置和现场环境符合带电作业条件。

1. 工作开始，进入带电作业区域，验电，设置绝缘遮蔽措施

（1）斗内电工穿戴好绝缘防护用具，经工作负责人检查合格后进入绝缘斗、挂好安全带保险钩。

（2）斗内电工调整绝缘斗至合适位置，使用验电器对绝缘子、横担进行验电，确认无漏电现象汇报给工作负责人，连同现场检测的风速、湿度一并记录在工作票备注栏内。

（3）斗内电工调整绝缘斗至近边相导线外侧适当位置，按照“从近到远、从下到上、先带电体后接地体”的遮蔽原则，以及“近边相、中间相、远边相”的遮蔽顺序，依次对作业范围内的导线、绝缘子、横担、杆顶等进行绝缘遮蔽。绝缘遮蔽长度要适当延长，以确保更换电杆时不触及带电导线。

2. 专用撑杆法支撑导线

（1）斗内电工转移绝缘斗至边相导线外侧合适位置，依次使用绝缘小吊绳吊起边相导线，拆除绝缘子绑扎线，恢复绝缘遮蔽，平稳地下放导线，在更换杆两侧分别使用绝缘撑杆将两边相导线撑开至合适位置；

（2）斗内电工转移绝缘斗至中间相导线外侧，使用绝缘小吊绳吊起中间相导线，拆除绝缘子绑扎线，恢复绝缘遮蔽，使用绝缘绳由地面电工配合将其导线拉向一侧并固定。

（3）斗内电工在杆上电工的配合下拆除绝缘子、横担及立铁，并对杆顶使用电杆遮蔽罩进行绝缘遮蔽，其绝缘遮蔽长度要适当延长。

3. 撤除直线电杆

（1）地面电工对杆顶使用电杆遮蔽罩进行绝缘遮蔽，其绝缘遮蔽长度要适当延长，并系好电杆起吊绳（吊点在电杆地上部分 1/2 处）。

对于同杆架设线路，吊钩穿越低压线时应做好吊车的接地工作；低压导线应加装绝缘遮蔽罩或绝缘套管并用绝缘绳向两侧拉开，增加电杆下降的通道宽度；在电杆低压导线下方位置增加两道横风绳。

（2）吊车操作工在吊车指挥工的指挥下缓慢起吊电杆，在电杆缓慢起吊到吊绳全部受力时暂停起吊，检查确认吊车支腿及其他受力部位情况正常，地面电工在杆根处合适位置系好绝缘绳以控制杆根方向；为确保作业安全，起吊电杆的杆根应设置接地保护措施，作业时杆根作业人员应穿绝缘靴、戴绝缘手套，起重设备操作人员应穿绝缘靴。

（3）检查确认绝缘遮蔽可靠，吊车操作工操作吊车缓慢地将电杆放落至地面，地面电工拆除杆根接地保护、吊绳以及杆顶上的绝缘遮蔽，将杆坑回土夯实，吊车撤离工作区域，撤除直线电杆工作结束。

4. 组立直线电杆

（1）地面电工对组立的电杆杆顶使用电杆遮蔽罩进行绝缘遮蔽，其绝缘遮蔽长度要适当延长，并系好电杆起吊绳（吊点在电杆地上部分 1/2 处）。

（2）吊车操作工在吊车指挥工的指挥下，操作吊车缓慢起吊电杆，在电杆缓慢起吊

到吊绳全部受力时暂停起吊，检查确认吊车支腿及其他受力部位情况正常，地面电工在杆根处合适位置系好绝缘绳以控制杆根方向；为确保作业安全，起吊电杆的杆根应设置接地保护措施，作业时杆根作业人员应穿绝缘靴、戴绝缘手套，起重设备操作人员应穿绝缘靴。

（3）检查确认绝缘遮蔽可靠，吊车操作工在吊车指挥工的指挥下，操作吊车在缓慢地将新电杆吊至预定位置，配合吊车指挥工和工作负责人注意控制电杆两侧方向的平衡情况和杆根的入洞情况，电杆起立，校正后回土夯实，拆除杆根接地保护。

（4）杆上电工登杆配合斗内电工拆除吊绳和两侧控制绳，安装横担、杆顶支架、绝缘子等后，杆上电工返回地面，吊车撤离工作区域。

（5）斗内电工对横担、绝缘子等进行绝缘遮蔽，缓慢拆除绝缘导线撑杆和斜拉绝缘绳。

（6）斗内电工相互配合按照先中间相、后两边相的顺序，依次使用绝缘小吊绳提升导线置于绝缘子顶槽内，使用盘成小盘的帮扎线固定后，恢复绝缘遮蔽，组立直线电杆工作结束。

5. 工作完成，拆除绝缘遮蔽，退出带电作业区域，工作结束

（1）斗内电工向工作负责人汇报确认本项工作已完成。

（2）斗内电工转移绝缘斗至导线外侧合适作业位置，按照“从远到近、从上到下、先接地体后带电体”的原则，以及“远边相、中间相、近边相”的顺序（与遮蔽相反），拆除绝缘遮蔽。

（3）检查导线上无遗留物后返回地面，斗内作业工作结束。

7.3 带负荷直线杆改耐张杆（绝缘手套作业法＋绝缘引流线法，斗臂车作业）

按照Q/GDW 10520《10kV配网不停电作业规范》，本项目为第三类、复杂绝缘手套作业法项目，如图7-3～图7-5所示，适用于绝缘手套作业法＋绝缘引流线法（斗臂车作业）或旁路作业法带负荷直线杆改耐张杆工作。生产中务必结合现场实际工况参照适用，并积极推广采用旁路作业法带负荷直线杆改耐张杆的应用。

下面以图7-3所示的直线杆和耐张杆（导线三角排列）为例说明其操作步骤。

本项目工作人员共计5～7人，人员分工为：工作负责人（兼工作监护人）1人、斗内电工（1号和2号绝缘斗臂车配合作业）2～4人，地面电工2人。

本项目操作前的准备工作已完成，工作负责人已检查确认作业点和两侧的电杆根部、基础牢固、导线绑扎牢固，作业装置和现场环境符合带电作业条件。

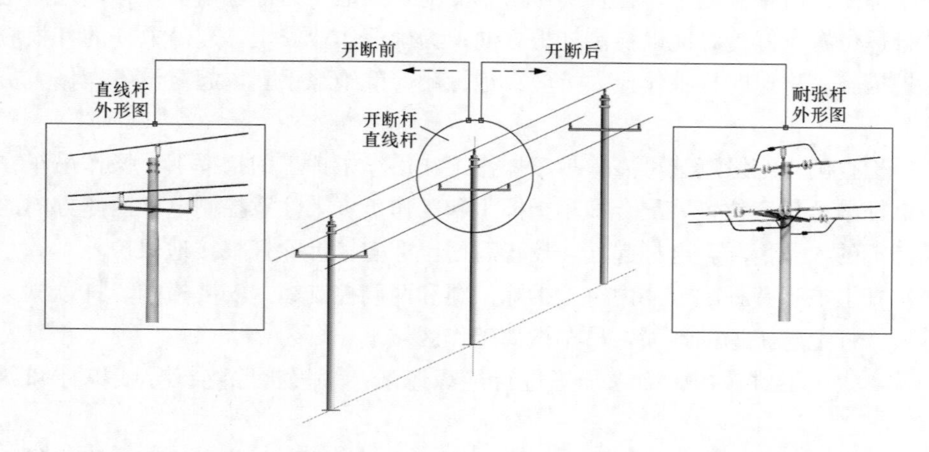

图 7-3　绝缘手套作业法+绝缘引流线法（斗臂车作业）带负荷直线杆改耐张杆

1. 工作开始，进入带电作业区域，验电，设置绝缘遮蔽措施

（1）斗内电工穿戴好绝缘防护用具，经工作负责人检查合格后进入绝缘斗、挂好安全带保险钩。

（2）斗内电工调整绝缘斗至合适位置，使用验电器对绝缘子、横担进行验电，确认无漏电现象，使用电流检测仪确认负荷电流满足绝缘引流线使用要求汇报给工作负责人，连同现场检测的风速、湿度一并记录在工作票备注栏内。

（3）斗内电工调整绝缘斗至近边相导线外侧适当位置，按照“从近到远、从下到上、先带电体后接地体”的遮蔽原则，以及“近边相、中间相、远边相”的遮蔽顺序，依次对作业范围内的导线、绝缘子、横担、杆顶等进行绝缘遮蔽。

2. 支撑导线（电杆用绝缘横担法），直线横担改为耐张横担

（1）斗内电工在地面电工的配合下，调整绝缘斗至相间合适位置，在电杆上高出横担约 0.4m 的位置安装绝缘横担。

（2）斗内电工调整绝缘斗至近边相外侧适当位置，使用绝缘小吊绳在铅垂线上固定导线。

（3）斗内电工拆除绝缘子绑扎线，提升近边相导线置于绝缘横担上的固定槽内可靠固定。

（4）按照相同的方法将远边相导线置于绝缘横担的固定槽内并可靠固定。

（5）斗内电工相互配合拆除绝缘子和横担，安装耐张横担，装好耐张绝缘子和耐张线夹。

3. 安装绝缘引流线，开断三相导线为耐张连接

（1）斗内电工相互配合在耐张横担上安装耐张横担遮蔽罩，在耐张横担下方合适位置安装绝缘引流线支架，完成后恢复耐张绝缘子和耐张线夹处的绝缘遮蔽。

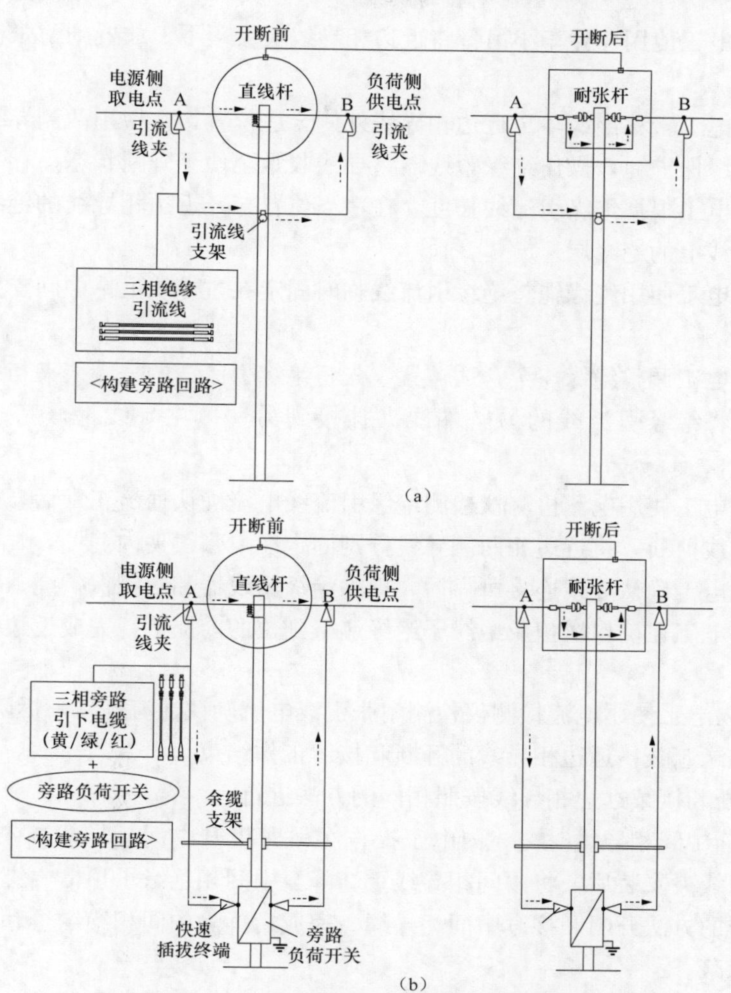

图 7－4　绝缘引流法和旁路作业法示意图

（a）绝缘引流法；（b）旁路作业法

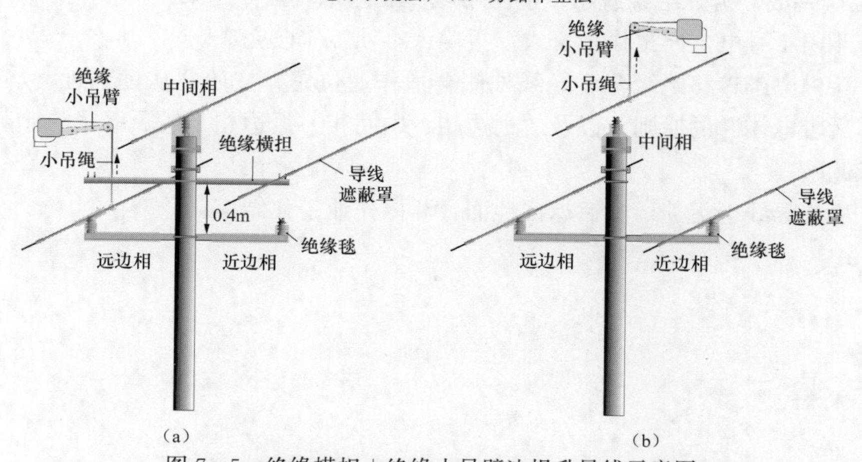

图 7－5　绝缘横担＋绝缘小吊臂法提升导线示意图

（a）两边相导线提升示意图；（b）中间相导线示意图

（2）斗内电工使用斗臂车小吊臂将近边相导线缓缓落下，放置到耐张横担遮蔽罩上固定槽内。

（3）斗内电工转移绝缘斗至近边相导线外侧合适位置，在横担两侧导线上安装好绝缘紧线器及绝缘保护绳，操作绝缘紧线器将导线收紧至便于开断状态。

（4）斗内电工根据绝缘引流线长度，在适当位置打开近边相导线的绝缘遮蔽，剥除两端挂接处导线上的绝缘层。

（5）斗内电工使用绝缘绳将绝缘引流线临时固定在主导线上，中间支撑在绝缘引流线支架上。

（6）斗内电工调整绝缘斗至合适位置，先将绝缘引流线的一端线夹与一侧主导线连接可靠后，再将绝缘引流线的另一端线夹挂接到另一侧主导线上，完成后恢复绝缘遮蔽。

（7）斗内电工使用电流检测仪检测绝缘引流线电流确认通流正常后，使用绝缘断线剪将近边相导线剪断，将近边相两侧导线分别固定在耐张线夹内。

（8）斗内电工确认导线连接可靠后，拆除绝缘紧线器和绝缘保护绳。

（9）斗内电工在确保横担及绝缘子绝缘遮蔽到位的前提下，完成近边相导线引线接续工作。

（10）斗内电工使用电流检测仪检测耐张引线电流确认通流正常，拆除绝缘引流线，完成后恢复绝缘遮蔽，近边相导线的开断和接续工作结束。

（11）开断和接续远边相导线按照相同的方法进行。

（12）开断中间相导线时，斗内电工操作小吊臂提升中间相导线 0.4m 以上，耐张绝缘子和耐张线夹安装后，将中间相导线重新降至中间相绝缘子顶槽内绑扎牢靠，斗内电工按照同样的方法开断和接续中间相导线，完成后拆除中间相绝缘子和杆顶支架，恢复杆顶绝缘遮蔽。

（13）三相导线开断和接续完成后，拆除绝缘引流线支架。

4. 工作完成，拆除绝缘遮蔽，退出带电作业区域，工作结束

（1）斗内 1 号电工向工作负责人汇报确认本项工作已完成。

（2）斗内电工转移绝缘斗至导线外侧合适作业位置，按照“从远到近、从上到下、先接地体后带电体”的原则，以及“远边相、中间相、近边相”的顺序（与遮蔽相反），拆除绝缘遮蔽。

（3）检查导线上无遗留物后返回地面，斗内作业工作结束。

第8章

带电作业技术应用——更换“设备类”项目

8.1 带电更换熔断器（绝缘杆作业法，登杆作业）

PPT课件

微课件

二维动画

按照 Q/GDW 10520《10kV 配网不停电作业规范》，本项目为第三类、复杂绝缘杆作业法项目，如图 8-1 所示，适用于绝缘杆作业法＋拆除和安装线夹法（登杆作业）带电更换熔断器工作，作业原理同断、接引线类项目。生产中务必结合现场实际工况参照适用，并积极推广绝缘杆作业法（俗称短杆作业）在绝缘斗臂车的工作斗或其他绝缘平台如绝缘脚手架上的应用。

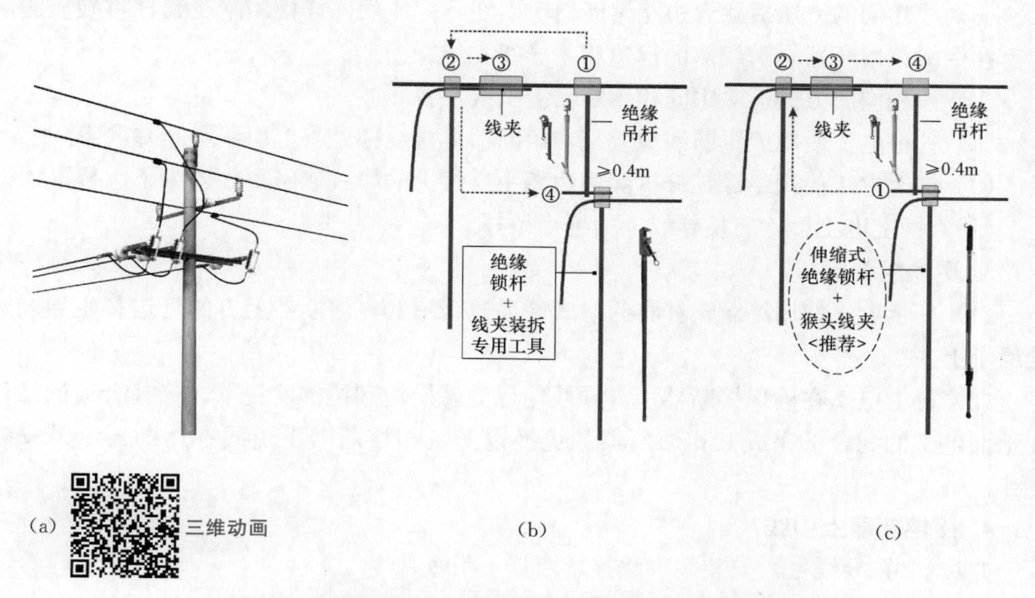

图 8-1 绝缘杆作业法（登杆作业）带电更换熔断器

(a) 杆头外形图；(b) 断开引线（推荐）示意图；(c) 搭接引线（推荐）示意图

以图8-1所示的直线分支杆（有熔断器，导线三角排列）为例说明其操作步骤。

本项目工作人员共计4人，人员分工为：工作负责人（兼工作监护人）1人、杆上电工2人，地面电工1人。

本项目操作前的准备工作已完成，工作负责人已检查确认熔断器已断开，熔管已取下，负荷侧变压器、电压互感器已退出，作业装置和现场环境符合带电作业条件。

1. 工作开始，进入带电作业区域，验电

（1）获得工作负责人许可后，杆上电工穿戴好绝缘防护用具，携带绝缘传递绳登杆至合适位置，将个人使用的绝缘保护绳（二防绳）系挂在电杆合适位置上。

（2）杆上电工使用验电器对绝缘子、横担进行验电，确认无漏电现象汇报给工作负责人，连同现场检测的风速、湿度一并记录在工作票备注栏内。

（3）杆上电工在确保安全距离的前提下，使用绝缘操作杆挂好绝缘传递绳。

2. 断熔断器上引线

方法：（在导线处）拆除线夹法断熔断器上引线。

（1）杆上电工使用绝缘锁杆将绝缘吊杆固定在近边相线夹附近的主导线上。

（2）杆上电工使用绝缘锁杆将待断开的熔断器上引线临时固定在主导线上。

（3）杆上电工相互配合使用线夹装拆工具拆除熔断器上引线与主导线的连接。

（4）杆上电工使用绝缘锁杆将熔断器上引线缓缓放下，临时固定在绝缘吊杆的横向支杆上。

（5）杆上电工使用绝缘锁杆将硬质遮蔽罩套在中间相熔断器上引线侧的近边相主导线和绝缘子上。

（6）按相同的方法拆除远边相熔断器上引线，完成后同样使用绝缘锁杆将硬质遮蔽罩套在中间相熔断器上引线侧的远边相主导线和绝缘子上。

（7）按相同的方法拆除中间相熔断器上引线。

（8）杆上电工使用绝缘断线剪分别在熔断器上接线柱处将上引线剪断并取下。

（9）杆上电工使用绝缘锁杆拆除两边相主导线上的导线遮蔽罩和绝缘子遮蔽罩。

（10）杆上电工拆除三相导线上的绝缘吊杆。

3. 更换熔断器

（1）杆上电工使用绝缘锁杆将封口式硬质遮蔽罩套在熔断器上方的近边相主导线和绝缘子上。

（2）杆上电工在确保熔断器上方导线绝缘遮蔽措施到位的前提下，选择合适的站位在地面电工的配合下完成三相熔断器的更换以及三相熔断器下引线在熔断器上的安装工作。

4. 接熔断器上引线

方法：（在导线处）安装线夹法接熔断器上引线。

（1）杆上电工使用绝缘锁杆将绝缘吊杆固定在待安装线夹附近的主导线上。

（2）杆上电工将三根引线一端安装在熔断器上接线柱上，另一端使用绝缘锁杆临时固定在绝缘吊杆的横向支杆上。

（3）杆上电工使用绝缘锁杆拆除近边相熔断器上引线侧的导线遮蔽罩。

（4）杆上电工使用绝缘锁杆将开口式遮蔽罩套在中间相熔断器上引线侧的远边相主导线和绝缘子上。

（5）杆上电工使用绝缘锁杆锁住中间相熔断器上引线待搭接的一端，提升至距离横担不小于 0.6～0.7m 的主导线上并可靠固定。

（6）杆上电工配合使用线夹安装工具安装线夹，引线与导线可靠连接后撤除绝缘锁杆和绝缘吊杆。

（7）杆上电工使用绝缘锁杆拆除两边相主导线上的导线遮蔽罩和绝缘子遮蔽罩。

（8）按相同的方法搭接两边相熔断器上引线。

5. 工作完成，退出带电作业区域，工作结束

（1）杆上电工向工作负责人汇报确认本项工作已完成。

（2）检查杆上无遗留物，杆上电工返回地面，工作结束。

8.2　带电更换熔断器 1（绝缘手套作业法，斗臂车作业）

按照 Q/GDW 10520《10kV 配网不停电作业规范》，本项目为第二类、简单绝缘手套作业法项目，如图 8－2 所示，适用于绝缘手套作业法＋拆除和安装线夹法（斗臂车作业）带电更换熔断器工作，作业原理同断、接引线类项目。生产中务必结合现场实际工况参照适用，并积极推广绝缘手套作业法融合绝缘杆作业法（俗称短杆作业）在绝缘斗臂车的工作斗或其他绝缘平台如绝缘脚手架上的应用。

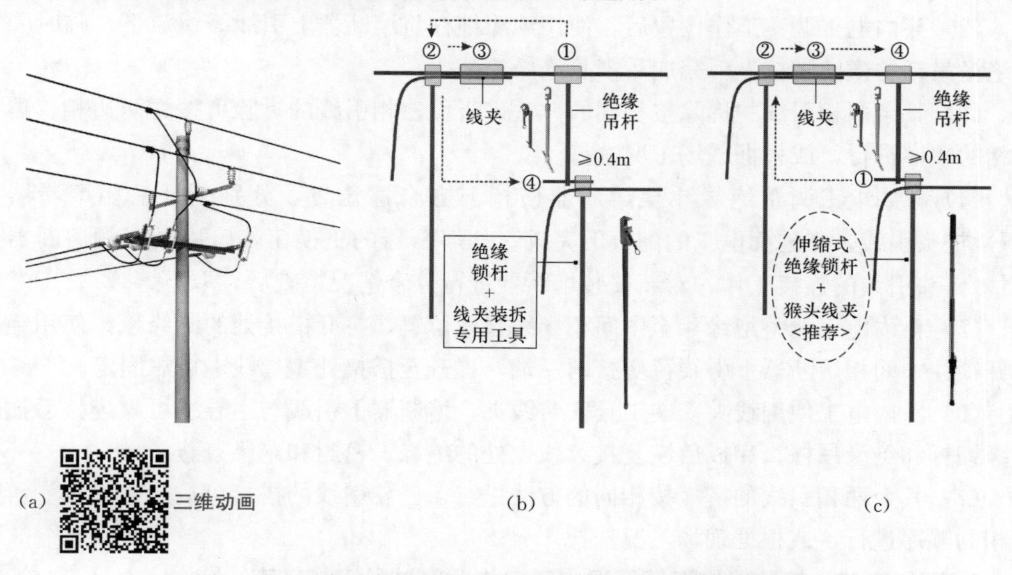

(a)　　(b)　　(c)

图 8－2　绝缘手套作业法（斗臂车作业）带电更换熔断器 1

(a) 杆头外形图；(b) 断开引线示（推荐）意图；(c) 搭接引线示（推荐）意图

以图 8－2 所示的直线分支杆（有熔断器，导线三角排列）为例说明其操作步骤。

本项目工作人员共计 4 人，人员分工为：工作负责人（兼工作监护人）1 人、斗内电工 2 人，地面电工 1 人。

本项目操作前的准备工作已完成，工作负责人已检查确认熔断器已断开，熔管已取下，负荷侧变压器、电压互感器已退出，作业装置和现场环境符合带电作业条件。

1. 工作开始，进入带电作业区域，验电，设置绝缘遮蔽措施

（1）斗内电工穿戴好绝缘防护用具，经工作负责人检查合格后进入绝缘斗、挂好安全带保险钩。

（2）斗内电工调整绝缘斗至合适位置，使用验电器对绝缘子、横担进行验电，确认无漏电现象汇报给工作负责人，连同现场检测的风速、湿度一并记录在工作票备注栏内。

（3）斗内电工调整绝缘斗至近边相导线外侧适当位置，按照“从近到远、从下到上、先带电体后接地体”的遮蔽原则，以及“近边相、中间相、远边相”的遮蔽顺序，依次对作业范围内的导线、绝缘子、横担等进行绝缘遮蔽。在搭接熔断器上引线前，熔断器上方的导线、绝缘子、横担必须是可靠绝缘遮蔽，引线搭接处使用绝缘毯进行遮蔽，选用绝缘吊杆法临时固定引线，遮蔽前先将绝缘吊杆固定在搭接处附近的主导线上。

2. 更换熔断器

方法：（在导线处）拆除和安装线夹法更换熔断器。

（1）斗内电工调整绝缘斗至近边相导线合适位置，打开线夹处的绝缘毯，使用绝缘锁杆将待断开的熔断器上引线临时固定在主导线上后拆除线夹。

（2）斗内电工调整工作位置后，使用绝缘锁杆将熔断器上引线缓缓放下，临时固定在绝缘吊杆的横向支杆上，完成后恢复绝缘遮蔽。

（3）其余两相引线的拆除按相同的方法进行，三相引线的拆除可按先两边相、再中间相的顺序进行，或根据现场工况选择。

（4）斗内电工调整绝缘斗至熔断器横担前方合适位置，分别断开三相熔断器上（下）桩头引线，在地面电工的配合下完成三相熔断器的更换工作，以及三相熔断器上（下）桩头引线的连接工作，对新安装熔断器进行分合情况检查后，取下熔管。

（5）斗内电工调整绝缘斗至中间相导线合适位置，打开搭接处的绝缘毯，使用绝缘锁杆锁住中间相熔断器上引线待搭接的一端，提升至搭接处主导线上可靠固定。

（6）斗内电工使用线夹安装工具安装线夹，熔断器上引线与主导线可靠连接后撤除绝缘锁杆和绝缘吊杆，完成后恢复接续线夹处的绝缘、密封和绝缘遮蔽。

（7）其余两相引线的搭接按相同的方法进行，三相引线的搭接可按先中间相、再两边相的顺序进行，或根据现场工况选择。

3. 工作完成，拆除绝缘遮蔽，退出带电作业区域，工作结束

（1）斗内电工向工作负责人汇报确认本项工作已完成。

（2）斗内电工转移绝缘斗至合适作业位置，按照“从远到近、从上到下、先接地体后带电体”的原则，以及“远边相、中间相、近边相”的顺序（与遮蔽相反），拆除绝缘遮蔽。

（3）检查杆上无遗留物，绝缘斗退出带电作业区域，斗内电工返回地面，工作结束。

8.3　带电更换熔断器 2（绝缘手套作业法，斗臂车作业）

按照 Q/GDW 10520《10kV 配网不停电作业规范》，本项目为第二类、简单绝缘手套作业法项目，如图 8－3 所示，适用于绝缘手套作业法＋拆除和安装线夹法（斗臂车作业）带电更换熔断器工作，作业原理同断、接引线类项目。生产中务必结合现场实际工况参照适用，并积极推广绝缘手套作业法融合绝缘杆作业法（俗称短杆作业）在绝缘斗臂车的工作斗或其他绝缘平台如绝缘脚手架上的应用。

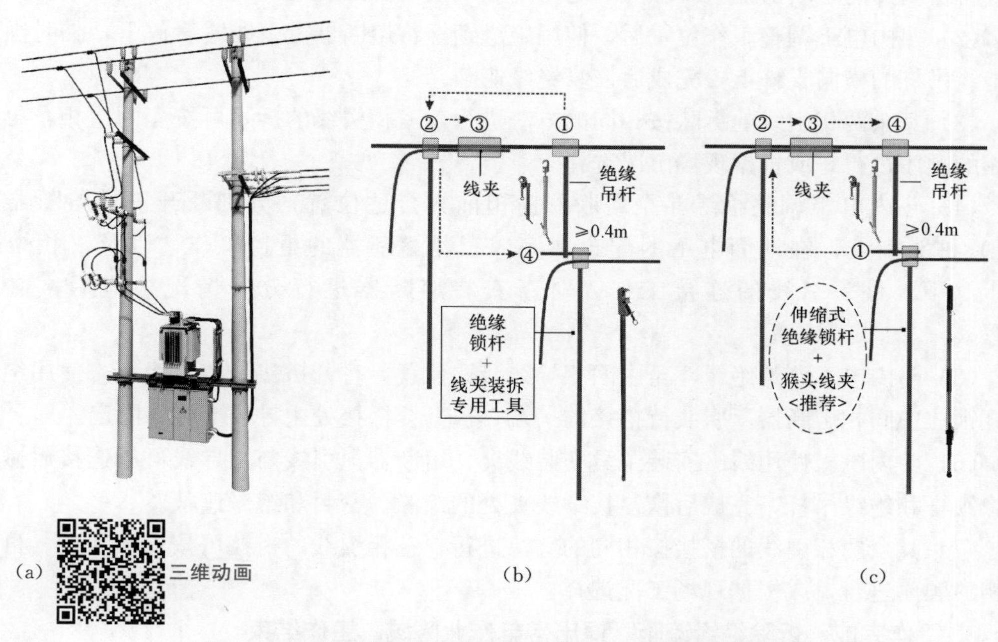

图 8－3　绝缘手套作业法（斗臂车作业）带电更换熔断器 2

（a）变台杆外形图；（b）断开引线（推荐）示意图；（c）搭接引线（推荐）示意图

以图 8－3 所示的变台杆（有熔断器，导线三角排列）为例说明其操作步骤。

本项目工作人员共计 4 人，人员分工为：工作负责人（兼工作监护人）1 人、斗内电工 2 人，地面电工 1 人。

本项目操作前的准备工作已完成，工作负责人已检查确认熔断器已断开，熔管已取下，作业装置和现场环境符合带电作业条件。

1. 工作开始，进入带电作业区域，验电，设置绝缘遮蔽措施

（1）斗内电工穿戴好绝缘防护用具，经工作负责人检查合格后进入绝缘斗、挂好安全带保险钩。

（2）斗内电工调整绝缘斗至合适位置，使用验电器对绝缘子、横担进行验电，确认无漏电现象汇报给工作负责人，连同现场检测的风速、湿度一并记录在工作票备注栏内。

（3）斗内电工调整绝缘斗至近边相导线外侧适当位置，按照“从近到远、从下到上、先带电体后接地体”的遮蔽原则，以及“近边相、中间相、远边相”的遮蔽顺序，依次对作业范围内的导线、绝缘子、横担等进行绝缘遮蔽，引线搭接处使用绝缘毯进行遮蔽，选用绝缘吊杆法临时固定引线，遮蔽前先将绝缘吊杆固定在搭接处附近的主导线上。

2. 更换熔断器

方法：（在导线处）拆除和安装线夹法更换熔断器。

（1）斗内电工调整绝缘斗至近边相导线合适位置，打开线夹处的绝缘毯，使用绝缘锁杆将待断开的熔断器上引线临时固定在主导线上后拆除线夹。

（2）斗内电工调整工作位置后，使用绝缘锁杆将熔断器上引线缓缓放下，临时固定在绝缘吊杆的横向支杆上，完成后恢复绝缘遮蔽。

（3）其余两相引线的拆除按相同的方法进行，三相引线的拆除可按先两边相、再中间相的顺序进行，或根据现场工况选择。

（4）斗内电工调整绝缘斗至熔断器横担前方合适位置，分别断开三相熔断器上（下）桩头引线，在地面电工的配合下完成三相熔断器的更换工作，以及三相熔断器上（下）桩头引线的连接工作，对新安装熔断器进行分合情况检查后，取下熔管。

（5）斗内电工调整绝缘斗至中间相导线合适位置，打开搭接处的绝缘毯，使用绝缘锁杆锁住中间相熔断器上引线待搭接的一端，提升至搭接处主导线上可靠固定。

（6）斗内电工使用线夹安装工具安装线夹，熔断器上引线与主导线可靠连接后撤除绝缘锁杆和绝缘吊杆，完成后恢复接续线夹处的绝缘、密封和绝缘遮蔽。

（7）其余两相引线的搭接按相同的方法进行，三相引线的搭接可按先中间相、再两边相的顺序进行，或根据现场工况选择。

3. 工作完成，拆除绝缘遮蔽，退出带电作业区域，工作结束

（1）斗内电工向工作负责人汇报确认本项工作已完成。

（2）斗内电工转移绝缘斗至合适作业位置，按照“从远到近、从上到下、先接地体后带电体”的原则，以及“远边相、中间相、近边相”的顺序（与遮蔽相反），拆除绝缘遮蔽。

（3）检查杆上无遗留物，绝缘斗退出带电作业区域，斗内电工返回地面，工作结束。

8.4　带负荷更换熔断器（绝缘手套作业法＋绝缘引流线法，斗臂车作业）

按照 Q/GDW 10520《10kV 配网不停电作业规范》，本项目为第三类、复杂绝缘手套作业法项目，如图 8－4、图 8－5 所示，适用于绝缘手套作业法＋绝缘引流线法＋拆除和安装线夹法（斗臂车作业）带负荷更换熔断器工作，作业原理同断、接引线类项目。生产中务必结合现场实际工况参照适用，并积极推广绝缘手套作业法融合绝缘杆作业法（俗称短杆作业）在绝缘斗臂车的工作斗或其他绝缘平台如绝缘脚手架上的应用。

以图 8－4 所示的熔断器杆（导线三角排列）为例说明其操作步骤。

本项目工作人员共计 4 人，人员分工为：工作负责人（兼工作监护人）1 人、斗内电工 2 人，地面电工 1 人。

本项目操作前的准备工作已完成，工作负责人已检查确认熔断器在合上位置，作业装置和现场环境符合带电作业条件。

1. 工作开始，进入带电作业区域，验电，设置绝缘遮蔽措施

（1）斗内电工穿戴好绝缘防护用具，经工作负责人检查合格后进入绝缘斗、挂好安全带保险钩。

（2）斗内电工调整绝缘斗至合适位置，使用验电器对绝缘子、横担进行验电，确认无漏电现象，使用电流检测仪确认负荷电流满足绝缘引流线使用要求汇报给工作负责人，连同现场检测的风速、湿度一并记录在工作票备注栏内。

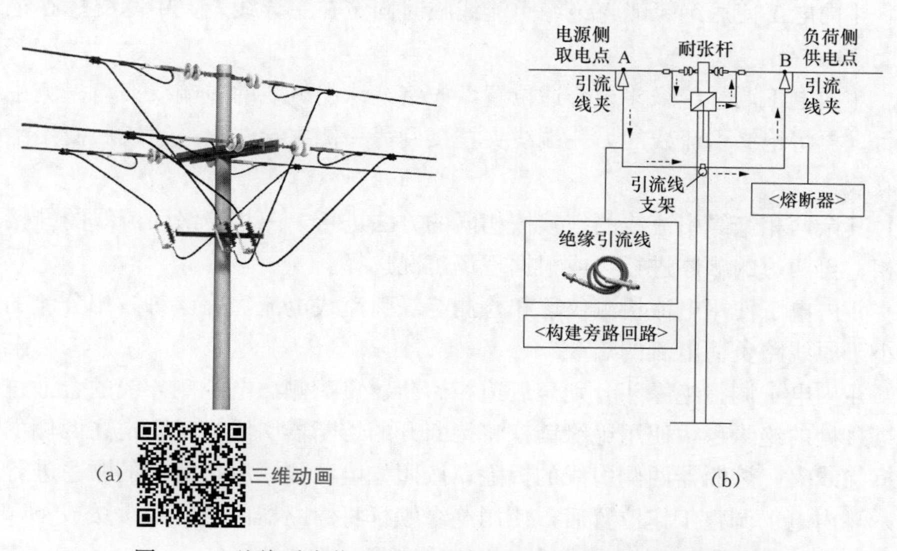

图 8－4　绝缘手套作业法（斗臂车作业）带负荷更换熔断器

(a) 杆头外形图；(b) 绝缘引流线法示意图

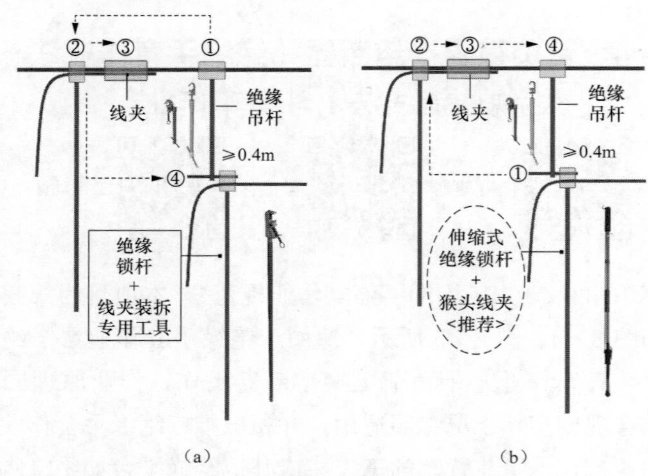

图 8-5　断开引线和搭接引线示意图
(a) 断开引线（推荐）；(b) 搭接引线（推荐）

(3) 斗内电工调整绝缘斗至近边相导线外侧适当位置，按照“从近到远、从下到上、先带电体后接地体”的遮蔽原则，以及“近边相、中间相、远边相”的遮蔽顺序，依次对作业范围内的导线、引线、耐张线夹、绝缘子等进行绝缘遮蔽，选用绝缘吊杆法临时固定引线，遮蔽前先将绝缘吊杆固定在引线搭接处附近的主导线上。

2. 安装绝缘引流线，更换熔断器

方法：（在导线处）拆除和安装线夹法更换熔断器。

(1) 斗内电工调整绝缘斗至熔断器横担下方合适位置，安装绝缘引流线支架。

(2) 斗内电工根据绝缘引流线长度，在中间相导线的适当位置（导线遮蔽罩搭接处）分别移开导线上的遮蔽罩，剥除两端挂接处导线上的绝缘层。

(3) 斗内电工使用绝缘绳将绝缘引流线临时固定在主导线上，中间支撑在绝缘引流线支架上。

(4) 斗内电工调整绝缘斗至合适位置，先将绝缘引流线的一端线夹与一侧主导线连接可靠后，再将绝缘引流线的另一端线夹挂接到另一侧主导线上，完成后使用绝缘毯恢复绝缘遮蔽。

(5) 其余两相绝缘引流线的挂接按相同的方法进行，三相绝缘引流线的挂接可按先中间相相、再两边的顺序进行，或根据现场工况选择。

(6) 斗内电工使用电流检测仪逐相检测绝缘引流线电流，确认每一相分流的负荷电流应不小于原线路负荷电流的 1/3。

(7) 斗内电工调整绝缘斗分别至近边相熔断器负荷侧、电源侧导线的合适位置，打开引线搭接处的绝缘毯，使用绝缘锁杆将待断开的熔断器引线临时固定在两侧的主导线上后，拆除线夹。熔断器两侧引线的拆除，按照先电源侧、后负荷侧的顺序进行。

(8) 斗内电工调整工作位置后，使用绝缘锁杆将熔断器两侧引线缓缓放下，分别固定在绝缘吊杆的横向支杆上，完成后恢复绝缘遮蔽。

(9) 其余两相引线的拆除按相同的方法进行，三相引线的拆除可按先两边相、再中

间相的顺序进行，或根据现场工况选择。

（10）斗内电工调整绝缘斗至熔断器横担前方合适位置，分别断开三相熔断器上（下）桩头引线，在地面电工的配合下完成三相熔断器的更换工作，以及三相熔断器上（下）桩头引线的连接工作，对新安装熔断器进行分合情况检查后，取下熔管。

（11）斗内电工调整绝缘斗分别至中间相熔断器负荷侧、电源侧导线的合适位置，打开引线搭接处的绝缘毯，使用绝缘锁杆锁住中间相熔断器引线待搭接的一端，提升至搭接处主导线上可靠固定。熔断器两侧引线的搭接，按照先负荷侧（动触头侧）、再电源侧（静触头侧）的顺序进行。

（12）斗内电工使用线夹安装工具安装线夹，熔断器两侧引线分别与主导线可靠连接后撤除绝缘锁杆和绝缘吊杆，完成后恢复接续线夹处的绝缘、密封和绝缘遮蔽。

（13）其余两相引线的搭接按相同的方法进行，三相引线的搭接可按先中间相、再两边相的顺序进行，或根据现场工况选择。

（14）斗内电工使用绝缘操作杆挂上熔丝管并依次合上三相熔丝管，使用电流检测仪逐相检测熔断器引线电流，确认三相熔断器引线通流正常，按照“先两边相、再中间相”的顺序逐相拆除绝缘引流线，逐相恢复绝缘遮蔽，完成后拆除绝缘引流线支架。

3. 工作完成，拆除绝缘遮蔽，退出带电作业区域，工作结束

（1）斗内电工向工作负责人汇报确认本项工作已完成。

（2）斗内电工转移绝缘斗至合适作业位置，按照“从远到近、从上到下、先接地体后带电体”的原则，以及“远边相、中间相、近边相”的顺序（与遮蔽相反），拆除绝缘遮蔽。

（3）检查杆上无遗留物，绝缘斗退出带电作业区域，斗内电工返回地面，工作结束。

8.5　带电更换隔离开关（绝缘手套作业法，斗臂车作业）

按照 Q/GDW 10520《10kV 配网不停电作业规范》，本项目为第二类、简单绝缘手套作业法项目，如图 8－6 所示，适用于绝缘手套作业法＋拆除和安装线夹法（斗臂车作业）带电更换隔离开关工作，作业原理同断、接引线类项目。生产中务必结合现场实际工况参照适用，并积极推广绝缘手套作业法融合绝缘杆作业法（俗称短杆作业）在绝缘斗臂车的工作斗或其他绝缘平台如绝缘脚手架上的应用。

以图 8－6 所示的隔离开关杆（导线三角排列）为例说明其操作步骤。

本项目工作人员共计 4 人，人员分工为：工作负责人（兼工作监护人）1 人、斗内电工 2 人，地面电工 1 人。

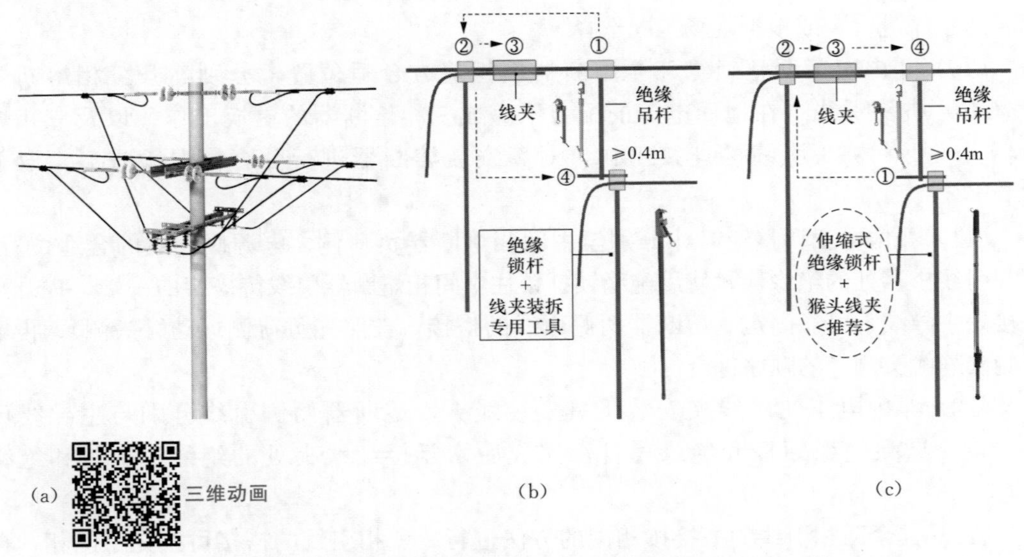

图 8-6 绝缘手套作业法（斗臂车作业）带电更换隔离开关

(a) 杆头外形图；(b) 断开引线（推荐）示意图；(c) 搭接引线（推荐）示意图

本项目操作前的准备工作已完成，工作负责人已检查确认隔离开关在拉开位置，作业装置和现场环境符合带电作业条件。

1. 工作开始，进入带电作业区域，验电，设置绝缘遮蔽措施

(1) 斗内电工穿戴好绝缘防护用具，经工作负责人检查合格后进入绝缘斗、挂好安全带保险钩。

(2) 斗内电工调整绝缘斗至合适位置，使用验电器对绝缘子、横担进行验电，确认无漏电现象，汇报给工作负责人，连同现场检测的风速、湿度一并记录在工作票备注栏内。

(3) 斗内电工调整绝缘斗至近边相导线外侧适当位置，按照“从近到远、从下到上、先带电体后接地体”的遮蔽原则，以及“近边相、中间相、远边相”的遮蔽顺序，依次对作业范围内的导线、引线、耐张线夹、绝缘子等进行绝缘遮蔽，选用绝缘吊杆法临时固定引线，绝缘遮蔽前先将绝缘吊杆固定在引线搭接处附近的主导线上。

2. 更换隔离开关

方法：(在导线处) 拆除和安装线夹法更换隔离开关。

(1) 斗内电工调整绝缘斗分别至近边相隔离开关负荷侧、电源侧导线的合适位置，打开引线搭接处的绝缘毯，使用绝缘锁杆将待断开的隔离开关引线临时固定在两侧的主导线上后，拆除线夹。隔离开关两侧引线的拆除，按照先电源侧（静触头侧）、再负荷侧（动触头侧）的顺序进行。

(2) 斗内电工调整工作位置后，使用绝缘锁杆将隔离开关两侧引线缓缓放下，分别固定在绝缘吊杆的横向支杆上，完成后恢复绝缘遮蔽。

(3) 其余两相引线的拆除按相同的方法进行，三相引线的拆除可按先两边相、再中间相的顺序进行，或根据现场工况选择。

（4）斗内电工调整绝缘斗至隔离开关横担前方合适位置，分别断开三相隔离开关两侧引线，在地面电工的配合下完成三相隔离开关的更换工作，以及三相隔离开关两侧引线的连接工作，对新安装隔离开关进行分、合试操作后，将隔离开关置于断开位置。

（5）斗内电工调整绝缘斗分别至中间相隔离开关负荷侧、电源侧导线的合适位置，打开引线搭接处的绝缘毯，使用绝缘锁杆锁住中间相隔离开关引线待搭接的一端，提升至搭接处主导线上可靠固定。隔离开关两侧引线的搭接，按照先负荷侧（动触头侧）、再电源侧（静触头侧）的顺序进行。

（6）斗内电工使用线夹安装工具安装线夹，隔离开关两侧引线分别与主导线可靠连接后撤除绝缘锁杆和绝缘吊杆，完成后恢复接续线夹处的绝缘、密封和绝缘遮蔽。

（7）其余两相引线的搭接按相同的方法进行，三相引线的搭接可按先中间相、再两边相的顺序进行，或根据现场工况选择。

3. 工作完成，拆除绝缘遮蔽，退出带电作业区域，工作结束

（1）斗内电工向工作负责人汇报确认本项工作已完成。

（2）斗内电工转移绝缘斗至合适作业位置，按照“从远到近、从上到下、先接地体后带电体”的原则，以及“远边相、中间相、近边相”的顺序（与遮蔽相反），拆除绝缘遮蔽。

（3）检查杆上无遗留物，绝缘斗退出带电作业区域，斗内电工返回地面，工作结束。

8.6　带负荷更换隔离开关（绝缘手套作业法＋绝缘引流线法，斗臂车作业）

按照Q/GDW 10520《10kV配网不停电作业规范》，本项目为第二类、简单绝缘手套作业法项目，如图8-7、图8-8所示，适用于绝缘手套作业法＋绝缘引流线法＋拆除和安装线夹法（斗臂车作业）带负荷更换隔离开关工作，作业原理同断、接引线类项目。生产中务必结合现场实际工况参照适用，并积极推广绝缘手套作业法融合绝缘杆作业法（俗称短杆作业）在绝缘斗臂车的工作斗或其他绝缘平台如绝缘脚手架上的应用以及＋旁路作业法的应用。

以图8-7所示的隔离开关杆（导线三角排列）为例说明其操作步骤。

本项目工作人员共计7人，人员分工为：工作负责人（兼工作监护人）1人、斗内电工（1号和2号绝缘斗臂车配合作业）4名，地面电工2人。

本项目操作前的准备工作已完成，工作负责人已检查确认隔离开关在拉开位置，作业装置和现场环境符合带电作业条件。

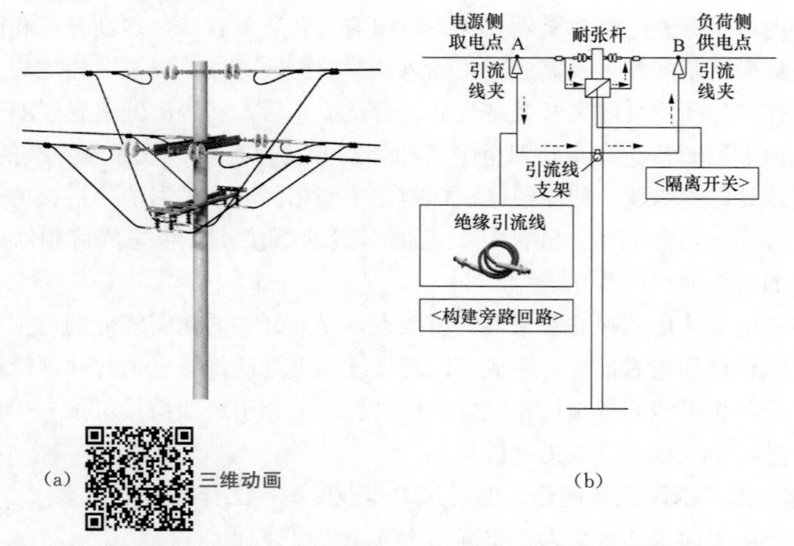

图8-7　绝缘手套作业法+绝缘引流线法（斗臂车作业）带负荷更换隔离开关

（a）杆头外形图；（b）绝缘引流线法示意图

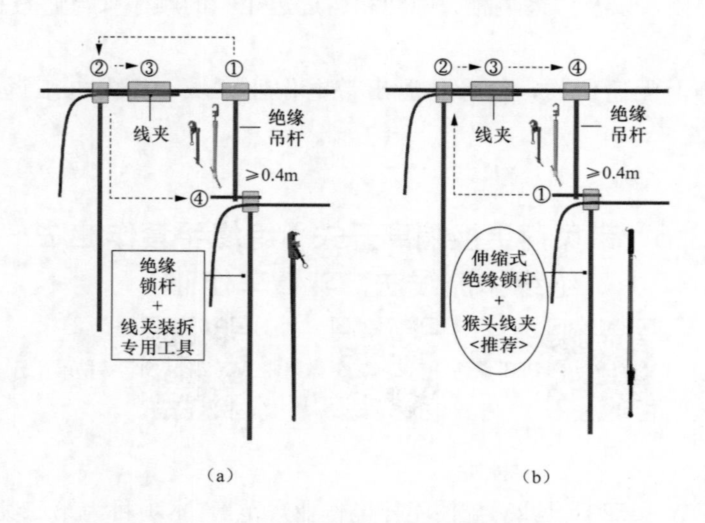

图8-8　引线的断开与搭接示意图

（a）断开引线（推荐）；（b）搭接引线（推荐）

1. 工作开始，进入带电作业区域，验电，设置绝缘遮蔽措施

（1）斗内电工穿戴好绝缘防护用具，经工作负责人检查合格后进入绝缘斗、挂好安全带保险钩。

（2）斗内电工调整绝缘斗至合适位置，使用验电器对绝缘子、横担进行验电，确认无漏电现象，汇报给工作负责人，连同现场检测的风速、湿度一并记录在工作票备注栏内。

（3）斗内电工调整绝缘斗至近边相导线外侧适当位置，按照“从近到远、从下到

上、先带电体后接地体”的遮蔽原则，以及“近边相、中间相、远边相”的遮蔽顺序，依次对作业范围内的导线、引线、耐张线夹、绝缘子等进行绝缘遮蔽，选用绝缘吊杆法临时固定引线，绝缘遮蔽前先将绝缘吊杆固定在引线搭接处附近的主导线上。

2. 安装绝缘引流线，更换隔离开关

方法：（在导线处）拆除和安装线夹法更换隔离开关。

（1）斗内电工调整绝缘斗至隔离开关横担下方合适位置，安装绝缘引流线支架。

（2）斗内电工根据绝缘引流线长度，在中间相导线的适当位置（导线遮蔽罩搭接处）分别移开导线上的遮蔽罩，剥除两端挂接处导线上的绝缘层。

（3）斗内电工使用绝缘绳将绝缘引流线临时固定在主导线上，中间支撑在绝缘引流线支架上。

（4）斗内电工调整绝缘斗至合适位置，先将绝缘引流线的一端线夹与一侧主导线连接可靠后，再将绝缘引流线的另一端线夹挂接到另一侧主导线上，完成后恢复绝缘遮蔽。

（5）其余两相绝缘引流线的挂接按相同的方法进行，三相绝缘引流线的挂接可按先中间相相、再两边的顺序进行，或根据现场工况选择。

（6）斗内电工使用电流检测仪逐相检测绝缘引流线电流，确认每一相分流的负荷电流应不小于原线路负荷电流的1/3。

（7）斗内电工调整绝缘斗分别至近边相隔离开关负荷侧、电源侧导线的合适位置，打开引线搭接处的绝缘毯，使用绝缘锁杆将待断开的隔离开关引线临时固定在两侧的主导线上后，拆除线夹。

（8）斗内电工调整工作位置后，使用绝缘锁杆将隔离开关两侧引线缓缓放下，分别固定在绝缘吊杆的横向支杆上，完成后恢复绝缘遮蔽。

（9）其余两相引线的拆除按相同的方法进行，三相引线的拆除可按先两边相、再中间相的顺序进行，或根据现场工况选择。

（10）斗内电工调整绝缘斗至隔离开关横担前方合适位置，分别断开三相隔离开关两侧引线，在地面电工的配合下完成三相隔离开关的更换工作，以及三相隔离开关两侧引线的连接工作，对新安装隔离开关进行分、合试操作后，将隔离开关置于断开位置。

（11）斗内电工调整绝缘斗分别至中间相隔离开关负荷侧、电源侧导线的合适位置，打开引线搭接处的绝缘毯，使用绝缘锁杆锁住中间相隔离开关引线待搭接的一端，提升至搭接处主导线上可靠固定。

（12）斗内电工使用线夹安装工具安装线夹，将隔离开关两侧引线分别与主导线可靠连接后撤除绝缘锁杆和绝缘吊杆，完成后恢复接续线夹处的绝缘、密封和绝缘遮蔽。

（13）其余两相引线的搭接按相同的方法进行，三相引线的搭接可按先中间相、再两边相的顺序进行，或根据现场工况选择。

（14）斗内电工使用绝缘操作杆依次合上三相隔离开关，使用电流检测仪逐相检测隔离开关引线电流，确认三相隔离开关引线通流正常，按照“先两边相、再中间相”的顺序逐相拆除绝缘引流线，逐相恢复绝缘遮蔽，完成后拆除绝缘引流线支架。

3. 工作完成，拆除绝缘遮蔽，退出带电作业区域，工作结束

（1）斗内电工向工作负责人汇报确认本项工作已完成。

（2）斗内电工转移绝缘斗至合适作业位置，按照“从远到近、从上到下、先接地体后带电体”的原则，以及“远边相、中间相、近边相”的顺序（与遮蔽相反），拆除绝缘遮蔽。

（3）检查杆上无遗留物，绝缘斗退出带电作业区域，斗内电工返回地面，工作结束。

8.7 带负荷更换柱上开关1（绝缘手套作业法+旁路作业法，斗臂车作业）

 PPT课件  微课件  二维动画

按照Q/GDW 10520《10kV配网不停电作业规范》，本项目为第三类、复杂绝缘手套作业法项目，如图8-9～图8-12所示，适用于绝缘手套作业法+旁路作业法+拆除和安装线夹法（斗臂车作业）带负荷更换柱上开关工作，作业原理同断、接引线类项目。生产中务必结合现场实际工况参照使用，并积极推广绝缘手套作业法融合绝缘杆作业法（俗称短杆作业）+旁路作业法在绝缘斗臂车的工作斗或其他绝缘平台如绝缘脚手架上的应用。

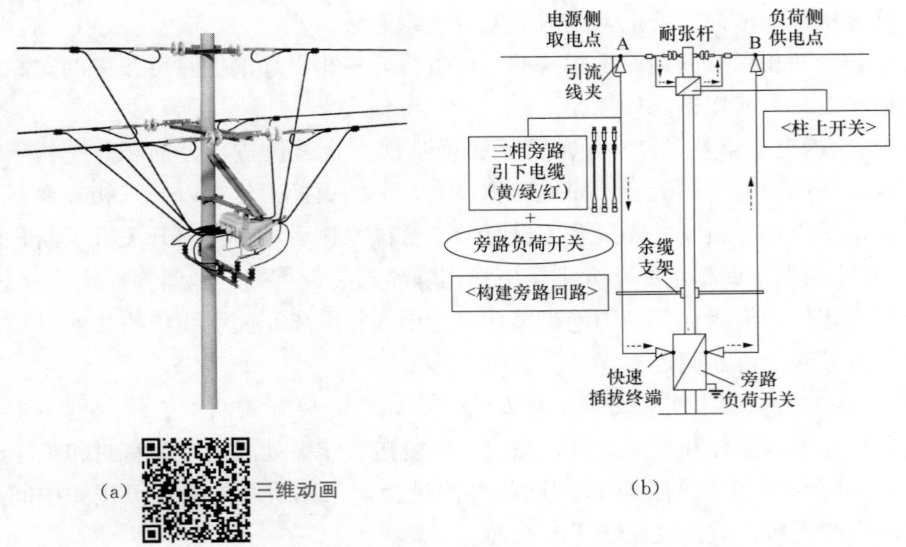

图8-9　绝缘手套作业法+旁路作业法（斗臂车作业）带负荷更换柱上开关1

（a）杆头外形图；（b）旁路作业法示意图

以图8-9所示的柱上开关杆（导线三角排列）为例说明其操作步骤。

本项目工作人员共计 7 人，人员分工为：工作负责人（兼工作监护人）1 人、斗内电工（1 号和 2 号绝缘斗臂车配合作业）4 名，地面电工 2 人。

本项目操作前的准备工作已完成，工作负责人已检查确认作业装置和现场环境符合带电作业条件，具有配网自动化功能的柱上开关，其电压互感器确已退出运行。

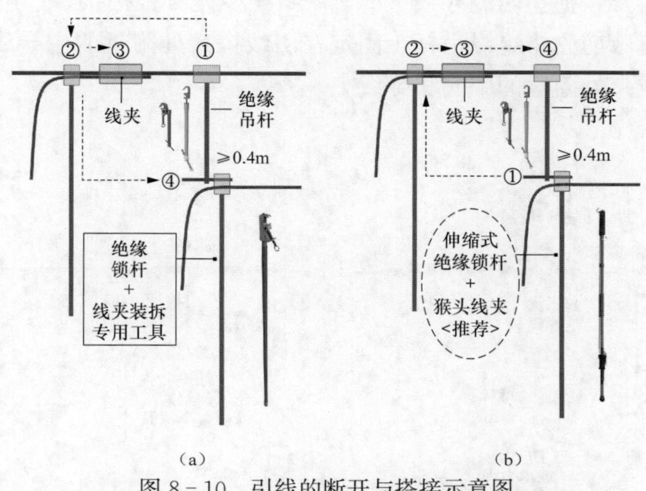

图 8-10　引线的断开与搭接示意图

（a）断开引线（推荐）；（b）搭接引线（推荐）

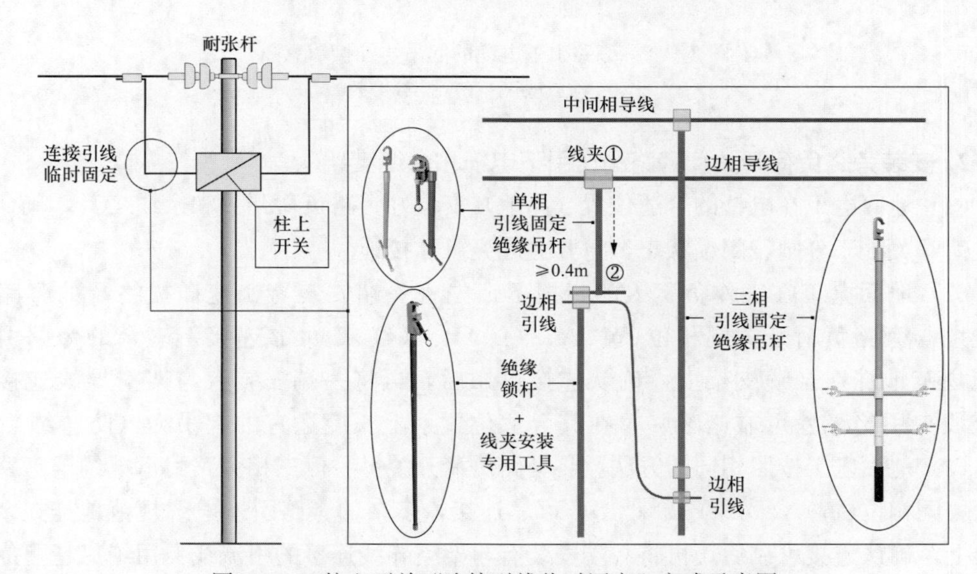

图 8-11　柱上开关“连接引线临时固定”方式示意图

1. 工作开始，进入带电作业区域，验电，设置绝缘遮蔽措施

（1）斗内电工穿戴好绝缘防护用具，经工作负责人检查合格后进入绝缘斗、挂好安全带保险钩。

（2）斗内电工调整绝缘斗至合适位置，使用验电器对绝缘子、横担进行验电，确认无漏电现象，使用电流检测仪确认每相负荷电流不超过 200A，汇报给工作负责人，连同现场检测的风速、湿度一并记录在工作票备注栏内。

（3）斗内电工调整绝缘斗至近边相导线外侧适当位置，按照“从近到远、从下到上、先带电体后接地体”的遮蔽原则，以及“近边相、中间相、远边相”的遮蔽顺序，依次对作业范围内的导线、引线、耐张线夹、绝缘子等进行绝缘遮蔽，考虑到后续挂接旁路引下电缆的需要，横担两侧导线上的遮蔽罩至少是2根搭接，选用绝缘吊杆法临时固定引线，绝缘遮蔽前先将绝缘吊杆1固定在引线搭接处附近的主导线上，绝缘吊杆2临时固定在耐张线夹处附近的中间相导线上。

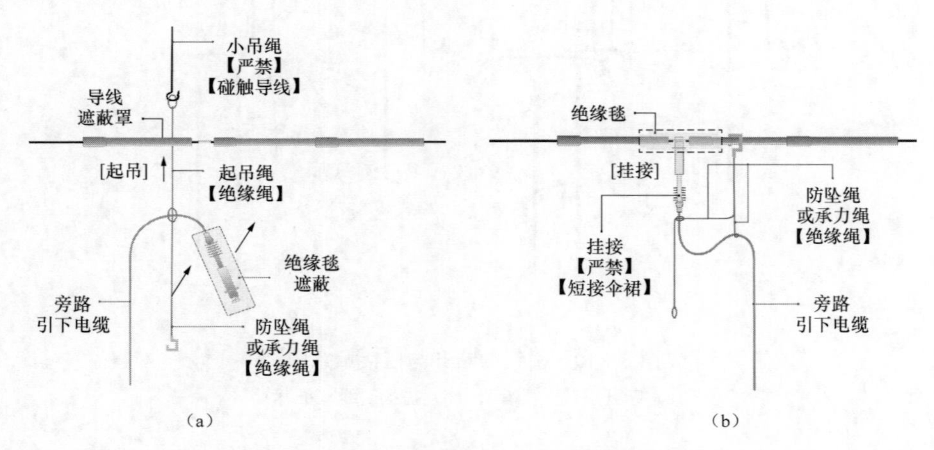

图8-12　旁路引下电缆的起吊与挂接示意图

（a）起吊；（b）挂接

2. 安装旁路负荷开关、旁路高压引下电缆和余缆支架

（1）地面电工在电杆的合适位置（离地）安装好旁路负荷开关和余缆工具，确认旁路负荷开关处于分闸、闭锁状态，将开关外壳可靠接地。

（2）地面电工在工作负责人的指挥下，先将一端安装有快速插拔终端的旁路引下电缆与旁路负荷开关同相位(黄)A、(绿)B、(红)C可靠连接，多余的旁路引下电缆规范地挂在余缆支架上，确认连接可靠后，再将一端安装有与架空导线连接的引流线夹用绝缘毯可靠遮蔽好，在其合适位置系上长度适宜的起吊绳（防坠绳）。

（3）地面电工按照相同的方法，将旁路负荷开关另一侧三相旁路引下电缆与旁路负荷开关同相位(黄)A、(绿)B、(红)C可靠连接，多余的旁路引下电缆规范地挂在余缆支架上，确认连接可靠后，再将一端安装有与架空导线连接的引流线夹用绝缘毯可靠遮蔽好，在其合适位置系上长度适宜的起吊绳（防坠绳）。

（4）地面电工确认旁路负荷开关两侧（黄、绿、红）三相旁路引下电缆相色标记正确连接无误，用绝缘操作杆合上旁路负荷开关进行绝缘检测（绝缘电阻应不小于500MΩ），检测合格后用放电棒进行充分的放电。

（5）地面电工使用绝缘操作杆断开旁路负荷开关，确认开关处于分闸状态，插上闭锁销钉，锁死闭锁机构。

（6）斗内电工调整绝缘斗至远边相导线外侧适当位置，在地面电工的配合下使用小吊绳将旁路引下电缆吊至导线处，移开对接重合的两根导线遮蔽罩，将旁路引下电缆的引流线夹安装（挂接）到架空导线上，并挂好防坠绳（起吊绳），完成后使用绝缘毯对导线和引流线夹进行遮蔽。如导线为绝缘导线，应先剥除导线的绝缘层，再清除连接处导线上的氧化层。

（7）按照相同的方法，依次将其余两相旁路引线电缆与同相位的中间相、近边相架空导线可靠连接，按照“远边相、中间相、近边相”的顺序挂接时，应确保相色标记为“黄、绿、红”的旁路引下电缆与同相位的(黄)A、(绿)B、(红)C三相导线可靠连接，相序保持一致。

3. 合上旁路负荷开关，旁路回路投入运行，柱上开关使其退出运行

（1）地面电工使用核相工具确认核相正确无误后，用绝缘操作杆合上旁路负荷开关，旁路回路投入运行，插上闭锁销钉，锁死闭锁机构。

（2）斗内电工用电流检测仪逐相测量三相旁路电缆电流，确认每一相分流的负荷电流应不小于原线路负荷电流的1/3。

（3）斗内电工确认旁路回路工作正常，用绝缘操作杆拉开柱上开关使其退出运行。

4. 更换柱上开关，柱上开关投入运行

方法：（在导线处）拆除和安装线夹法更换柱上开关。

（1）斗内电工调整绝缘斗分别至近边相导线外侧的合适位置，打开柱上开关两侧引线搭接处的绝缘毯，使用绝缘锁杆将待断开的柱上开关引线临时固定在主导线上，拆除线夹。

（2）斗内电工调整工作位置后，使用绝缘锁杆将柱上开关引线缓缓放下，临时固定在绝缘吊杆1的横向支杆上，完成后恢复绝缘遮蔽。

（3）其余两相引线的拆除按相同的方法进行，三相引线的拆除可按先两边相、再中间相的顺序进行，或根据现场工况选择。

（4）斗内电工调整绝缘斗分别至柱上开关两侧前方合适位置，断开柱上开关两侧引线，临时固定在绝缘吊杆2的横向支杆上。

（5）地面电工对新安装的柱上开关进行分、合试操作后，将柱上开关置于断开位置。

（6）1号斗臂车斗内电工调整绝缘斗至柱上开关前方合适位置，2号斗臂车斗内电工调整绝缘斗至柱上开关的上方，在地面电工的配合下，使用斗臂车的小吊绳和开关专用吊绳将柱上开关调至安装位置，配合1号斗臂车斗内电工完成柱上开关的更换工作，以及新柱上开关两侧引线的连接工作。

（7）斗内电工调整绝缘斗分别至柱上开关两侧中间相导线的合适位置，打开引线搭接处的绝缘毯，使用绝缘锁杆锁住中间相柱上开关引线待搭接的一端，提升至搭接处主导线上可靠固定。

（8）斗内电工使用线夹安装工具安装线夹，将开关两侧引线分别与主导线可靠连接，完成后分别撤除绝缘锁杆、绝缘吊杆 1 和绝缘吊杆 2，恢复接续线夹处的绝缘、密封和绝缘遮蔽。

（9）其余两相引线的搭接按相同的方法进行，三相引线的搭接可按先中间相、再两边相的顺序进行，或根据现场工况选择。

（10）斗内电工确认柱上开关引线连接可靠无误后，合上柱上开关使其投入运行，使用电流检测仪逐相检测柱上开关引线电流，确认通流正常。

5. 断开旁路负荷开关，旁路回路退出运行，拆除旁路回路并充分放电

（1）地面电工使用绝缘操作杆断开旁路负荷开关，旁路回路退出运行，插上闭锁销钉，锁死闭锁机构。

（2）斗内电工调整绝缘斗分别至三相导线外侧的合适位置，按照“近边相、中间相、远边相”的顺序，在地面电工的配合下，斗内电工对拆除的引流线夹使用绝缘毯遮蔽后，使用斗臂车的小吊绳将三相旁路引下电缆吊至地面盘圈回收，完成后斗内电工恢复导线搭接处的绝缘、密封和绝缘遮蔽（导线遮蔽罩恢复搭接重合）。

（3）地面电工使用绝缘操作杆合上旁路负荷开关，使用放电棒对旁路电缆充分放电后，拉开旁路负荷开关，断开旁路引下电缆与旁路负荷开关的连接，拆除余缆工具和旁路负荷开关。

6. 工作完成，拆除绝缘遮蔽，退出带电作业区域，工作结束

（1）斗内电工向工作负责人汇报确认本项工作已完成。

（2）斗内电工转移绝缘斗至合适作业位置，按照“从远到近、从上到下、先接地体后带电体”的原则，以及“远边相、中间相、近边相”的顺序（与遮蔽相反），拆除绝缘遮蔽。

（3）检查杆上无遗留物，绝缘斗退出带电作业区域，斗内电工返回地面，工作结束。

8.8 带负荷直线杆改耐张杆并加装柱上开关 2（绝缘手套作业法＋旁路作业法，斗臂车作业）

PPT 课件

微课件

按照 Q/GDW 10520《10kV 配网不停电作业规范》，本项目为第四类、复杂绝缘手套作业法项目，如图 8－13～图 8－18 所示，适用于绝缘手套作业法＋旁路作业法＋拆除和安装线夹法（斗臂车作业）带负荷直线杆改耐张杆并加装柱上开关工作，加装柱上开关的作业原理同断、接引线类项目。生产中务必结合现场实际工况参照适用，并积极推广采用绝缘手套作业法融合绝缘杆作业法（俗称短杆作业）在绝缘斗臂车的工作斗或其他绝缘平台如绝缘脚手架上的应用。

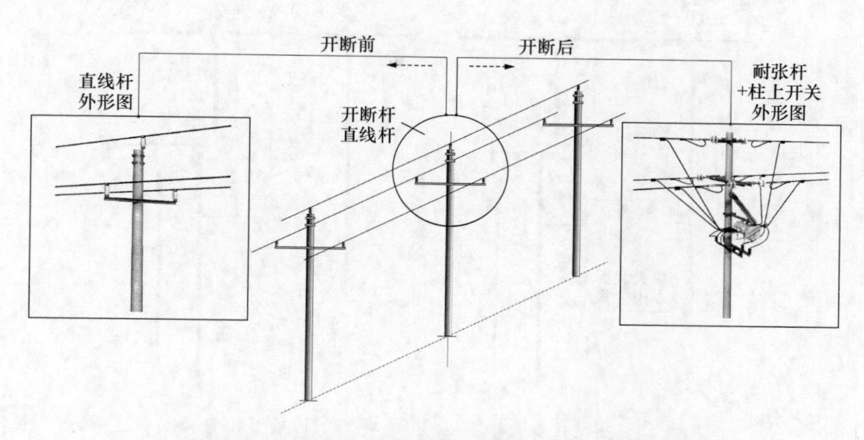

图 8－13　直线杆改耐张杆并加装柱上开关示意图

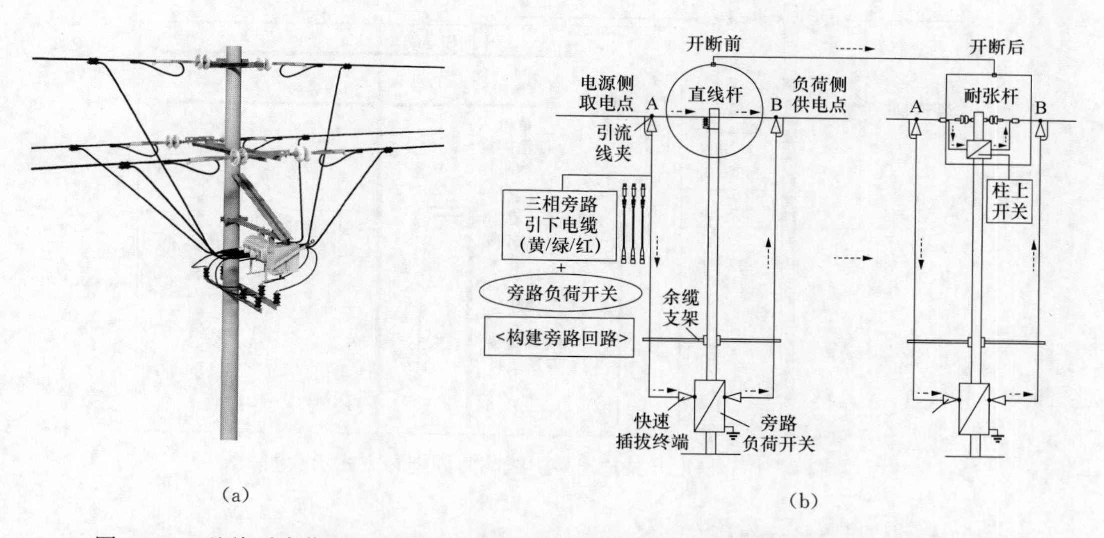

图 8－14　绝缘手套作业法＋旁路作业法带负荷直线杆改耐张杆并加装柱上开关示意图

(a) 柱上开关杆杆头外形图；(b) 旁路作业法示意图

以图 8－13、图 8－14 所示的柱上开关（双侧无隔离刀闸，导线三角排列）为例说明其操作步骤。

本项目工作人员共计 7 人，人员分工为：工作负责人（兼工作监护人）1 人、斗内电工（1 号和 2 号绝缘斗臂车配合作业）4 人，杆上电工（登杆作业，兼地面电工）1 人，地面电工 1 人。

本项目操作前的准备工作已完成，工作负责人已检查确认作业点和两侧的电杆根部、基础牢固、导线绑扎牢固，工作负责人已检查确认作业装置和现场环境符合带电作业条件。其中，新装柱上负荷开关带有取能用电压互感器时，电源侧应串接带有明显断

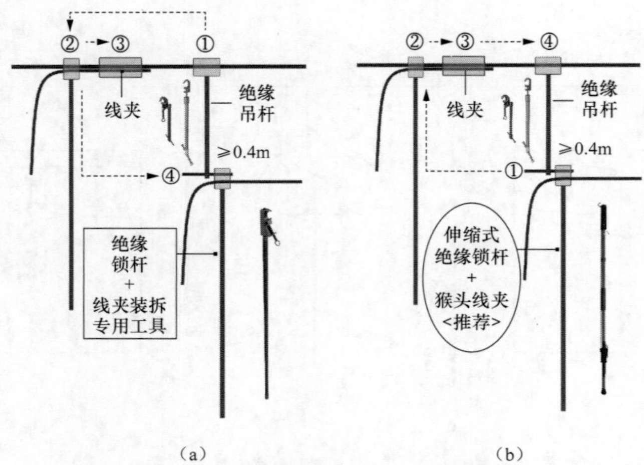

图 8-15　引线的断开与搭接示意图

(a) 断开引线（推荐）；(b) 搭接引线（推荐）

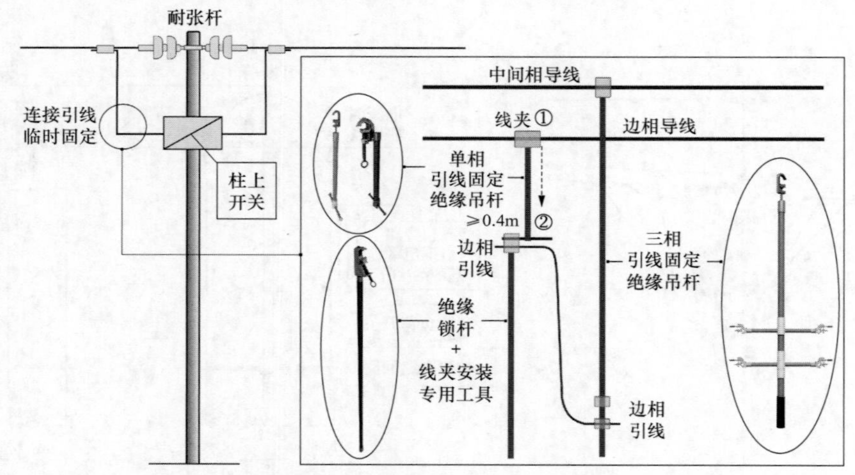

图 8-16　柱上开关“连接引线临时固定”方式示意图

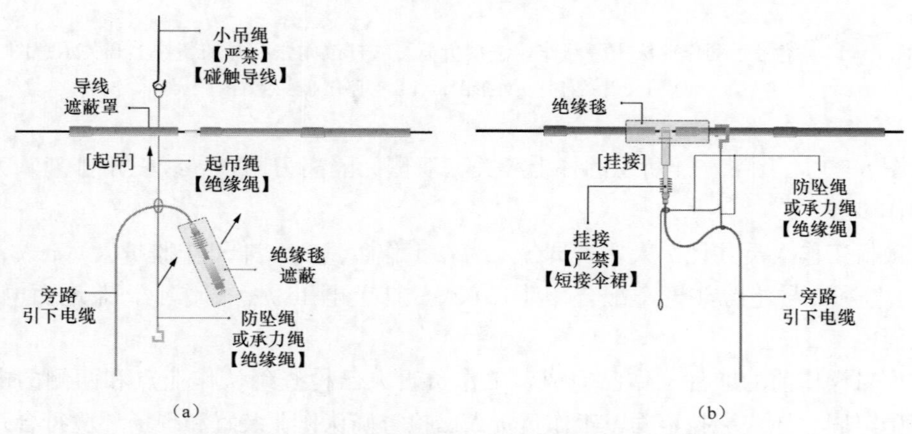

图 8-17　旁路引下电缆的起吊与挂接示意图

(a) 起吊；(b) 挂接

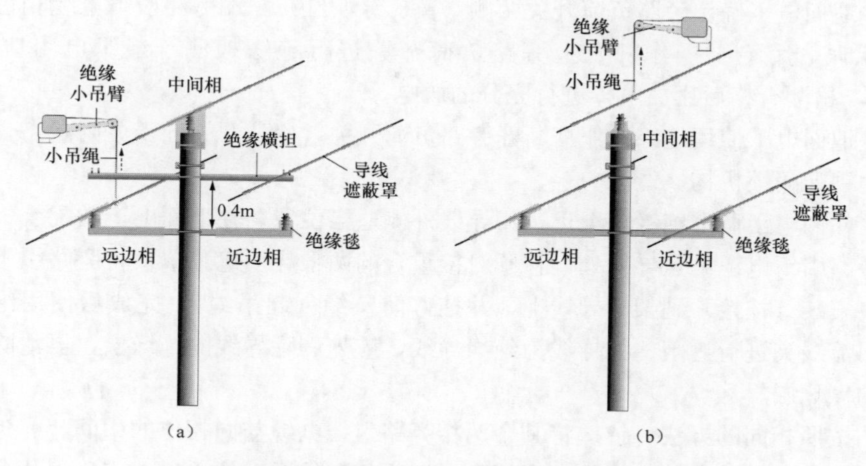

图8－18　绝缘横担＋绝缘小吊臂法提升导线示意图

（a）两边相导线提升示意图；（b）中间相导线示意图

开点的设备，防止带负荷接引，并应闭锁其自动跳闸的回路，开关操作后应闭锁其操作机构，防止误操作。

1. 工作开始，进入带电作业区域，验电，设置绝缘遮蔽措施

（1）斗内电工穿戴好绝缘防护用具，经工作负责人检查合格后进入绝缘斗、挂好安全带保险钩。

（2）斗内电工调整绝缘斗至合适位置，使用验电器对绝缘子、横担进行验电，确认无漏电现象，使用电流检测仪确认每相负荷电流不超过200A，汇报给工作负责人，连同现场检测的风速、湿度一并记录在工作票备注栏内。

（3）斗内电工调整绝缘斗至近边相导线外侧适当位置，按照“从近到远、从下到上、先带电体后接地体”的遮蔽原则，以及“近边相、中间相、远边相”的遮蔽顺序，依次对作业范围内的导线、绝缘子、横担、杆顶等进行绝缘遮蔽，考虑到后续挂接旁路引下电缆的需要，横担两侧导线上的遮蔽罩至少是2根搭接。

2. 安装旁路负荷开关、旁路高压引下电缆和余缆支架

（1）地面电工在电杆的合适位置（离地）安装好旁路负荷开关和余缆工具，确认旁路负荷开关处于分闸、闭锁状态，将开关外壳可靠接地。

（2）地面电工在工作负责人的指挥下，先将一端安装有快速插拔终端的旁路引下电缆与旁路负荷开关同相位(黄)A、(绿)B、(红)C可靠连接，多余的旁路引下电缆规范地挂在余缆支架上，确认连接可靠后，再将一端安装有与架空导线连接的引流线夹用绝缘毯可靠遮蔽好，在其合适位置系上长度适宜的起吊绳（防坠绳）。

（3）地面电工按照相同的方法，将旁路负荷开关另一侧三相旁路引下电缆与旁路负荷开关同相位(黄)A、(绿)B、(红)C可靠连接，多余的旁路引下电缆规范地挂在余缆支架上，确认连接可靠后，再将一端安装有与架空导线连接的引流线夹用绝缘毯可靠遮蔽好，在其合适位置系上长度适宜的起吊绳（防坠绳）。

（4）地面电工确认旁路负荷开关两侧（黄、绿、红）三相旁路引下电缆相色标记正确连接无误，用绝缘操作杆合上旁路负荷开关进行绝缘检测（绝缘电阻应不小于500MΩ），检测合格后用放电棒进行充分的放电。

（5）地面电工使用绝缘操作杆断开旁路负荷开关，确认开关处于分闸状态，插上闭锁销钉，锁死闭锁机构。

（6）斗内电工调整绝缘斗至远边相导线外侧适当位置，在地面电工的配合下使用小吊绳将旁路引下电缆吊至导线处，移开对接重合的两根导线遮蔽罩，将旁路引下电缆的引流线夹安装（挂接）到架空导线上，并挂好防坠绳（起吊绳），完成后使用绝缘毯对导线和引流线夹进行遮蔽。如导线为绝缘导线，应先剥除导线的绝缘层，再清除连接处导线上的氧化层。

（7）按照相同的方法，依次将其余两相旁路引线电缆与同相位的中间相、近边相架空导线可靠连接，按照“远边相、中间相、近边相”的顺序挂接时，应确保相色标记为“黄、绿、红”的旁路引下电缆与同相位的（黄）A、（绿）B、（红）C三相导线可靠连接，相序保持一致。

3. 合上旁路负荷开关，旁路回路投入运行

（1）地面电工使用核相工具确认核相正确无误后，用绝缘操作杆合上旁路负荷开关，旁路回路投入运行，插上闭锁销钉，锁死闭锁机构。

（2）斗内电工用电流检测仪逐相测量三相旁路电缆电流，确认每一相分流的负荷电流应不小于原线路负荷电流的1/3。

4. 支撑导线（电杆用绝缘横担法），直线横担改为耐张横担

（1）斗内电工在地面电工的配合下，调整绝缘斗至相间合适位置，在电杆上高出横担约0.4m的位置安装绝缘横担。

（2）斗内电工调整绝缘斗至近边相外侧适当位置，使用绝缘小吊绳在铅垂线上固定导线。

（3）斗内电工拆除绝缘子绑扎线，提升近边相导线置于绝缘横担上的固定槽内可靠固定。

（4）按照相同的方法将远边相导线置于绝缘横担的固定槽内并可靠固定。

（5）斗内电工相互配合拆除直线杆绝缘子和横担，安装耐张横担，装好耐张绝缘子和耐张线夹。

5. 开断三相导线为耐张连接

（1）斗内电工相互配合在耐张横担上安装耐张横担遮蔽罩，完成后恢复耐张绝缘子和耐张线夹处的绝缘遮蔽。

（2）斗内电工操作斗臂车小吊臂使近边相导线缓缓下降，放置到耐张横担遮蔽罩上固定槽内。

（3）斗内电工转移绝缘斗至近边相导线外侧合适位置，在横担两侧导线上安装好绝缘紧线器及绝缘保护绳，操作绝缘紧线器将导线收紧至便于开断状态。

（4）斗内电工配合使用断线剪将近边相导线剪断，将近边相两侧导线分别固定在耐

张线夹内。

（5）斗内电工确认导线连接可靠后，拆除绝缘紧线器及绝缘保护绳。

（6）斗内电工在确保横担及绝缘子绝缘遮蔽到位的前提下，完成近边相导线引线的接续工作。

（7）斗内电工使用电流检测仪检测耐张引线电流，确认通流正常，近边相导线的开断和接续工作结束。

（8）开断和接续远边相导线按照相同的方法进行。

（9）开断中间相导线时，斗内电工操作小吊臂提升中间相导线0.4m以上，耐张绝缘子和耐张线夹安装后，将中间相导线重新降至中间相绝缘子顶槽内绑扎牢靠，斗内电工按照同样的方法开断和接续中间相导线，完成后拆除中间相绝缘子和杆顶支架，恢复杆顶绝缘遮蔽。

6. 加装柱上开关

方法：（在导线处）拆除和安装线夹法加装柱上开关。

（1）斗内电工调整绝缘斗分别至三相导线外侧合适位置，打开引线搭接处的绝缘毯，将绝缘吊杆1分别固定在三相引线搭接处附近的主导线上，绝缘吊杆2固定在耐张线夹处附近的中间相导线上，完成后恢复绝缘遮蔽。

（2）地面电工对新安装的柱上开关进行分、合试操作后，将柱上开关置于断开位置。

（3）1号斗臂车斗内电工调整绝缘斗至柱上开关安装位置前方合适位置，2号斗臂车斗内电工调整绝缘斗至柱上开关安装位置的上方，在地面电工的配合下，使用斗臂车的小吊绳和开关专用吊绳将柱上开关调至安装位置，配合1号斗臂车斗内电工完成柱上开关安装工作，以及柱上开关两侧引线的连接工作。

（4）斗内电工调整绝缘斗分别至柱上开关两侧中间相导线的合适位置，打开引线搭接处的绝缘毯，使用绝缘锁杆锁住中间相柱上开关引线待搭接的一端，提升至搭接处主导线上可靠固定。

（5）斗内电工使用线夹安装工具安装线夹，将开关两侧引线分别与主导线可靠连接，完成后分别撤除绝缘锁杆、绝缘吊杆1和绝缘吊杆2，恢复接续线夹处的绝缘、密封和绝缘遮蔽。

（6）其余两相引线的搭接按相同的方法进行，三相引线的搭接可按先中间相、再两边相的顺序进行，或根据现场工况选择。

（7）斗内电工确认柱上开关引线连接可靠无误后，合上柱上开关使其投入运行，使用电流检测仪逐相检测柱上开关引线电流，确认通流正常。

7. 断开旁路负荷开关，旁路回路退出运行，拆除旁路回路并充分放电

（1）地面电工使用绝缘操作杆断开旁路负荷开关，旁路回路退出运行，插上闭锁销钉，锁死闭锁机构。

（2）斗内电工调整绝缘斗分别至三相导线外侧的合适位置，按照“近边相、中间相、远边相”的顺序，在地面电工的配合下，斗内电工对拆除的引流线夹使用绝缘毯遮蔽后，使用斗臂车的小吊绳将三相旁路引下电缆吊至地面盘圈回收，完成后斗内电工恢复导线搭接处的绝缘、密封和绝缘遮蔽（导线遮蔽罩恢复搭接重合）。

（3）地面电工使用绝缘操作杆合上旁路负荷开关，使用放电棒对旁路电缆充分放电后，拉开旁路负荷开关，断开旁路引下电缆与旁路负荷开关的连接，拆除余缆工具和旁路负荷开关。

8. 工作完成，拆除绝缘遮蔽，退出带电作业区域，工作结束

（1）斗内电工向工作负责人汇报确认本项工作已完成。

（2）斗内电工转移绝缘斗至合适作业位置，按照“从远到近、从上到下、先接地体后带电体”的原则，以及“远边相、中间相、近边相”的顺序（与遮蔽相反），拆除绝缘遮蔽。

（3）检查杆上无遗留物，绝缘斗退出带电作业区域，斗内电工返回地面，工作结束。

8.9 带负荷更换柱上开关3（绝缘手套作业法+旁路作业法，斗臂车作业）

按照Q/GDW 10520《10kV配网不停电作业规范》，本项目为第三类、复杂绝缘手套作业法项目，如图8－19、图8－20所示，适用于绝缘手套作业法＋旁路作业法＋拆除和安装线夹法（斗臂车作业）带负荷更换柱上开关工作，作业原理同断、接引线类项目。生产中务必结合现场实际工况参照适用，并积极推广构建旁路回路采用绝缘手套作业法融合绝缘杆作业法（俗称短杆作业）在绝缘斗臂车的工作斗或其他绝缘平台如绝缘脚手架上的应用。

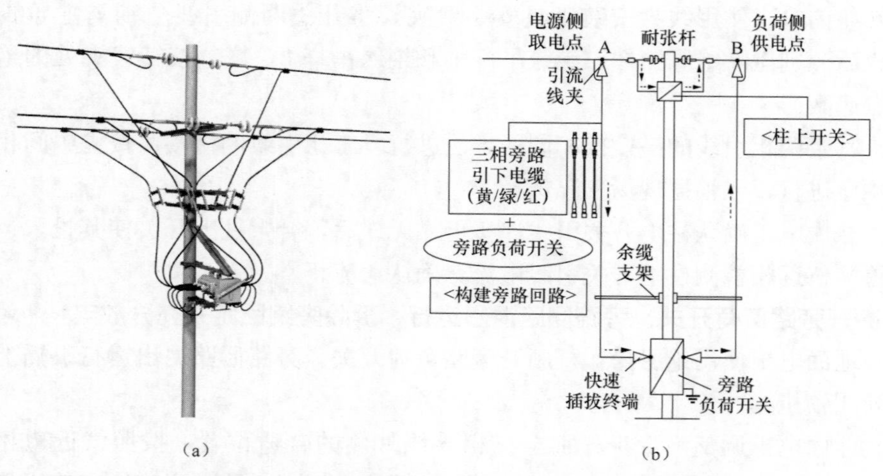

图8－19 绝缘手套作业法＋旁路作业法（斗臂车作业）带负荷更换柱上开关3
（a）杆头外形图；（b）旁路作业法示意图

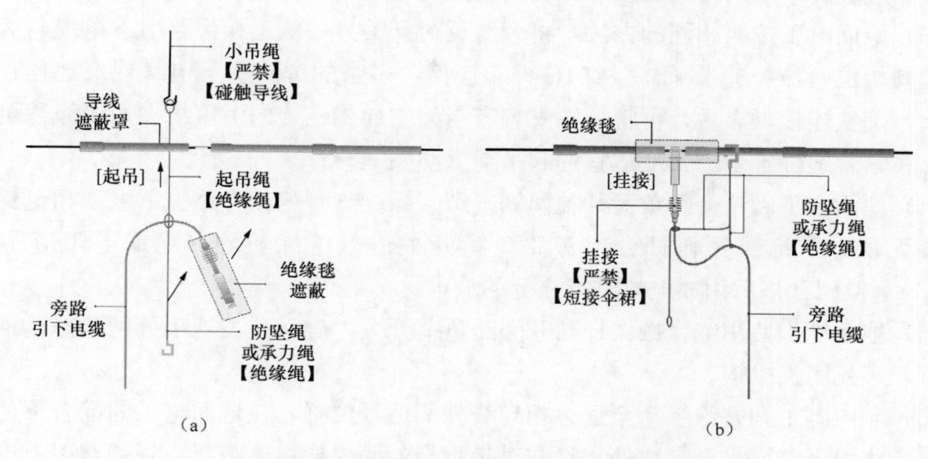

图 8-20 旁路引下电缆的起吊与挂接示意图

(a) 起吊；(b) 挂接

以图 8-19 所示的柱上开关杆（两侧带隔离开关，导线三角排列）为例说明其操作步骤。

本项目工作人员共计 7 人，人员分工为：工作负责人（兼工作监护人）1 人、斗内电工（1 号和 2 号绝缘斗臂车配合作业）4 人，地面电工 2 人。

本项目操作前的准备工作已完成，工作负责人已检查确认作业装置和现场环境符合带电作业条件，具有配网自动化功能的柱上开关，其电压互感器确已退出运行。

1. 工作开始，进入带电作业区域，验电，设置绝缘遮蔽措施

(1) 斗内电工穿戴好绝缘防护用具，经工作负责人检查合格后进入绝缘斗、挂好安全带保险钩。

(2) 斗内电工调整绝缘斗至合适位置，使用验电器对绝缘子、横担进行验电，确认无漏电现象，使用电流检测仪确认每相负荷电流不超过 200A，汇报给工作负责人，连同现场检测的风速、湿度一并记录在工作票备注栏内。

(3) 斗内电工调整绝缘斗至近边相导线外侧适当位置，按照“从近到远、从下到上、先带电体后接地体”的遮蔽原则，以及“近边相、中间相、远边相”的遮蔽顺序，在三相引线搭接的导线外侧，使用导线遮蔽罩对作业范围内的导线进行绝缘遮蔽，考虑到后续挂接旁路引下电缆的需要，两侧导线上的遮蔽罩至少是 2 根搭接。

2. 安装旁路负荷开关、旁路高压引下电缆和余缆支架

(1) 地面电工在电杆的合适位置（离地）安装好旁路负荷开关和余缆工具，确认旁路负荷开关处于分闸、闭锁状态，将开关外壳可靠接地。

(2) 地面电工在工作负责人的指挥下，先将一端安装有快速插拔终端的旁路引下电缆与旁路负荷开关同相位（黄）A、（绿）B、（红）C 可靠连接，多余的旁路引下电缆规范地挂在余缆支架上，确认连接可靠后，再将一端安装有与架空导线连接的引流线夹用绝缘毯可靠遮蔽好，在其合适位置系上长度适宜的起吊绳（防坠绳）。

（3）地面电工按照相同的方法，将旁路负荷开关另一侧三相旁路引下电缆与旁路负荷开关同相位(黄)A、(绿)B、(红)C 可靠连接，多余的旁路引下电缆规范地挂在余缆支架上，确认连接可靠后，再将一端安装有与架空导线连接的引流线夹用绝缘毯可靠遮蔽好，在其合适位置系上长度适宜的起吊绳（防坠绳）。

（4）地面电工确认旁路负荷开关两侧（黄、绿、红）三相旁路引下电缆相色标记正确连接无误，用绝缘操作杆合上旁路负荷开关进行绝缘检测（绝缘电阻应不小于 500MΩ），检测合格后用放电棒进行充分的放电。

（5）地面电工使用绝缘操作杆断开旁路负荷开关，确认开关处于分闸状态，插上闭锁销钉，锁死闭锁机构。

（6）斗内电工调整绝缘斗至远边相导线外侧适当位置，在地面电工的配合下使用小吊绳将旁路引下电缆吊至导线处，移开对接重合的两根导线遮蔽罩，将旁路引下电缆的引流线夹安装（挂接）到架空导线上，并挂好防坠绳（起吊绳），完成后使用绝缘毯对导线和引流线夹进行遮蔽。如导线为绝缘导线，应先剥除导线的绝缘层，再清除连接处导线上的氧化层。

（7）按照相同的方法，依次将其余两相旁路引线电缆与同相位的中间相、近边相架空导线可靠连接，按照“远边相、中间相、近边相”的顺序挂接时，应确保相色标记为“黄、绿、红”的旁路引下电缆与同相位的(黄)A、(绿)B、(红)C 三相导线可靠连接，相序保持一致。

3. 合上旁路负荷开关，旁路回路投入运行，柱上开关退出运行

（1）地面电工使用核相工具确认核相正确无误后，用绝缘操作杆合上旁路负荷开关，旁路回路投入运行，插上闭锁销钉，锁死闭锁机构。

（2）斗内电工用电流检测仪逐相测量三相旁路电缆电流，确认每一相分流的负荷电流应不小于原线路负荷电流的 1/3。

（3）斗内电工确认旁路回路工作正常，用绝缘操作杆拉开柱上开关使其退出运行。

（4）斗内电工调整绝缘斗分别至隔离开关外侧的合适位置，使用绝缘操作杆依次断开三相隔离开关，使用绝缘毯（包括引线遮蔽罩）对三相隔离开关的上引线进行绝缘遮蔽。

4. 更换柱上开关，柱上开关投入运行。

（1）斗内电工调整绝缘斗分别至柱上开关两侧的合适位置，断开柱上开关两侧引线，或直接断开三相隔离开关下引线。

（2）地面电工对新安装的柱上开关进行分、合试操作后，将柱上开关置于断开位置。

（3）1 号斗臂车斗内电工调整绝缘斗至柱上开关安装位置前方合适位置，2 号斗臂车斗内电工调整绝缘斗至柱上开关安装位置的上方，在地面电工的配合下，使用斗臂车的小吊绳和开关专用吊绳将柱上开关调至安装位置，配合 1 号斗臂车斗内电工完成新柱上开关的安装工作，以及柱上开关两侧引线的连接工作。

（4）斗内电工调整绝缘斗分别至柱上开关两侧隔离开关的合适位置，拆除三相隔离开关上引线上的绝缘遮蔽。

（5）斗内电工调整工作位置时，检测确认柱上开关引线连接可靠无误后，使用绝缘操作杆合上柱上开关两侧的三相隔离开关，合上柱上开关使其投入运行，使用电流检测仪逐相检测柱上开关引线电流，确认通流正常，更换柱上开关杆上结束。

5. 断开旁路负荷开关，旁路回路退出运行，拆除旁路回路并充分放电

（1）地面电工使用绝缘操作杆断开旁路负荷开关，旁路回路退出运行，插上闭锁销钉，锁死闭锁机构。

（2）斗内电工调整绝缘斗分别至三相导线外侧的合适位置，按照“近边相、中间相、远边相”的顺序，在地面电工的配合下，斗内电工对拆除的引流线夹使用绝缘毯遮蔽后，使用斗臂车的小吊绳将三相旁路引下电缆吊至地面盘圈回收，完成后斗内电工恢复导线搭接处的绝缘、密封和绝缘遮蔽（导线遮蔽罩恢复搭接重合）。

（3）地面电工使用绝缘操作杆合上旁路负荷开关，使用放电棒对旁路电缆充分放电后，拉开旁路负荷开关，断开旁路引下电缆与旁路负荷开关的连接，拆除余缆工具和旁路负荷开关。

6. 工作完成，拆除绝缘遮蔽，退出带电作业区域，工作结束

（1）斗内电工向工作负责人汇报确认本项工作已完成。

（2）斗内电工转移绝缘斗至合适作业位置，按照“从远到近、从上到下、先接地体后带电体”的原则，以及“远边相、中间相、近边相”的顺序（与遮蔽相反），拆除绝缘遮蔽。

（3）检查杆上无遗留物，绝缘斗退出带电作业区域，斗内电工返回地面，工作结束。

8.10　带负荷更换柱上开关4（绝缘手套作业法+桥接施工法，斗臂车作业）

按照Q/GDW 10520《10kV配网不停电作业规范》，本项目为第三类、复杂绝缘手套作业法项目，如图8-21～图8-23所示，适用于绝缘手套作业法＋桥接施工法（斗臂车作业）带负荷更换柱上开关工作，桥接施工法与旁路作业法的不同之处是通过＋桥接工具，将带电作业更换柱上开关转换为停电作业更换柱上开关。生产中务必结合现场实际工况参照适用，并积极推广构建旁路回路采用绝缘手套作业法融合绝缘杆作业法（俗称短杆作业）在绝缘斗臂车的工作斗或其他绝缘平台如绝缘脚手架上的应用。

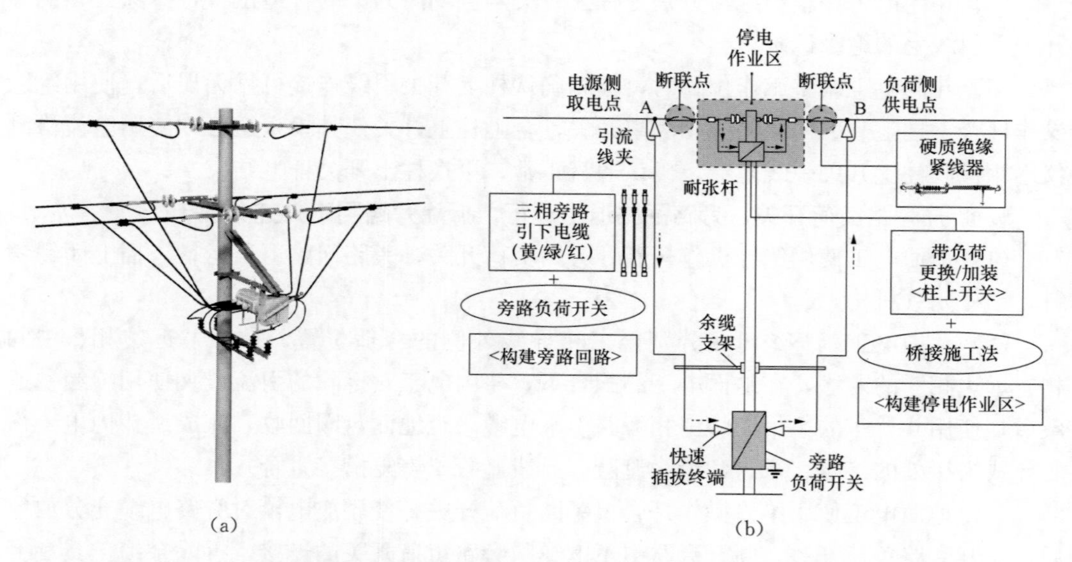

图 8-21　绝缘手套作业法+桥接施工法（斗臂车作业）带负荷更换柱上开关 4

(a) 杆头外形图；(b) 桥接施工法示意图

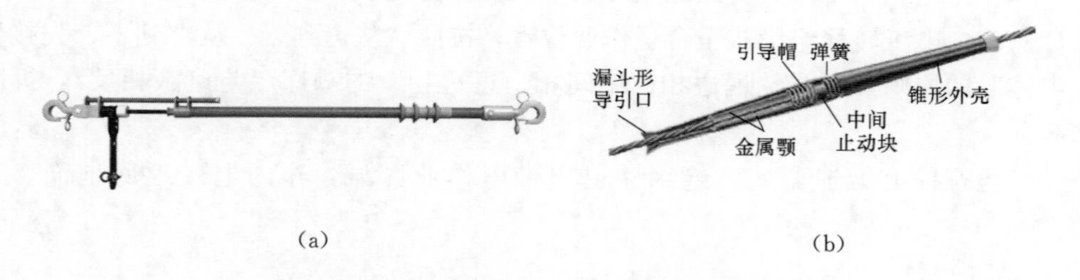

图 8-22　桥接施工法中的“桥接”工具

(a) 硬质绝缘紧线器外形图；(b) 专用快速接头构造图

以图 8-21 所示的柱上开关杆（双侧无隔离刀闸，导线三角排列）为例说明其操作步骤。

本项目工作人员共计 8 人（不含地面配合人员和停电作业人员），人员分工为：项目总协调人 1 人、带电工作负责人（兼工作监护人）1 人、斗内电工（1 号和 2 号绝缘斗臂车配合作业）4 人、地面电工 2 人，地面配合人员和停电作业人员根据现场情况确定。

本项目操作前的准备工作已完成，工作负责人已检查确认作业装置和现场环境符合带电作业条件，具有配网自动化功能的柱上开关，其电压互感器退出运行。

1. 工作开始，进入带电作业区域，验电，设置绝缘遮蔽措施

（1）斗内电工穿戴好绝缘防护用具，经工作负责人检查合格后进入绝缘斗、挂好安全带保险钩。

（2）斗内电工调整绝缘斗至合适位置，使用验电器对绝缘子、横担进行验电，确认

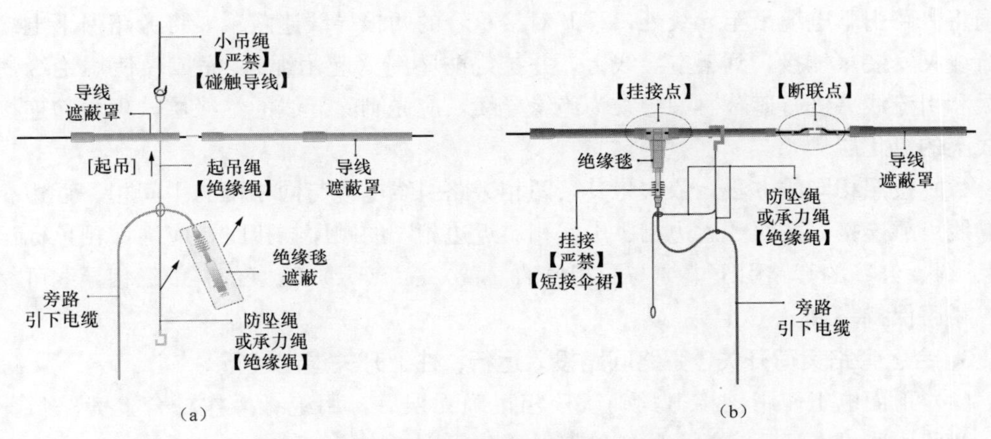

图8-23　旁路引下电缆的起吊与挂接示意图

(a) 起吊；(b) 挂接

无漏电现象，使用电流检测仪确认每相负荷电流不超过200A，汇报给工作负责人，连同现场检测的风速、湿度一并记录在工作票备注栏内。

(3) 斗内电工调整绝缘斗至近边相导线外侧适当位置，按照“从近到远、从下到上、先带电体后接地体”的遮蔽原则，以及“近边相、中间相、远边相”的遮蔽顺序，在三相引线搭接的导线外侧，使用导线遮蔽罩对作业范围内的导线进行绝缘遮蔽，考虑到后续挂接旁路引下电缆和开断导线的需要，两侧导线上的遮蔽罩至少是3根搭接，遮蔽前选择好断联点的位置，便于后续开断导线拆除绝缘遮蔽。

2. 安装旁路负荷开关、旁路高压引下电缆和余缆支架

(1) 地面电工在电杆的合适位置（离地）安装好旁路负荷开关和余缆工具，确认旁路负荷开关处于分闸、闭锁状态，将开关外壳可靠接地。

(2) 地面电工在工作负责人的指挥下，先将一端安装有快速插拔终端的旁路引下电缆与旁路负荷开关同相位(黄)A、(绿)B、(红)C可靠连接，多余的旁路引下电缆规范地挂在余缆支架上，确认连接可靠后，再将一端安装有与架空导线连接的引流线夹用绝缘毯可靠遮蔽好，在其合适位置系上长度适宜的起吊绳（防坠绳）。

(3) 地面电工按照相同的方法，将旁路负荷开关另一侧三相旁路引下电缆与旁路负荷开关同相位(黄)A、(绿)B、(红)C可靠连接，多余的旁路引下电缆规范地挂在余缆支架上，确认连接可靠后，再将一端安装有与架空导线连接的引流线夹用绝缘毯可靠遮蔽好，在其合适位置系上长度适宜的起吊绳（防坠绳）。

(4) 地面电工确认旁路负荷开关两侧（黄、绿、红）三相旁路引下电缆相色标记正确连接无误，用绝缘操作杆合上旁路负荷开关进行绝缘检测（绝缘电阻应不小于500MΩ），检测合格后用放电棒进行充分的放电。

(5) 地面电工使用绝缘操作杆断开旁路负荷开关，确认开关处于分闸状态，插上闭锁销钉，锁死闭锁机构。

（6）斗内电工调整绝缘斗至远边相导线外侧适当位置，在地面电工的配合下使用小吊绳将旁路引下电缆吊至导线处，移开对接重合的两根导线遮蔽罩，将旁路引下电缆的引流线夹安装（挂接）到架空导线上，并挂好防坠绳（起吊绳），完成后使用绝缘毯对导线和引流线夹进行遮蔽。如导线为绝缘导线，应先剥除导线的绝缘层，再清除连接处导线上的氧化层。

（7）按照相同的方法，依次将其余两相旁路引线电缆与同相位的中间相、近边相架空导线可靠连接，按照“远边相、中间相、近边相”的顺序挂接时，应确保相色标记为“黄、绿、红”的旁路引下电缆与同相位的（黄）A、（绿）B、（红）C 三相导线可靠连接，相序保持一致。

3. 合上旁路负荷开关，旁路回路投入运行，柱上开关退出运行

（1）地面电工使用核相工具确认核相正确无误后，用绝缘操作杆合上旁路负荷开关，旁路回路投入运行，插上闭锁销钉，锁死闭锁机构。

（2）斗内电工用电流检测仪逐相测量三相旁路电缆电流，确认每一相分流的负荷电流应不小于原线路负荷电流的 1/3。

（3）斗内电工确认旁路回路工作正常，用绝缘操作杆拉开柱上开关使其退出运行。

4. 安装桥接工具，断开主导线

（1）斗内电工调整绝缘斗分别至近边相导线断联点（或称为桥接点）处拆除导线遮蔽罩，将硬质绝缘紧线器和绝缘保护绳安装在断联点两侧的导线上，适度收紧导线使其弯曲，操作绝缘紧线器将导线收紧至便于开断状态。

（2）斗内电工检查确认硬质绝缘紧线器承力无误后，用断线剪断开导线并使断头导线向上弯曲，完成后使用导线端头遮蔽罩和绝缘毯进行遮蔽。

（3）斗内电工按照相同的方法开断其他两相导线，开断工作完成后，退出带电作业区域，返回地面。

5. 按照停电作业方式更换柱上开关

（1）带电工作负责人在项目总协调人的组织下，与停电工作负责人完成工作任务交接。

（2）停电工作负责人带领作业班组《配电线路第一种工作票》，按照停电作业方式完成柱上开关更换工作。

（3）停电工作负责人在项目总协调人的组织下，与带电工作负责人完成工作任务交接。

6. 使用导线接续管或专用快速接头接续主导线，柱上开关投入运行

（1）斗内电工获得工作负责人许可后，穿戴好绝缘防护用具，经工作负责人检查合格后进入绝缘斗、挂好安全带保险钩。

（2）斗内电工调整绝缘斗分别至近边相导线的断联点处，操作硬质绝缘紧线器使主导线处于接续状态，斗内电工相互配合使用导线接续管或专用快速接头、液压压接工具完成断联点两侧主导线的承力接续工作。

（3）斗内电工缓慢操作硬质绝缘紧线器使主导线处于松弛状态，确认导线接续管或

专用快速接头承力无误后，拆除硬质绝缘紧线器及保险绳，恢复导线绝缘遮蔽。

（4）斗内电工按照相同的方法接续其他两相导线。

（5）斗内电工调整绝缘斗至合适位置，使用绝缘操作杆合上柱上开关使其投入运行，使用电流检测仪逐相检测柱上开关引线电流和主导线电流，确认通流正常。

7. 断开旁路负荷开关，旁路回路退出运行，拆除旁路回路并充分放电

（1）地面电工使用绝缘操作杆断开旁路负荷开关，旁路回路退出运行，插上闭锁销钉，锁死闭锁机构。

（2）斗内电工调整绝缘斗分别至三相导线外侧的合适位置，按照“近边相、中间相、远边相”的顺序，在地面电工的配合下，斗内电工对拆除的引流线夹使用绝缘毯遮蔽后，使用斗臂车的小吊绳将三相旁路引下电缆吊至地面盘圈回收，完成后斗内电工恢复导线搭接处的绝缘、密封和绝缘遮蔽（导线遮蔽罩恢复搭接重合）。

（3）地面电工使用绝缘操作杆合上旁路负荷开关，使用放电棒对旁路电缆充分放电后，拉开旁路负荷开关，断开旁路引下电缆与旁路负荷开关的连接，拆除余缆工具和旁路负荷开关。

8. 工作完成，拆除绝缘遮蔽，退出带电作业区域，工作结束

（1）斗内电工向工作负责人汇报确认本项工作已完成。

（2）斗内电工转移绝缘斗至合适作业位置，按照“从远到近、从上到下、先接地体后带电体”的原则，以及“远边相、中间相、近边相”的顺序（与遮蔽相反），拆除绝缘遮蔽。

（3）检查导线上无遗留物后返回地面，斗内作业工作结束。

第 9 章

旁路作业技术应用——“转供电类”作业项目

9.1 旁路作业检修架空线路（综合不停电作业法）

 PPT 课件  微课件  二维动画

根据 Q/GDW 10520《10kV 配网不停电作业规范》，本项目为第四类、综合不停电作业法项目，如图 9-1 所示，多专业人员协同完成：带电作业取电工作、旁路作业接入工作、倒闸操作送电工作、停电作业更换工作，执行《配电带电作业工作票》《配电线路第一种工作票》和《配电倒闸操作票》，适用于旁路作业检修架空线路工作，线路负荷电流不大于 200A 的工况。生产中务必结合现场实际工况参照适用。

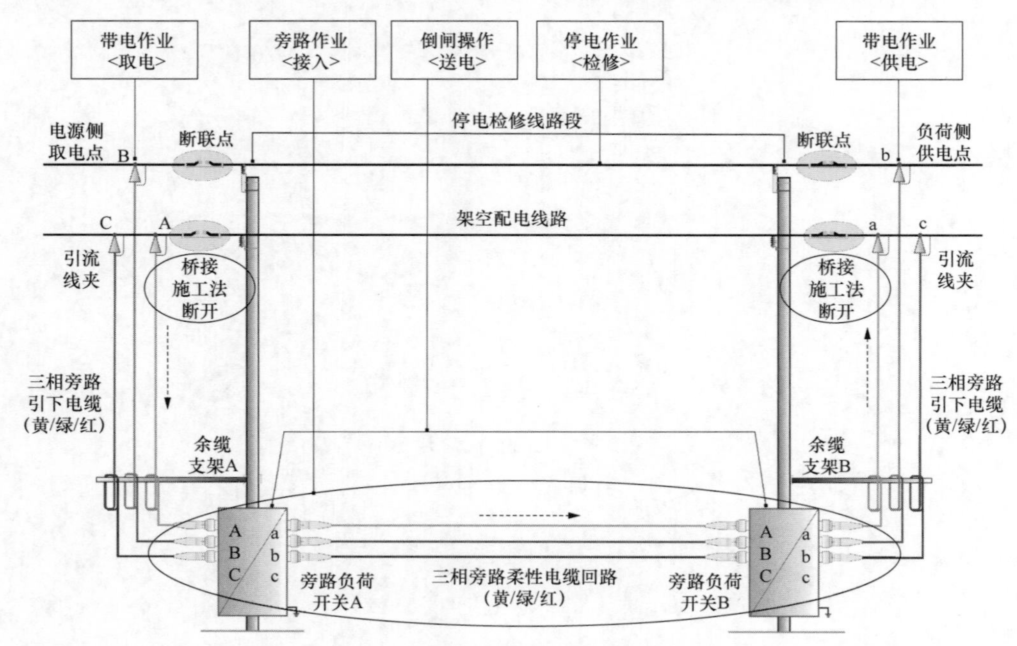

图 9-1　旁路作业检修架空线路示意图

以图9-1所示的旁路作业检修架空线路工作为例说明其操作步骤。

本项目工作人员共计12人（不含地面配合人员和停电作业人员），人员分工为：项目总协调人1人、带电工作负责人（兼工作监护人）1人、斗内电工（1号和2号绝缘斗臂车配合作业）4人、地面电工4人，倒闸操作人员（含专责监护人）2人，地面配合人员和停电作业人员根据现场情况确定。

本项目操作前的准备工作已完成，工作负责人已检查确认线路负荷电流不大于200A，作业装置和现场环境符合带电作业和旁路作业条件。

1. 旁路电缆回路接入

执行《配电带电作业工作票》。

步骤1：旁路作业人员在电杆的合适位置（离地）安装好旁路负荷开关和余缆工具，旁路负荷开关置于分闸、闭锁位置，使用接地线将旁路负荷外壳接地。

步骤2：旁路作业人员按照黄、绿、红的顺序，沿作业路径分段将三相旁路电缆展放在防潮布上（包括保护盒、过街护板和跨越支架等，根据实际情况选用）。

步骤3：旁路作业人员使用快速插拔中间接头，将同相色（黄、绿、红）旁路电缆的快速插拔终端可靠连接，接续好的终端接头放置专用铠装接头保护盒内。

步骤4：旁路作业人员将三相旁路电缆快速插拔接头与旁路负荷开关的同相位快速插拔接口A(黄)、B(绿)、C(红) 可靠连接。

步骤5：旁路作业人员将三相旁路引下电缆快速插拔接头与旁路负荷开关同相位快速插拔接口A(黄)、B(绿)、C(红) 可靠连接，与架空导线连接的引流线夹用绝缘毯遮蔽好，并系上长度适宜的起吊绳（防坠绳）。

步骤6：运行操作人员使用绝缘操作杆合上电源侧旁路负荷开关+闭锁、负荷侧旁路负荷开关+闭锁，检测旁路电缆回路绝缘电阻不小于500MΩ，使用放电棒充分放电后，断开负荷侧旁路负荷开关+闭锁、电源侧旁路负荷开关+闭锁。

步骤7：带电作业人员穿戴好绝缘防护用具进入绝缘斗、挂好安全带保险钩，地面电工将绝缘遮蔽用具和可携带的工具入斗，操作绝缘斗进入带电作业区域，作业中禁止摘下绝缘手套，绝缘臂伸出长度确保1米线。

步骤8：带电作业人员按照“近边相、中间相、远边相”的顺序，使用导线遮蔽罩完成三相导线的绝缘遮蔽工作。

步骤9：带电作业人员按照“远边相、中间相、近边相”的顺序，完成三相旁路引下电缆与同相位的架空导线A(黄)、B(绿)、C(红) 的接入工作，接入后使用绝缘毯对引流线夹处进行绝缘遮蔽，挂好防坠绳（起吊绳）。多余的电缆规范地放置在余缆支架上。

步骤10：带电作业人员获得工作负责人许可后，操作绝缘斗退出带电作业区域，返回地面。

2. 旁路电缆回路投入运行，架空线路检修段退出运行

执行《配电倒闸操作票》《配电带电作业工作票》。

步骤1：运行操作人员使用绝缘操作杆合上（电源侧）旁路负荷开关+闭锁，在

（负荷侧）旁路负荷开关处完成核相工作；确认相位无误、相序无误后，断开（电源侧）旁路负荷开关+闭锁，核相工作结束。

步骤2：运行操作人员使用绝缘操作杆合上电源侧旁路负荷开关+闭锁、负荷侧旁路负荷开关+闭锁，旁路电缆回路投入运行，检测旁路电缆回路电流确认运行正常。依据G/BT 34577《配电线路旁路作业技术导则》附录C的规定，一般情况下，旁路电缆分流约占总电流的1/4～3/4。

步骤3：带电作业人员调整绝缘斗分别至近边相导线断联点（或称为桥接点）处拆除导线遮蔽罩，将硬质绝缘紧线器和绝缘保护绳安装在断联点两侧的导线上，适度收紧导线使其弯曲，操作绝缘紧线器将导线收紧至便于开断状态。

步骤4：带电作业人员检查确认硬质绝缘紧线器承力无误后，用断线剪断开导线并使断头导线向上弯曲，完成后使用导线端头遮蔽罩和绝缘毯进行遮蔽。

步骤5：带电作业人员按照相同的方法开断其他两相导线，开断工作完成后，退出带电作业区域，返回地面，桥接施工法开断导线工作结束。

3. 停电检修架空线路

办理工作任务交接，执行《配电线路第一种工作票》。

步骤1：带电工作负责人在项目总协调人的组织下，与停电工作负责人完成工作任务交接。

步骤2：停电工作负责人带领作业班组执行《配电线路第一种工作票》，按照停电作业方式完成架空线路检修工作。

步骤3：停电工作负责人在项目总协调人的组织下，与带电工作负责人完成工作任务交接。

4. 架空线路检修段接入主线路投入运行，旁路电缆回路退出运行

执行《配电带电作业工作票》《配电倒闸操作票》。

步骤1：带电作业人员获得工作负责人许可后，穿戴好绝缘防护用具，经工作负责人检查合格后进入绝缘斗、挂好安全带保险钩。

步骤2：带电作业人员调整绝缘斗分别至近边相导线的断联点处，操作硬质绝缘紧线器使主导线处于接续状态，使用导线接续管或专用快速接头、液压压接工具完成断联点两侧主导线的承力接续工作。

步骤3：带电作业人员按照相同的方法接续其他两相导线，接续工作完成后，退出带电作业区域，转移工作位置准备三相旁路引下电缆拆除工作。

步骤4：运行操作人员断开负荷侧旁路负荷开关+闭锁、电源侧旁路负荷开关+闭锁，旁路电缆回路退出运行，架空线路检修段接入主线路投入运行。

5. 拆除旁路电缆回路

执行《配电带电作业工作票》。

步骤1：带电作业人员按照“近边相、中间相、远边相”的顺序，拆除三相旁路引下电缆。

步骤2：带电作业人员按照“远边相、中间相、近边相”的顺序，拆除三相导线上

的绝缘遮蔽。

步骤 3：带电作业人员检查杆上无遗留物，退出带电作业区域，返回地面。

步骤 4：旁路作业人员按照(黄)A、B(绿)、C(红)的顺序，拆除三相旁路电缆回路，使用放电棒充分放电后收回。

旁路作业检修架空线路工作结束。

9.2　不停电更换柱上变压器（综合不停电作业法）

按照 Q/GDW 10520《10kV 配网不停电作业规范》，本项目为第四类、综合不停电作业法项目，如图 9－2～图 9－4 所示，多专业人员协同完成：带电作业取电工作、旁路作业接入工作、倒闸操作送电工作、停电作业更换工作，执行《配电带电作业工作票》和《配电倒闸操作票》，适用于不停电更换柱上变压器工作，旁路变压器与柱上变压器满足并联运行条件的工况。生产中务必结合现场实际工况参照适用，若旁路变压器与柱上变压器并联运行条件不满足：①采用短时停电更换柱上变压器，是指在旁路变压器投运前、柱上变压器停运 1 次、用户短时停电 1 次，柱上变压器投运前、旁路变压器停运 1 次、用户短时停电 1 次；②采用不停电更换柱上变压器，是指从低压（0.4kV）发电车取电向用户连续供电，如图 9－3 所示。其中，柱上变压器和 JP 柜以及低压旁路电缆用专用快速接头示意图，如图 9－4 所示。

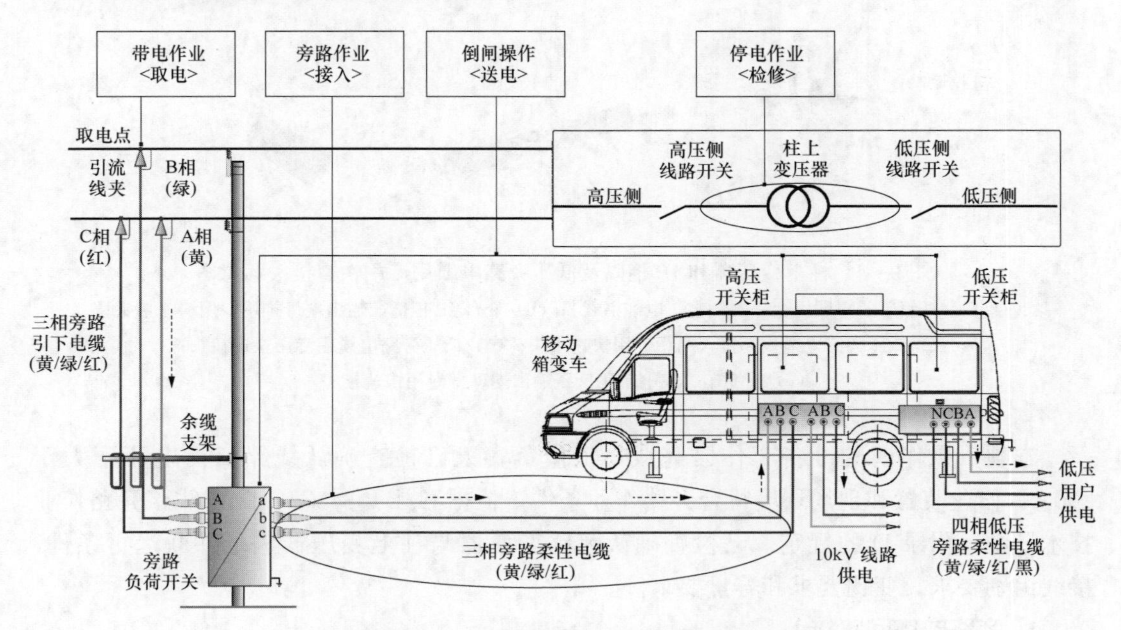

图 9－2　不停电更换柱上变压器示意图

以图 9－2 所示的不停电更换 10kV 柱上变压器工作为例说明其操作步骤。

本项目工作人员共计 8 人（不含地面配合人员和停电作业人员），人员分工为：项目总协调人 1 人、带电工作负责人（兼工作监护人）1 人、斗内电工 2 人、地面电工 2 人，倒闸操作人员（含专责监护人）2 人，地面配合人员和停电作业人员根据现场情况确定。

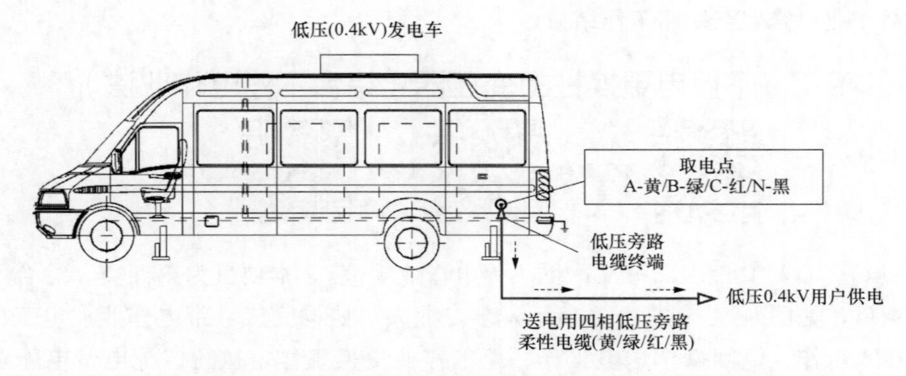

图 9-3　从低压（0.4kV）发电车取电向用户供电示意图

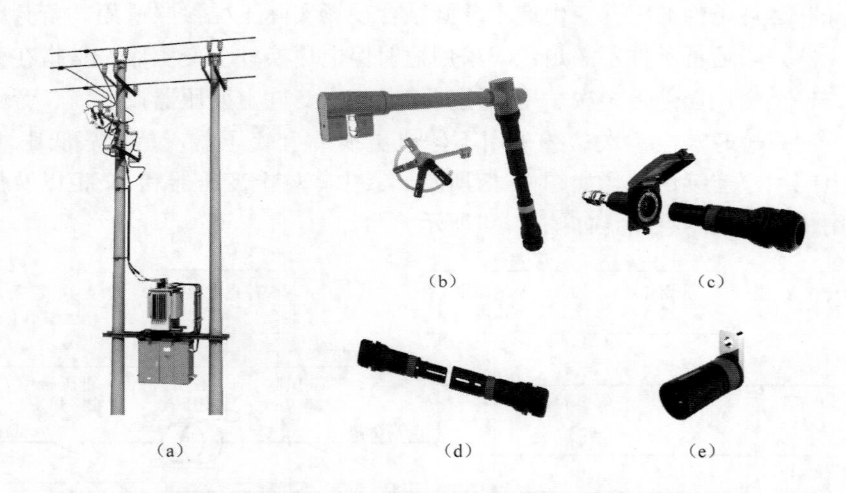

图 9-4　柱上变压器和 JP 柜以及低压旁路电缆用专用快速接头示意图

（a）变台杆组装示意图（变压器侧装，电缆引线）；（b）变台 JP 柜低压输出端母排用专用快速接头；（c）低压旁路电缆快速接入箱用专用快速接头；（d）低压旁路电缆用专用快速接头；（e）箱变车、发电车用低压输出端母排专用快速接头

本项目操作前的准备工作已完成，工作负责人已检查确认线路负荷电流不大于 200A，作业装置和现场环境符合旁路作业条件，依据 G/BT 34577《配电线路旁路作业技术导则》附录 D 的规定，已检查确认旁路变压器与柱上变压器满足并联运行条件，接线组别要求、变比要求和容量要求。

1. 旁路电缆回路接入

执行《配电带电作业工作票》。

步骤 1：旁路作业人员在电杆的合适位置（离地）安装好旁路负荷开关和余缆工

具，旁路负荷开关置于分闸、闭锁位置，使用接地线将旁路负荷开关外壳接地。

步骤2：旁路作业人员按照黄、绿、红的顺序，分段将三相旁路电缆展放在防潮布上或保护盒内（根据实际情况选用）。

步骤3：旁路作业人员将三相旁路电缆快速插拔接头与旁路负荷开关的同相位快速插拔接口A(黄)、B(绿)、C(红）可靠连接。

步骤4：旁路作业人员将三相旁路引下电缆与旁路负荷开关同相位快速插拔接口A(黄)、B(绿)、C(红）可靠连接，与架空导线连接的引流线夹用绝缘毯遮蔽好，并系上长度适宜的起吊绳（防坠绳）。

步骤5：运行操作人员使用绝缘操作杆合上旁路负荷开关＋闭锁，检测旁路电缆回路绝缘电阻不小于500MΩ，使用放电棒对三相旁路电缆充分放电后，断开旁路负荷开关＋闭锁。

步骤6：运行操作人员检查确认移动箱变车车体接地和工作接地、低压柜开关处于断开位置、高压柜的进线间隔开关、出线间隔开关以及变压器间隔开关处于断开位置。

步骤7：旁路作业人员将三相旁路电缆快速插拔接头与移动箱变车的同相位高压输入端快速插拔接口A(黄)、B(绿)、C(红）可靠连接。

步骤8：旁路作业人员将三相四线低压旁路电缆专用接头与移动箱变车的同相位低压输入端接口(黄)A、B(绿)、C(红)、N(黑)可靠连接。

步骤9：带电作业人员穿戴好绝缘防护用具进入绝缘斗、挂好安全带保险钩，地面电工将绝缘遮蔽用具和可携带的工具入斗，操作绝缘斗进入带电作业区域，作业中禁止摘下绝缘手套，绝缘臂伸出长度确保1米线。

步骤10：带电作业人员按照“近边相、中间相、远边相”的顺序，使用导线遮蔽罩完成三相导线的绝缘遮蔽工作。

步骤11：带电作业人员按照“远边相、中间相、近边相”的顺序，完成三相旁路引下电缆与同相位的架空导线A(黄)、B(绿)、C(红）的接入工作，接入后使用绝缘毯对引流线夹处进行绝缘遮蔽，挂好防坠绳（起吊绳），旁路作业人员将多余的电缆规范地放置在余缆支架上。

步骤12：带电作业人员退出带电作业区域，返回地面。

步骤13：带电作业人员使用低压旁路电缆专用接头与JP柜（低压综合配电箱）同相位的接头A(黄)、B(绿)、C(红)、N(黑）可靠连接。

2. 旁路回路电缆投入运行，柱上变压器退出运行

执行《配电倒闸操作票》。

步骤1：运行操作人员检查确认三相旁路电缆连接相色正确无误。

步骤2：运行操作人员合上旁路负荷开关，旁路电缆回路投入运行。

步骤3：行操作人员合上移动箱变车的高压进线间隔开关、变压器间隔开关、低压开关，移动箱变车投入运行。

步骤4：运行操作人员每隔半小时检测1次旁路电缆回路电流，确认移动箱变运行正常。

步骤5：运行操作人员断开柱上变压器的低压侧出线开关、高压跌落式熔断器，待更换的柱上变压器退出运行。

3. 停电更换柱上变压器

办理工作任务交接，执行《配电线路第一种工作票》。

步骤1：带电工作负责人在项目总协调人的组织下，与停电工作负责人完成工作任务交接。

步骤2：停电工作负责人带领作业班组执行《配电线路第一种工作票》，按照停电作业方式完成柱上变压器更换工作。

步骤3：停电工作负责人在项目总协调人的组织下，与带电工作负责人完成工作任务交接。

4. 柱上变压器投入运行，旁路电缆回路退出运行

执行《配电倒闸操作票》。

步骤1：运行操作人员确认相序连接无误，依次合上柱上变压器的高压跌落式熔断器、低压侧出线开关，新更换的变压器投入运行，检测电流确认运行正常。

步骤2：运行操作人员断开移动箱变车的低压开关、高压开关，移动箱变车退出运行。

步骤3：运行操作人员断开旁路负荷开关，旁路电缆回路退出运行。

5. 拆除旁路电缆回路

执行《配电带电作业工作票》。

步骤1：带电作业人员按照“近边相、中间相、远边相”的顺序，拆除三相旁路引下电缆。

步骤2：带电作业人员按照“远边相、中间相、近边相”的顺序，拆除三相导线上的绝缘遮蔽。

步骤3：带电作业人员检查杆上无遗留物，退出带电作业区域，返回地面。

步骤4：旁路作业人员按照A(黄)、B(绿)、C(红)、N(黑)的顺序，拆除三相四线低压旁路电缆回路，使用放电棒充分放电后收回。

步骤5：旁路作业人员按照A(黄)、B(绿)、C(红)的顺序，拆除三相旁路电缆回路，使用放电棒充分放电后收回。

旁路作业更换柱上变压器工作工作结束。

9.3 旁路作业检修电缆线路（综合不停电作业法）

PPT课件

微课件

二维动画

根据Q/GDW 10520《10kV配网不停电作业规范》，本项目为第四类、综合不停电作业项目，如图9-5所示，多专业人员协同完成：旁路作业接入工作、倒闸操作送电工作，执行《配电线路第一种工作票》和《配电倒闸操作票》，适用于旁路作业检修电

缆线路工作，线路负荷电流不大于 200A 的工况。生产中务必结合现场实际工况参照适用。

下面以图 9－5 所示的旁路作业检修电缆线路工作为例说明其操作步骤。

本项目工作人员共计 6 人（不含地面配合人员和停电作业人员），人员分工为：项目总协调人 1 人、电缆工作负责人（兼工作监护人）1 人、地面电工 2 人，倒闸操作人员（含专责监护人）2 人，地面配合人员和停电作业人员根据现场情况确定。

本项目操作前的准备工作已完成，工作负责人已检查确认线路负荷电流不大于 200A，作业装置和现场环境符合旁路作业条件。

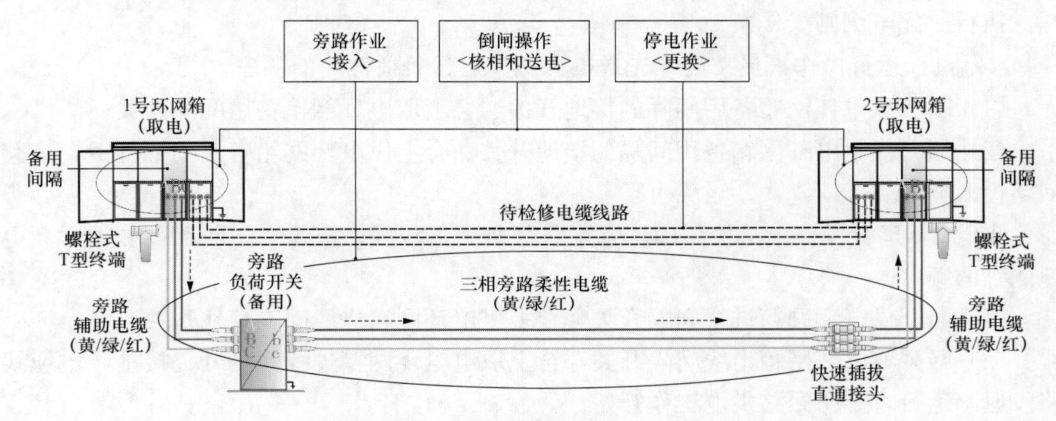

图 9－5　旁路作业检修电缆线路示意图

1. 旁路电缆回路接入

执行《配电线路第一种工作票》。

步骤 1：旁路作业人员按照黄、绿、红的顺序，分段将三相旁路电缆展放在防潮布上或保护盒内（根据实际情况选用），放置旁路负荷开关（备用），置于分闸、闭锁位置，使用接地线将旁路负荷开关外壳接地。

步骤 2：旁路作业人员使用快速插拔中间接头，将同相色（黄、绿、红）旁路电缆的快速插拔终端可靠连接，接续好的终端接头放置专用铠装接头保护盒内，与取（供）电环网箱备用间隔连接的螺栓式（T 型）终端接头规范地放置在绝缘毯上。

步骤 3：运行操作人员检测旁路电缆回路绝缘电阻不小于 500MΩ，使用放电棒对三相旁路电缆充分放电。

步骤 4：运行操作人员断开取电环网箱的备用间隔开关，合上接地开关，打开柜门，使用验电器验电确认间隔三相输入端螺栓接头无电后，将螺栓式（T 型）终端接头与取电环网箱备用间隔上的同相位高压输入端螺栓接口 A(黄)、B(绿)、C(红)可靠连接，三相旁路电缆屏蔽层接地，合上柜门，断开接地开关。

步骤 5：运行操作人员断开供电环网箱的备用间隔开关，合上接地开关，打开柜门，使用验电器验电确认间隔三相输入端螺栓接头无电后，将螺栓式（T 型）终端接头与供电环网箱备用间隔上的同相位高压输入端螺栓接口 A(黄)、B(绿)、C(红)可靠连接，三相旁路电缆屏蔽层接地，合上柜门，断开接地开关。

2. 旁路电缆回路核相

执行《配电倒闸操作票》。

步骤 1：运行操作人员断开供电环网箱备用间隔接地开关、合上供电环网箱备用间隔开关，在取电环网箱备用间隔面板上的带电指示器（二次核相孔 L1、L2、L3）处核相，或合上取（供）电环网箱备用间隔开关，在旁路负荷开关（配用）处核相。

步骤 2：运行操作人员确认相位无误后，断开取电环网箱备用间隔开关，核相工作结束。

3. 旁路回路电缆投入运行，电缆线路段退出运行

执行《配电倒闸操作票》。

步骤 1：运行操作人员按照“先送电源侧，后送负荷侧”的顺序。

（1）断开取电环网箱备用间隔的接地开关、合上取电环网箱备用间隔开关。

（2）断开供电电环网箱备用间隔的接地开关、合上供电环网箱备用间隔开关，旁路回路投入运行。

步骤 2：运行操作人员检测确认旁路回路通流正常后，按照“先断负荷侧，后断电源侧”的顺序。

（1）断开供电环网箱进线间隔开关，合上供电环网箱进线间隔接地开关。

（2）断开取电环网箱出线间隔开关，合上取电电环网箱进线间隔开关接地，电缆线路段退出运行，旁路回路供电工作开始。

步骤 3：运行操作人员每隔半小时检测 1 次旁路回路电流监视其运行情况，确认旁路回路电缆运行正常。

4. 停电检修电缆线路工作

办理工作任务交接，执行《配电线路第一种工作票》。

步骤 1：电缆工作负责人在项目总协调人的组织下，与停电工作负责人完成工作任务交接。

步骤 2：停电工作负责人带领作业班组执行《配电线路第一种工作票》，按照停电作业方式完成电缆线路检修和接入环网箱工作。

步骤 3：停电工作负责人在项目总协调人的组织下，与电缆工作负责人完成工作任务交接。

5. 电缆线路投入运行，旁路电缆回路退出运行

执行《配电倒闸操作票》。

步骤 1：运行操作人员按照“先送电源侧，后送负荷侧”的顺序。

（1）断开取电环网箱出线间隔接地开关，合上取电环网箱“出线”间隔开关。

（2）断开供电环网箱进线间隔接地开关，合上供电环网箱“进线”间隔开关，电缆线路投入运行。

步骤 2：运行操作人员按照“先断负荷侧，后断电源侧”的顺序。

（1）断开供电环网箱间隔开关，合上供电环网箱间隔接地开关。

（2）断开取电环网箱间隔开关，合上取电电环网箱间隔开关接地，旁路电缆回路退

出运行。

6. 拆除旁路电缆回路

步骤 1：旁路作业人员按照 A(黄)、B(绿)、C(红)的顺序，拆除三相旁路电缆回路。

步骤 2：旁路作业人员使用放电棒对三相旁路电缆回路充分放电后收回。

旁路作业检修电缆线路工作结束。

9.4　旁路作业检修环网箱（综合不停电作业法）

根据 Q/GDW 10520《10kV 配网不停电作业规范》，本项目为第四类、综合不停电作业项目，如图 9 - 6 所示，多专业人员协同完成：旁路作业接入工作、倒闸操作送电工作、停电作业检修工作，执行《配电线路第一种工作票》和《配电倒闸操作票》，适用于旁路作业检修环网箱工作，线路负荷电流不大于 200A 的工况。生产中务必结合现场实际工况参照适用。

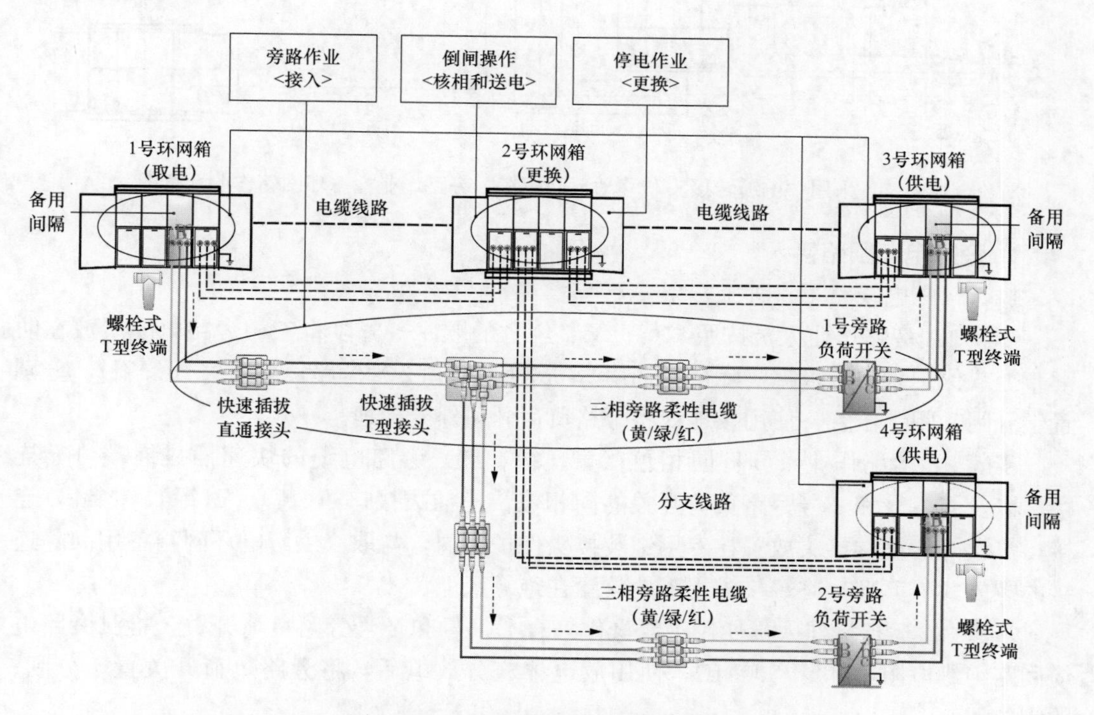

图 9 - 6　旁路作业检修环网箱示意图

如图 9 - 6 所示，本项目也可通过电缆转接头将旁路电缆与运行电缆终端可靠连接，以检修（2 号）环网箱进线电缆作为电源点（取电点）以及移动环网柜车组成旁路供电系统进行环网箱的更换（节省旁路回路电缆，但需短时停电作业更换环网箱）。

下面以图 9-7 所示的旁路作业检修环网箱工作为例说明其操作步骤。

本项目工作人员共计 8 人（不含地面配合人员和停电作业人员），人员分工为：项目总协调人 1 人、电缆工作负责人（兼工作监护人）1 人、地面电工 4 人，倒闸操作人员（含专责监护人）2 人，地面配合人员和停电作业人员根据现场情况确定。

本项目操作前的准备工作已完成，工作负责人已检查确认线路负荷电流不大于 200A，作业装置和现场环境符合旁路作业条件。

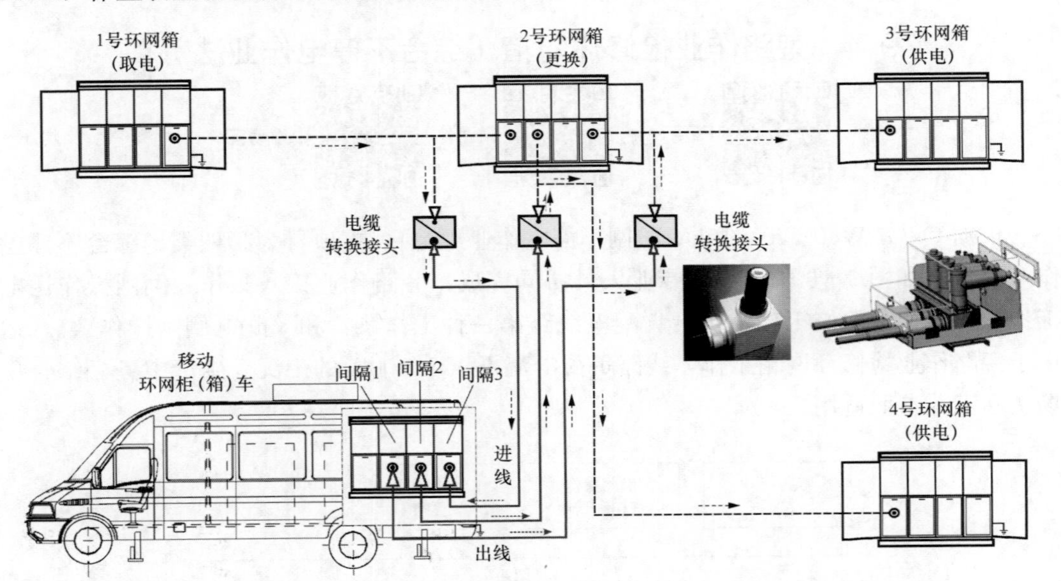

图 9-7　采用“电缆转接头和移动环网柜车”旁路作业检修环网箱作业示意图

1. 旁路电缆回路接入

执行《配电线路第一种工作票》。

步骤 1：旁路作业人员按照“黄、绿、红”的顺序，分段将三相旁路电缆展放在防潮布上或保护盒内（根据实际情况选用），放置 1 号和 2 号旁路负荷开关（备用），分别置于分闸、闭锁位置，使用接地线将旁路负荷开关外壳接地。

步骤 2：旁路作业人员将同相色（黄、绿、红）旁路电缆的快速插拔终端可靠连接，以及与 1 号和 2 号旁路负荷开关的同相位快速插拔接口 A(黄)、B(绿)、C(红）连接，接续好的终端接头放置在专用铠装接头保护盒内，与取（供）电环网箱备用间隔连接的螺栓式（T 型）终端接头规范地放置在绝缘毯上。

步骤 3：运行操作人员使用绝缘操作杆合上 1 号和 2 号旁路负荷开关，检测旁路电缆回路绝缘电阻不小于 500MΩ，使用放电棒充分放电后，将旁路负荷开关置于分闸、闭锁位置。

步骤 4：运行操作人员断开 1 号取电环网箱的备用间隔开关、合上接地开关，打开柜门，使用验电器验电确认无电后，将螺栓式（T 型）终端接头与 1 号取电环网箱备用间隔上的同相位高压输入端螺栓接头 A(黄)、B(绿)、C(红）可靠连接，三相旁路电缆屏蔽层可靠接地，合上柜门，断开接地开关。

步骤 5：运行操作人员断开 3 号供电环网箱的备用间隔开关、合上接地开关，打开柜门，使用验电器验电确认无电后，将螺栓式（T 型）终端接头与 3 号供电环网箱备用间隔上的同相位高压输入端螺栓接头 A(黄)、B(绿)、C(红) 可靠连接，三相旁路电缆屏蔽层可靠接地，合上柜门，断开接地开关。

步骤 6：运行操作人员断开 4 号供电环网箱的备用间隔开关、合上接地开关，打开柜门，使用验电器验电确认无电后，将螺栓式（T 型）终端接头与 4 号供电环网箱备用间隔上的同相位高压输入端螺栓接头 A(黄)、B(绿)、C(红) 可靠连接，三相旁路电缆屏蔽层可靠接地，合上柜门，断开接地开关。

2. 旁路电缆回路“核相”

方法 1：执行《配电倒闸操作票》，旁路负荷开关“核相装置”处核相。

步骤 1：运行操作人员检查确认 1 号和 2 号旁路负荷开关处于分闸、闭锁位置。

步骤 2：运行操作人员断开 1 号取电环网箱备用间隔接地开关，合上 1 号取电环网箱备用间隔开关。

步骤 3：运行操作人员断开 3 号供电环网箱备用间隔接地开关，合上 3 号供电环网箱备用间隔开关。

步骤 4：运行操作人员在 1 号旁路负荷开关两侧进行核相，完成 1 号和 3 号环网箱之间的旁路电缆回路“核相”工作。

步骤 5：运行操作人员断开 3 号供电环网箱备用间隔开关，合上 3 号供电环网箱备用间隔接地开关。

步骤 6：运行操作人员断开 4 号供电环网箱备用间隔接地开关，合上 4 号供电环网箱备用间隔开关。

步骤 7：运行操作人员在 2 号旁路负荷开关两侧进行核相，完成 1 号和 4 号环网箱之间的旁路电缆回路“核相”工作。

步骤 8：运行操作人员确认相位正确无误：

(1) 使用绝缘操作杆断开 2 号旁路负荷开关+闭锁。

(2) 断开 4 号供电环网箱备用间隔开关，合上 4 号供电环网箱备用间隔接地开关。

(3) 断开 1 号取电环网箱备用间隔开关，合上 1 号取电环网箱备用间隔接地开关，旁路负荷开关“核相装置”处核相工作结束。

方法 2：执行《配电倒闸操作票》，环网箱备用间隔“二次核相孔”处核相。

步骤 1：运行操作人员使用绝缘操作杆合上 1 号旁路负荷开关+闭锁。

步骤 2：运行操作人员断开 3 号供电环网箱备用间隔接地开关，合上 3 号供电环网箱备用间隔开关。

步骤 3：运行操作人员使用万用表在 1 号环网箱备用间隔面板上的带电指示器（二次核相孔 L1、L2、L3）处“核相”，完成 1 号和 3 号环网箱之间的旁路电缆回路“核相”工作。

步骤 4：运行操作人员使用绝缘操作杆断开 1 号旁路负荷开关+闭锁，合上 2 号旁路负荷开关+闭锁。

步骤5：运行操作人员断开3号供电环网箱备用间隔开关，合上3号供电环网箱备用间隔接地开关。

步骤6：运行操作人员断开4号供电环网箱备用间隔接地开关，合上4号供电环网箱备用间隔开关。

步骤7：运行操作人员使用万用表在1号取电环网箱备用间隔面板上的带电指示器（二次核相孔L1、L2、L3）处“核相”，完成1号和4号环网箱之间的旁路电缆回路“核相”工作。

步骤8：运行操作人员确认相位正确无误：

（1）使用绝缘操作杆断开1号和2号旁路负荷开关＋闭锁。

（2）断开4号供电环网箱备用间隔开关，合上4号供电环网箱备用间隔接地开关，环网箱备用间隔“二次核相孔”核相工作结束。

3. 旁路电缆回路投入运行，检修环网箱退出运行

执行《配电倒闸操作票》。

步骤1：运行操作人员按照“先送电源侧，后送负荷侧”的顺序。

（1）断开1号取电环网箱备用间隔接地开关，合上1号取电环网箱备用间隔开关。

（2）使用绝缘操作杆合上1号旁路负荷开关＋闭锁。

（3）断开3号供电环网箱备用间隔接地开关，合上3号供电环网箱备用间隔开关，1号环网箱与3号环网箱间的“旁路电缆回路”投入运行。

（4）使用绝缘操作杆合上2号旁路负荷开关＋闭锁。

（5）断开4号供电环网箱备用间隔接地开关，合上4号供电环网箱备用间隔开关，1号环网箱与4号环网箱间的“旁路电缆回路”投入运行。

步骤2：运行操作人员检测确认旁路电缆回路通流正常后，按照“先断负荷侧，后断电源侧”的顺序进行倒闸操作。

（1）断开3号供电环网箱进线间隔开关，合上3号供电环网箱进线间隔接地开关。

（2）断开4号供电环网箱进线间隔开关，合上4号供电环网箱进线间隔接地开关。

（3）断开2号环网箱上至3号供电环网箱的进线间隔开关，合上2号环网箱上至3号供电环网箱的进线间隔接地开关。

（4）断开2号环网箱上至4号供电环网箱的进线间隔开关，合上2号环网箱上至4号供电环网箱的进线间隔接地开关。

（5）断开2号环网箱上至1号供电环网箱的进线间隔开关，合上2号环网箱上至1号供电环网箱的进线间隔接地开关。

（6）断开1号环网箱上至2号供电环网箱的进线间隔开关，合上1号环网箱上至2号供电环网箱的进线间隔接地开关，检修环网箱退出运行。

步骤3：运行操作人员每隔半小时检测1次旁路回路电流，确认旁路供电回路运行正常。

4. 停电检修环网箱工作

办理工作任务交接，执行《配电线路第一种工作票》。

步骤1：电缆工作负责人在项目总协调人的组织下，与停电工作负责人完成工作任务交接。

步骤2：停电工作负责人带领作业班组执行《配电线路第一种工作票》，按照停电作业方式完成环网箱检修和电缆线路接入环网箱工作。

步骤3：停电工作负责人在项目总协调人的组织下，与电缆工作负责人完成工作任务交接。

5. 环网箱投入运行

执行《配电倒闸操作票》，运行操作人员按照“先送电源侧，后送负荷侧”的顺序进行倒闸操作。

步骤1：断开1号环网箱上至2号供电环网箱的进线间隔接地开关，合上1号环网箱上至2号供电环网箱的进线间隔开关。

步骤2：断开2号环网箱上至1号供电环网箱的进线间隔接地开关，合上2号环网箱上至1号供电环网箱的进线间隔开关。

步骤3：断开2号环网箱上至3号供电环网箱的进线间隔接地开关，合上2号环网箱上至3号供电环网箱的进线间隔开关。

步骤4：断开2号环网箱上至4号供电环网箱的进线间隔接地开关，合上2号环网箱上至4号供电环网箱的进线间隔开关，检修环网箱投入运行。

6. 旁路电缆回路退出运行

执行《配电倒闸操作票》，运行操作人员按照“先断负荷侧，后断电源侧”的顺序进行倒闸操作。

步骤1：运行操作人员断开4号供电环网箱备用间隔开关，合上4号供电环网箱备用间隔接地开关。

步骤2：运行操作人员使用绝缘操作杆断开2号旁路负荷开关。

步骤3：运行操作人员断开3号供电环网箱备用间隔开关，合上3号供电环网箱备用间隔接地开关。

步骤4：运行操作人员使用绝缘操作杆断开2号旁路负荷开关。

步骤5：运行操作人员断开1号供电环网箱备用间隔开关，合上1号供电环网箱备用间隔接地开关，旁路电缆回路退出运行，旁路回路供电工作结束。

7. 拆除旁路电缆回路

步骤1：旁路作业人员按照“A(黄)、B(绿)、C(红)”的顺序，拆除三相旁路电缆回路。

步骤2：旁路作业人员使用放电棒对三相旁路电缆回路充分放电后收回。

旁路作业检修电缆线路工作结束。

第 10 章

旁路作业技术应用——“临时取电类”作业项目

10.1　从架空线路临时取电给移动箱变供电（综合不停电作业法）

 PPT课件  微课件  二维动画

根据 Q/GDW 10520《10kV 配网不停电作业规范》，本项目为第四类、综合不停电作业项目，如图 10-1 所示，多专业人员协同完成：带电作业取电工作、旁路作业接入工作、倒闸操作送电工作，执行《配电带电作业工作票》和《配电倒闸操作票》，适用于从架空线路临时取电给移动箱变供电工作，线路负荷电流不大于 200A 的工况。生产中务必结合现场实际工况参照适用。

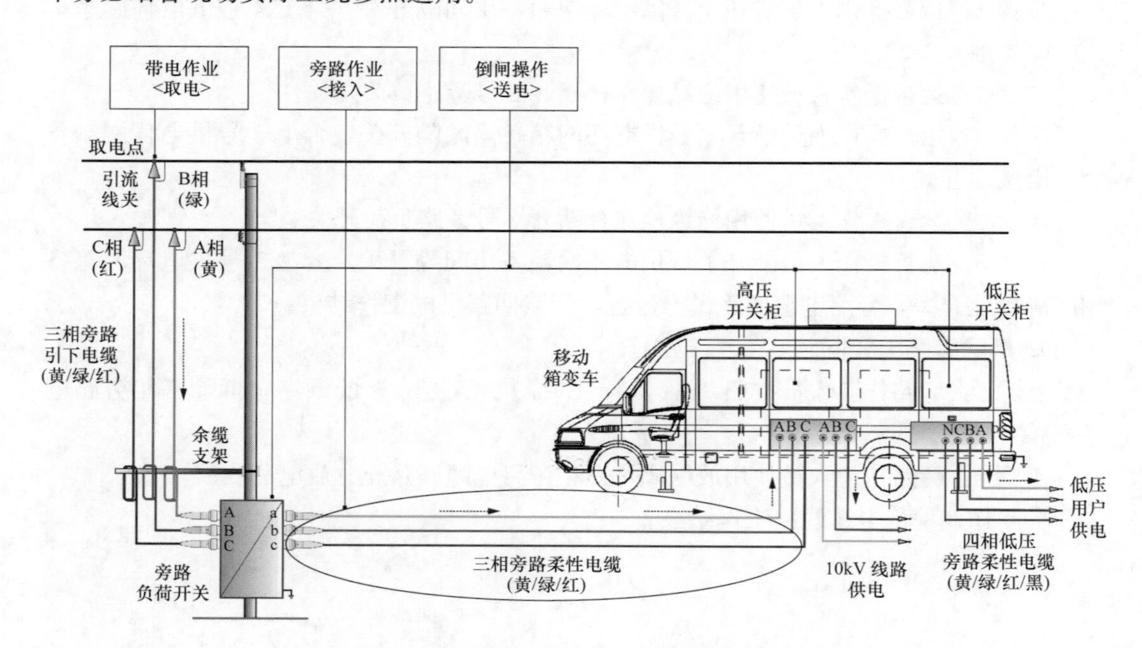

图 10-1　从架空线路临时取电给移动箱变供电示意图

以图10-1所示的从架空线路临时取电给移动箱变供电工作为例说明其操作步骤。

本项目工作人员共计8人（不含地面配合人员和停电作业人员），人员分工为：项目总协调人1人、带电工作负责人（兼工作监护人）1人、斗内电工2人、地面电工2人，倒闸操作人员（含专责监护人）2人，地面配合人员和停电作业人员根据现场情况确定。

本项目操作前的准备工作已完成，工作负责人已检查确认线路负荷电流不大于200A，作业装置和现场环境符合旁路作业条件。

1. 旁路电缆回路接入

执行《配电带电作业工作票》。

步骤1：旁路作业人员在电杆的合适位置（离地）安装好旁路负荷开关和余缆工具，将旁路负荷开关置于分闸、闭锁位置，使用接地线将旁路负荷开关外壳接地。

步骤2：旁路作业人员按照“黄、绿、红”的顺序，分段将三相旁路电缆展放在防潮布上或保护盒内（根据实际情况选用）。

步骤3：旁路作业人员将三相旁路电缆快速插拔接头与旁路负荷开关的同相位快速插拔接口A(黄)、B(绿)、C(红)可靠连接。

步骤4：旁路作业人员将三相旁路引下电缆与旁路负荷开关同相位快速插拔接口A(黄)、B(绿)、C(红)可靠连接，与架空导线连接的引流线夹用绝缘毯遮蔽好，并系上长度适宜的起吊绳（防坠绳）。

步骤5：运行操作人员使用绝缘操作杆合上旁路负荷开关+闭锁，检测旁路电缆回路绝缘电阻不小于500MΩ，使用放电棒对三相旁路电缆充分放电后，断开旁路负荷开关+闭锁。

步骤6：运行操作人员检查确认移动箱变车车体接地和工作接地、低压柜开关处于断开位置、高压柜的进线间隔开关、出线间隔开关以及变压器间隔开关处于断开位置。

步骤7：旁路作业人员将三相旁路电缆快速插拔接头与移动箱变车的同相位快速插拔接口A(黄)、B(绿)、C(红)可靠连接。

步骤8：旁路作业人员将三相四线低压旁路电缆专用接头与移动箱变车的同相位低压输入端接口A(黄)、B(绿)、C(红)、N(黑)可靠连接。

步骤9：带电作业人员穿戴好绝缘防护用具进入绝缘斗、挂好安全带保险钩，地面电工将绝缘遮蔽用具和可携带的工具入斗，操作绝缘斗进入带电作业区域，作业中禁止摘下绝缘手套，绝缘臂伸出长度确保1米线。

步骤10：带电作业人员按照“近边相、中间相、远边相”的顺序，使用导线遮蔽罩完成三相导线的绝缘遮蔽工作。

步骤11：带电作业人员按照“远边相、中间相、近边相”的顺序，完成三相旁路引下电缆与同相位的架空导线A(黄)、B(绿)、C(红)的接入工作，接入后使用绝缘毯对引流线夹处进行绝缘遮蔽，挂好防坠绳（起吊绳），旁路作业人员将多余的电缆规范地放置在余缆支架上。

步骤 12：带电作业人员退出带电作业区域，返回地面。

步骤 13：旁路人员使用低压旁路电缆专用接头与 JP 柜（低压综合配电箱）同相位的 A(黄)、B(绿)、C(红)、N(黑)接头可靠连接。

2. 旁路电缆回路投入运行，移动箱变投入运行

运行操作人员执行《配电倒闸操作票》。

步骤 1：运行操作人员检查确认三相旁路电缆连接相色正确无误。

步骤 2：运行操作人员合上旁路负荷开关＋闭锁，旁路电缆回路投入运行。

步骤 3：运行操作人员合上移动箱变车的高压进线间隔开关、变压器间隔开关、低压开关，移动箱变投入运行。

步骤 4：运行操作人员每隔半小时检测 1 次旁路电缆回路电流，确认移动箱变运行正常。

3. 移动箱变退出运行，旁路电缆回路退出运行

执行《配电倒闸操作票》。

步骤 1：运行操作人员断开移动箱变车的低压开关、变压器间隔开关、高压间隔开关，移动箱变退出运行。

步骤 2：运行操作人员断开旁路负荷开关＋闭锁，旁路电缆回路退出运行。

4. 拆除旁路电缆回路

步骤 1：带电作业人员按照“近边相、中间相、远边相”的顺序，拆除三相旁路引下电缆。

步骤 2：带电作业人员按照“远边相、中间相、近边相”的顺序，拆除三相导线上的绝缘遮蔽。

步骤 3：带电作业人员检查杆上无遗留物，退出带电作业区域，返回地面。

步骤 4：旁路作业人员按照“A(黄)、B(绿)、C(红)、N(黑）”的顺序，拆除三相四线低压旁路电缆回路，使用放电棒充分放电后收回。

步骤 5：旁路作业人员按照“A(黄)、B(绿)、C(红）”的顺序，拆除三相旁路电缆回路，使用放电棒三相旁路电缆回路充分放电后收回。

从架空线路临时取电给移动箱变供电工作结束。

10.2 从架空线路临时取电给环网箱供电（综合不停电作业法）

PPT 课件

微课件

二维动画

根据 Q/GDW 10520《10kV 配网不停电作业规范》，本项目为第四类、综合不停电作业项目，从架空线路临时取电给环网箱供电示意图如图 10－2 所示，多专业人员协同完成：带电作业取电工作、旁路作业接入工作、倒闸操作送电工作，执行《配电带电作

业工作票》和《配电倒闸操作票》，适用于从架空线路临时取电给环网箱供电工作，线路负荷电流不大于 200A 的工况。生产中务必结合现场实际工况参照适用。

以图 10－2 所示的从架空线路临时取电给环网箱供电工作为例说明其操作步骤。

本项目工作人员共计 8 人（不含地面配合人员和停电作业人员），人员分工为：项目总协调人 1 人、带电工作负责人（兼工作监护人）1 人、斗内电工 2 人、地面电工 2 人，倒闸操作人员（含专责监护人）2 人，地面配合人员和停电作业人员根据现场情况确定。

本项目操作前的准备工作已完成，工作负责人已检查确认线路负荷电流不大于 200A，作业装置和现场环境符合旁路作业条件。

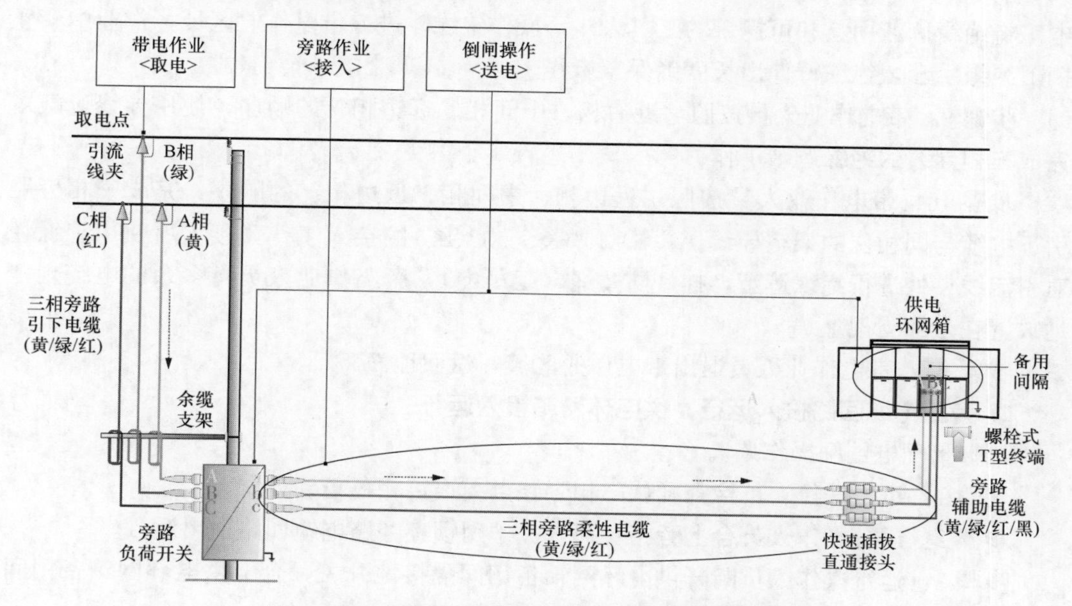

图 10－2　从架空线路临时取电给环网箱供电示意图

1. 旁路电缆回路接入

执行《配电带电作业工作票》。

步骤 1：旁路作业人员在电杆的合适位置（离地）安装好旁路负荷开关和余缆工具，将旁路负荷开关置于分闸、闭锁位置，使用接地线将旁路负荷开关外壳接地。

步骤 2：旁路作业人员按照“黄、绿、红”的顺序，分段将三相旁路电缆展放在防潮布上或保护盒内（根据实际情况选用）。

步骤 3：旁路作业人员使用快速插拔中间接头，将同相色（黄、绿、红）旁路电缆的快速插拔终端可靠连接，接续好的终端接头放置专用铠装接头保护盒内，与供电环网箱备用间隔连接的螺栓式（T 型）终端接头规范地放置在绝缘毯上。

步骤 4：旁路作业人员将三相旁路电缆快速插拔接头与旁路负荷开关的同相位快速插拔接口 A(黄)、B(绿)、C(红)可靠连接。

步骤 5：旁路作业人员将三相旁路引下电缆快速插拔接头与旁路负荷开关同相位快

速插拔接口A(黄)、B(绿)、C(红)可靠连接，与架空导线连接的引流线夹用绝缘毯遮蔽好，并系上长度适宜的起吊绳（防坠绳）。

步骤6：运行操作人员合上旁路负荷开关+闭锁，检测旁路电缆回路绝缘电阻不小于500MΩ，使用放电棒对三相旁路电缆充分放电后，断开旁路负荷开关+闭锁。

步骤7：运行操作人员断开供电环网箱的备用间隔开关、合上接地开关，打开柜门，使用验电器验电确认无电后，将螺栓式（T型）终端接头与供电环网箱备用间隔上的同相位高压输入端螺栓接头A(黄)、B(绿)、C(红)可靠连接，三相旁路电缆屏蔽层可靠接地，合上柜门，断开接地开关。

步骤8：带电作业人员穿戴好绝缘防护用具进入绝缘斗、挂好安全带保险钩，地面电工将绝缘遮蔽用具和可携带的工具入斗，操作绝缘斗进入带电作业区域，作业中禁止摘下绝缘手套，绝缘臂伸出长度确保1米线。

步骤9：带电作业人员按照“近边相、中间相、远边相”的顺序，使用导线遮蔽罩完成三相导线的绝缘遮蔽工作。

步骤10：带电作业人员按照“远边相、中间相、近边相”的顺序，完成三相旁路引下电缆与同相位的架空导线A(黄)、B(绿)、C(红)的接入工作，接入后使用绝缘毯对引流线夹处进行绝缘遮蔽，挂好防坠绳（起吊绳），旁路作业人员将多余的电缆规范地放置在余缆支架上。

步骤11：带电作业人员退出带电作业区域，返回地面。

2. 旁路电缆回路投入运行，供电环网箱投入运行

执行《配电倒闸操作票》。

步骤1：运行操作人员检查确认三相旁路电缆连接相色正确无误。

步骤2：运行操作人员合上旁路负荷开关+闭锁，旁路电缆回路退出运行。

步骤3：运行操作人员断开供电环网箱备用间隔接地开关，合上供电环网箱备用间隔开关，旁路电缆回路投入运行，供电环网箱投入运行。

步骤4：每隔半小时检测1次旁路回路电流，确认供电环网箱工作正常。

3. 供电环网箱退出运行，旁路电缆回路退出运行

执行《配电倒闸操作票》。

步骤1：运行操作人员断开供电环网箱备用间隔开关，合上供电环网箱备用间隔接地开关，供电环网箱退出运行。

步骤2：运行操作人员断开旁路负荷开关+闭锁，旁路电缆回路退出运行。

4. 拆除旁路电缆回路

步骤1：带电作业人员按照“近边相、中间相、远边相”的顺序，拆除三相旁路引下电缆。

步骤2：带电作业人员按照“远边相、中间相、近边相”的顺序，拆除三相导线上的绝缘遮蔽。

步骤3：带电作业人员检查杆上无遗留物，退出带电作业区域，返回地面。

步骤4：旁路作业人员按照“A(黄)、B(绿)、C(红)”的顺序，拆除三相旁路电

缆回路，使用放电棒充分放电后收回。

从架空线路临时取电给环网箱供电工作结束。

10.3　从环网箱临时取电给移动箱变供电（综合不停电作业法）

PPT 课件

微课件

二维动画

根据 Q/GDW 10520《10kV 配网不停电作业规范》，本项目为第四类、综合不停电作业项目，如图 10-3 所示，多专业人员协同完成旁路作业接入工作、倒闸操作送电工作，执行《配电线路第一种工作票》和《配电倒闸操作票》，适用于从环网箱临时取电给移动箱变供电工作，线路负荷电流不大于 200A 的工况。生产中务必结合现场实际工况参照适用。

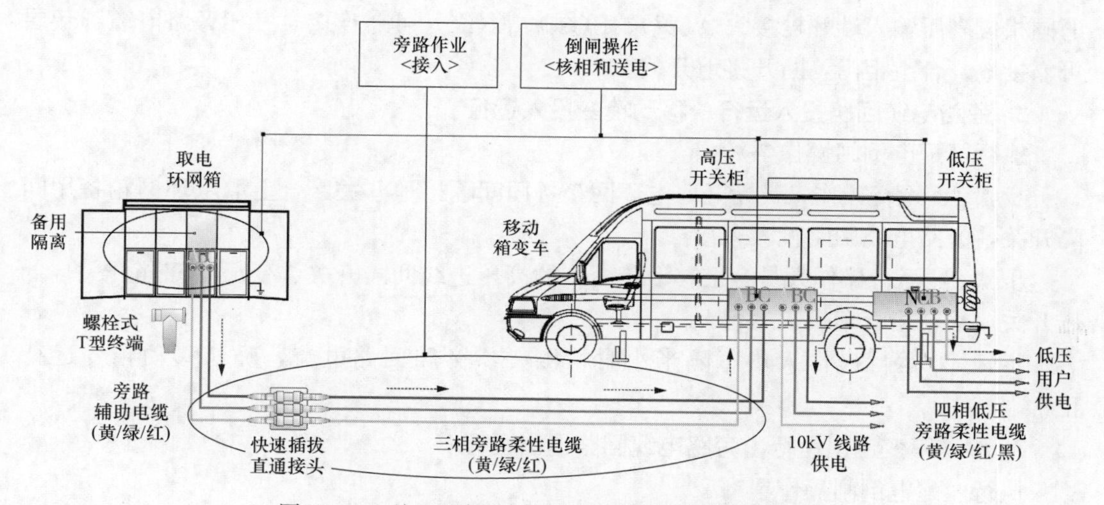

图 10-3　从环网箱临时取电给移动箱变供电示意图

以图 10-3 所示的从环网箱临时取电给移动箱变供电工作为例说明其操作步骤。

本项目工作人员共计 6 人（不含地面配合人员和停电作业人员），人员分工为：项目总协调人 1 人、电缆工作负责人（兼工作监护人）1 人、地面电工 2 人，倒闸操作人员（含专责监护人）2 人，地面配合人员和停电作业人员根据现场情况确定。

本项目操作前的准备工作已完成，工作负责人已检查确认线路负荷电流不大于 200A，作业装置和现场环境符合旁路作业条件。

1. 旁路电缆回路接入

执行《配电线路第一种工作票》。

步骤 1：旁路作业人员按照“黄、绿、红”的顺序，分段将三相旁路电缆展放在防潮布上或保护盒内（根据实际情况选用）。

步骤 2：旁路作业人员使用快速插拔中间接头，将同相色（黄、绿、红）旁路电缆的快速插拔终端可靠连接，接续好的终端接头放置专用铠装接头保护盒内，与取电环网箱备用间隔连接的螺栓式（T 型）终端接头和与移动箱变车连接的插拔终端规范地放置在绝缘毯上。

步骤 3：运行操作人员检测旁路电缆回路绝缘电阻不小于 500MΩ，使用放电棒对三相旁路电缆充分放电。

步骤 4：运行操作人员检查确认移动箱变车车体接地和工作接地、低压柜开关处于断开位置、高压柜的进线间隔开关、出线间隔开关以及变压器间隔开关处于断开位置。

步骤 5：旁路作业人员将三相旁路电缆快速插拔接头与移动箱变车的同相位高压输入端快速插拔接口 A(黄)、B(绿)、C(红) 可靠连接。

步骤 6：旁路作业人员将三相四线低压旁路电缆专用接头与移动箱变车的同相位低压输入端接头“A(黄)、B(绿)、C(红)、N(黑)”可靠连接。

步骤 7：运行操作人员断开取电环网箱的备用间隔开关、合上接地开关，打开柜门，使用验电器验电确认无电后，将螺栓式（T 型）终端接头与取电环网箱备用间隔上的同相位高压输入端螺栓接头 A(黄)、B(绿)、C(红) 可靠连接，三相旁路电缆屏蔽层可靠接地，合上柜门，断开接地开关。

2. 旁路电缆回路投入运行，移动箱变投入运行

执行《配电倒闸操作票》。

步骤 1：运行操作人员断开取电环网箱备用间隔接地开关，合上取电环网箱备用间隔开关，旁路电缆回路投入运行。

步骤 2：运行操作人员合上移动箱变车的高压进线间隔开关、变压器间隔开关、低压开关，移动箱变车投入运行。

步骤 3：运行操作人员每隔半小时检测 1 次旁路回路电流，确认移动箱变运行正常。

3. 移动箱变退出运行，旁路电缆回路退出运行

执行《配电倒闸操作票》。

步骤 1：运行操作人员断开移动箱变车的低压开关、变压器间隔开关、高压间隔开关，移动箱变车退出运行。

步骤 2：运行操作人员断开取电环网箱备用间隔开关、合上取电环网箱备用间隔接地开关，旁路电缆回路退出运行，移动箱变供电工作结束。

4. 拆除旁路电缆回路

步骤 1：旁路作业人员按照“A(黄)、B(绿)、C(红)、N(黑)”的顺序，拆除三相四线低压旁路电缆回路。

步骤 2：旁路作业人员使用放电棒对三相四线低压旁路电缆回路充分放电后收回。

步骤 3：旁路作业人员按照“A(黄)、B(绿)、C(红)”的顺序，拆除三相旁路电缆回路。

步骤 4：旁路作业人员使用放电棒对三相旁路电缆回路充分放电后收回。

从环网箱临时取电给移动箱变供电工作结束。

10.4　从环网箱临时取电给环网箱供电（综合不停电作业法）

根据 Q/GDW 10520《10kV 配网不停电作业规范》，本项目为第四类、综合不停电作业项目，如图 10－4 所示，多专业人员协同完成：旁路作业“接入”工作、倒闸操作送电工作，执行《配电线路第一种工作票》和《配电倒闸操作票》，适用于从环网箱临时取电给环网箱供电工作，线路负荷电流不大于 200A 的工况。生产中务必结合现场实际工况参照适用。

以图 10－4 所示的从环网箱临时取电给环网箱供电工作为例说明其操作步骤。

本项目工作人员共计 6 人（不含地面配合人员和停电作业人员），人员分工为：项目总协调人 1 人、电缆工作负责人（兼工作监护人）1 人、地面电工 2 人，倒闸操作人员（含专责监护人）2 人，地面配合人员和停电作业人员根据现场情况确定。

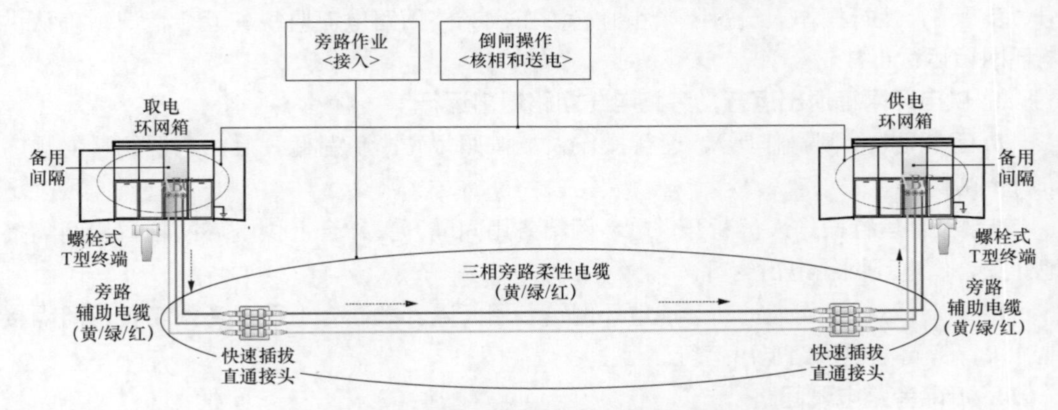

图 10－4　从环网箱临时取电给环网箱供电示意图

本项目操作前的准备工作已完成，工作负责人已检查确认线路负荷电流不大于 200A，作业装置和现场环境符合旁路作业条件。

1. 旁路电缆回路接入

执行《配电线路第一种工作票》。

步骤 1：旁路作业人员按照“黄、绿、红”的顺序，分段将三相旁路电缆展放在防潮布上或保护盒内（根据实际情况选用）。

步骤 2：旁路作业人员使用快速插拔中间接头，将同相色（黄、绿、红）旁路柔性电缆的快速插拔终端可靠连接，接续好的终端接头放置专用铠装接头保护盒内，与取（供）电环网箱备用间隔连接的螺栓式（T 型）终端接头规范地放置在绝缘毯上。

步骤 3：运行操作人员检测旁路电缆回路绝缘电阻不小于 500MΩ，使用放电棒对三相旁路电缆充分放电后。

步骤 4：运行操作人员断开取电环网箱的备用间隔开关、合上接地开关，打开柜门，使用验电器验电确认无电后，将螺栓式（T型）终端接头与取电环网箱备用间隔上的同相位高压输入端螺栓接头A(黄)、B(绿)、C(红)可靠连接，三相旁路电缆屏蔽层可靠接地，合上柜门，断开接地开关。

步骤5：运行操作人员断开供电环网箱的备用间隔开关、合上接地开关，打开柜门，使用验电器验电确认无电后，将螺栓式（T型）终端接头与供电环网箱备用间隔上的同相位高压输入端螺栓接头A(黄)、B(绿)、C(红)可靠连接，三相旁路电缆屏蔽层可靠接地，合上柜门，断开接地开关。

2. 旁路电缆回路投入运行，供电环网箱投入运行

执行《配电倒闸操作票》，运行操作人员按照“先送电源侧，后送负荷侧”的顺序进行倒闸操作。

步骤1：运行操作人员断开取电环网箱备用间隔接地开关、合上取电环网箱备用间隔开关，旁路回路投入运行。

步骤2：运行操作人员断开供电环网箱备用间隔接地开关、合上供电环网箱备用间隔开关，供电环网箱投入运行。

步骤3：运行操作人员每隔半小时检测1次旁路回路电流监视其运行情况，确认供电环网箱运行正常。

3. 供电环网箱退出运行，旁路电缆回路退出运行

执行《配电倒闸操作票》，运行操作人员按照“先断负荷侧，后断电源侧”的顺序进行倒闸操作。

步骤1：运行操作人员断开供电环网箱备用间隔开关、合上供电环网箱备用间隔接地开关，供电环网箱退出运行。

步骤2：运行操作人员断开取电环网箱备用间隔开关、合上取电环网箱备用间隔接地开关，旁路电缆回路退出运行。

4. 拆除旁路电缆回路

步骤1：旁路作业人员按照“A(黄)、B(绿)、C(红）”的顺序，拆除三相旁路电缆回路。

步骤2：旁路作业人员使用放电棒对三相旁路电缆回路充分放电后收回。

从环网箱临时取电给环网箱供电工作结束。

配电网不停电作业技术应用——现场标准化指导书参考范本

11.1 “引线类”作业项目指导书参考范本（扫码阅读浏览）

11.1.1 带电断熔断器上引线（绝缘杆作业法，登杆作业）现场标准化指导书（扫码图 11-1）。

图 11-1 带电断熔断器上引线（绝缘杆作业法，登杆作业）【Q/ZDS 2021-09-01】

11.1.2 带电接熔断器上引线（绝缘杆作业法，登杆作业）现场标准化指导书（扫码图 11-2）。

图 11-2 带电接熔断器上引线（绝缘杆作业法，登杆作业）【Q/ZDS 2021-09-02】

11.1.3　带电断分支线路引线（绝缘杆作业法，登杆作业）现场标准化指导书（扫码图 11－3）。

图 11－3　带电断分支线路引线（绝缘杆作业法，登杆作业）【Q/ZDS 2021－09－03】

11.1.4　带电接分支线路引线（绝缘杆作业法，登杆作业）现场标准化指导书（扫码图 11－4）。

图 11－4　带电接分支线路引线（绝缘杆作业法，登杆作业）【Q/ZDS 2021－09－04】

11.1.5　带电断熔断器上引线（绝缘手套作业法，斗臂车作业）现场标准化指导书（扫码图 11－5）。

图 11－5　带电断熔断器上引线（绝缘手套作业法，斗臂车作业）【Q/ZDS 2021－09－05】

11.1.6　带电接熔断器上引线（绝缘手套作业法，斗臂车作业）现场标准化指导书

（扫码图 11－6）。

图 11－6　带电接熔断器上引线（绝缘手套作业法，斗臂车作业）【Q/ZDS 2021－09－06】

11.1.7　带电断分支线路引线（绝缘手套作业法，斗臂车作业）现场标准化指导书（扫码图 11－7）。

图 11－7　带电断分支线路引线（绝缘手套作业法，斗臂车作业）【Q/ZDS 2021－09－07】

11.1.8　带电接分支线路引线（绝缘手套作业法，斗臂车作业）现场标准化指导书（扫码图 11－8）。

图 11－8　带电接分支线路引线（绝缘手套作业法，斗臂车作业）【Q/ZDS 2021－09－08】

11.1.9　带电断空载电缆线路引线（绝缘手套作业法，斗臂车作业）现场标准化指导书（扫码图 11-9）。

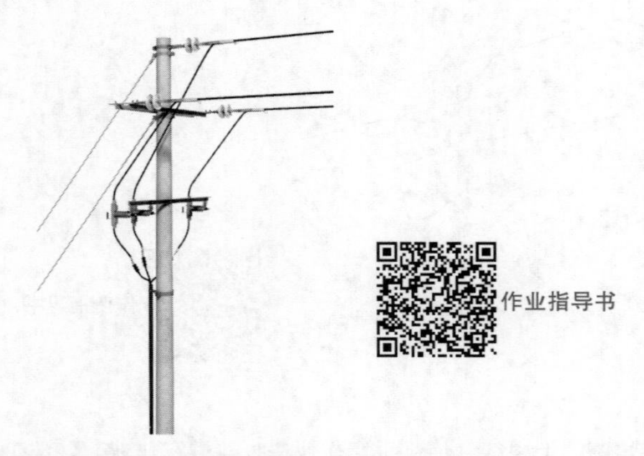

图 11-9　带电断空载电缆线路引线（绝缘手套作业法，斗臂车作业）【Q/ZDS 2021-09-09】

11.1.10　带电接空载电缆线路引线（绝缘手套作业法，斗臂车作业）现场标准化指导书（扫码图 11-10）。

图 11-10　带电接空载电缆线路引线（绝缘手套作业法，斗臂车作业）【Q/ZDS 2021-09-10】

11.1.11　带电断耐张杆引线（绝缘手套作业法，斗臂车作业）现场标准化指导书（扫码图 11-11）。

图 11-11　带电断耐张杆引线（绝缘手套作业法，斗臂车作业）【Q/ZDS 2021-09-11】

11.1.12　带电接耐张杆引线（绝缘手套作业法，斗臂车作业）现场标准化指导书（扫码图 11－12）。

图 11－12　带电接耐张杆引线（绝缘手套作业法，斗臂车作业）【Q/ZDS 2021－09－12】

11.2　“元件类”作业项目指导书参考范本（扫码阅读浏览）

11.2.1　带电更换直线杆绝缘子（绝缘手套作业法，斗臂车作业）现场标准化指导书（扫码图 11－13）。

图 11－13　带电更换直线杆绝缘子（绝缘手套作业法，斗臂车作业）【Q/ZDS 2021－09－13】

11.2.2　带电更换直线杆绝缘子及横担（绝缘手套作业法，斗臂车作业）现场标准化指导书（扫码图 11－14）。

图 11－14　带电更换直线杆绝缘子及横担（绝缘手套作业法，斗臂车作业）【Q/ZDS 2021－09－14】

11.2.3　带电更换耐张杆绝缘子串（绝缘手套作业法，斗臂车作业）现场标准化指导书（扫码图 11－15）。

图 11－15　带电更换耐张杆绝缘子串（绝缘手套作业法，斗臂车作业）【Q/ZDS 2021－09－15】

11.2.4　带负荷更换导线非承力线夹（绝缘手套作业法＋绝缘引流线法，斗臂车作业）现场标准化指导书（扫码图 11－16）。

图 11－16　带负荷更换导线非承力线夹（绝缘手套作业法＋绝缘引流线法，斗臂车作业）【Q/ZDS 2021－09－16】

11.3　电杆类作业项目指导书参考范本（扫码阅读浏览）

11.3.1　带电组立直线电杆（绝缘手套作业法，斗臂车＋吊车作业）现场标准化指导书（扫码图 11－17）。

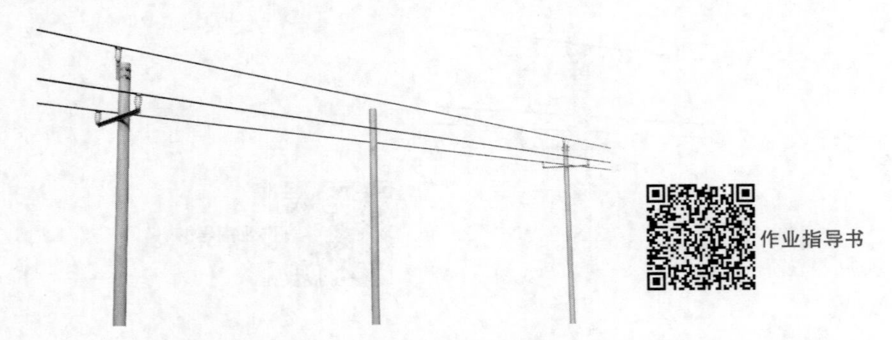

图 11－17　带电组立直线电杆（绝缘手套作业法，斗臂车＋吊车作业）【Q/ZDS 2021－09－17】

11.3.2　带电更换直线电杆（绝缘手套作业法，斗臂车＋吊车作业）现场标准化指导书（扫码图 11－18）。

图 11－18　带电更换直线电杆（绝缘手套作业法，斗臂车＋吊车作业）【Q/ZDS 2021－09－18】

11.3.3　带负荷直线杆改耐张杆（绝缘手套作业法＋绝缘引流线法，斗臂车作业）现场标准化指导书（扫码图 11－19）。

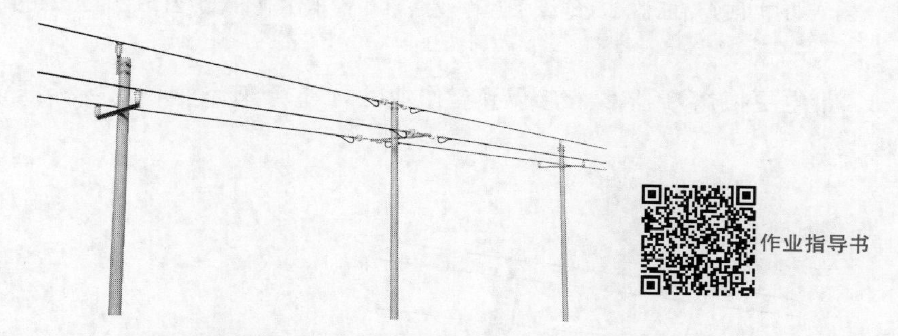

图 11－19　带负荷直线杆改耐张杆（绝缘手套作业法＋绝缘引流线法，斗臂车作业）【Q/ZDS 2021－09－19】

11.4　设备类作业项目指导书参考范本（扫码阅读浏览）

11.4.1　带电更换熔断器（绝缘杆作业法，登杆作业）现场标准化指导书（扫码图 11－20）。

图 11－20　带电更换熔断器（绝缘杆作业法，登杆作业）【Q/ZDS 2021－09－20】

11.4.2　带电更换熔断器 1（绝缘手套作业法，斗臂车作业）现场标准化指导书（扫码图 11－21）。

图 11－21　带电更换熔断器 1（绝缘手套作业法，斗臂车作业）【Q/ZDS 2021－09－21】

11.4.3　带电更换熔断器 2（绝缘手套作业法，斗臂车作业）现场标准化指导书（扫码图 11－22）。

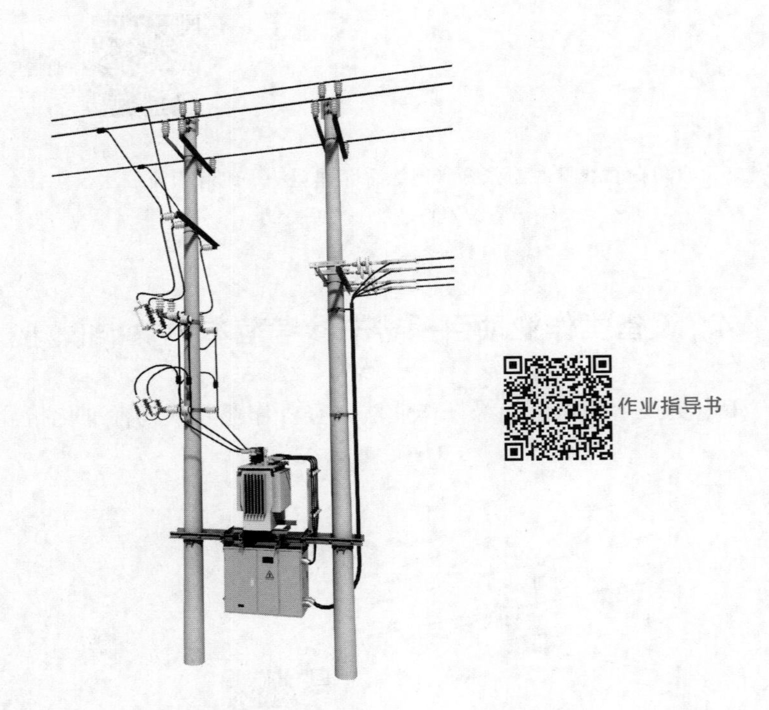

图 11－22　带电更换熔断器 2（绝缘手套作业法，斗臂车作业）【Q/ZDS 2021－09－22】

11.4.4　带负荷更换熔断器（绝缘手套作业法＋绝缘引流法，斗臂车作业）现场标准化指导书（扫码图 11－23）。

图 11－23　带负荷更换熔断器（绝缘手套作业法＋绝缘引流法，斗臂车作业）【Q/ZDS 2021－09－23】

11.4.5　带电更换隔离开关（绝缘手套作业法，斗臂车作业）现场标准化指导书（扫码图 11－24）。

图 11－24　带电更换隔离开关（绝缘手套作业法，斗臂车作业）【Q/ZDS 2021－09－24】

11.4.6　带负荷更换隔离开关（绝缘手套作业法＋绝缘引流线法，斗臂车作业）现场标准化指导书（扫码图 11－25）。

图 11－25　带负荷更换隔离开关（绝缘手套作业法＋绝缘引流线法，斗臂车作业）【Q/ZDS 2021－09－25】

11.4.7　带负荷更换柱上开关 1（绝缘手套作业法＋旁路作业法，斗臂车作业）现场标准化指导书（扫码图 11－26）。

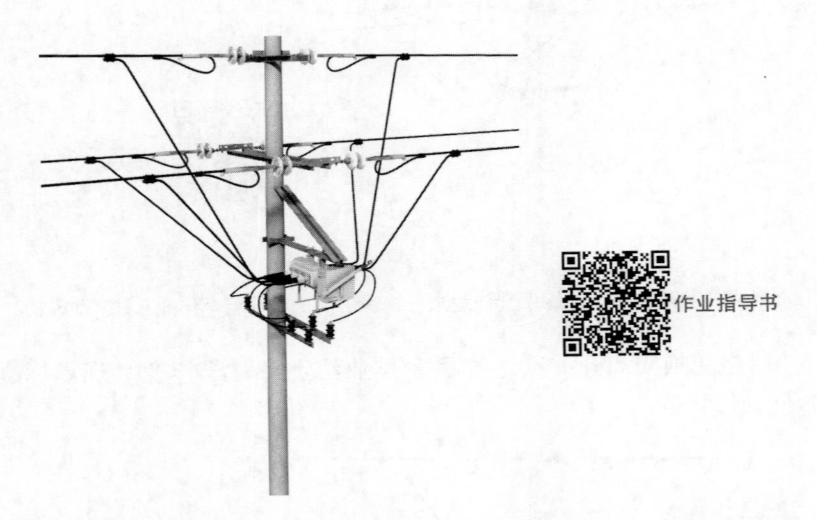

图 11－26　带负荷更换柱上开关 1（绝缘手套作业法＋旁路作业法，斗臂车作业）
【Q/ZDS 2021－09－26】

11.4.8　带负荷直线杆改耐张杆并加装柱上开关 2（绝缘手套作业法＋旁路作业法，斗臂车作业）现场标准化指导书（扫码图 11－27）。

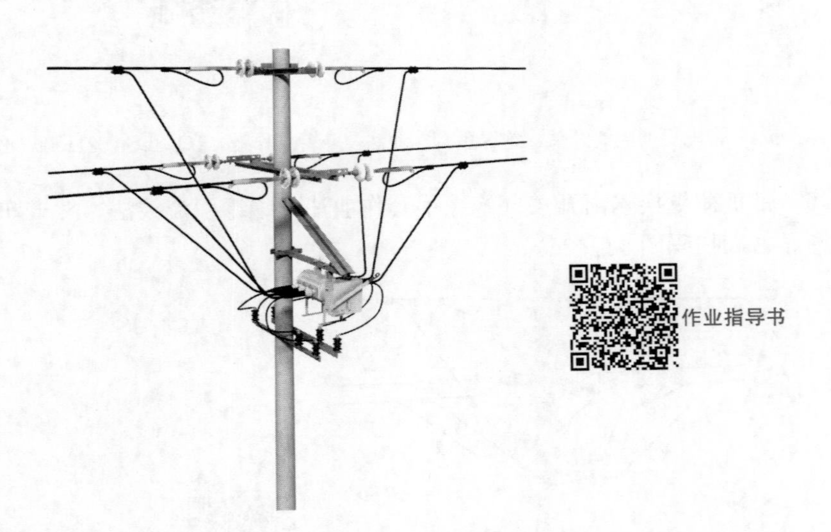

图 11－27　带负荷直线杆改耐张杆并加装柱上开关 2（绝缘手套作业法＋旁路作业法，斗臂车作业）
【Q/ZDS 2021－09－27】

11.4.9　带负荷更换柱上开关 3（绝缘手套作业法＋旁路作业法，斗臂车作业）现场标准化指导书（扫码图 11－28）。

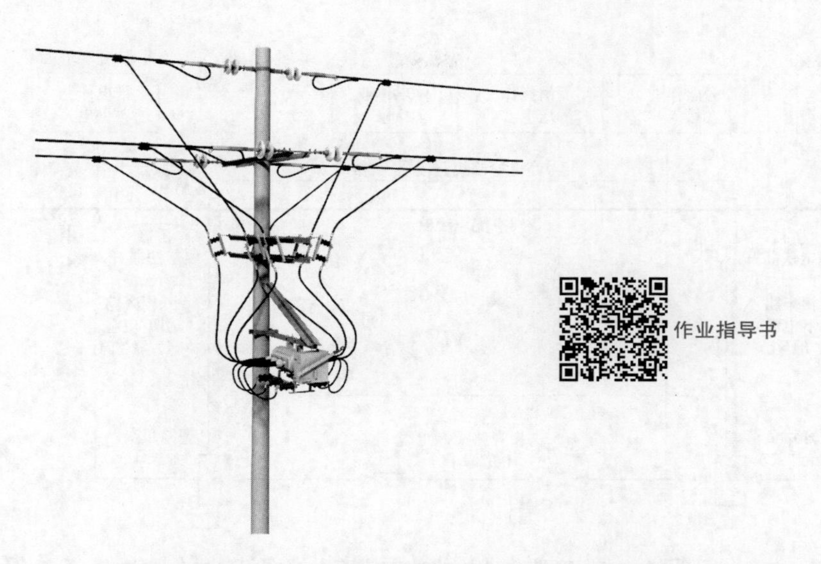

图 11－28　带负荷更换柱上开关 3（绝缘手套作业法＋旁路作业法，斗臂车作业）
【Q/ZDS 2021－09－28】

11.4.10　带负荷更换柱上开关 4（绝缘手套作业法＋桥接施工法，斗臂车作业）现场标准化指导书（扫码图 11－29）。

图 11－29　带负荷更换柱上开关 4（绝缘手套作业法＋桥接施工法，斗臂车作业）
【Q/ZDS 2021－09－29】

11.5　“旁路类”作业项目指导书参考范本（扫码阅读浏览）

11.5.1　旁路作业检修架空线路（综合不停电作业法）现场标准化指导书（扫码图 11－30）。

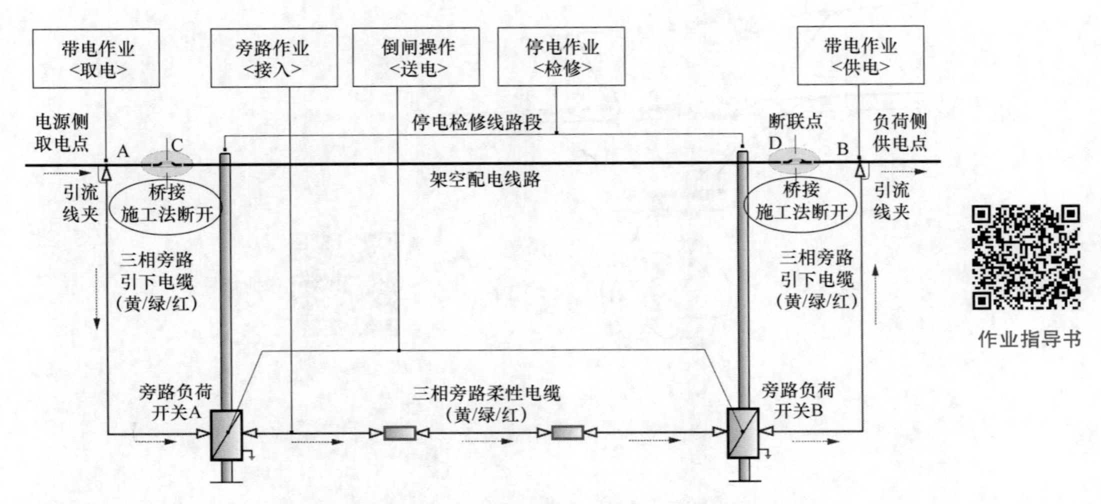

图 11-30　旁路作业检修架空线路（综合不停电作业法）
【Q/ZDS 2021-09-30】

11.5.2　不停电更换柱上变压器（综合不停电作业法）现场标准化指导书（扫码图11-31）。

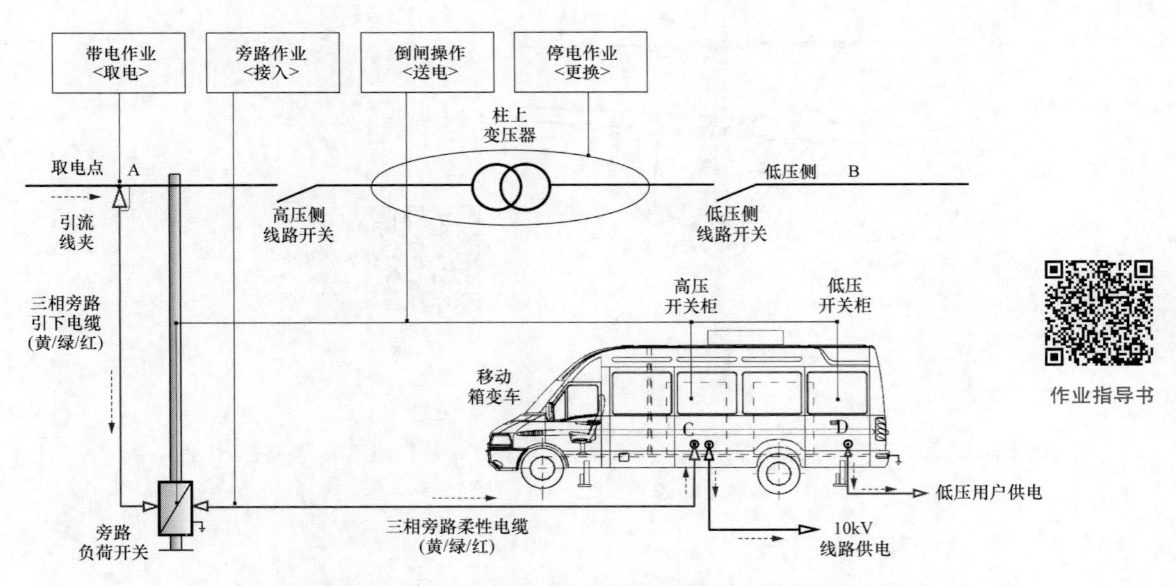

图 11-31　不停电更换柱上变压器（综合不停电作业法）【Q/ZDS 2021-09-31】

11.5.3　旁路作业检修电缆线路（综合不停电作业法）现场标准化指导书（扫码图11-32）。

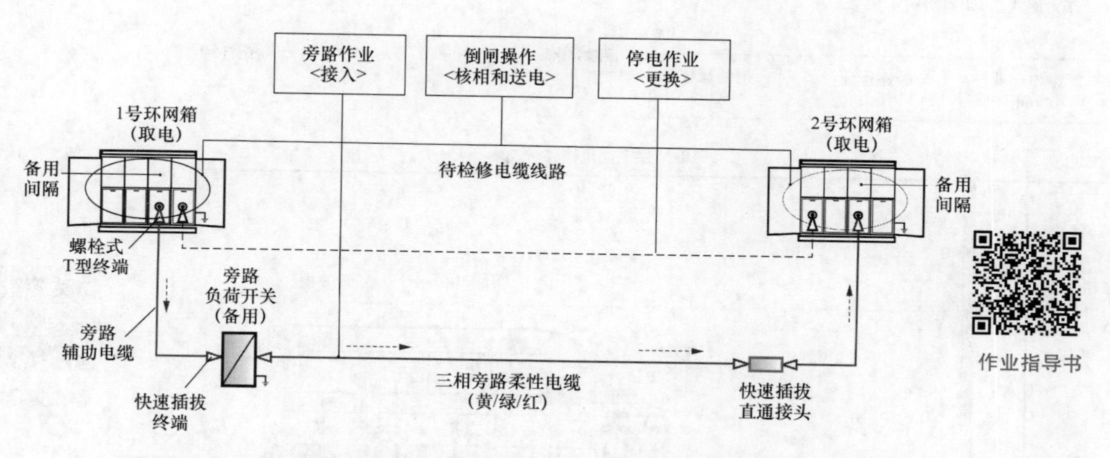

图 11－32　旁路作业检修电缆线路（综合不停电作业法）【Q/ZDS 2021－09－32】

11.5.4　旁路作业检修环网箱（综合不停电作业法）现场标准化指导书（扫码图 11－33）。

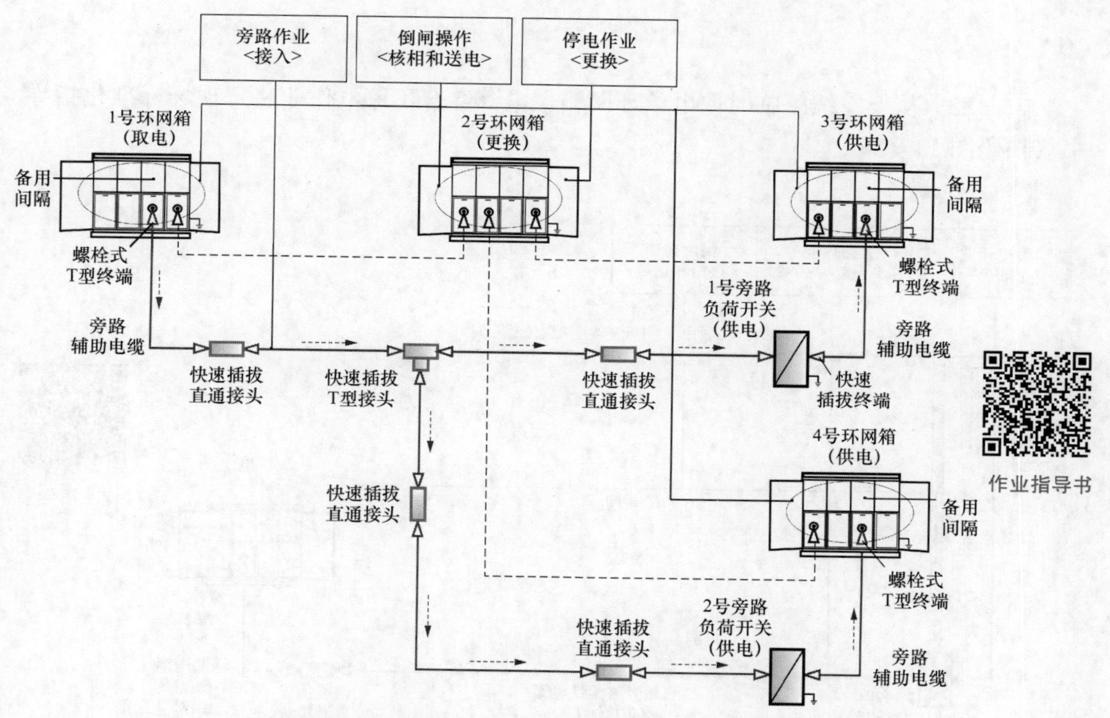

图 11－33　旁路作业检修环网箱（综合不停电作业法）【Q/ZDS 2021－09－33】

11.6　“取电类”作业项目指导书参考范本（扫码阅读浏览）

11.6.1　从架空线路临时取电给移动箱变供电（综合不停电作业法）现场标准化指

导书（扫码图 11－34）。

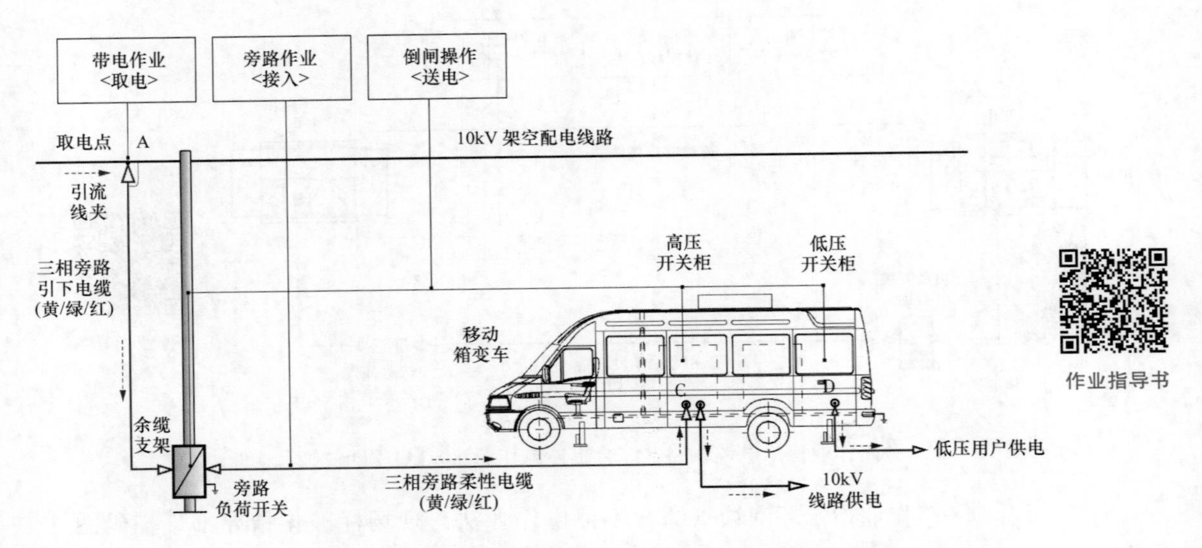

图 11－34　从架空线路临时取电给移动箱变供电（综合不停电作业法）

【Q/ZDS 2021－09－34】

11.6.2　从架空线路临时取电给环网箱供电（综合不停电作业法）现场标准化指导书（扫码图 11－35）。

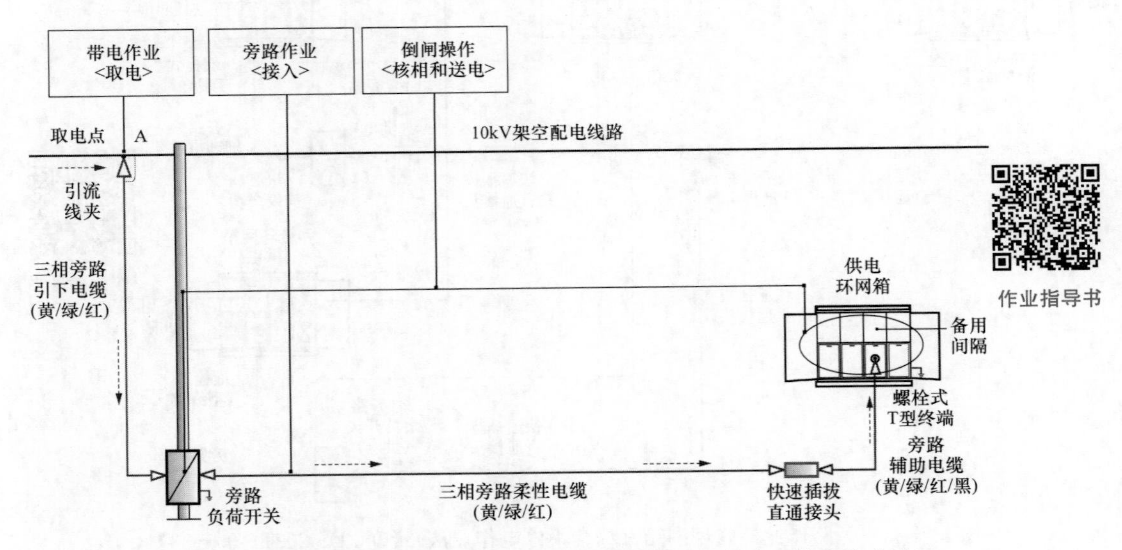

图 11－35　从架空线路临时取电给环网箱供电（综合不停电作业法）

【Q/ZDS 2021－09－35】

11.6.3　从环网箱临时取电给移动箱变供电（综合不停电作业法）现场标准化指导书（扫码图 11－36）。

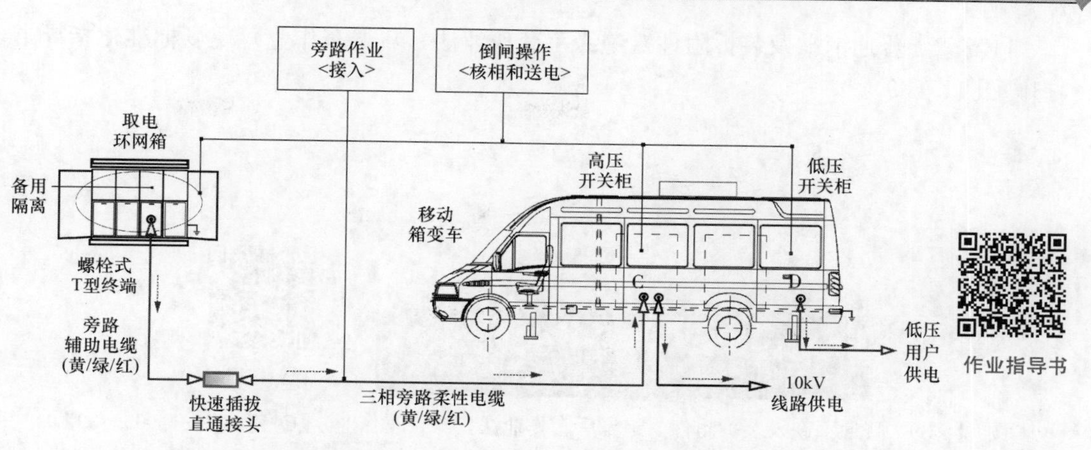

图 11－36　从环网箱临时取电给移动箱变供电（综合不停电作业法）【Q/ZDS 2021－09－36】

11.6.4　从环网箱临时取电给环网箱供电（综合不停电作业法）现场标准化指导书（扫码图 11－37）。

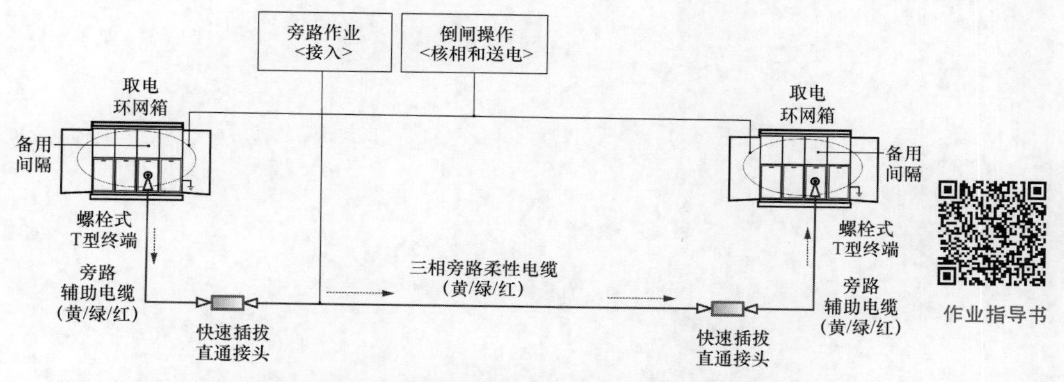

图 11－37　从环网箱临时取电给环网箱供电（综合不停电作业法）【Q/ZDS 2021－09－37】

11.7　“消缺及装拆附件类”作业项目指导书参考范本（扫码阅读浏览）

11.7.1　普通消缺及装拆附件（绝缘杆作业法，登杆作业）现场标准化指导书（扫码图 11－38）。

图 11－38　普通消缺及装拆附件（绝缘杆作业法，登杆作业）【Q/ZDS 2021－09－38】

11.7.2　普通消缺及装拆附件（绝缘手套作业法，斗臂车作业）现场标准化指导书（扫码图 11-39）。

作业指导书

图 11-39　普通消缺及装拆附件（绝缘手套作业法，斗臂车作业）【Q/ZDS 2021-09-39】

参 考 文 献

[1] 国家电网公司配网不停电作业（河南）实训基地．10kV 配网不停电作业专项技能提升 培训教材[M]．北京：中国电力出版社，2018.
[2] 国家电网公司配网不停电作业（河南）实训基地．10kV 配网不停电作业专项技能提升 培训题库[M]．北京：中国电力出版社，2018.
[3] 国家电网公司运维检修部．10kV 配网不停电作业规范[M]．北京：中国电力出版社，2016.
[4] 国家电网公司．国家电网公司配电网工程典型设计 10kV 架空线路分册．北京：中国电力出版社，2016.
[5] 国家电网公司．国家电网公司配电网工程典型设计 10kV 配电变台分册．北京：中国电力出版社，2016.

附录Ⅰ：

数字化资源加工技术规范

附录Ⅱ：

数字化资源类产品清单

附录Ⅲ：

配电网不停电作业技术应用工具装备支持

序号	名　称	扫码阅读浏览
1	附录Ⅲ-1河南宏驰工具装备支持	
2	附录Ⅲ-2北京中诚立信工具装备支持	
3	附录Ⅲ-3武汉里得电科工具装备支持	
4	附录Ⅲ-4武汉乐电工具装备支持	
5	附录Ⅲ-5武汉巨精工具装备支持	
6	附录Ⅲ-6武汉华仪智能工具装备支持	
7	附录Ⅲ-7上海凡扬工具装备支持	
8	附录Ⅲ-8兴化佳辉工具装备支持	
9	附录Ⅲ-9合保商贸（上海）工具装备支持	

续表

序号	名　　称	扫码阅读浏览
10	附录Ⅲ-10 东莞纳百川工具装备支持	
11	附录Ⅲ-11 杭州咸亨国际工具装备支持	
12	附录Ⅲ-12 四川智库慧通工具装备支持	
13	附录Ⅲ-13 昆明飞翔工具装备支持	
14	附录Ⅲ-14 浏阳金锋工具装备支持	
15	附录Ⅲ-15 浙江强网电力工具装备支持	
16	附录Ⅲ-16 桐乡恒力器材工具装备支持	
17	附录Ⅲ-17 广东立胜工具装备支持	
18	附录Ⅲ-18 广州电安工具装备支持	
19	附录Ⅲ-19 武汉奋进工具装备支持	
20	附录Ⅲ-20 陕西秦能工具装备支持	

续表

序号	名　　称	扫码阅读浏览
21	附录Ⅲ-21 保定汇邦工具装备支持	
22	附录Ⅲ-22 青岛索尔工具装备支持	
23	附录Ⅲ-23 青岛海青工具装备支持	
24	附录Ⅲ-24 青岛青特工具装备支持	
25	附录Ⅲ-25 山东泰开工具装备支持	
26	附录Ⅲ-26 杭州爱知工具装备支持	
27	附录Ⅲ-27 特雷克斯（中国）工具装备支持	
28	附录Ⅲ-28 徐州徐工随车工具装备支持	
29	附录Ⅲ-29 徐州海伦哲工具装备支持	
30	附录Ⅲ-30　龙岩海德馨工具装备支持